改訂3版

基礎測量学

- Technology of Positioning Solutions -

編著者

長谷川 昌弘　川端 良和

著者

大塚 久雄　　小川 和博
住田 英二　　瀬良 昌憲
林　 久資　　藤本 吟藏
道廣 一利　　武藤 慎一

電気書院
Denkishoin

ま　え　が　き

　約4500年前に行われたとされるエジプト・ギザの大ピラミッドの築造事業は、地盤を水平に均す作業からはじめられた。碁盤の目のように掘った溝に水を張ることで水平面を定め、クフ王の前腕と手の長さを基準尺とし、棒と縄のみで直角をつくり、さらには星の運行観測により方位が定められたとされている。一個の重量が2.5t程度の石灰岩を230〜270万個用いて、底辺の一辺長が230m・高さ147mの正四角錐に積み上げたこの真正ピラミッドは、金字塔と称されるが、その基本技術は測量であった。

　わが国でも、約1300年前に建設された平城京の語源は、「平らかに均された土地」であり、「なら」に「平」の好き文字を当てはめたとされている[1]。このように、多くの建造物の構築や都市計画事業は、まさに「測量にはじまり、測量でおわる」といっても過言ではない。

　古来より「測る」ことは工学の基本であるが、辞書を開くと「はかる」には20以上の文字を確認することができ、「はかる」ことに関連する表記は130にも及んでいる。現代ではその意味合いは、有形無形にわたる極めて広い領域に及んでおり、「はかる」ことはまさに生活の基本行為となっている。

　測量技術は、その時代の先端知識や知恵を集約した技術ゆえに、時には妖術と忌避され他言・他見無用の秘術とされたこともあったが、グランドデザインの計画・推進や産業・食料資源の開発および各種生産活動に大きく貢献したことを否定するものはいないであろう。その後、測量のフィールドは、地上から海上や海中へ、そして空中へ移り、さらに今日では遠く宇宙空間へと拡張しているが測量技術がいかに進んでも、その観測精度をものづくりの場で実現するのは人間の勘と経験であるということも、また事実である。したがって、測量に従事する技術者に求められるものは関連技術の習得とともに、地球環境の保全に対する高い倫理観と世界のために役立つ事業を成功させようとする熱き情熱であることは、4500年を経た現在においても不変であろう。

　本書は、測量をはじめて学ぶ方を対象とした入門書であるが、公共測量を実施できる基礎知識・能力の習得を目標としている。そのため高度な内容も入っているので、理解の助けになるように、学生諸君の協力も得て語句の解説文などを欄外にできるだけ挿入した。これからも測量技術は関連領域の技術と融合・統合され、ますます変貌・発展すると考えるが、何事も基礎知識の習得が基本であることに変わりはない。

　拙著での学習が契機となって、読者がさらに応用技術や周辺技術への興味と学習意欲を喚起することになれば幸甚である。

2004年2月　　　　　　　　　　　　　　　　　著者代表　　長谷川　昌弘

改訂 3 版の発刊にあたって
（令和 2 年 3 月の公共測量「作業規程の準則」改定などにも対応）

　昭和 24 年（1949 年）に制定された測量法の第 34 条の規定にもとづき、昭和 26 年（1951 年）に公共測量作業規程の準則が制定され、同準則は、半世紀以上にわたり測量作業に適用されてきた。この間、測量技術の水準はハード・ソフトの両面で大きく発展し、さらに測量成果の電子化の推進や地理情報基準への対応および基盤地図情報の整備・促進などの社会的環境・ニーズも変化してきた。これら新しい技術的・社会的要求へ対応するため、平成 20 年（2008 年）に準則が全面的に改正された。

　同準則は、その後 2011 年、2013 年、2016 年、2020 年と一部改正が行われた。これらの改正は主としてロシアの GLONASS 衛星や日本の準天頂衛星（QZSS）の測量分野への利用拡大（GNSS 測量）に対応したものである。また、2011 年の東日本大震災による広範囲の地盤変動は、測地原点の座標値にも大きく影響したため各基準点の測量成果の再計算を余儀なくされ、新しい測地座標系（測地成果 2011）が構築された。そして、継続する国土の地殻変動を考慮した基準点座標の補正システム（セミ・ダイナミック補正）の運用が開始されている。

　2016 年の改定では電子基準点のみを既知点とする測量が、2 級基準点測量まで実施可能となり測量作業の効率化と低コスト化が図られている。そして、UAV（ドローン）を用いた測量技術と GNSS および ICT を用いて国の公共工事の大幅な生産性向上を目指す「i-Construction」が本格的に導入された。

　本書の旧版は 2004 年に発刊以来、多くの教育機関で活用され刷を重ね、測量実習にも対応可能な内容を加え、準則の改定や先端技術の導入に即して、改訂を行って来たが、今回の改訂 3 版でも最新情報を取り入れている。

　具体的には、UAV 写真測量や地上レーザ測量ならびに車載型 360°全方向画像収録（MMS）など I-construction の促進ツールである三次元点群測量方法などが明示された。また GNSS 測量による 3 級水準点の設置方法が示された。

　2021 年 1 月　　　　　　　　　　　　　　　　　　　　　　　　著者代表　長谷川昌弘

執 筆 分 担	
長谷川 昌弘	序章、第6章、第8章1節・3〜7節、第11章、付録
住田 英二	第1章、第9章、付録
武藤 慎一	第2章
瀬良 昌憲	第3章
川端 良和	第4章、付録
大塚 久雄	第5章
小川 和博	第8章2節
藤本 吟藏	第7章、第10章、第11章
林 久資	第11章
道廣 一利	付録

まえがき参考文献

　1）奈良県平城遷都 1300 年記念 2010 年委員会：平城京―その歴史と文化―、小学館、2001

　2）ビジュアル・ワイド世界遺産、小学館、2003

目　次

第3章　距離測量

第4章　角測量

第5章　トータルステーションによる測量

第6章　基準点測量

序　章

ペーテル・ブリューゲル（1525 頃〜 1569）作の銅版画（7 つの徳目のひとつ）『節制』（1560）
　　16 世紀の世界像（測量と戦争）。画面下には「虚しい快楽や邪欲に溺れて節度のない生活を送ってはならない。また、欲望にとりつかれて汚辱と無知のうちに生きてはならない。」の金言がある。中央上部には、天体観測と測量をしているグループ、地球左にはコンパス・直角定規・下げ振りなどで測量している人物が描かれている。測量術を含む幾何学や天文学などは、徳目（品格）の具体的実践行為としての自由学芸の重要なアトリビュート（属性）とされた。

（アルフレッド・A・クロスビー／小沢千恵子訳　数量化革命、紀伊国屋書店、2003）

序　章

1　測量技術の起源と歴史

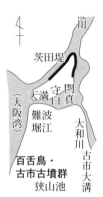

〔遺構・遺跡の位置〕

風水思想

　東アジア独自の自然観を体現した地理学。

　自然と人間との調和を重視する自然観。

　律令制における測量技師の官位を「算師」といった。

　測量技術は無形のソフト技術であるため、文字などの記録に残されていないとその存在と技術レベルを証明できないが、このソフト技術がなければできなかったと思われる遺構・遺跡などからその起源を推定することができる。

　水稲耕作では水田を区切り水を導くために、長さや高さの測定が必須であることから、弥生時代前期（B.C.4〜2世紀頃）が日本における測量技術のはじまりとみられる。また、長径200m以上の前方後円墳や、灌漑用運河などの遺構からみて、弥生時代後期（A.D.2世紀頃）には測量技術が高度なレベルに達していたと考えられる。大和川を大阪湾に転流した難波堀江や淀川南岸に残るわが国最古の堤防である門真・茨田堤は4世紀の遺構であり、7世紀の古市大溝や狭山池に至っては、もはや体系的な測量技術の存在を疑う余地がない。

　遣隋使によって中国から制度インフラである律令制や風水思想などが導入されて日本の国家建設がはじまり、大化の改新（645）の詔で「公地・公民の原則」と「班田収授の法」が制定された。これは、田畑の検地と面積の確定を目的とした地籍測量施行令であり、測量技術を活用した日本における地図づくりの起源とされる。**表 0.1.1**と**表 0.1.2**に日本における測量関連技術と地図作成の歴史をまとめた。

表 0.1.1　日本における測量関連技術の歴史

西　暦	年	主　な　出　来　事
飛鳥	400頃	仁徳天皇陵建設（前方後円墳全長480m　面積46万m²　土量140万m³）
	607	遣隋使・小野妹子により中国の測量術が伝来、616頃　狭山池の築造（面積26万m²）
白鳳	645	大化改新の地籍測量、「井田法」制定、面積の単位（畝＝約1アール）、651　前期難波宮
		「班田収授の法」日本初の測量に関する法令と測量基準（口分田として貸与し田租を課す）
	702	全国に「条里制」を施行（大宝律令）、1里（6町＝654m）区画の規定、710　平城京（条坊制）
奈良	713	度量衡の整備、大尺・小尺の制定（大尺35.4cm、小尺29.5cm）、745　後期難波宮
710〜	756	現存する最古の地籍図「摂津国水無瀬庄の東大寺開田図」、743　僧行基による海道図
平安	762	日本各地への里程、多賀城の碑（京1 500里、蝦夷120里、下野274里）、794　平安京（条坊制）
794〜	1589	豊臣秀吉の全国検地（太閤検地）（地籍測量1間＝6尺3寸＝191cm）、1595「文禄国絵図」
鎌倉	1618	「元和航海記」池田好雲（天体緯度測定法、羅針盤使用法、水深測定法）
1192〜	1648	樋口権左衛門がオランダ船から西洋式測量法を教わり「規矩元法」を著す（秘伝書）
室町	1649	徳川幕府「検地の制」公布（地籍調査の条件）
1338〜	1653	43kmの玉川上水建設（玉川兄弟の堤灯を用いた長距離水準測量の実用化）
江戸	1657	江戸全域1/3 000実測図完成（金沢清左衛門）（西洋式測量法を本格採用）
1603〜	1667	地球儀・天球儀の製作（渋川春海）
	1699	日本各地の緯度測定（渋川春海）「天文成像」、1711　最初の測量術書「町見便蒙抄」（有沢武貞）
	1717	享保尺制定（徳川吉宗）、「測量」の言葉が使われる（細井広沢著・秘伝地域図法大全書）
	1719	図解三角測量（建部彦次郎・見盤、磁針を用いて実施、縮尺1/21 600）
	1722	四方六面儀尺（アリダードの一種）の発明（萬屋時春）
	1727	富士山の標高測定（吉原宿から富士山頂までの比高35.62136町＝3 847.5m）（福田某）
	1800	伊能忠敬の全国測量（〜1816）（象眼儀・方位盤・間縄・量程車・折衷尺などを使用）
		（道線法・交会法・天文測量により地球の1象眼長＝9 967km、誤差−0.23%）

	1809	間宮海峡発見（間宮林蔵）、1821　大日本沿海輿地全図
明治	1830	幕府の全国検地、1862　日本初の沿岸測量（尾張・伊勢・志摩）
1868〜	1872	験潮開始（銚子量水標設置）、三角測量開始（測量司、東京府下）
	1875	日本で最初の平板測量（小宮山陸軍大尉・千葉県・習志野にて）
	1880	東京・大阪・長崎で経度測量（電信法による）、日本初の広域測量100都市（〜1886）
	1883	一等三角測量・一等水準測量開始（〜1913　明治成果）
	1884	京阪神地区2万分1地形図の測量（〜1890）、1885　メートル条約に加盟
	1886	日本標準時制定（東経135°の子午線時・兵庫県明石市）、1890　メートル原器を仏より受領
	1891	水準原点設置（東京・三宅坂参謀本部内・現憲政記念館構内）、尺貫法制度化
	1892	経緯度原点設置（東京・麻布台・旧東京天文台）〜1913　一等三角測量、一等水準測量終了
大正	1911	沖縄基線の測量にインバール尺使用
1912〜	1923	空中写真測量（佐川績大尉、関東大地震直後の東京全市を空中写真測量・撮影）
昭和	1924	大阪市の都市計画用に全市域を空中写真測量
1926〜	1949	測量法公布（6月3日）のちに「測量の日」となる
	1951	国土調査法公布（地籍図作成開始）、四等三角点設置開始、計量法制定、1952　全国重力測定
	1954	平面直角座標系の告示（全国13系、現在は19系に）
	1959	メートル法の完全実施（1921　メートル法公布）
	1968	国産図化機の開発（ニコン）、1973　全国カラー空中写真撮影開始
	1974	精密測地網測量開始（全国の三角点、水準点の改測）
	1977	公共測量作業規程の制定（建設省）、電子式タキオメータ（トータルステーション）実用化
	1979	一等水準測量に自動水準儀導入、1981　VLBI（超長基線電波干渉計）導入
	1986	測地衛星「あじさい」打上げ、GPS測量機導入
	1989	「測量の日」制定（6月3日）、GPS衛星軌道追跡装置の整備開始
	1990	GPSキネマティック法の実験観測、1992　新計量法制定（国際単位系SIの導入）
	1994	全国GPS連続観測施設（電子基準点・Geonet）の運用開始
平成	2002	世界測地系採用（2001　測量法改正）、電子基準点観測データの公開、測地成果2000の構築
1989〜	2006	陸域観測技術衛星「だいち」による地形図製作開始
	2010	準天頂衛星初号機「みちびき」打上（2017　3機追加打上、2023　7機体制予定）
	2011	東日本大震災（3月11日）、測地成果2011の構築
令和	2012	MMS（モービルマッピングシステム）実用化、2017　UAV（ドローン）写真測量実用化
2019〜	2020	UAV（ドローン）搭載型レーザスキャナ測量実用化

表 0.1.2　日本における地図作成の歴史

西暦年	作　業　内　容
645	日本初の地図作成令（大化の改新）、公地公民の原則・班田の収受が制度化
742	行基がわが国最古の全国「海道図」を作成したとされている（現存しない）
751	東大寺領田図
1042	「摂州細川荘四至方至絵図」（絵図とは現在の地籍図に相当するもの）
1305	仁和寺の「行基図」（現存最古の日本全図）、荘園図の作成がさかん
1605	第1次の国絵図「慶長国絵図」、1637「洛中絵図」（幕府畿内大工頭中井家作成）
1644	第2次の国絵図「正保国絵図」、「正保城絵図」
1652	「万国総図」（木版刷り世界図が庶民に広まる）、1654「慶長日本総図」
1690	日本初の地球儀作成（渋川春海）、街道図・道中図などが発達
1697	第3次の国絵図「元禄国絵図」、1750「江戸切絵図」など民間の地図が普及
1777	経緯線が描かれたわが国初の地図「改正日本輿地路程全図」1/1 296 000（長久保赤水）
1786	「蝦夷国全図」（林子平）、1792「地球全図」（司馬江漢）、1796　琉球国之図
1800	「蝦夷南岸・奥州街道図」（伊能忠敬）、1821「大日本沿海実測図」（伊能忠敬、高橋景保）
1872	日本初の海図「陸中国釜石港之図」（兵部省海軍部水路局）
1885	「20万分の1地質図」作成開始（地質調査所）、「2万分の1正式地形図」作成開始（陸地測量部）
1924	「5万分の1地形図」整備完了（陸地測量部）
1965	国の基本図を5万分の1から2万5千分の1に変更
1974	「2万5千分の1土地利用図」作成開始、「国土数値情報」整備開始（国土地理院）
1983	「2万5千分の1地形図」、「20万分の1土地利用図」整備完了（国土地理院）
1992	「日本地質アトラス」完成（地質調査所）
1994	「数値地図25000（地図画像）」完成（国土地理院）
1995	「電子海図」完成（海上保安庁水路部）
2003	2万5千分の1地形図のフルベクタデータによる地形図データベース構築完了
2013	地理院地図をWebで公開

百舌鳥古市古墳群

大阪府堺市にある44基の古墳。5～6世紀に築造。最大は、墳形が周濠付き前方後円型の大仙古墳。2019年、ユネスコ世界文化遺産に登録。

メソポタミア・エジプト・黄河など三大古代文明が発達した地域では、B.C.2000年頃には水準・測距・測角・方位測定などの基本的測量技術が既に確立しており、この技術がメソポタミアの灌漑施設やピラミッドの建造・黄河の治水などを成功させた。B.C.5世紀から紀元にかけてのギリシャ・ローマ文明では、地球球体説の提唱や三角法の発明・弧長計測などが行われた。また、イスラム文明はアラビア数字を発明し三角関数を整備した。一方、中国でも河北から華南を結ぶ1 500kmの大運河の測量や磁針・羅針盤の実用化が行われた。12世紀の十字軍遠征を経て、ルネッサンス期や大航海時代には、世界の技術が出会い融合して測量技術も地球規模の交流期を迎え、17～18世紀にかけて三角測量や平板測量・セオドライトなどを使った近代的測量技術が開発され普及した。19世紀末になると、写真測量技術が開発されて測量の舞台は地上から空中に移り、さらに20世紀後半には測地衛星が打上げられ、現代では宇宙空間から地球（地表）を測量する時代となった。**表 0.1.3**と**表 0.1.4**に古代文明から12世紀までとルネッサンス期以降の測量関連技術の歴史を示す。

表 0.1.3　測量関連技術の歴史 (1) ―古代文明時代―

	主　な　出　来　事		主　な　出　来　事
エジプト文明	計算のはじまり	メソポタミア文明	B.C.3600　四則演算、分数の発明（シュメール文化）
	B.C.4000　十進法		天文観測のはじまり
	測地・測量のはじまり		B.C.2500　バビロニアの占星板
	B.C.3000　ナイル河洪水氾濫域の農地測量		B.C.2300　角度の60進法発明
	B.C.2660　ピラミッド建造		B.C.2000　十進法が広まる
	B.C.2300　前方交会法（船位測量）		B.C.1200　コンパス・三角定規
	B.C.2000　土地測量		
	B.C.1100　水準儀・下げ振り	黄河・インダス文明	B.C.2000　黄河の治水成功（夏王禹）（水準・測縄・測角・方位測量用器具）
ギリシャ・ローマ文明　イスラム文明	地球球体説　B.C.550（ピタゴラス）		B.C.500　直角設定法（3:4:5の比率）
	地球平面説　B.C.509（ヘカタイオス）		B.C.340　0の確認
	B.C.532　360度分度器		B.C.220　度量衡の統一（秦帝国）始皇帝陵の建設
	B.C.500　ピタゴラスの定理		
	B.C.287　πの発見（アルキメデス）		B.C.100　筆記体数字（アラビア数学の母体）
	B.C.200　三角法（ヒッパルコス）		
	地球計測のはじまり		
	B.C.195　弧長計測（エラトステネス）		
	B.C.150　正弦表（プトレマイオス）		
	B.C.50　ヘロンの面積公式		A.D.97　磁針の指南性発見
			A.D.570　大運河（河北～華南1 500km）
	A.D.800　アラビア数字		A.D.724　緯度1°の測量
	A.D.950　三角関数の整備（アル・ハージン）		A.D.1190　羅針盤の実用化

Landsat

NASA（米航空宇宙局）が1972年にはじめて打上げた地球資源（観測）実験衛星。

写真 0.1.1は、伊能忠敬らによって1821年に作成された「大日本沿海輿地図」とLandsat（ランドサット）による2000年の日本の衛星画像を比較したものである。経度方向にわずかな違いが認められるが、200年前の日本の測量技術が高いレベルにあったことがわかる。

表 0.1.4　　測量関連技術の歴史 (2) ―ルネッサンス期以降―

項目 (エポック)	主 な 出 来 事　　（ ）内は発明・発見・考案者名など、太文字は西暦年	
地 球 球 体 説 復 活	1406	プトレマイオスの地球球体説『地理学』のラテン語訳
三角測量の原理開発	1471	平面・球面三角法完成 (レギオモンタヌス)、1533　　(フリシウス)、
	1590	三角測量によるデンマーク島とベン島の連絡測量 (チホ・ブラーヘー)、
	1617	三角測量による弧長測量 (スネリウス)
平 板 測 量 の 普 及	1611	照準望遠鏡の発明 (リッペレイ)、1614　対数と対数計算の発明 (ネピア)、
	1616	象限儀の発明 (ダッドリー)、1617　　(プレーマー)、
	1631	副尺の発明 (バーニア)、1637　座標軸の発明 (デカルト)
水 準 測 量 の 精 密 化	1614	水準儀の発明 (トレヒストラー)、1662　気泡管の発明 (テベノ)
扁 平 地 球 楕 円 体 説	1683~1718　地球縦長楕円説 (カッシーニ)、1687　地球扁平率算定 (ニュートン)、	
	1718~1737　仏と英による地球の縦長・扁平論争、	
	1730	後方交会法開発 (ポテノ)、1737　扁平楕円体地球を確認 (クレーロ)
セオドライトの発明	1730	(シソン)、1731　反射四分儀、鏡六分儀、八分儀の発明 (ハドリ、ニュートンら)、
経 度 観 測 の 精 密 化	1748	代数学、微分積分の大成 (オイラー)
	1761	クロノメータの発明 (ハリソン)
メ ー ト ル の 決 定	1793	パリ通過子午線1象限の弧長の1千万分の1を1メートルに、1799　メートル法 (仏)
最 小 二 乗 法 の 発 見	1795	(ガウス)、1802　最小二乗法の定式化 (ルジャンドル)
等 角 投 影 法 の 開 発	1824	(ガウス)、1830　エベレスト楕円体、1841　ベッセル楕円体、
	1866	クラーク楕円体、1884　本初子午線の決定
メ ー ト ル 原 器 の 決 議	1875	パリ会議でメートル条約成立、1896　インバール基線尺の発明 (ギョーム)
写 真 測 量 開 始	1858	気球による空中写真 (ナダール)、1865　ポロ・コッペの原理、
	1895	地上写真経緯儀の開発 (フィンスターベルガー)
実体座標測定器の開発	1901	ステレオコンパレータ「実体座標測定器」(プルフリッヒ)
	1908	オートステレオグラフ「大型実体写真測量図化機」(オーレル)
空 中 写 真 測 量 開 始	1915	自動航空写真機 (メスター)、1923　空中写真測量実用化理論 (グルーバー)、
	1924	垂直写真用図化機 (ツァイス社)、1928　ジャイロコンパス開発、
	1934	広角レンズ実用化 (ツァイス社)、1941　解析写真測量理論 (チャーチ)
光 波 測 距 儀 発 明	1947	(ベルグストランド)、1967　レーザ使用の長距離光波測距儀、
	1969	発光ダイオード使用の短距離光波測距儀
自 動 レ ベ ル の 開 発	1950	(ツァイス社)
衛 星 測 量 の 開 発	1962	測地衛星ANNA、1967　NNSSの民間公開、1967　VLBI成功
衛 星 に よ る 地 球 観 測	1972	ランドサット衛星1号機打上、1978　シーサット衛星、2013　ランドサット衛星8号機打上
Ｖ Ｌ Ｂ Ｉ・Ｇ Ｐ Ｓ 実 用 化	1973	米GPS開発開始、1978　GPS衛星打上開始、1993　GPS正式運用
Ｇ Ｌ Ｏ Ｎ Ａ Ｓ Ｓ 実 用 化	1976	旧ソ連開発開始、1982　GLONASS衛星打上開始、2011　GLONASS正式運用
QZSS (みちびき) 実用化	1997	日本の準天頂衛星システム開発開始、2010　1号機打上、2013　利用可能、
	2017	2・3・4号機打上 (3号機は静止軌道)、2018　4機体制で運用開始、
	2023	7機体制で運用予定

　近世における日本の三大都市は、江戸（東京）・京都・大坂（大阪）である。江戸は政治的・軍事的権力の中枢となり、その象徴である将軍と武士の町を中心とした 100 万都市であり**当時世界一の水道網**を有していた。京都は歴史的・文化的権威の象徴としての天皇・公家中心の古都であった。この二都に対し、大坂は商業（物流・金融）の中心的役割を担い、特に江戸時代後期には「天下の台所」と称され、全国の貨幣経済（市場・相場）を実質的に支配する人口 30 ～ 40 万の町人たちの都市になっていた。また、大坂や堺は世界の最新情報が集まる場所であり、精密機器を製作できる職人が活躍するところでもあったことから、町人を主体とした合理的・実証主義的な思考土壌が形成されていた。
　懐徳堂は、町人が出資し 1724 年に大坂に設立された民間の学問所であり、塾生は武士から庶民までが身分の区別なく、そして洋学から儒学に至るまでのさまざまな分野の新しい知識・情報を自由に学べることを学風としていたので、多くの町人学者を輩出した。大分・杵築藩の侍医であった麻田剛立（1734 ～ 1799）は、懐徳堂の支援を受けて医学と天文学の研究に一生を捧げ、徹底した

当時世界一の水道網

　玉川上水は 1653 年江戸に作られた自然流下式の水道源。給水面積・人口とも当時世界一。多摩川の水を武蔵野台地を東流させ四谷までの全長 43km（落差 92m）を開削して導いた。

　玉川兄弟が優れた測量技術を駆使し私財を投じてわずか 7 ヶ月で完成させたとされている。

　水平距離 100m で高低差わずか 22cm という高精度の測量技術が必要であった。

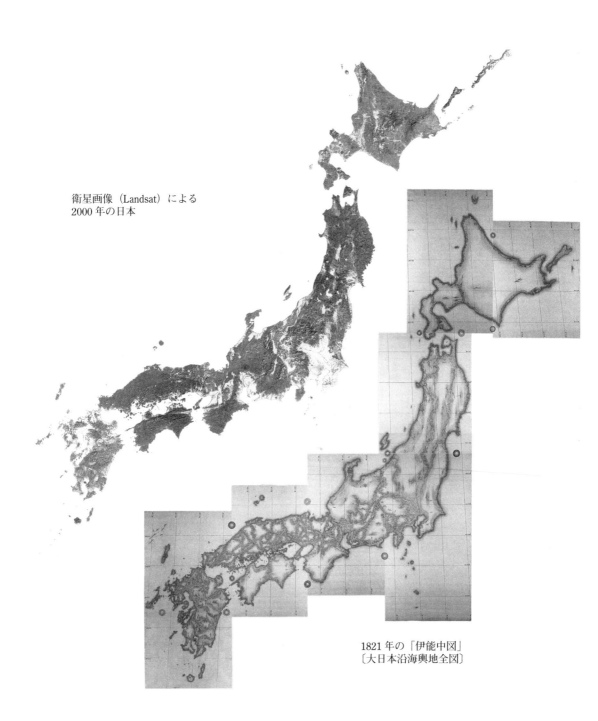

衛星画像（Landsat）による
2000 年の日本

1821 年の「伊能中図」
〔大日本沿海輿地全図〕

写真 0.1.1 伊能中図と Landsat 衛星画像の比較（武揚堂作成の 2000 年カレンダーより転載）

実地実測の学風と洋学の暦法研究の実績により「大坂の洋学の祖」と呼ばれ、多くの優れた弟子を育てた。当時の天文学の研究領域は、天体運動の観測と考究から時刻を決めて暦を作るだけではなく、位置を測って地図を製作するまでの広範囲にわたっていた。

子午線 1 度の正確な
値は 110.98km。

その頃の日本では中国の授時暦に基づいて渋川春海（1639 ～ 1715）が作成した貞享暦などが使用されていたが精度が低く、幕府は寛政の改暦（新しい暦の作成）を天文方（天体の運行や暦の研究機関）に指示していた。幕府から麻田剛立へ改暦業務の依頼がされ、弟子で大坂定番の同心（下級武士）である高橋至時（1764 ～ 1804）と同じく質屋商人の間重富（1756 ～ 1816）が 1795 年に江戸に派遣された。天文方となった高橋至時は、改暦作業の傍ら弟子の育成にもあたった。

伊能忠敬（1745 ～ 1818）は後に全国を徒歩で測量し、日本初の実測図「大日本沿海興地全図」を作成するが、1795 年に至時に入門している。忠敬は至時のもとで修学の後、1800 年から 17 年間にわたり測地のために全国を巡り延べ 4 万 km 余りもの距離を踏破して、その実測結果から子午線 1 度の長さを 28.2 里（110.749km）と算出し、日本全土の**大図・中図・小図**など（伊能図と総称）を編さんした。算出された子午線長の精度は 1 ／ 1 000 であり、当時としては驚異的な精度で、忠敬の測量技術のレベルが高かったことを示している。

一方、「大日本沿海興地全図」は長崎出島のオランダ商館付ドイツ人医師シーボルト（1796 ～ 1866）によってオランダに持ち帰られ、1840 年に「日本地図」として発刊された。幕末（1861）に英国海軍が日本沿岸の測量をしたが幕府が伊能図（小図）を見せたところ、その精密さに驚嘆したとされている。伊能図はその後約 100 年間、日本の基本測量や地図作成などの参考に使用された。

大図、中図、小図

測量結果による初めての全国図。400 を超える伊能図の中で次の三種の地図をいう。

　大図
（縮尺 1/36 000・214 枚）
　中図
（縮尺 1/216 000・8 枚）
　小図
（縮尺 1/432 000・3 枚）

伊能図には別小図（縮尺 1/864 000）など他にも 7 種類の地図がある。

1821（文政 4）年に、上記三種地図と大日本沿海実測録 14 巻を幕府に提出。

伊能忠敬の測量方法

測距は歩測・間棹・間縄、方位観測は磁針付方位盤による多角測量。天文観測（夜間の恒星の鉛直角観測など）によって各補正（誤差修正）を行う。
（カバー②③を参照）

序　章

2　測量の定義

大化の改新（645）の詔を解説した令集解（646）にある「度地＝地をはかる」が、わが国の文献上での測量を意味する語源とされる。

大宝律令制定後の和銅 6 年（713）に、初めて**度量衡**が制定された。

その後、測量技術は、江戸時代初期まで砲術などとともに軍学の 1 つに位置づけられ、「規矩術」・「物見の法」あるいは「町見の術」と呼ばれてきた。

「測量」という言葉は、中国の「測天量地＝天ヲ測リ、地ヲ量ル」という熟語から「測」と「量」をとり、享保 2 年（1717）に儒学者の細井広沢（1658 ～ 1735）が『秘傳地域図法大全書』の中で最初に用いた。

一方、広辞苑の「測量」の項には、以下のように記されている。

① 器械を用い、物の高さ・長さ・広さ・距離を測り知ること。

② （surveying）地表上の各点相互の位置を求め、ある部分の位置・形状・面積をはかり、かつこれらを図示する技術である。

また、公共測量作業規程の準則（以下、作業規程とする）の解説と運用には、「測量とは、地表面あるいはその近傍の地点の相互関係及び位置を確立する科

度量衡

「度」は長さをはかること、「量」は容積をはかること、「衡」は重さをはかることである。古代の「度」は長さをはかること、すなわち土地をはかること、ひいては土地測量を意味していた。

surveyorの定義
（FIG 1990）

土地に関連した情報
の測定、加工、評価、
管理を行う学歴（資
格）と技術を有する
プロフェッショナル
をいう。
1. 測　地
2. 応用測量
3. 地　籍
4. LIS/GIS
5. 調査・計画
6. 資産計画・開発・再
開発
7. 不動産評価・管理
8. 建設工事計画・管
理
9. 作図・作表

FIG
　国際測量者連盟

LIS
（Land Information System）
　土地情報システム

GIS
　P231 参照。

学技術であり、また、数値あるいは図によって表された相対的位置を地上その
他に再現させる技術である」と、記述されている。

　そして、**測量法**第３条では「この法律において『測量』とは、土地の測量を
いい、地図の調製及び測量用写真の撮影を含むものとする」と規定している。

　ところが、土地（地表面）は起伏に富み複雑な形をしているため、地表面に
沿った形をそのまま平面に表現するのは困難である。そこで、測量では座標系
の上で各地点の位置を決め、地形を各地点の座標を平面上に連続的に展開して
表現する。言い換えると、各地点や測点の（位置）座標を求める技術が測量で
ある。表現方法で区分すると、基準点などの位置を数字で表現するのが「測地
測量」、図形で表現するのが「地形測量」になるが、デジタル技術の導入によ
りこの区分は不明確になってきた。測量に対応する英語は、survey とされて
いるが、**FIG** によると surveyor とは、土地に関する情報の取得から管理に至
る幅広い業務を総合的に遂行（デザイン）する専門家とされている。

　また、平成 20 年（2008）４月に最初の「地理空間情報活用推進基本計画」
が閣議決定されて以来、デジタル時代の社会的ニーズに対応するために、電子
国土基本図などの新システムや各提供ツールが整備され、利活用が進んでいる。

　このように最近では「測量」の定義自体が広くなりかつ変化しているため、
測量学も空間情報工学あるいは空間情報技術と言い換えることができよう。

　本書では、測量の基礎知識を習得することを目標としているので「地球上の
諸点の相互的関係や位置を、距離・角度・高さによって求めること」を測量と
定義する。この距離・角度・高さ（高低差）を測量の３要素という。なお、最
近ではこれに時間（的変遷）を加えて４要素とすることもある。

序　章

3　測量の分類

測量法
　土地の測量について次
の４点を目的（法第１条）
として国が定めた法律。
①基本的体系を作る
②実施の基準を設ける
③測量の重複を除く
④測量の正確さを確保
する
（1949 年６月３日制定）
６月３日は測量の日

主題図
　ある特定の目的や
テーマを主題として形
成された地図。主題を
強調し表現している。
（例）土地利用図、植生
図、地質図、各統計地
図など。

　測量には目的・方法・使用機器などにより種々に分類されるが、以下には法
律（**測量法**）上の分類と、対象とする測量範囲の広さによる分類を示す。

1　測量法上の分類

　測量法（1949 年制定。以下、法とする。同法の抜粋は付録を参照）の第４
条から第６条では、この法律の適用を受ける測量をその実施の主体または費用
分担の区分、規模および精度、実施の基準から次の３つに分類・規定している。

(1) 基本測量（法第４条）

　すべての測量の基礎となる測量で、国土交通省国土地理院が行うもの。精密
測地網測量、精密水準測量、天文測量、重力・地磁気測定、国土基本図測量、
地形図測量、地方図・地勢図・土地利用図・土地条件図などの**主題図**、衛星画
像図作成などがこれに相当する。

(2) 公共測量（法第5条）

　基本測量以外の測量のうち、建物に関する測量その他の局地的測量又は小縮尺図の調製その他の高度の精度を必要としない測量で政令（測量法施行令第1条）で定めるものを除き、測量に要する費用の全部若しくは一部を国又は公共団体が負担し、若しくは補助して実施するものをいう。基本測量の成果に基づいて国又は公共団体が行う測量であり、都市計画や各種社会インフラ整備などを目的に実施される。作業方法や精度などが**作業規程の準則**に定められている。

(3) 基本測量及び公共測量以外の測量（法第6条）

　基本測量又は公共測量の測量成果を使用して実施する基本測量及び公共測量以外の測量（建物に関する測量その他の局地的測量又は小縮尺図の調製その他の高度の精度を必要としない測量で政令で定めるものを除く）をいう。電力会社や鉄道・高速道路会社などが実施する大規模な測量などがこれに相当し、各事業者は、それぞれ作業規程と同等の規程や実施要領などを整備している。

2　測量範囲の広さによる分類

(1) 大地測量（測地学的測量）

　約400km²を超える広範囲の地域が対象となる測量において100万分の1の精度を必要とする場合には、地球の曲率を考慮した測量をする必要がある。

　すなわち、地表面を回転楕円体面として行う測量である。

(2) 小地測量（局地的測量・平面測量）

　半径10km程度以下の範囲では、地表面を平面と見なして測量しても100万分の1の精度を確保できる。建設工事などに伴う測量が、これに相当する。

> 　他にも、**測量方法や使用器械による分類**（多角測量、三角測量、三辺測量、GPS測量、水準測量、平板測量、写真測量）や**測量の機能・目的による分類**（基準点測量、地形測量、地籍（用地）測量、路線測量、河川測量、海洋測量、トンネル測量）がある。

参考文献

1) 小島宗治：測天量地、清和出版社、1997

2) －公共測量－作業規程の準則　解説と運用、(社)日本測量協会、2016

3) 村井俊治：ジオインフォマティックの世界、(社)日本測量協会、1995

4) 村井俊治：空間情報工学、(社)日本測量協会、1999

5) 国土地理院：地図と測量の科学館、(財)日本地図センター、1996

6) 西川康子：自由学門都市大坂、講談社、2002

7) 海上保安庁水路部：日本水路史、(財)日本水路協会、1971

8) 長谷川昌弘・今村遼平・吉川眞・熊谷樹一郎編著：ジオインフォマティックス入門、理工図書、2002

9) 新村出：広辞苑（第五版）、岩波書店、1998

	基本測量（第4条）
	国土地理院が行う測量

| 局地的測量等（測量法施行令第1条で適用除外） | 公共測量（第5条） |
| | 基本測量及び公共測量以外の測量（第6条） |

□で囲まれた部分が該当する
〔測量法の適用範囲〕

作業規程の準則

　公共測量作業規程を作成するための一般的な規範。測量法第34条に規定。

　地球の赤道半径と極半径との差は約21kmであるため、通常は半径6370kmの球体として測量することが多い。

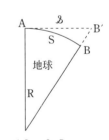

$$\triangle \ell = \ell - S$$
$$\cong S^3 / 3R^2$$
$$\therefore \triangle \ell / S \cong S^2 / 3R^2$$
（R=6370km）

S	$\triangle\ell/S$
110	1/10 000
35	1/100 000
11	1/1000 000

ℓ:平面距離(km)
S:球面距離(km)
$\triangle\ell/S$:相対誤差

公共測量実施のための法的手続き

　公共測量を実施するときに測量計画機関が行うべき『測量法』の主な手続きには、次のようなものがある。

① 作業規程の承認申請　　　　　……法第 33 条
　　作業規程を作成し、国土交通大臣の承認を受ける。

② 測量成果及び測量記録の閲覧・交付……法第 28 条、第 42 条
　　既設点の成果表と点の記は、国土地理院で閲覧し、交付を受ける。

③ 公共測量実施計画書の提出　　　……法第 36 条
　　実施計画書を作成し、国土地理院の長に届け出て、技術的助言を受ける。

④ 測 量 標 ⎱ の使用の承認申請　　……法第 26 条、第 39 条
　　測量成果 ⎰　　　　　　　　　　……法第 30 条、第 44 条
　　国家基準点は国土地理院の長に、公共基準点はその点を設置した計画機関に届け出て、承認を受ける（この 2 つの申請は、同時に行える）。

⑤ 公共測量実施の公示　　　　　　……法第 14 条第 1 項、第 39 条
　　測量を実施するときは、測量の地域・期間等を関係都道府県知事に通知する。

⑥ 公共測量終了の公示　　　　　　……法第 14 条第 2 項、第 39 条
　　測量を終了したときは、関係都道府県知事に通知する。

⑦ 永久標識に関する通知　　　　　……法第 21 条、第 37 条
　　永久標識を設置したときは、国土地理院の長及び関係都道府県知事に通知する。

⑧ 測量成果の提出　　　　　　　　……法第 40 条
　　測量成果を得たときは、遅滞なく写を国土地理院の長に送付する。

　以上の届け出の書式は、『測量法施行規則(昭和二十四年九月一日 建設省令 第百十六号)』等で決められているので国土地理院へ問い合わせればよい。

公共測量作業の流れ

計画機関が製品仕様書を作成：JPGIS（地理情報標準）に準拠
- データ項目（道路、河川、行政界、家屋 etc）
- データ内容・属性（例えば道路中心線取得→幅員属性付与）
- 品質評価手法（点検測量等）、評価基準（選定される作業方法に基づいて定める）

作業規程に定める方法 ▼　　　　　　　▼ 作業規程に定めのない方法

作業方法の選定	新しい技術等による作業方法への対応
・マニュアルによる測量作業にも対応 ・本文では定めていない品質の各要素については、JPGIS に定める方法	・作業方法の検証・確認：当該作業方法の妥当性を確認 ・品質のすべての要素は、JPGIS に定める方法

▼

計画機関が国土地理院に公共測量実施計画書を提出、助言を受領

▼

作業機関で作業実施、品質評価の実施

▼

成果検定	⬄	**作業機関が成果品、メタデータ等を作成** メタデータの作成：製品仕様書で定める内容、品質評価の結果等を記述

▼

作業機関が計画機関に納品、国土地理院の成果の審査

（社）日本測量協会 公共測量「作業規程の準則」の改正ポイント
自己学習CD-ROM（平成21. 4月版）より引用

（JPGIS：P24 参照）

第 1 章
座標系

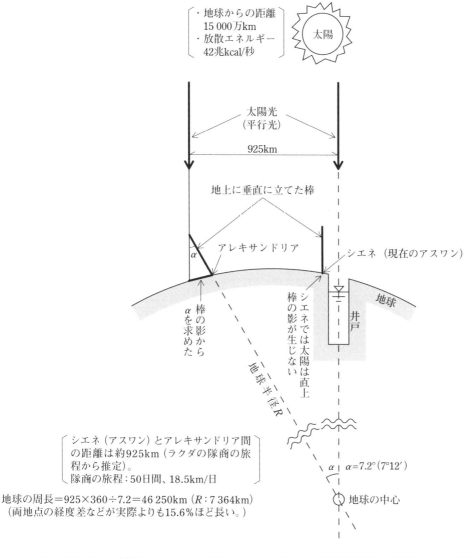

エラトステネス（ギリシャ、B.C.276 ～ B.C.192）の地球半径測定（夏至の日の太陽南中時）

1 座標系

数千 km 以上も離れた 2 点間の距離を、数十億光年の彼方から届く準星（クエーサー）の電波によって、数 cm の精度で測れる超長基線電波干渉法（VLBI: Very Long Baseline Interferometry）や、複数の人工衛星からの電波を受信することで、地球上の任意地点の座標が得られる **GNSS**（Global Navigation Satellite System）などにより従来では大変な労力を要した測量が、高精度でしかも短時間に行えるようになってきた。とりわけ、GNSS は、特別な測量知識や技術がなくとも扱える特長がある。自分の現在位置が即時に分かるカーナビゲーションシステムや携帯電話（スマートフォンなど）などは、その好例である。こうした新技術が実用化された背景には、測量により観測された結果が同一の座標系で表現されている前提がある。本章では、全ての測量の前提となる座標系について述べる。

VLBI
　P61 参照。

GNSS
　第 6 章 3 節参照。

1 座標系とは

地点の位置は水平位置と鉛直位置とで表す。

水平位置を表す方法としては、地球を赤道方向に扁平にした回転楕円体とし、その楕円体上の球面位置（緯度 B・経度 L）と、その楕円体を平面に投影しその平面上で直角座標を考えた平面位置（X, Y 座標値）がある。

鉛直位置は基準面からの鉛直距離で表され、基準面を平均海面とした標高と、楕円体面を基準にした楕円体高がある。また、水平位置と鉛直位置とを同時に表した地心直交座標（3 次元位置値）を用いることもできる。

本初子午線
経度 0°を通る経線。この子午線から東回りに東経を測り、西回りに西経を測り、それぞれ 180°に至る(1884 年国際経線会議で決まる)。
子（ね）→北の方角
午（うま）→南の方角

1 測量の基準

測量の基本は、既知点（座標値が既知の点）の位置を基にして未知点の位置（座標値）を求めることにある。その具体的方法については、後の章で詳述されるが、問題は既知点の位置を表す基準となる座標系をどう定義し表現するかである。例えば数学座標で原点（$x = 0$, $y = 0$）から x 方向に＋ 2、y 方向に＋ 3 移動した点は、$(x, y) = (2, 3)$ である（図 1.1.1）。これはごく簡単な例であるが、数学の世界ではまず基準となる座標系が定義され、その範囲で幾何演算が論じられる。一部の分野を除けば座標系の定義に煩わされることはない。

一方、測量の分野では実世界に対して座標系を定めなければ、測量結果を座標値として表現できない。ごく限られた範囲（例えば大学の敷地内など）であれば、任意の原点と座標軸の方向を定義すれば、その範囲の測量結果をその座標値（任意座標系）で表現することができるが（図 1.1.2）、日本全土にわたるような広範囲の測量を考える場合には日本全土に共通な座標系が必要となり、さらに世界規模の場合には、世界で共通な座標系を定義しなければならない。

測量分野では最も基本的な座標系、つまり地球上の位置を表す基準を「測地座標系（または単に測地系)」として定義している。「測地座標系」は地球の中心（重心）を原点とする 3 次元直交座標であり、赤道面（地球を赤道で南北に分割した面）を XY 軸で構成される平面とし、地球回転軸（地軸）を Z 方向に定義するものである。X 軸の方向は、英国旧グリニッジ天文台を通る**本初子午線**（南北両回転軸を結ぶ地球表面上の線）に交差するように定義されている（図 1.1.3）。測量で扱われる座標は全てこの「測地座標系」をもとにしている。

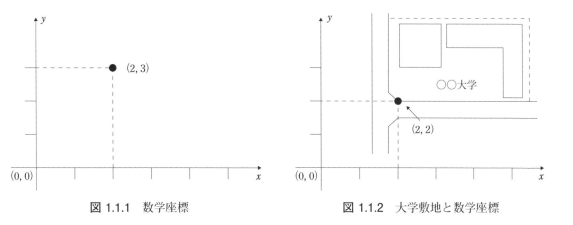

図 1.1.1　数学座標　　　　　　　　　図 1.1.2　大学敷地と数学座標

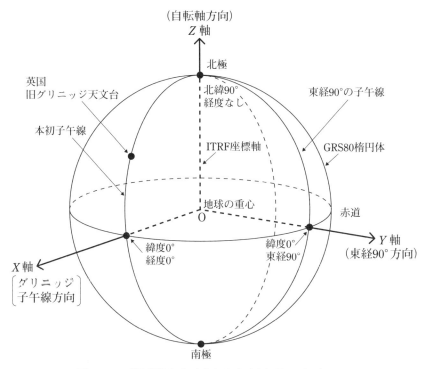

図 1.1.3　世界測地系（地心直交座標系）の概念

〔経緯度〕

2　主な座標系

　「測地座標系」を決めるためには、座標の原点となる地球の中心（重心）位置を求めなければならない。地球の中心位置は、直接観測することができないので、今日のように VLBI や GNSS といった宇宙観測技術が利用できる以前は、天体観測により地球の中心位置を求めていた。この天体観測による地球の中心位置は、観測を行った国によりわずかにその値が異なる。以下に述べる「日本測地系」もその1つである。ここでは日本における実際の測量に利用されていた「日本測地系」の他、国際組織により定義された「ITRF 座標系」、GPS のために定義された「WGS－84 座標系」の3種類について述べる。

　地球を周回する人工衛星の軌道データから地球の形状（地球楕円体）と地球の中心(重心)を精度高く決められる。

　地球の中心を原点とする3次元直交座標を定め、その座標の中に最適な地球楕円体を設定できる。このような3次元直交座標を「地心直交座標」という。

　座標系が設定されると地球上の位置は3次元の座標値として表せるが、実用的には緯度経度で表示した方が位置関係を把握しやすい。

（1）日本測地系

　日本測地系（Tokyo Datum）は、1884（明治17）年以降日本で運用されてきた測地座標系である。当時の天体観測により東京・港区にある基準点**原点**を基に定義された日本独自のものである。2001年6月の測量法改正（施行2002年4月）以降の測量は、次項に示す世界測地系（日本測地系2000）に移行しているが、現存の測量成果は旧日本測地系でされたものも残っている。

（2）ITRF座標系（ITRF系）

　VLBIやGPSなどの宇宙測地技術を用いて、地球の基準座標系をはじめ各種の観測・解析を実施している国際組織（**IERS**：International Earth Rotation Service）が定義した座標系のことである。この座標系は国際地球基準座標系（ITRF座標系：International Terrestrial Reference Frame）と呼ばれている。日本では2001年の測量法改正（施行2002年4月）で、ITRF94系と呼ばれる国際地球基準座標系を今後の基準座標系とすることを定めた。測量法（第11条）では現在この新しい座標系を「世界測地系」と呼んでいる。

（3）WGS－84座標系（WGS－84系）

　WGS（World Geodetic System）－84座標系は、GPSのために定義されている座標系である。GPS衛星の軌道情報を扱うので世界標準たる性格のものである。この座標系はGPS衛星を打ち上げたアメリカ合衆国の政府機関によって定義されている。現在運用されているWGS－84座標系は幾度かの改定を経て、前項の世界測地系とほとんど同一の座標系となっている。

原点
　第6章1節（P92）参照。

　日本測地系2000（JGD2000）に基づいて作成された地図などの測量成果は測地成果2000と呼ばれる。
　日本もVLBI（P61参照）観測などで国際共同観測に参加してITRF座標系構築に貢献している。

IERS
　国際地球回転観測事業

　東日本大震災後に構築された測地成果2011では、東日本1都19県ではITRF2008が、西日本と北海道はITRF94が使われている。

2　地球の形と座標系

　地球の中心（重心）位置を原点とする3次元直交座標を測地座標系として定義し、これはすべての測量の基になる座標系であると述べたが、実際の測量では測地座標系を直接参照することは少ない。地球の形は、球形ではなく楕円体であるので、数式で表現できる楕円体に地球の形状を置き換え、これを位置決定の基準面としている。この基準面は、ジオイド面（平均海水面の形で地球の形状を表現した面、後述）に近似した楕円体となっている。この楕円体は、南北軸（短軸・地軸）を中心に回転する回転楕円体である。楕円体上における位置座標は緯度・経度により、高さは楕円体面からの鉛直距離（楕円体高）によって表示する（ジオイド面、楕円体高についてはP16、17を参照）。

　なお、地球表面上のごく限られた範囲（半径10km程度まで）については、楕円体表面は平面とみなしても誤差が無視できる範囲となり、諸点の座標値は平面上での位置と高さで表すことで、実用上の目的を十分に達成できる。例えば、区画整理などの測量においては、各点の座標値は、平面上における単純な位置と高さ（鉛直方向）で表現できるようになる。

〔地球の形状〕

1　回転楕円体（準拠楕円体）

　地球の形に近似させた南北に扁平な**回転楕円体**は地球楕円体といわれ、1830
～1960年にかけて**表 1.2.1**にあるような種々の楕円体が発表されている。

　それぞれの楕円体の数値がわずかながら異なるのは、世界各地で行われた経
線や緯線の測定結果の違いによる。地球楕円体は、地球の形に基づいて決めら
れたもので地図作成などの基準となることから準拠楕円体ともいう。

表 1.2.1　19～20世紀における回転楕円体の種類

楕円体提示者と決定年	赤道半径 a(m)	扁平率 $(a-b)/a$	主な採用国
エベレスト（1830）	6 377 304	1/300.8	インド、ミャンマー
ベッセル（1841）	6 377 397	1/299.15	日本、ドイツ、インドネシア
クラーク（1866）	6 378 206	1/294.98	アメリカ、カナダ、イギリス
クラーク（1880）	6 378 249	1/293.47	フランス、アフリカ諸国
ヘイフォード（1909）	6 378 388	1/297.00	西欧、南米
クラソフスキー（1942）	6 378 245	1/298.30	旧共産圏諸国
フィッシャー（1960）	6 378 160	1/298.3	シンガポール

a：長半径　b：短半径

　日本では測量法改正前（2002年3月まで）は、ベッセルの回転楕円体を採
用し、全ての測量の座標値をこの準拠楕円体で定義される座標系により表示し
ていた。

　楕円体についても近年、宇宙測地技術を駆使して**IAG**および**IUGG**が1979
年に採択したGRS 80（Geodetic Reference System：測地基準系1980）楕円体
やアメリカがGPSのために
定義したWGS－84楕円体
（**表 1.2.2**）に**表 1.2.1**の回転
楕円体が代わりつつある。測
量法改正後は、測地座標系を
ITRF94系に定めたのと同時

表 1.2.2　GRS 80楕円体とWGS-84楕円体

楕円体	赤道半径 a(m)	扁平率 $(a-b)/a$
GRS 80　（1980）	6 378 137	1/298.257222101
WGS-84　（1984）	6 378 137	1/298.257223563

（極半径 b＝6 356 752.314）

に、楕円体についても ITRF が定義している GRS 80 楕円体を採用している。

2　測地座標系と楕円体

　地表上の諸点の位置は、地球の中心を原点とする測地座標系を定義すること
で、測地座標系における座標 (x, y, z) で表示でき、また地球表面の形を表
す楕円体を定義することで、楕円体上での**緯度・経度**（B・L）と楕円体高（He）
でも表示できる。測地座標系と楕円体の関係は**図 1.2.1**のようになる。

　このように測量の基準となる**座標系**は、準拠する測地座標系と**楕円体**式に
よって決定される。このどちらかが異なる場合は、地上における同一点のそれ
ぞれの座標値は異なってくる。測地座標系と楕円体の組み合わせは、実際の運
用方法から**表 1.2.3**の3通りについて理解しておく必要がある。

　測量法改正以前の日本測地系とベッセル楕円体による座標系から、改正後の
世界測地系（ITRF系）とGRS 80楕円体を比較すると、日本付近における同

回転楕円体
　地軸の周りを平面図
形の楕円が一回転した
と仮定した幾何学的な
形状（**図 1.2.1**参照）
であるので、数式で表
現できる。赤道方向の
ふくらみは半径で21km
強である。
　大体その地域の水準
面に一致するような回
転楕円体が選ばれてい
る。

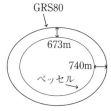

ベッセル楕円体と
GRS80楕円体との差

IAG
　国際測地学協会

IUGG
　国際測地・地球物理
学連合

緯度 B（独、Breite）
　その点における楕円
体面の法線が赤道面と
なす角度。

経度 L（独、Länge）
　その点を通る子午線
が本初子午線となす角
度。

座標系
　地球上の位置と方向
を数値で表すために必
要な基準。

楕円体
　地球上の経緯度と楕
円体高を表すための基
準となる面。

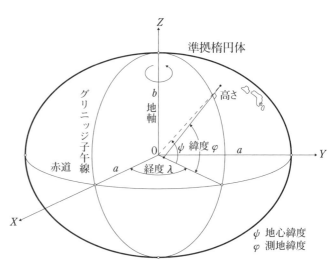

図 1.2.1　測地座標系と楕円体　（国土地理院HPに加筆）

表 1.2.3　代表的な測地座標系と準拠楕円体の組み合わせ

測地座標系	準拠楕円体
① 日本測地系	ベッセル楕円体
② 世界測地系（ITRF系）	GRS 80楕円体（VLBI観測から）
③ WGS−84座標系	WGS−84楕円体（GPS観測から）

②は国際地球基準座標系とも呼ばれている。

TSによる測距・測角では準拠楕円体座標（B.L.H）を用い、GNSS測量では3次元直交座標を用いる。

一点の座標値は、多少の地域差があるものの東京（経緯度原点）で約450mの差がある。この差は座標系の定義方法によるものである。なお、**表**1.2.3の組み合わせの②と③を比較すると、測地座標系はWGS−84系とITRF94系がほぼ同一なので、楕円体の定義による差がある。この差は日本付近では、緯度で0.000003秒、経度は0（経度は楕円体の定義には関与しない）、高さ（鉛直方向）は0.06mmと微小であるため、③による観測値は、そのまま②による値として扱っても実用上は問題ない。標高については、東京湾平均海面を基準にしている。

3　高さ

　測地座標系に高さの概念はなく、楕円体を定めることで楕円体表面からの鉛直方向における距離を高さとして扱う。高さについてはジオイド面・楕円体高・標高の定義を理解することが必要である。

(1) ジオイド面（Geoidal Height または Geoid Height：Hg）

　ジオイドは地球重力の等重力面（重力に直交する面）のうち、平均海水面に一致するものとして定義される。**図** 1.2.2のように平均海水面を陸地部分にも延長すると、地球は連続した海水面で覆われるが、この面をジオイド面という。すなわち、ジオイド面とは、地球表面の70％以上を占める海水面の形で地球の形状を表現したものである。

　地球内部は、不均質なため重力は場所によって大きさがわずかに異なること

新座標系②と旧座標系①との差（概略）

	緯度の差	経度の差
稚内	＋ 8秒 （240m）	−14秒 （350m）
東京	＋12秒 （360m）	−12秒 （300m）
大阪	＋12秒 （360m）	−10秒 （255m）
福岡	＋12秒 （360m）	− 8秒 （200m）
那覇	＋14秒 （420m）	− 7秒 （180m）

ジオイドの語源
　1872年リスティング（Johann.B.Listing）が命名。「地球の形に似ているもの」という意味。

から、地球物理学的な曲面であるジオイド面は局部的にみると図1.2.2のように複雑な起伏を示すので、回転楕円体のような幾何学的な曲面としては表現できない。

日本では東京湾平均海面を通るジオイド面としており、この面を標高の基準面として定義している。測量法の改正（2001年6月）により測地座標系と準拠楕円体をITRF 94系とGRS 80楕円体に改定されたが、標高の基準についての改定はない。

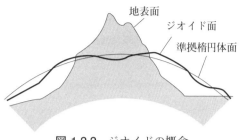

図 1.2.2　ジオイドの概念
（塩屋天体観測所HPに加筆）

(2) 楕円体高（Ellipsoidal Height：He）

準拠する楕円体（GRS80楕円体）面から測点までの鉛直距離を楕円体高という。GNSS観測では、高さとしては楕円体高が使われる。楕円体高のうち、楕円体面からジオイド面までの高さをジオイド高という。ジオイド高は、水準測量とGNSS観測より求めることができる。楕円体は地球の形に近似する曲面ではあるが、ジオイド面は図 1.2.2のように局所的に凹凸があるので、楕円体面の上にジオイド面があったり、その逆もある（その差は±80m程度である）。

(3) 標高（Orthometric Height：Ho）

標高は一般的には東京湾平均海面（ジオイド面）からの高さのことをいうが、測地学では図 1.2.3に示すように［標高＝楕円体高−ジオイド高］で表される。つまり、任意の地点における高さは楕円体面を基準とする考え方が基本であり、楕円体高をジオイド高で補正した値が標高ということになる。

日本測地系では、東京湾平均海面とベッセル楕円体が接するように測地座標系を設定したので、東京付近では楕円体高がほぼ標高に一致するが、北海道・**稚内**では55m（ジオイド高が−55m）もの差異が生じる。世界測地系に移行後（2002年4月以降）は、東京付近における差は0ではなくなったが、全国的に差が最小となるような値となっている。図 3.4.4（P59）に日本ジオイド高分布図（ジオイド2011）を示す。ジオイド高は、緯度と経度から国土地理院HPより求められる。

稚内では、標高 Ho = 10m の楕円体高 He は
He = Hg + Ho
　 = (− 55) + (+ 10)
　 = − 45m
となる。

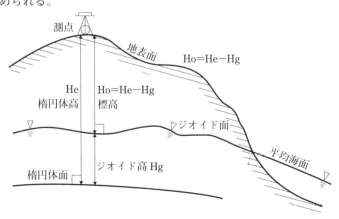

図 1.2.3　標高、楕円体高、ジオイド高の関係

（日本測地系に準拠）

〔日本のジオイド図〕

3 測量における座標系

測量は諸点の幾何学的な位置あるいは相互関係を決めることであるため、その幾何学的位置は適宜に定められた測量の基準面の上、または、座標系の中で表示する必要がある。

全ての測量における位置表示基準が測地座標系と準拠楕円体が基本になっていることは既に述べた通りであるが、次に実際の測量における座標系の運用について述べる。日本には測量の基準となる基準点が全国に配置されている。国が基本測量によって設置している国家基準点の内訳を**表 1.3.1** に示す。基準点は準拠楕円体における位置座標値を提供し、水準点は平均海面からの標高値を提供する役割がある。国家基準点のほかにも自治体が設置した基準点（公共基準点）や道路や河川管理のために設置された基準点などがある。

表 1.3.1 国家基準点一覧（2020年4月現在）

点種別	点数	設置密度など
三角点（一等）	974	約25kmごと
三角点（二等）	4 998	約8kmごと
三角点（三等）	31 701	約4kmごと
三角点（四等）	71 607	1〜2kmごと
水準点（基準）	84	100〜150kmごと
水準点（一等）	13 339	全国主要国道沿い 約2kmごと
水準点（二等）	3 309	全国主要地方道沿い 約2kmごと
電子基準点	1 318	約20km

上記**表 1.3.1** にある基準点を使用することで、ITRF 系（世界測地系）と楕円体 GRS 80 に準拠した測量ができる仕組みが整備されている。以下に、実際の測量で採用される座標系について記す。

1 緯度経度座標系

わが国では、緯度経度座標系として ITRF 系（世界測地系）と GRS 80 楕円体に準拠した座標系を採用している。国家基準点成果表には、ITRF 系（世界測地系）と GRS 80 楕円体に基づく緯度経度座標値と、次項に述べる平面直角座標系での座標値が併記されている。国家基準点の緯度経度座標値をもとに、測量しようとする諸点の位置が求められる。この座標系は一種の国際標準であるので、同一座標系を採用する諸外国における測量と位置の整合性（高さは除く）が確保される。

一方、測量により諸点間の距離と角度およびベクトルが求められるが、その観測結果を緯度経度に置き換える作業が必要になる。また、地表面が事実上平面とみなせるごく限られた範囲（半径約 10km 以下、距離 20km 程度以下）での 2 点間の距離を求める場合には、座標値から距離を求める複雑な計算が必要となる。したがって、緯度経度座標系による測量は、地球規模で位置表示する場合や、日本全土や近畿・関東・中部など広範囲の測量に適している。

国土地理院の 1/200 000 **地勢図**や 1/25 000 地形図（数値地図 25 000）などは、緯度経度座標で示した代表的な地形図である（**図 1.3.1**）。日常生活では 2 点間の相対的位置関係は、距離（長さ）の単位として表示する方が実用的であるので、次の平面直角座標系が用いられる。

緯度 1 秒　**の長さ**
経度 1 秒

場所により異なるが北緯36°付近では 1 秒の長さは
緯距（南北方向）31m
経距（東西方向）25m
である。

地勢図

土地の起伏や深浅などの状態を表した図をいう。狭義には国土地理院の 20 万分の 1 地勢図をさす。都市部・山地・道路・鉄道・水系で色分類され、山地は陰影をつけて立体感を持たせているのが特徴である。

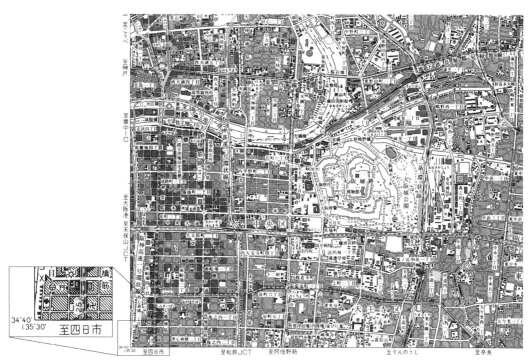

図 1.3.1 1/25 000 地形図 （国土地理院「大阪東北部」、拡大部分は緯度経度座標表記例）

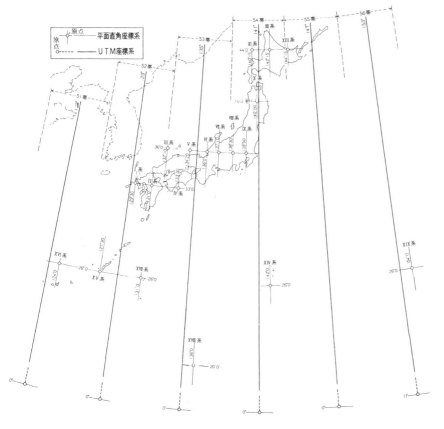

図 1.3.2 平面直角座標系・UTM 座標系

UTM 座標系

（Universal Transverse Mercator Projection）

　UTM 座標系は大きな縮尺の地図を作成する際に国際的に取り決められた座標系。北緯80度から南緯80度の地域に適用し、地球を経度6度ごとの経線により楕円体球面を南北に輪切りにした1つの帯（ゾーン）に座標原点を与える座標系である（P227 参照）。原点は赤道と中央経線の交点としている。

地図や三角点などの「座標値」のこと。

測量の最終の目的として得た結果を測量成果という。

（成果＝座標値）

2 平面直角座標系（19 座標系）

地表面が事実上平面とみなせる範囲における測量には、その範囲に限定して平面直角座標系を定義することで観測値をそのまま座標値にできるため、実用的である。このような観点から**図 1.3.2** と**表 1.3.2** に示すように測量法第11条に基づき全国に 19 の平面直角座標系が定義されている。国家基準点の測量成果表でも、経緯度の値とともにその点が所属する平面直角座標系の番号（Ⅰ

表 1.3.2　平面直角座標系（19座標系）

系番号	原点の経緯度	適用区域
Ⅰ	B＝ 33° 0′ 0″ .0000 L＝129° 30′ 0″ .0000	長崎県、鹿児島県のうち北方北緯32°、南方北緯27°、西方東経128°18′、東方東経130°を境界線とする区域内（奄美群島は東経130°13′までを含む。）にあるすべて島、小島、環礁および岩礁
Ⅱ	B＝ 33° 0′ 0″ .0000 L＝131° 0′ 0″ .0000	福岡県、佐賀県、熊本県、大分県、宮崎県、鹿児島県（Ⅰ系の区域内を除く。）
Ⅲ	B＝ 36° 0′ 0″ .0000 L＝132° 10′ 0″ .0000	山口県、島根県、広島県
Ⅳ	B＝ 33° 0′ 0″ .0000 L＝133° 30′ 0″ .0000	香川県、愛媛県、徳島県、高知県
Ⅴ	B＝ 36° 0′ 0″ .0000 L＝134° 20′ 0″ .0000	兵庫県、鳥取県、岡山県
Ⅵ	B＝ 36° 0′ 0″ .0000 L＝136° 0′ 0″ .0000	京都府、大阪府、福井県、滋賀県、三重県、奈良県、和歌山県
Ⅶ	B＝ 36° 0′ 0″ .0000 L＝137° 10′ 0″ .0000	石川県、富山県、岐阜県、愛知県
Ⅷ	B＝ 36° 0′ 0″ .0000 L＝138° 30′ 0″ .0000	新潟県、長野県、山梨県、静岡県
Ⅸ	B＝ 36° 0′ 0″ .0000 L＝139° 50′ 0″ .0000	東京都(ⅩⅣ系、ⅩⅧ系およびⅩⅨ系に規定する区域を除く。)、福島県、栃木県、茨城県、埼玉県、千葉県、群馬県、神奈川県
Ⅹ	B＝ 40° 0′ 0″ .0000 L＝140° 50′ 0″ .0000	青森県、秋田県、山形県、岩手県、宮城県
Ⅺ	B＝044° 00′ 0″ .0000 L＝140° 15′ 0″ .0000	小樽市、函館市、伊達市、北斗市、北海道後志総合振興局の所管区域、北海道胆振総合振興局の所管区域のうち豊浦町、壮瞥町および洞爺湖町、北海道渡島総合振興局の所管区域、北海道檜山振興局の所管区域
Ⅻ	B＝ 44° 0′ 0″ .0000 L＝142° 15′ 0″ .0000	北海道 （ⅩⅠ系およびⅩⅢ系に規定する区域を除く。）
ⅩⅢ	B＝ 44° 0′ 0″ .0000 L＝144° 15′ 0″ .0000	北見市、帯広市、釧路市、網走市、根室市、北海道オホーツク総合振興局の所管区域のうち美幌町、津別町、斜里町、清里町、小清水町、訓子府町、置戸町、佐呂間町および大空町、北海道十勝総合振興局の所管区域、北海道釧路総合振興局の所管区域、北海道根室総合振興局の所管区域
ⅩⅣ	B＝ 26° 0′ 0″ .0000 L＝142° 0′ 0″ .0000	東京都のうち北緯28°から南であり、かつ東経140°30′から東であり東経143°から西である区域
ⅩⅤ	B＝ 26° 0′ 0″ .0000 L＝127° 30′ 0″ .0000	沖縄県のうち東経126°から東であり、かつ東経130°から西である区域
ⅩⅥ	B＝ 26° 0′ 0″ .0000 L＝124° 0′ 0″ .0000	沖縄県のうち東経126°から西である区域
ⅩⅦ	B＝ 26° 0′ 0″ .0000 L＝131° 0′ 0″ .0000	沖縄県のうち東経130°から東である区域
ⅩⅧ	B＝ 20° 0′ 0″ .0000 L＝136° 0′ 0″ .0000	東京都のうち北緯28°から南であり、かつ東経が140°30′から西である区域
ⅩⅨ	B＝ 26° 0′ 0″ .0000 L＝154° 0′ 0″ .0000	東京都のうち北緯28°から南であり、かつ東経143°から東である区域

（2010年3月31日国土交通省告示第289号）

～XIX系）と、そこでの測地座標系の座標値が併記されている。

　平面直角座標系は、**図 1.3.3**のようにGRS 80楕円体上に原点（0，0）を設定し、中央子午線（座標原点を通る子午線：中央経線）方向をx軸（北方向＋）、直交する東西方向をy軸（東方向＋）として、その座標内の平面位置を決定する（数学座標における$x \cdot y$軸の設定方法とは異なることに注意を要する）。平面直角座標系は、ガウス・クリューゲルの等角投影法によりGRS 80楕円体を投影するもので、南北方向は子午線の楕円曲線をそのまま直線に投影するため距離は同一となる。一方、東西方向は原点から離れるにつれて実際の距離（球面距離S）と平面直角座標系上での距離（平面距離s）が異なってくる。平面直角座標系の使用は、東西方向を原点から±約130kmまでに限定することで、東西方向における投影誤差（線拡大率）を1/10 000以内にしている。

　平面直角座標系は自治体が行う測量（公共測量）などに適し、自治体が設置する基準点や縮尺1/10 000 ～ 1/500の地形図の作成に採用される（**図 1.3.4**）。

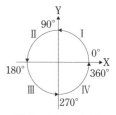

〔数学で用いる座標〕

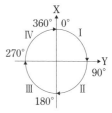

〔測量で用いる座標〕

Ⅰ～Ⅳ象限

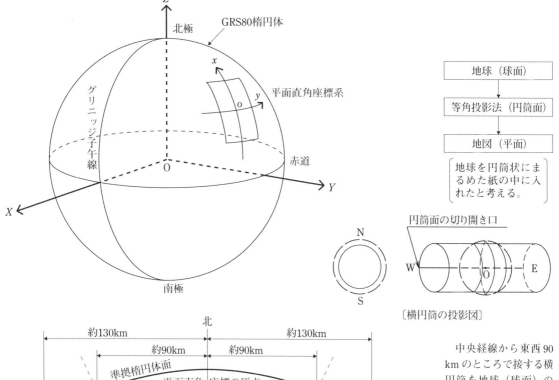

地球（球面）

↓

等角投影法（円筒面）

↓

地図（平面）

〔地球を円筒状にまるめた紙の中に入れたと考える。〕

〔横円筒の投影図〕

中央経線から東西90kmのところで接する横円筒を地球（球面）の中に入れて、地表面上の点をこの円筒面（平面）に投影したのち、円筒面を切り開く。

縮尺係数

　平面距離sと球面距離Sとの比。

S：球面上の距離
s：平面上の距離
R：地球半径

平面直角座標における東西方向の平面上の距離sと球面上の距離S
〔ガウス・クリューゲルの等角投影法〕

図 1.3.3　平面直角座標系の概念

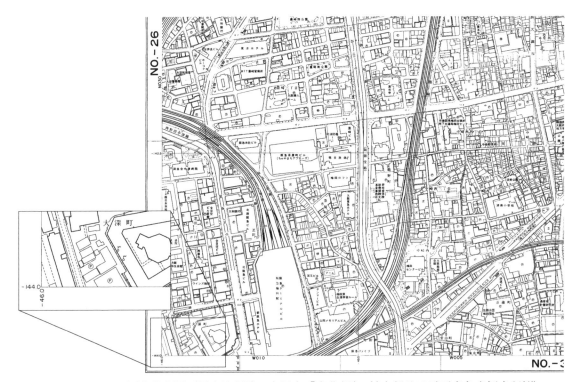

図 1.3.4 1/2 500 国土基本図（国土地理院　大阪市「東北部」、拡大部分は平面直角座標表記例）

3 任意座標系（局地座標系）

　任意座標系とは、ITRF 系（世界測地系）と楕円体 GRS 80 などによる緯度経度座標系、あるいは平面直角座標系によらない座標系の総称である。実際には日本国内で行われている測量の大半は、任意座標系に基づく測量である。土地造成における測量やビル建設工事での測量などでは、測量範囲内で正しい形状や位置関係が得られれば十分に目的が達成できるので、国家基準点などに基づく座標値を必要としない。任意座標系で行われる測量では、任意の点に原点 (0, 0) を設定し、座標軸も任意の方向に設定される。

　任意座標系により測量された結果を、緯度経度座標系あるいは平面直角座標系に置き換える場合は、任意座標系で測定された数点の位置を緯度経度座標系あるいは平面直角座標系で再度測量し、座標計算によって変換できる。

4 座標変換

　座標変換というのは、座標系 A における点を異なる座標系 B で表す場合に行う計算のことである。座標系ではないが、ごく簡単な例をあげるとメートル法で測定した身長をインチ法で測定した値に置き換えるようなものである。

1インチ＝ 0.02539m
　　　　＝ 2.539cm

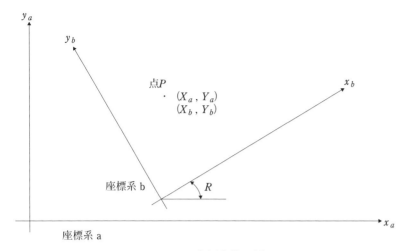

図 1.4.1 座標変換の例

まず、数学座標における例により座標変換の要点を整理する。

図 1.4.1 の座標系 a における点 P の座標値を座標系 b の座標値に変換するには、次のような行列表現の座標変換式を用いる。

$$\begin{bmatrix} X_b \\ Y_b \end{bmatrix} = \begin{bmatrix} T1 \\ T2 \end{bmatrix} + D \begin{bmatrix} \cos R & -\sin R \\ \sin R & \cos R \end{bmatrix} \begin{bmatrix} X_a \\ Y_a \end{bmatrix} \qquad (1.4.1)$$

ここで、 $\quad X_a,\ Y_a$ ：変換される元の座標系 a における座標値

$\qquad\qquad X_b,\ Y_b$ ：変換された先の座標系 b における座標値

$\quad T1,\ T2$ ：$x,\ y$ 各方向の平行移動量 $\quad\Big\}$

$\qquad D$ ：**スケールファクタ**（拡大縮小倍率）$\quad\Big\}$ 座標変換 パラメータ

$\qquad R$ ：座標系の回転角 $\quad\Big\}$

上式から、座標変換の基本概念は、(1) 平行移動 (2) 回転 (3) 拡大縮小の 3 要素で構成されていることがわかる。これは 3 次元座標系でも同様である。なお、緯度・経度（B・L）と楕円体高（He）から 3 次元直交座標（$X,\ Y,\ Z$）に換算するためには、次式による。

$$\left.\begin{array}{l} X = (N + \mathrm{He})\cos\mathrm{B}\cdot\cos\mathrm{L} \\ Y = (N + \mathrm{He})\cos\mathrm{B}\cdot\sin\mathrm{L} \\ Z = \left\{ N\left(1 - e^2\right) + \mathrm{He} \right\}\sin\mathrm{B} \end{array}\right\} \qquad (1.4.2)$$

ここで、 $\quad N = a / \sqrt{1 - e^2 \sin^2 \mathrm{B}}$ （卯酉線曲率半径）

$\qquad\qquad e = \sqrt{\dfrac{a^2 - b^2}{a^2}} = \sqrt{f(2 - f)}$ （第 1 離心率）

$\qquad\qquad f = \dfrac{a - b}{a}$ （扁平率）

$\qquad a =$ 長半径

$\qquad b =$ 短半径

卯酉線とは子午線に直交する線。
卯（うさぎ）→東の方角
酉（とり）→西の方角

換算
位置の表現方法を変える。

地理情報標準
ISOにおいて検討されている地理情報の標準化の考え方を踏まえ、わが国における地理情報の交換のための技術的な標準およびその活動の指針をまとめたもの。
平成17年3月にはJIS化された最新の地理情報標準と国際標準に準拠し、内容を実利用に即して絞り体系化した、より実用的な「地理情報標準プロファイル（JPGIS）」が作成されている。このJPGISは公共測量作業規程の準則（平成20年3月31日）において作成が義務付けられた製品仕様書が準拠する規程として位置づけられるものである。

1 座標変換と座標換算

測量分野では任意座標も含めあらゆる座標系間における座標値の置き換えを座標変換と称していたが、**地理情報標準**によれば、測地座標系と準拠楕円体の組み合わせが同一で、その座標系上における平面直角座標系あるいは任意座標系間における座標変換は「座標**換算**」と呼び、測地座標系と準拠楕円体の組み合わせが同一でない座標系間の座標変換を「座標変換」と呼ぶことにしている。したがって、ITRF系（世界測地系）とGRS 80楕円体による緯度経度座標系の座標値を、平面直角座標系の座標値に置き換えることは「座標換算」であり、日本測地系とベッセル楕円体による緯度経度座標系の座標値を、ITRF系（世界測地系）とGRS 80楕円体による緯度経度座標系の座標値に置き換える場合は、「座標変換」となる。

つまり、測地座標系と準拠楕円体の組み合わせが変わらない限り、任意の点における緯度経度座標値に変化はないので「座標換算」であり、緯度経度座標値に変化が生じる場合は「座標変換」になる。

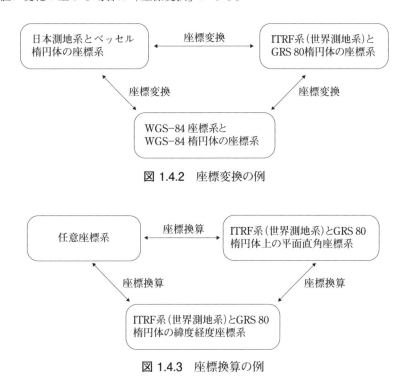

図 1.4.2 座標変換の例

図 1.4.3 座標換算の例

2 日本測地系と世界測地系

日本測地系の成果を世界測地系に移行する方法
①再測量（改測）
②再計算（改算）
③座標変換

わが国では2002年4月の測量法改正により、それまでの日本測地系とベッセル楕円体の座標系はITRF系（世界測地系）とGRS 80楕円体の緯度経度座標系に変更され、それ以降の測量は新しい座標系に準拠することになった。しかしながら、蓄積された多くの測量成果を廃棄して、作成（測量）しなおすことは多大な負荷を伴うので、新たな測量を行う場合以外は、旧測量結果を新しい

座標系に座標変換する方式により対応できることになっている。

　旧座標系（日本測地系とベッセル楕円体の座標系）の緯度経度座標もしくは平面直角座標系から、新座標系（ITRF 系（世界測地系））と GRS 80 楕円体の座標系）の緯度経度座標もしくは平面直角座標系に変換するプログラム（TKY2JGD、PatchJGD）は、国土地理院（HP）から提供されている。対象となる測量結果が自治体などで設置した基準点、地形図などの種類により、また要求される位置精度により幾つかの**座標変換プログラム**があるが、基本は**図1.4.4** のように、新旧の測地座標系間の座標変換である。

座標変換プログラム

　日本測地系と測地成果 2000 の座標変換：TKY2JGD

　測地成果 2000 と測地成果 2011 の座標補正：PatchJGD

　（ともに国土地理院が提供している）

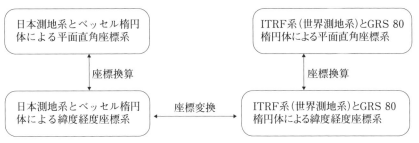

図 1.4.4　日本測地系と世界測地系における座標変換の流れ

参考文献

1)　日本測地学会編著：GPS －人工衛星による精密測位システム、日本測量協会、1986

2)　飛田幹男：世界測地系と座標変換、日本測量協会、2002

3)　公共測量作業規程の準則、日本測量協会、2016

正規分布 $\left(x から \varepsilon を求める表：\varepsilon = \dfrac{1}{\sqrt{2\pi}} \displaystyle\int_{x}^{\infty} e^{-\frac{t^2}{2}} dt \right)$

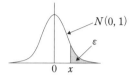

x	0	1	2	3	4	5	6	7	8	9
0.0	0.500 0	0.496 0	0.492 0	0.488 0	0.484 0	0.480 1	0.476 1	0.472 1	0.468 1	0.464 1
0.1	0.460 2	0.456 2	0.452 2	0.448 3	0.444 3	0.440 4	0.436 4	0.432 5	0.428 6	0.424 7
0.2	0.420 7	0.416 8	0.412 9	0.409 0	0.405 2	0.401 3	0.397 4	0.393 6	0.389 7	0.385 9
0.3	0.382 1	0.378 3	0.374 5	0.370 7	0.366 9	0.363 2	0.359 4	0.355 7	0.352 0	0.348 3
0.4	0.344 6	0.340 9	0.337 2	0.333 6	0.330 0	0.326 4	0.322 8	0.319 2	0.315 6	0.312 1
0.5	0.308 5	0.305 0	0.301 5	0.298 1	0.294 6	0.291 2	0.287 7	0.284 3	0.281 0	0.277 6
0.6	0.274 3	0.270 9	0.267 6	0.264 3	0.261 1	0.257 8	0.254 6	0.251 4	0.248 3	0.245 1
0.7	0.242 0	0.238 9	0.235 8	0.232 7	0.229 6	0.226 6	0.223 6	0.220 6	0.217 7	0.214 8
0.8	0.211 9	0.209 0	0.206 1	0.203 3	0.200 5	0.197 7	0.194 9	0.192 2	0.189 4	0.186 7
0.9	0.184 1	0.181 4	0.178 8	0.176 2	0.173 6	0.171 1	0.168 5	0.166 0	0.163 5	0.161 1
1.0	0.158 7	0.156 2	0.153 9	0.151 5	0.149 2	0.146 9	0.144 6	0.142 3	0.140 1	0.137 9
1.1	0.135 7	0.133 5	0.131 4	0.129 2	0.127 1	0.125 1	0.123 0	0.121 0	0.119 0	0.117 0
1.2	0.115 1	0.113 1	0.1112	0.109 3	0.107 5	0.105 6	0.103 8	0.102 0	0.100 3	0.098 5
1.3	0.096 8	0.095 1	0.093 4	0.091 8	0.090 1	0.088 5	0.086 9	0.085 3	0.083 8	0.082 3
1.4	0.080 8	0.079 3	0.077 8	0.076 4	0.074 9	0.073 5	0.072 1	0.070 8	0.069 4	0.068 1
1.5	0.066 8	0.065 5	0.064 3	0.063 0	0.061 8	0.060 6	0.059 4	0.058 2	0.057 1	0.055 9
1.6	0.054 8	0.053 7	0.052 6	0.051 6	0.050 5	0.049 5	0.048 5	0.047 5	0.046 5	0.045 5
1.7	0.044 6	0.043 6	0.042 7	0.041 8	0.040 9	0.040 1	0.039 2	0.038 4	0.037 5	0.036 7
1.8	0.035 9	0.035 1	0.034 4	0.033 6	0.032 9	0.032 2	0.031 4	0.030 7	0.030 1	0.029 4
1.9	0.028 7	0.028 1	0.027 4	0.026 8	0.026 2	0.025 6	0.025 0	0.024 4	0.023 9	0.023 3
2.0	0.022 8	0.022 2	0.021 7	0.021 2	0.020 7	0.020 2	0.019 7	0.019 2	0.018 8	0.018 3
2.1	0.017 9	0.017 4	0.017 0	0.016 6	0.016 2	0.015 8	0.015 4	0.015 0	0.014 6	0.014 3
2.2	0.013 9	0.013 6	0.013 2	0.012 9	0.012 5	0.012 2	0.011 9	0.011 6	0.011 3	0.011 0
2.3	0.010 7	0.010 4	0.010 2	0.009 9	0.009 6	0.009 4	0.009 1	0.008 9	0.008 7	0.008 4
2.4	0.008 2	0.008 0	0.007 8	0.007 5	0.007 3	0.007 1	0.006 9	0.006 8	0.006 6	0.006 4
2.5	0.006 2	0.006 0	0.005 9	0.005 7	0.005 5	0.005 4	0.005 2	0.005 1	0.004 9	0.004 8
2.6	0.004 7	0.004 5	0.004 4	0.004 3	0.004 1	0.004 0	0.003 9	0.003 8	0.003 7	0.003 6
2.7	0.003 5	0.003 4	0.003 3	0.003 2	0.003 1	0.003 0	0.002 9	0.002 8	0.002 7	0.002 6
2.8	0.002 6	0.002 5	0.002 4	0.002 3	0.002 3	0.002 2	0.002 1	0.002 1	0.002 0	0.001 9
2.9	0.001 9	0.001 8	0.001 8	0.001 7	0.001 6	0.001 6	0.001 5	0.001 5	0.001 4	0.001 4
3.0	0.001 3	0.001 3	0.001 3	0.001 2	0.001 2	0.001 1	0.001 1	0.001 1	0.001 0	0.001 0

第 2 章
観測値の処理

地平儀（文化3(1806)年　久米通賢(みちたか)(1780〜1841)製作、香川県坂出市の財団法人鎌田(かまだ)共済会郷土博物館所蔵）

　目標点の方位角観測用の測量器具。中心に立つ真鍮(しんちゅう)製の心棒に栓抜型の指度板（右の写真）が付属しており、これを回転させることで角度を測る。伊能忠敬が使用したものより精度が高かったとされている。

　製作者の久米通賢（栄左衛門）は「坂出塩田の父」としても知られているが、青年時代は大坂の民間学問所懐徳堂（P5参照）で測量技術を学んだ。

2 観測値の処理

1 誤差処理

誤差に似ていて混同しそうな概念を整理しておく。詳細な説明は改めてするが、誤差以外に偏差、残差がある。

誤差：$\varepsilon_i = x_i - X$
　　　　［観測値 − 真値］

偏差：$x_i - \bar{x}$
　　　　［観測値 − 平均値］

残差：$\nu_i = x_i - X_0$
　　　　［観測値 − 最確値］

これらは、きちんと整理して覚えておく。

測量作業で得られるのは観測値 x_i であって真値 X は得られない。したがって、誤差 ε_i も求められない。そこで X にもっとも近いと予測される値（最確値）をもって X の代用とし、ε_i の代用として残差 ν_i を定義する。

誤差処理の方法をまとめておく。
(1) 過誤の除去
(2) 補正による系統誤差の除去
(3) 数学（確率）的な偶然誤差の処理

確率統計の専門書として、参考文献1）〜3）を挙げている（P50）。
1) は確率統計の標準的な教科書であり、数学的な解説も細かく記述されている。2) は、まず確率統計になれるという意味で良書である。3)は、土木工学分野の適用例が取り入れられている点で参考になる。

1 誤差の種類

測量では、測量機器を用いて、距離や角度などが測定される。しかし、いくら精密な機器を用い、注意深く計測しても、真の値と観測値には、ずれが生じる。このずれを誤差といい、式では以下のように表される。

$$\varepsilon_i = x_i - X \tag{2.1.1}$$

ただし、ε_i は i 番目の測定における誤差、x_i はその際の観測値、X は真値を表す。

測定において起こりうる誤差は、次の3つに分類される。

① 系統誤差［systematic error］
② 偶然誤差［random error］
③ 過誤［mistake］

系統誤差とは、測定や観測の条件が同じであれば、常に同じ大きさで現れるような誤差のことである。系統誤差の生じる原因には、測定者個人によるもの、機器によるもの、気象によるもの、光の屈折によるもの（気差）などがある。しかし、この種の誤差は、原因を調べ、観測方法や計算により観測値を補正することによって取り除くことができる。現実の測量における系統誤差の種類とその補正方法については、次章以降の個別の測量方法を示した各章を参照されたい。

偶然誤差とは、たとえ測定や観測の条件が同一であったとしても現れる誤差のことである。この種の誤差は、原因を特定することができず、また不規則な現れ方をする。そのため、補正計算などによる修正は困難となる。ただし、偶然誤差は、繰り返して測定を行った場合、ある規則性をもって生じることがわかっている。それは、確率的な規則性であり、3節で改めて説明を行うが、最小二乗法などを用いて確率的に誤差処理が行われ、観測値が調整される。

過誤は、測定者の不注意（過失）によって生じる誤りであり、目盛の読み間違いや記帳・計算の誤りなどをいう。これらは、測定者が十分に注意することにより避けるべきものであり、この種の誤差の補正などは行われない。

以上をまとめると、真値と観測値とのずれである誤差の処理とは、まず細心の注意を払うことによって過誤をなくし、続いて適正な補正計算と観測方法などにより系統誤差を除去し、最終的に残る偶然誤差を数学（確率）的に処理するということになる。次節では、この偶然誤差の処理方法を説明する。なお、ここでの偶然誤差の処理とは、測定した結果から計測される誤差のばらつきを、

表 2.1.1　誤差の種類と概要および除去・処理方法

	誤差の種類	内　容	原因と発生機構	発生量と発生状況	除去・処理方法
①	系統誤差 (定誤差)	測定条件が同じであれば、常に一定の大きさと方向で現れる誤差	物理的・機械的・個人的な原因 因果関係および発生機構が明確	同じ符号、同じ量 (機器、気象、測定者個人によるもので補正式などで算定可能)	理論計算や適正な補正計算および計測方法を変えることにより除去または少なくできる
②	偶然誤差 (不定誤差)	測定条件が同じであっても現れ方が違う誤差	①③を除去・補正しても残る原因が不明な誤差	一定でない (不規則に生じるが発生状況には法則性がある)	除去不能であるが誤差の範囲は推定可能 最小二乗法により処理
③	過誤 (過失誤差)	測定者の不注意や熟練不足などで生じる誤差	読み違い、写し違い、操作ミスなどの過失や錯誤	一定でない (極端に違う値になることが多く発見しやすい)	複数観測など観測方法や観測順序などを変えることや点検で除去

何らかの指標を用いて示すこと、さらに、ばらつきがある中でも、最も真値に近いと判断できる数値を導き出すことを指すと考えて良い。この最も真値に近いと判断できる数値のことを最確値という。**表 2.1.1** には、3 つの誤差の概要および除去方法などをまとめた。

2　観測データの分布

(1)　観測データの統計処理

　偶然誤差の処理について説明するにあたり、まず観測値の統計処理の方法を示す。測量をすることにより、直接得られるデータは観測データであり、式 (2.1.1) のとおりその観測データから誤差が定義されるためである。

　例として、ある 2 地点間の距離を 50 回測定した場合を考える。得られた観測値が同一の値となることはまずなく、いくらかのばらつきを持つ。なお、ここで生じている誤差は表 2.1.1 の②偶然誤差のみであるとし、他の誤差は発生していない、あるいは補正済みであるものとする。

　このとき、観測データの分布を把握する手段として、度数分布表が用いられる。度数分布表とは、観測データを任意の範囲に区分した階級 (クラス) に分け、階級ごとに含まれるデータ数を示した表である (**図 2.1.1**)。なお、**図 2.1.1** では、階級ごとの度数をサンプル数 n で割った相対度数も記している。相対度数は、階級ごとに含まれる度数の割合、すなわち確率を表している。さらに、度数分布をグラフで表したものをヒストグラムという。ヒストグラムは、横軸に階級を、縦軸に度数をとり、階級ごとに柱状のグラフを描いたものである。このように、観測データを度数分布表やヒストグラムにまとめることにより、データの中心やばらつきなどが大まかに把握できる。さらに、データの中心やばらつきを厳密に定義するための指標も提案されている。

度数、相対度数以外に累積度数というものもある。階級ごとの度数の累積値を示したものである。

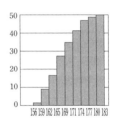

[例題1]　ある 2 点間を 10 回測定して、次の結果を得た。精度を求めよ。

回	測定値 [m]	残差 [mm]	(残差)^2
1	36.699	+53	2 809
2	36.721	+75	5 625
3	36.605	−41	1 681
4	36.606	−40	1 600
5	36.728	+82	6 724
6	36.603	−43	1 849
7	36.606	−40	1 600
8	36.686	+40	1 600
9	36.604	−42	1 764
10	36.602	−44	1 936
		0	

平均36.646m　計27 188
式 (2.3.25) より

$$\text{平均値の標準偏差} = \sqrt{\frac{27188}{10(10-1)}}$$

$$= 17.3807\text{mm}$$

$$\text{精度} = \frac{17.3807}{36\,646}$$

$$\fallingdotseq \frac{1}{2\,100}$$

Σは、シグマと読み、「全ての値を合計せよ」という意味である。

それでは、実際に図2.1.1の観測値について、平均、分散、標準偏差を計算してみよう。図2.1.1では、全ての観測値が示されているわけではないため、各階級の中央値がその階級の観測値を表すものとして、各指標を計算したものが以下である。

平均：

$$\bar{x} = \frac{\sum_{i=1}^{n}\left(\frac{x_i^{低} + x_i^{高}}{2} \times n_i\right)}{n}$$

$$= \frac{157.5 \times 1 + 160.5 \times 7 + \cdots + 181.5 \times 1}{50}$$

$$= 168.1$$

ただし、$x_i^{低}, x_i^{高}$：階級の下限値と上限値（その平均をとったものを、各階級の観測値と見なしている）、n_i：各階級の度数、n：データ数。

分散：

$$分散 = \frac{\sum_{i=1}^{n}\left\{\left(\frac{x_i^{低} + x_i^{高}}{2} - \bar{x}\right)^2 \times n_i\right\}}{n}$$

$$= \frac{(157.5 - 168.1)^2 \times 1}{50}$$

$$+ \frac{(160.5 - 168.1)^2 \times 7}{50}$$

$$+ \cdots + (181.5 - 168.1)^2 \times 1$$

$$= 31.4$$

標準偏差：

$$標準偏差 = \sqrt{分散}$$

$$= \sqrt{31.4} = 5.6$$

階　　級		度数	相対度数
以上	未満		
156 ～	159	1	0.02
159 ～	162	7	0.14
162 ～	165	8	0.16
165 ～	168	11	0.22
168 ～	171	8	0.16
171 ～	174	6	0.12
174 ～	177	6	0.12
177 ～	180	2	0.04
180 ～	183	1	0.02
計		50	1.00

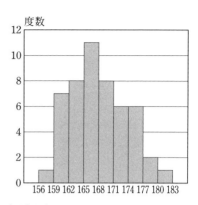

図 2.1.1　ヒストグラム

(2) 観測データ分布の特徴を示す指標

まず、データの中心を表す指標には平均がある。平均（厳密には単純平均）は、以下のように定義される。

$$\bar{x} = \frac{\sum_{i=1}^{n} x_i}{n} \tag{2.1.2}$$

ただし、$\bar{x}$ は平均、n はデータ数を表す。また、$\sum_{i=1}^{n} x_i$ は観測値の総和をとったものを意味する。

平均以外に、代表値として中央値（メディアン）や最頻値（モード）も用いられる。中央値は、「観測値を大きさの順に並べた場合の中央の値」である。また、最頻値は、「度数が最大となる階級の値」である。なお、その詳細については、統計の専門書を参照されたい。

次に、データのばらつきを表す指標として、分散と標準偏差を説明する。ただし、標準偏差は、以下のように分散の平方根であり、両者の本質的な意味は同じである。

$$標準偏差 = \sqrt{分散} \tag{2.1.3}$$

分散は、「観測値から平均値を差し引いた値の二乗の平均」と定義される。この中の「観測値から平均値を差し引いた値」は偏差と呼ばれ、式では以下のように表される。

$$偏差 = x_i - \bar{x} \tag{2.1.4}$$

分散は、この偏差を二乗し、その平均を求めればよい。すなわち、以下の式となる。

$$分散 = \frac{\sum_{i=1}^{n}(x_i - \bar{x})^2}{n} \tag{2.1.5}$$

さらに、標準偏差は、既に説明したとおり、分散の平方根であり以下のようになる。

$$標準偏差 = \sqrt{\frac{\sum_{i=1}^{n}(x_i - \bar{x})^2}{n}} \tag{2.1.6}$$

ここで、分散の単位は、偏差を二乗していることより、元データの二乗となっ

ている。一方、標準偏差の単位は、元データの単位と次元が同じである。すなわち、分散、標準偏差ともに、平均からのデータのばらつきを表すものの、単位の次元に違いがあるのである。

3　母集団の分布

(1) 母集団における各指標の推計

　前項での説明は、観測して得られたデータに対するものであった。しかし、我々が真に得たい情報は、無限大の測定回数における観測データの分布についてである。この真に知るべき観測データのことを母集団という。そして、先に例として示した、測定を 50 回行って得た観測データとは、その母集団の一部であり、これは標本と呼ばれる。母集団のデータを得ることは事実上不可能であり、一般には、標本データを分析し、その結果から母集団の特徴を示す指標を推計するという方法が用いられる。これは、推計統計学と呼ばれるものである。

　平均に関しては標本データにおける平均、すなわち標本平均と母集団における平均、すなわち母平均とは一致する。

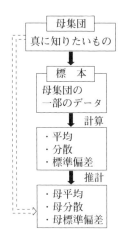

〔推計統計学の流れ〕

$$母平均＝標本平均\left(=\frac{\sum_{i=1}^{n} x_i}{n}\right) \tag{2.1.7}$$

　次に、母集団の分散である母分散は、以下のように標本分散の分母が $(n-1)$ に変わる。この $(n-1)$ は自由度と呼ばれる。

$$母分散＝\frac{\sum_{i=1}^{n}(x_i-\bar{x})^2}{n-1} \tag{2.1.8}$$

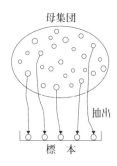

　自由度について、厳密な定義は統計の専門書に譲るとして、簡単にいうと、「自由に動かせる変数の数」ということになる。例えば、ここでの例では、観測して得られたデータが n サンプルある。すなわち、x_i という変数は n 個存在する。ここで、式 (2.1.5) の分散算定式を見ると標本平均 $\bar{x}$ が含まれている。この標本平均の定義式は式 (2.1.2) であり、ここでも x_i が用いられている。そのため、分散を求める段階では、実質的に標本平均が 1 つの観測データの役割を果たすため、観測データ x_i が 1 つ少なくてすむのである。これは、以下のように解釈しても良い。

　分散を求める際、標本平均が既に得られているとすれば、$n-1$ 個の観測データがあるだけで標本平均の式 (2.1.2) より残りの 1 つの観測データも求められ、それらのデータも用いて分散が計算されるのである。この結果、母分散の算定では、自由度が $n-1$ として計算される。

　最後に、母集団の標準偏差である母標準偏差は、標本データの場合と同様、母分散の平方根として求められる。

$$母標準偏差＝\sqrt{\frac{\sum_{i=1}^{n}(x_i-\bar{x})^2}{n-1}} \tag{2.1.9}$$

母集団のヒストグラムが左右対称となる、あるいは釣鐘状となることは、次項で述べる「誤差の三原則」により、証明される。

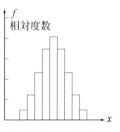

(a) 母集団のヒストグラム

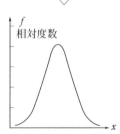

(b) 母集団の確率分布

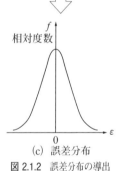

(c) 誤差分布

図 2.1.2　誤差分布の導出

図 2.1.2 (C) を正規分布またはガウス（Gauss）の誤差分布ともいう。

ガウス（独、1777 ～ 1855）はアルキメデス、ニュートンとならぶ世界の三大数学者の一人。業績は多岐にわたる。

式（2.1.10）の展開については、参考文献6)(P50) を参照されたい。

以上が、測定回数を無限大にした場合、すなわち母集団における分布の特徴を表す指標である。

(2) 母集団の分布

それでは、母集団の分布自体はどのようになっているのであろうか。まず、標本データの場合と同様に、ヒストグラムを描く（**図 2.1.2** (a)）。母集団に対するヒストグラムは、平均を中心として左右対称で、さらに裾野が広がったような形となることが知られている。なお、このヒストグラムの縦軸は、相対度数で表すとする。さらに階級の幅を無限小にすると、当該ヒストグラムは**図 2.1.2** (b) のような釣鐘状の連続曲線として描かれる。

図 2.1.2 (b) の釣鐘状の曲線の縦軸が相対度数であることを考えると、この曲線は母集団における観測値の発生確率分布を表している。なお、これは、次のような変換を行うことにより誤差分布も表すことがわかる。すなわち、**図 2.1.2** (b) の曲線の平均を原点にとり、さらにその平均を真値とみなす。これより、**図 2.1.2** (c) が得られる。式（2.1.1）の誤差の定義を思い出すと、このグラフの横軸は誤差を表しており、**図 2.1.2** (c) は正に誤差分布となっているのである。

4　誤差の分布

(1) 誤差分布関数

次に、**図 2.1.2** (c) の誤差分布を関数、すなわち数式で表すことを考える。ここで、測定回数を無限大にした場合には、偶然誤差の発生確率について、次のような 3 つの公理が認められている。

① 絶対値の小さい誤差は、その大きい誤差よりも高い確率で生じる。

② 絶対値の等しい正負の誤差は、同じ確率で生じる。

③ 絶対値の非常に大きな誤差の生じる確率はゼロに近い。

これらは、「誤差の三原則」と呼ばれている。

ガウスは、この誤差の三原則を基にして、偶然誤差の分布が次式で表されることを示した。

$$f(\varepsilon) = \frac{h}{\sqrt{\pi}} e^{-h^2 \varepsilon^2} \tag{2.1.10}$$

この式は、正規曲線（P26 参照）と呼ばれ、その分布は正規分布と呼ばれる。また、式（2.1.10）の h は、精度すなわち誤差のばらつきぐあいを表す指標であり精度指数と呼ばれる。それは、母標準偏差が、精度指数 h を用いて次式で表されることからもわかる。なお、この式は後の式（2.1.18）で求められる。

$$\sigma = \frac{1}{\sqrt{2}h} \tag{2.1.11}$$

ただし、σ は母標準偏差を表す。式（2.1.11）を考慮すると、式（2.1.10）の正規曲線は以下のようになる。

$$f(\varepsilon) = \frac{1}{\sqrt{2\pi}\sigma} e^{-\frac{\varepsilon^2}{2\sigma^2}} \tag{2.1.12}$$

ε は式（2.1.1）であることから、式（2.1.12）は平均が X で、分散が σ^2 の正規分布である。そこで、式（2.1.12）を標準化する。具体的には、$\xi = \varepsilon/\sigma$ とおいて変数変換を行うと、以下のような平均が 0、分散が 1 の標準正規分布を表す正規分布曲線が得られる。

$$f(\xi) = \frac{1}{\sqrt{2\pi}} e^{-\frac{\xi^2}{2}} \tag{2.1.13}$$

標準正規曲線（式（2.1.13））を用いることにより、例えば、誤差の絶対値 $|\varepsilon|$ が a 以下となる確率を求めることができる。今、$\xi = \varepsilon/\sigma$ であることに注意すると、次式によってその確率が表される。

$$F = \int_{-a/\sigma}^{a/\sigma} f(\xi)d\xi = \int_{-a/\sigma}^{a/\sigma} \left[\frac{1}{\sqrt{2\pi}} e^{-\frac{\xi^2}{2}} \right] d\xi \tag{2.1.14}$$

しかし、式（2.1.14）は積分を含む複雑な形をしているため、直接計算することは困難である。これに対し、標準正規分布では、小数第二位までの値に対する積分計算の結果が、P26 にある一覧表のように与えられている。この表を用いることにより、任意の ε に対する発生確率を、比較的簡単に求めることができる。

（2）誤差分布の特徴を示す指標

続いて、誤差分布が式（2.1.13）で表される場合の母平均、母分散、母標準偏差を求める。なお、前節で説明した平均、分散、標準偏差は観測データに対するものであり、ここで示すものとは、分布の対象が違っている点と、**図 2.1.2**(c) のような連続関数分布を対象としている点で異なる。

まず、母平均は、連続関数で与えられる分布に対しては、式（2.1.2）のような形で求めることはできず、「（観測値）×（確率）の総和」として求められる。このような平均値は期待値とも呼ばれる。これに基づき、さらに連続変数では総和という概念が積分になるということに注意すると、式（2.1.12）で表される誤差分布の母平均は以下のように表される。

$$\mu = \int_{-\infty}^{\infty} \varepsilon f(\varepsilon)d\varepsilon \tag{2.1.15}$$

ただし、μ は母平均、ε は誤差、また $f(\varepsilon)$ は ε という誤差の発生する確率を表し、式（2.1.12）で与えられる。なお、式（2.1.15）を実際に計算すると、その値はゼロとなる。これは、誤差の母平均がゼロとなることによるものである。

次に、母分散を求める。分散の定義は、「観測値から平均値を差し引いた値の二乗の平均」であった。よって、これを平均の定義である式（2.1.15）を踏まえて表すと以下のようになる。

$$\sigma^2 = \int_{-\infty}^{\infty} \varepsilon^2 f(\varepsilon)d\varepsilon \tag{2.1.16}$$

ただし、σ^2 は母分散を表す。なお、式（2.1.10）を用いて式（2.1.16）を展開すると、

それでは、実際に P26 の標準正規分布表を用いて、誤差の絶対値が 5 以内となる確率を求めてみよう。ただし、標準偏差は $\sigma = 5.6$ とせよ。

まず、式（2.1.14）の積分範囲 x を計算する。今、$a = 5$、$\sigma = 5.6$ より、$\left| \frac{a}{\sigma} \right| = 0.89$ となるため、積分範囲 x は、$-0.89 \leq x \leq 0.89$ となる。

P26 の標準正規分布表において、$x = 0.89$ に対応した表内の値を探す。P26 の表は、x の小数第一位までが行方向に、小数第二位が列方向に記述されており、それらの交わった場所の値が求める確率となる。その結果、$x = 0.89$ に対応する確率は 0.3133 となることがわかる。

なお、P26 の表は、平均値の右側だけの確率を表しているため、0.3133 を二倍したものが $-0.89 \leq x \leq 0.89$ の確率となる。以上の結果より、誤差の絶対値が 5 以内となる確率は、0.6266 ということになる。

最終的に母分散は以下のように求められる。

$$\sigma^2 = \frac{2h}{\sqrt{\pi}} \int_{-\infty}^{\infty} \varepsilon^2 e^{-h^2 \varepsilon^2} \, d\varepsilon = \frac{1}{2h^2} \tag{2.1.17}$$

したがって、母標準偏差は以下のようになる。

$$\sigma = \frac{1}{\sqrt{2}h} = \frac{0.7071}{h} \tag{2.1.18}$$

(3) 測定精度を示す指標

以上で得られた母標準偏差は、測定の精度を示すために、精度指数 h の代わりにしばしば用いられる。なお、このような測定精度を示す指標には、他にも次に示す「確率誤差」「平均誤差」がある。

まず、確率誤差 r とは、「r より絶対値の大きい誤差の起こる確率と、r より絶対値の小さい誤差の起こる確率が等しい」ような誤差をいう。この定義より、確率誤差 r は次式を満たす。

$$\int_{-r}^{r} \frac{h}{\sqrt{\pi}} e^{-h^2 \varepsilon^2} \, d\varepsilon = \frac{1}{2} \tag{2.1.19}$$

この左辺を標準正規分布に変換した上で、P26 の標準正規分布表を用いて、式 (2.1.19) を満足する r を求める。すると、以下が得られる。

$$r = 0.6745\sigma \tag{2.1.20}$$

次に、平均誤差とは、「誤差 ε の絶対値の平均値」である。この定義に基づくと、平均誤差 e は以下のように求められる。

$$e = \int_{-\infty}^{\infty} |\varepsilon| f(\varepsilon) d\varepsilon = \int_{-\infty}^{\infty} |\varepsilon| \frac{h}{\sqrt{\pi}} e^{-h^2 \varepsilon^2} \, d\varepsilon = \frac{1}{\sqrt{\pi}h} \tag{2.1.21}$$

そして、式 (2.1.21) の値を実際に計算すると以下のようになる。

$$e = 0.7979\sigma \tag{2.1.22}$$

それでは、確率誤差 r を実際に求めてみよう。

今回の問題は、確率 1/2 が与えられており、それを満たす r を求める問題であることに注意が必要である。すなわち、P26 の標準正規分布表の中で、確率 0.5 となる数値を探す。ただし、P26 の表は、平均値の右側だけの確率を表すため、実際には 0.25 となる数値を探す。

すると、$x = 0.67 \sim 0.68$ の間にあることがわかる。これを、より正確に計算すると、$x = 0.6745$ となるわけである。

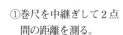

2 誤差伝播の法則

①巻尺を中継ぎして2点間の距離を測る。

②△ABC の ∠A、∠B を測り 180°−∠A−∠B = ∠C より ∠C を求める。

このような場合、中継ぎ時の誤差や ∠A、∠B の測角誤差が計算結果に影響する。

前節では、測定における誤差のうち偶然誤差について、発生確率分布と、その分布の特徴を表す指標の説明を行った。本節では、いくつかの観測結果から得られる誤差を基に、それらと何らかの関係を持つ他の値の誤差を推計する方法を説明する。それは、誤差伝播の法則と呼ばれている。具体的には、「ある観測値 x_1, x_2, $\cdots$, x_n の誤差がわかっているときに、その観測値の真値 X_1, X_2, $\cdots$, X_n の関数として表される Y $[Y = f(X_1, X_2, \cdots, X_n)]$ の誤差を理論的に推計する法則」のことである。

1 線形関数の場合

まず、$f(X_1, X_2, \cdots, X_n)$ が線形関数である場合を考える。すなわち、Y が

以下のように表されるケースである。

$$Y = a_1 X_1 + a_2 X_2 + \cdots + a_n X_n \tag{2.2.1}$$

なお、この式は観測値 x_1, x_2, $\cdots$, x_n に対しても適用可能であり、Y の観測値 y_i は以下のようになる。

$$y_i = a_1 x_{1i} + a_2 x_{2i} + \cdots + a_n x_{ni} \tag{2.2.2}$$

ここで、誤差が観測値と真値の差であることを考えると、Y の誤差 ε_{Yi} は、以下のようにして求められる。

$$\begin{aligned}
\varepsilon_{Yi} &= y_i - Y \\
&= \{a_1 x_{1i} + a_2 x_{2i} + \cdots + a_n x_{ni}\} - \{a_1 X_1 + a_2 X_2 + \cdots + a_n X_n\} \\
&= a_1(x_{1i} - X_1) + a_1(x_{2i} - X_2) + \cdots + a_1(x_{ni} - X_n) \\
&= a_1 \varepsilon_{1i} + a_2 \varepsilon_{2i} + \cdots + a_n \varepsilon_{ni}
\end{aligned} \tag{2.2.3}$$

ただし、ε_{1i}, ε_{2i}, $\cdots$, ε_{ni} は観測値 x_{1i}, x_{2i}, $\cdots$, x_{ni} の誤差である。

次に、式 (2.1.5) に基づき関数 Y の分散を求める。式 (2.1.5) の分子が誤差の二乗であることを考慮すると、以下のように Y の分散が求められる。

$$\begin{aligned}
\sigma_Y^2 &= \frac{\sum_{i=1}^{n} \varepsilon_{Y_i}^2}{n} \\
&= \frac{\sum_{i=1}^{n} \{a_1 \varepsilon_{1i} + a_2 \varepsilon_{2i} + \cdots + a_n \varepsilon_{ni}\}^2}{n} \\
&= a_1^2 \frac{\sum_{i=1}^{n} \varepsilon_{1i}^2}{n} + a_2^2 \frac{\sum_{i=1}^{n} \varepsilon_{2i}^2}{n} + \cdots + a_n^2 \frac{\sum_{i=1}^{n} \varepsilon_{ni}^2}{n} \\
&\quad + 2a_1 a_2 \frac{\sum_{i=1}^{n} \varepsilon_{1i} \varepsilon_{2i}}{n} + 2a_1 a_3 \frac{\sum_{i=1}^{n} \varepsilon_{1i} \varepsilon_{3i}}{n} + \cdots + 2a_{n-1} a_n \frac{\sum_{i=1}^{n} \varepsilon_{n-1i} \varepsilon_n}{n} \\
&= a_1^2 \sigma_{x_1}^2 + a_2^2 \sigma_{x_2}^2 + \cdots + a_n^2 \sigma_{x_n}^2 \\
&\quad + 2a_1 a_2 \sigma_{x_1 x_2} + 2a_1 a_3 \sigma_{x_1 x_3} + \cdots + 2a_{n-1} a_n \sigma_{x_{n-1} x_n}
\end{aligned} \tag{2.2.4}$$

式 (2.2.4) が、線形関数に対する「誤差伝播の法則」と呼ばれるものである。ここで、$\sigma_{x_1}^2$, $\sigma_{x_2}^2$, $\cdots$, $\sigma_{x_n}^2$ はそれぞれ x_1, x_2, $\cdots$, x_n の分散、また、$\sigma_{x_1 x_2}$, $\sigma_{x_1 x_3}$, $\cdots$, $\sigma_{x_{n-1} x_n}$ はそれぞれ x_1 と x_2, x_1 と x_3, $\cdots$, x_{n-1} と x_n の共分散を表す。

共分散とは、各変数の誤差の積の平均をいう。例えば、共分散 $\sigma_{x_1 x_2}$ は、x_1 と x_2 の誤差 ε_1 と ε_2 の積の平均 $\frac{\sum_{i=1}^{n} \varepsilon_{1i} \varepsilon_{2i}}{n}$ ということになる。なお、このとき x_1 と x_2 が互いに独立であり、n が十分に大きい場合には、誤差の三原則の②より、正負の値が同数生じるため、ε_1 と ε_2 の積の平均はゼロとなる。すなわち、共分散 $\sigma_{x_1 x_2}$ はゼロとなる。

したがって、x_1, x_2, $\cdots$, x_n が互いに独立であれば、それらの共分散がゼロとなるため、最終的に Y の分散 σ_Y^2 は以下のようになる。

$$\sigma_Y^2 = a_1^2 \sigma_{x_1}^2 + a_2^2 \sigma_{x_2}^2 + \cdots + a_n^2 \sigma_{x_n}^2 \tag{2.2.5}$$

[例題2] AB間の距離を3区間に分けて測定したところ、それぞれの測定値が 12.00m、15.00m、17.00m となり、誤差はそれぞれ 2 mm、4 mm、5 mm であった。このとき、AB間の距離の分散と標準偏差を求めよ。

x_1 12.00 m x_2 15.00 m x_3 17.00 m
[誤差2mm] [誤差4mm] [誤差5mm]

A　　　　Y　　　　B

3区間の測定距離を $x_1 = 12.00$ [m]、$x_2 = 15.00$ [m]、$x_3 = 17.00$ [m] とおくと、AB間の距離 Y は、$Y = x_1 + x_2 + x_3$ となる。これは、式 (2.2.1) において、$a_1 = a_2 = a_3 = 1$、$n = 3$ の場合に相当する。したがって、AB間の距離 Y の分散は、

$$\begin{aligned}
\sigma_Y^2 &= \sigma_{x_1}^2 + \sigma_{x_2}^2 + \sigma_{x_3}^2 \\
&= 0.002^2 + 0.004^2 + 0.005^2 \\
&= 0.000045
\end{aligned}$$

となる。また、標準偏差は、

$$\begin{aligned}
\sigma_Y &= \sqrt{\sigma_Y^2} \\
&= 0.0067 \text{ [m]}
\end{aligned}$$

となる。

2 非線形関数の場合

続いて、$f(X_1, X_2, \cdots, X_n)$ が非線形関数である場合を考える。このとき、Y を以下のように表すものとする。

$$Y = f(X_1, X_2, \cdots, X_n) \tag{2.2.6}$$

なお、線形関数の場合と同様、これを観測値 $x_1, x_2, \cdots, x_n$ に適用することにより、Y の観測値 y_i が求められる。

$$y_i = f(x_1, x_2, \cdots, x_n) \tag{2.2.7}$$

この結果、Y の誤差 ε_{Y_i} は以下のように展開できる。

$$
\begin{aligned}
\varepsilon_{Y_i} &= y_i - Y \\
&= f(x_{1i}, x_{2i}, \cdots, x_{ni}) - f(X_1, X_2, \cdots, X_n) \\
&= f(x_{1i}, x_{2i}, \cdots, x_{ni}) - f(x_{1i} - \varepsilon_{1i}, x_{2i} - \varepsilon_{2i}, \cdots, x_{ni} - \varepsilon_{ni})
\end{aligned}
\tag{2.2.8}
$$

なお、(2.2.8) 第二式から第三式の展開は、式 (2.1.1) の誤差の定義を利用している。

式 (2.2.8) の三式目の第二項は、誤差 $\varepsilon_{1i}, \varepsilon_{2i}, \cdots, \varepsilon_{ni}$ が微少であることを踏まえ、テイラー（Tayler）展開した上で、$\varepsilon_{1i}, \varepsilon_{2i}, \cdots, \varepsilon_{ni}$ に関する高次項を無視すると、以下のように表される。

$$
\begin{aligned}
&f(x_{1i} - \varepsilon_{1i}, x_{2i} - \varepsilon_{2i}, \cdots, x_{ni} - \varepsilon_{ni}) \\
&= f(x_{1i}, x_{2i}, \cdots, x_{ni}) - \frac{\partial f}{\partial x_{1i}}\varepsilon_{1i} - \frac{\partial f}{\partial x_{2i}}\varepsilon_{2i} - \cdots - \frac{\partial f}{\partial x_{ni}}\varepsilon_{ni}
\end{aligned}
\tag{2.2.9}
$$

式 (2.2.9) を式 (2.2.8) に代入すると、Y の誤差 ε_{Y_i} が以下のように求められる。

$$\varepsilon_{Y_i} = \frac{\partial f}{\partial x_{1i}}\varepsilon_{1i} + \frac{\partial f}{\partial x_{2i}}\varepsilon_{2i} + \cdots + \frac{\partial f}{\partial x_{ni}}\varepsilon_{ni} \tag{2.2.10}$$

この式における偏微分係数 $\dfrac{\partial f}{\partial x_{1i}}, \dfrac{\partial f}{\partial x_{2i}}, \cdots, \dfrac{\partial f}{\partial x_{ni}}$ は、各測定においてほとんど同じ値をとるものとすると、回数に無関係な定数として、$\dfrac{\partial f}{\partial x_1}, \dfrac{\partial f}{\partial x_2}, \cdots, \dfrac{\partial f}{\partial x_n}$ とおくことができる。この結果、式 (2.2.10) は前項で示した線形関数と形が同じになることがわかる。そこで、式 (2.2.4) の式展開に基づき、Y の分散 $\sigma_Y{}^2$ を求めると、最終的に $\sigma_Y{}^2$ は以下のようになる。

$$
\begin{aligned}
\sigma_Y{}^2 &= \left(\frac{\partial f}{\partial x_1}\right)^2 \sigma_{x_1}{}^2 + \left(\frac{\partial f}{\partial x_2}\right)^2 \sigma_{x_2}{}^2 + \cdots + \left(\frac{\partial f}{\partial x_n}\right)^2 \sigma_{x_n}{}^2 \\
&\quad + 2\frac{\partial f}{\partial x_1}\frac{\partial f}{\partial x_2}\sigma_{x_1 x_2} + 2\frac{\partial f}{\partial x_1}\frac{\partial f}{\partial x_3}\sigma_{x_1 x_3} + \cdots + 2\frac{\partial f}{\partial x_{n-1}}\frac{\partial f}{\partial x_n}\sigma_{x_{n-1} x_n}
\end{aligned}
\tag{2.2.11}
$$

式 (2.2.11) が非線形関数における誤差伝播の法則である。

なお、線形関数の場合と同様に、$x_1, x_2, \cdots, x_n$ が互いに独立である場合には、共分散をゼロとおいて次式（誤差伝播の一般式）が得られる。

[例題3] 長方形の各辺の長さが、15mと20mであり、また、それぞれの辺の誤差が±3mmと±5mmであったとき、長方形の面積の誤差（分散と標準偏差）を求めよ。

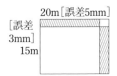

まず、長方形の各辺の長さを $x_1=15$m、$x_2=20$m とおく。すると、長方形の面積Yは、Y$=x_1 x_2$ となる。これは、**表 2.2.1** の積の場合に相当する。したがって、面積の分散は、

$$
\begin{aligned}
\sigma_Y{}^2 &= x_2{}^2 \sigma_{x1}{}^2 + x_1{}^2 \sigma_{x2}{}^2 \\
&= 20^2 \times 0.003^2 \\
&\quad + 15^2 \times 0.005^2 \\
&= 0.009225
\end{aligned}
$$

となる。
なお、標準偏差は

$$
\begin{aligned}
\sigma_Y &= \sqrt{\sigma_Y{}^2} \\
&= 0.960\,[\mathrm{m}^2]
\end{aligned}
$$

となる。

$$\sigma_Y{}^2 = \left(\frac{\partial f}{\partial x_1}\right)^2 \sigma_{x_1}{}^2 + \left(\frac{\partial f}{\partial x_2}\right)^2 \sigma_{x_2}{}^2 + \cdots + \left(\frac{\partial f}{\partial x_n}\right)^2 \sigma_{x_n}{}^2 \tag{2.2.12}$$

3　誤差伝播の法則の具体例

　前項の式（2.2.12）の誤差伝播の法則を用いて、代表的な関数についての分散の算定式を具体的に示しておく。

表 2.2.1　誤差伝播の法則の具体例

関数の種類	関数形；式（2.2.6）	Yの分散；式（2.2.12）
① 係数	$Y = aX$	$\sigma_Y{}^2 = a^2 \sigma_x{}^2$
② 線形 （2-1参照）	$Y = a_1 X_1 + a_2 X_2 + \cdots + a_n X_n$	$\sigma_Y{}^2 = a_1{}^2 \sigma_{x_1}{}^2 + a_2{}^2 \sigma_{x_2}{}^2 + \cdots + a_n{}^2 \sigma_{x_n}{}^2$
③ 積	$Y = X_1 X_2$	$\sigma_Y{}^2 = x_2{}^2 \sigma_{x_1}{}^2 + x_1{}^2 \sigma_{x_2}{}^2$
④ 商	$Y = \dfrac{X_1}{X_2}$	$\sigma_Y{}^2 = \left(\dfrac{x_1}{x_2}\right)^2 \dfrac{\sigma_{x_1}{}^2}{x_1{}^2} + \left(\dfrac{x_1}{x_2}\right)^2 \dfrac{\sigma_{x_2}{}^2}{x_2{}^2}$

2　観測値の処理

3　最小二乗法

　1節および2節では、測量した結果生じる偶然誤差の捉え方と扱い方を説明してきた。本節では、その偶然誤差が発生している中で、最も真値に近い値を推定する方法について説明する。なお、この値のことを最確値という。

1　最尤法と最小二乗法

　一般に、観測値は誤差を含んでおり、測量によって真値を得ることは不可能である。そのため、先に述べた最確値を推定し、それを真値として代用するのである。

　最確値を得るための最も基本的な方法に、最尤法がある。最尤法では、「測量に伴い、ある誤差が発生したのは、その誤差の発生パターンの実現する同時確率が最も高かったためであると考え、その同時確率が最大となる場合が真値に対応する」とみなす。

　そこで、ある量 X を n 回測定して観測値 x_i を得たとする。このとき、式（2.1.1）と同様、誤差 ε_i は以下のように表される。

$$\varepsilon_i = x_i - X \tag{2.3.1}$$

n が十分に大きい値であると考えると、誤差 ε_i の発生確率は、式（2.1.10）のように書ける。式（2.1.10）を以下に再記する。

1次関数と2次関数に対する最小二乗法の行列表示はP298に示す。

最尤法
最も尤もらしい方法。

　最小二乗法を考案したのは、ドイツの数学者ガウス（Carl Fridrich Gauss 1777～1855）。
　1820年代に独の測量作業を指揮し、最小二乗法を用いて観測データを処理。
ガウスの言葉
　『測量作業が永遠の真理としての定理よりも重要だとは考えないし、逆に測量作業が定理よりも価値が低いともいえない。この成果は地球に関する重要な知見をもたらす。』

Π は、パイと読み、「全ての値を順番に掛け合わせよ」という意味である。

標準偏差を σ_i とするか σ とするかによってどのような違いが出るのかは次項以降で詳しく説明される。

ln は、e を底とする自然対数を表す。なお、e^x と $\exp[x]$ とは全く同じ意味であり、したがって $ln\,e^x = x$ となる。これより、式 (2.3.4) の式展開が可能となる。

$$f(\varepsilon_i) = \frac{1}{\sqrt{2\pi}\,\sigma_i} e^{-\frac{1}{2}\left(\frac{\varepsilon_i}{\sigma_i}\right)^2} \qquad ;\ (i = 1,\ 2,\ \cdots,\ n) \tag{2.3.2}$$

ここで、最尤法の考え方は、誤差の発生パターンの実現する同時確率を最大化する X を真値とみなすというものであった。この同時確率は、$f(\varepsilon_i)$ を $i = 1, 2, \cdots, n$ まで掛け合わせたものであり、最尤法では、その最大化問題を考えればよい。

$$\max L(\varepsilon_i) = \prod_{i=1}^{n} f(\varepsilon_i) = \prod_{i=1}^{n} \frac{1}{\sqrt{2\pi}\,\sigma_i} e^{-\frac{1}{2}\left(\frac{\varepsilon_i}{\sigma_i}\right)^2} \tag{2.3.3}$$

本式の $L(\varepsilon_i)$ は尤度関数と呼ばれる。また、ここでは、標準偏差 σ_i が測定回数 i に応じて変化する場合も考えている点には注意を要する。

式 (2.3.3) の尤度関数 $L(\varepsilon_i)$ の最大化は、対数をとっても成立する。

$$\max ln\,L(\varepsilon_i) = \sum_{i=1}^{n} ln\left[\frac{1}{\sqrt{2\pi}\,\sigma_i} e^{-\frac{1}{2}\left(\frac{\varepsilon_i}{\sigma_i}\right)^2}\right]$$
$$= \sum_{i=1}^{n}\left[-\frac{1}{2}\left(\frac{\varepsilon_i}{\sigma_i}\right)^2 + 定数\right] \tag{2.3.4}$$

なお、(2.3.4) 第一式から第二式への変形について説明を加える。本最適化問題では、X の導出が目的となっている。ところが、式 (2.3.4) の第一式右辺は、結局誤差 ε_i のみが X の関数となっているだけであり、ε_i 以外の値は X の導出に際し変化しないと考えて差し支えない。そこで、ε_i とは関係のない値を定数とすることにより式 (2.3.4) の変形が可能となる。

さらに、式 (2.3.4) より、誤差分布に正規分布を仮定した最尤法が、最終的には以下の最適化問題と等価となることがわかる。

$$\min \sum_{i=1}^{n} \frac{\varepsilon_i^2}{\sigma_i^2} \tag{2.3.5}$$

これは、誤差の二乗の総和を最小にする X を求めることを意味している。そのため、式 (2.3.5) により X を求める方法は、最小二乗（自乗）法とも呼ばれる。

各観測値の残差の二乗の総和を最小にする値が最確値である。

なお、一般に真値は、求めることが不可能な値であるため、式 (2.3.5) の真値 X を最確値 X_0 と入れ換え、当該最適化問題を、最確値 X_0 を求めるためのものと考える。このとき、観測値と最確値 X_0 の差は、誤差と区別するため、残差と呼ばれる。残差を ν_i とおくと、ν_i は以下のように表される。

$$\nu_i = x_i - X_0 \tag{2.3.6}$$

残差を用いて式 (2.3.5) を書き直す。

$$\min \sum_{i=1}^{n} \frac{\nu_i^2}{\sigma_i^2} \tag{2.3.7}$$

この最適化問題を解くことにより、最確値 X_0 が求められる。

次に、式 (2.3.7) の最適化問題の分母にある分散 σ_i^2 の扱いを説明する。通常、

分散は測定回数 i によらず一定と考えられる。すなわち、$\sigma_i{}^2 = \sigma^2$ になると考えられ、このとき、式（2.3.7）の最小二乗法は、以下と等価となる。

等精度の場合の最適化問題：

$$\min \sum_{i=1}^n \nu_i{}^2 \tag{2.3.8}$$

このような場合は、等精度の場合と呼ばれる。

　ところが、各測定において観測条件が異なる場合も実際には起りうる。例えば、測量をした日が異なっている場合や、用いた器械が異なっている場合などである。このような場合には、各分散を一定として扱うことはできず、式(2.3.7)のような形で最確値を求めることとなる。なお、このような場合を、異精度の場合の最適化問題という。

　このとき、異なる分散を、代表的分散 σ^2（固定）に重みを掛けて表し、最小二乗法の目的関数を書き改める。すなわち、各観測値の分散を以下のように表す。

$$\frac{1}{\sigma_1{}^2} = \frac{p_1}{\sigma^2}, \quad \frac{1}{\sigma_2{}^2} = \frac{p_2}{\sigma^2}, \quad \cdots, \quad \frac{1}{\sigma_n{}^2} = \frac{p_n}{\sigma^2} \tag{2.3.9}$$

σ^2 は定数であるから、式（2.3.7）は以下のように表される。

$$\min \sum_{i=1}^n p_i \nu_i{}^2 \tag{2.3.10}$$

p_i は各測定の重みを表しており、式（2.3.9）のとおり、各分散に反比例するように求められるものである。

　以上より、異精度の場合には、残差の重みつき二乗和を最小化するような最確値 X_0 を求めることになる。

2　測定方法の分類

　続いて、前項で説明した最小二乗法の原理に基づいて、具体的な最確値の導出を行う。ただし、実際の測量には、いくつかの測定方法があり、それぞれで最確値の求め方に多少の違いがある。しかし、基本理論は、先の最小二乗法であることには注意されたい。

　そこで、まず測定方法を分類し、その説明を行う。そして、それぞれの場合について最確値を求め、さらに、その精度を表す指標として分散を取り上げ、その推定結果も示すこととする。

　まず、測定の性格上の分類として、条件なし測定（独立測定ともいう）と条件つき測定がある。条件なし測定とは、測定値に関し、何ら満たすべき拘束条件や制約条件などがないものをいう。また、条件つき測定とは、例えば、三角形の内角の測定では、3つの内角の和が $180°$ とならなくてはいけないという拘束条件があるように、測定値が満たすべき制約条件が存在する場合の測定をいう。

　また、測定方法による分類としては、直接測定と間接測定がある。直接測定

異精度の場合の観測値の取扱い

　観測値の信用度を示す数値である重み p を用いて処理する。

①測定回数 n が異なる時 p は n に比例する。

$$p_1 : p_2 : \cdots : p_n = n_1 : n_2 : \cdots : n_n$$

②標準偏差 σ が異なる時 p は σ^2（分散）に反比例。

$$p_1 : p_2 : \cdots : p_n = \frac{1}{\sigma_1{}^2} : \frac{1}{\sigma_2{}^2} : \cdots : \frac{1}{\sigma_n{}^2}$$

③路線長 L が異なる時 p は L に反比例する。

$$p_1 : p_2 : \cdots : p_n = \frac{1}{L_1} : \frac{1}{L_2} : \cdots : \frac{1}{L_n}$$

最確値 M

$$M = \frac{p_1 l_1 + p_2 l_2 + \cdots + p_n l_n}{p_1 + p_2 + \cdots + p_n} = \frac{[pl]}{[p]}$$

最確値の標準偏差 m_0

$$m_0 = \sqrt{\frac{[p\nu\nu]}{[p][n-1]}}$$

ただし、

$$[p\nu\nu] = p_1 \nu_1 \nu_1 + p_2 \nu_2 \nu_2 + \cdots + p_n \nu_n \nu_n$$

$$[p] = p_1 + p_2 + \cdots + p_n$$

ν：残差（$\nu = l - M$）

l_n：各観測値

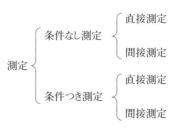

図 2.3.1　測定方法の分類

とは、求めるべき距離や角度などを直接、器械などを用いて測定することである。間接測定とは、別の測定結果を計算式に代入して、間接的に測定値を求めるものである。

3　条件なし直接測定の場合

(1) 最確値の導出

「条件なしの直接測定」における最確値の導出を行う。この場合には、前項で示した最小二乗法の理論をそのまま適用することができる。

まず、等精度の場合を考えると、式（2.3.8）の最小二乗法に基づく最適化問題は、以下のように表される。

$$\min \sum_{i=1}^{n} \nu_i^{2} = [\nu\nu] = \left(x_1 - X_0\right)^2 + \left(x_2 - X_0\right)^2 + \cdots + \left(x_n - X_0\right)^2 \tag{2.3.11}$$

ただし、ν_i は測定回数 i における残差、$x_1,\ x_2,\ \cdots,\ x_n$ は観測値、X_0 は最確値を表す。また、$[\ ]$ という表記は、測量学において総和を表す際に用いられるもので、ガウスの総和記号と呼ばれている。

式（2.3.11）の最適化問題の一階条件は以下となる。

$$\frac{d[\nu\nu]}{dX_0} = -2\left\{\left(x_1 + x_2 + \cdots + x_n\right) - nX_0\right\} = 0 \tag{2.3.12}$$

したがって、最確値 X_0 は次のように求められる。

等精度の場合の最確値：

$$X_0 = \frac{x_1 + x_2 + \cdots + x_n}{n} = \frac{[x]}{n} \tag{2.3.13}$$

すなわち、等精度の条件なし直接測定の最確値は、測定値の単純平均となる。

次に、異精度の場合を考える。その場合、最小二乗法に基づく最適化問題は式（2.3.10）より以下のように表される。

$$\min \sum_{i=1}^{n} p_i \nu_i^{2} = [p\nu\nu] = p_1\left(x_1 - X_0\right)^2 + p_2\left(x_2 - X_0\right)^2 + \cdots + p_n\left(x_n - X_0\right)^2$$

$$\tag{2.3.14}$$

ただし、$p_1,\ p_2,\ \cdots,\ p_n$ は重みである。

この場合も等精度の場合と同様に、最適化問題の一階条件から最確値が求められ、それは以下のようになる。

条件なし直接測定（例）
・鋼巻尺による距離測定
・セオドライトによる角測定
・レベルと標尺による高低差測定

異精度の場合の最確値：

$$X_0 = \frac{p_1 x_1 + p_2 x_2 + \cdots + p_n x_n}{p_1 + p_2 + \cdots + p_n} = \frac{[px]}{[p]} \tag{2.3.15}$$

すなわち、異精度の制約なし直接測定の最確値は、測定値の重みつき平均となる。

(2) 最確値の精度の推定

続いて、最確値の精度を推定する。ここでは、最確値の分散を求めることによって、精度推定を行うこととする。

まず、等精度の場合を考える。これは、各観測値の分散が、測定回数によらず一定となる場合であり、それを σ^2 とおく。ここで、最確値の分散を σ_0^2 とおき、観測値の分散 σ^2 とは区別しておく。なお、最確値の分散を求めるにあたり、まず、観測値の分散 σ^2 を求めることとする。

分散 σ^2 の定義は、誤差 ε の二乗の平均である。すなわち、

$$\sigma^2 = \frac{\sum_{i=1}^{n} \varepsilon_i^2}{n} = \frac{[\varepsilon\varepsilon]}{n} \tag{2.3.16}$$

となる。しかし、式 (2.3.16) の誤差 ε は、真値を含むため事実上計測不可能である。そのため、代わって残差 ν_i を用いて σ^2 の推定を行う。

まず、誤差 ε_i, 残差 ν_i は、それぞれ $\varepsilon_i = x_i - X$, $\nu_i = x_i - X_0$ のように表される。これらより、x_i を消去すると次式を得る。

$$\varepsilon_i = \nu_i + (X_0 - X) \qquad i = 1, 2, \cdots, n \tag{2.3.17}$$

さらに、この両辺を二乗し、全ての i に対して辺々を加える。

$$[\varepsilon\varepsilon] = [\nu\nu] + 2(X_0 - X)[\nu] + n(X_0 - X)^2 \tag{2.3.18}$$

この中で、残差の総和である $[\nu]$ は、誤差の三原則の②よりゼロとなる。また、$(X_0 - X)$ は、最確値の真値との誤差を表している。ここで、最確値の分散も、誤差の二乗和の平均と定義されることを考えると、最確値の誤差が $(X_0 - X)$ であることから、その分散 σ_0^2 は以下のようになる（欄外参照）。

$$\sigma_0^2 = (X_0 - X)^2 \tag{2.3.19}$$

そこで、$[\nu] = 0$ と式 (2.3.19) の条件を、式 (2.3.18) に代入すると、誤差二乗和は以下のようになる。

$$[\varepsilon\varepsilon] = [\nu\nu] + n\sigma_0^2 \tag{2.3.20}$$

さらに、これを式 (2.3.16) に代入すると、最終的に観測値の分散 σ^2 は以下のように求められる。

$$\sigma^2 = \frac{[\nu\nu]}{n} + \sigma_0^2 \tag{2.3.21}$$

ここで、最確値の分散 σ_0^2 と、測定値の分散 σ^2 の関係は、誤差伝播の法則からも導かれる。すなわち、今、最確値 X_0 と観測値 $x_1, x_2, \cdots, x_n$ との間には、式 (2.3.13) より次のような関係が成立している。

各観測値の分散：

$$\sigma^2 = \frac{\sum_{i=1}^{n}(x_i - X)^2}{n}$$

最確値の分散：

$$\sigma_0^2 = \frac{\sum_{i=1}^{n}(X_0 - X)^2}{n}$$
$$= \frac{n(X_0 - X)^2}{n}$$
$$= (X_0 - X)^2$$

最確値の精度 σ_0^2 の導出は非常に煩雑となっているため、要点を整理しておく。

(1) 各観測値の分散 σ^2 の導出

定義より $\sigma_0^2 = \dfrac{\sigma^2}{n}$ が得られる。

(2) $[\varepsilon\varepsilon]$ の導出

$[\varepsilon\varepsilon]$ は、誤差 ε_i と残差 ν_i より求める。

$$[\varepsilon\varepsilon] = [\nu\nu] + n\sigma_0^2$$

これを (1) に代入することにより、σ^2 と σ_0^2 の関係式が得られる。

(3) 誤差伝播の法則の利用

一方、誤差伝播の法則より、σ^2 と σ_0^2 の関係式

$$\sigma_0^2 = \frac{\sigma^2}{n}$$ が得られる。

(4) 各観測値の分散 σ^2 の導出

(2) と (3) から σ_0^2 を消去すると、σ^2 が求められる。

$$\sigma^2 = \frac{[\nu\nu]}{n-1}$$

(5) 最確値の精度 σ_0^2 の導出

(4) を (2) あるいは (3) に代入することにより σ_0^2 も得られる。

$$\sigma_0^2 = \frac{[\nu\nu]}{n(n-1)}$$

[例題4] AB間の距離を5人で計測したところ、以下のような測定結果が得られた。5人の測量技術は同程度であるとし、AB間の距離の最確値とその分散と標準偏差を求めよ。

測定者	測定値 [m]
A	50.032
B	50.018
C	49.985
D	49.991
E	50.023

5人の測量技術が同程度であることから、測定結果は等精度とみてよい。したがって、最確値は以下のように求められる。

最確値 X_0 [式 (2.3.13)]

$$= \frac{50.032+50.018+49.985}{5}$$
$$+ \frac{49.991+50.023}{5}$$
$$= 50.010 \ [\mathrm{m}]$$

次に、最確値の分散を求めるため、残差とその二乗和を求める。

測定者	残差 ν [mm]	$\nu\nu$
A	+ 22	484
B	+ 8	64
C	− 25	625
D	− 19	361
E	+ 13	169
計		1 703

これより、最確値の分散は以下のように得られる。

最確値の分散 σ_0^2 [式 (2.3.25)]

$$= \frac{1\,703}{5(5-1)}$$
$$= 85.15 \ [\mathrm{mm}^2]$$

標準偏差

$$\sigma_0 = \sqrt{85.15}$$
$$= 9.23 \ [\mathrm{mm}]$$

$$X_0 = \frac{1}{n}x_1 + \frac{1}{n}x_2 + \cdots + \frac{1}{n}x_n \tag{2.3.22}$$

このため、線形関数に関する誤差伝播の法則（**表 2.2.1** における②）を適用すると、最確値 X_0 の分散と各観測値の分散との関係が以下のように導かれる。

$$\sigma_0^2 = \left(\frac{1}{n}\right)^2 \sigma^2 + \left(\frac{1}{n}\right)^2 \sigma^2 + \cdots + \left(\frac{1}{n}\right)^2 \sigma^2 = \frac{n\sigma^2}{n^2} = \frac{\sigma^2}{n} \tag{2.3.23}$$

式 (2.3.21) と式 (2.3.23) から、σ_0^2 を消去して σ^2 を求めると以下のようになる。

等精度の場合の観測値の分散と標準偏差：

$$\sigma^2 = \frac{[\nu\nu]}{n-1} \ , \quad \sigma = \sqrt{\frac{[\nu\nu]}{n-1}} \tag{2.3.24}$$

さらに、式 (2.3.23) より、最確値の分散は次のようになる。

等精度の場合の最確値の分散と標準偏差：

$$\sigma_0^2 = \frac{[\nu\nu]}{n(n-1)} \ , \quad \sigma_0 = \sqrt{\frac{[\nu\nu]}{n(n-1)}} \tag{2.3.25}$$

続いて、異精度の場合を考える。これは、各観測値に対する分散が異なる場合である。ただし、重みが p_1, p_2, $\cdots$, p_n のように与えられている場合には、誤差二乗を $p_i\varepsilon_i^2$ とすることによって、観測回数に依存しない、すなわち重み1の分散 σ^2 が求められる。

$$\sigma^2 = \frac{\sum_{i=1}^{n} p_i \varepsilon_i^2}{n} = \frac{[p\varepsilon\varepsilon]}{n} \tag{2.3.26}$$

そして、等誤差の場合と同様、この分散 σ^2 について、誤差二乗 ε_i^2 の代わりに残差二乗 ν_i^2 を用いて推計することを考える。なお、異精度の場合、残差についても誤差と同様に、重みを掛けて扱えばよい。これを踏まえると、まず、誤差 ε_i と残差 ν_i には、それぞれ $\sqrt{p_i}\,\varepsilon_i = \sqrt{p_i}\,(x_i - X)$、$\sqrt{p_i}\,\nu_i = \sqrt{p_i}\,(x_i - X_0)$ のような関係が成立する。これは、誤差、残差の定義より明らかである。さらに、この関係から、等誤差の場合において示した式 (2.3.17) 〜 (2.3.20) と同様の式展開を踏むと、式 (2.3.18) に相当する誤差二乗和の関係式が、以下のように導かれる。

$$[p\varepsilon\varepsilon] = [p\nu\nu] + 2(X_0 - X)[p\nu] + [p](X_0 - X)^2 \tag{2.3.27}$$

この中で、$[p\nu]$ は残差の期待値であるからゼロとなる。また、$(X_0 - X)^2$ は等誤差の場合と全く同じで、最確値の分散を表す。以上の結果、式 (2.3.26) は以下のようになる。

$$\sigma^2 = \frac{[p\nu\nu]}{n} + \frac{[p]}{n}\sigma_0^2 \tag{2.3.28}$$

なお、最確値 X_0 と観測値 x_1, x_2, $\cdots$, x_n との間には、式 (2.3.15) より以下が成立している。

$$X_0 = \frac{p_1 x_1 + p_2 x_2 + \cdots + p_n x_n}{p_1 + p_2 + \cdots + p_n} = \frac{p_1}{[p]}x_1 + \frac{p_2}{[p]}x_2 + \cdots + \frac{p_n}{[p]}x_n \tag{2.3.29}$$

これに誤差伝播の法則を適用すると以下が得られる。

$$\sigma_0{}^2 = \frac{p_1{}^2}{[p]^2}\left(\frac{\sigma^2}{p_1}\right)x_1 + \frac{p_2{}^2}{[p]^2}\left(\frac{\sigma^2}{p_2}\right) + \cdots + \frac{p_n{}^2}{[p]^2}\left(\frac{\sigma^2}{p_n}\right) = \frac{\sigma^2}{[p]} \qquad (2.3.30)$$

これを、式（2.3.28）に代入して整理すると、分散 σ^2 は以下のようにして求められる。

異精度の場合の観測値の分散（重み1）と標準偏差：

$$\sigma^2 = \frac{[p\nu\nu]}{n-1} \quad , \quad \sigma = \sqrt{\frac{[p\nu\nu]}{n-1}} \qquad (2.3.31)$$

今、重み1の分散 σ^2 と、各観測値の分散 $\sigma_i{}^2$ には、式（2.3.9）のような関係が成り立っている。そこで、式（2.3.31）を各観測値の分散 $\sigma_i{}^2$ で表すと以下となる。

異精度の場合の観測値の分散（重み1）と標準偏差：

$$\sigma_i{}^2 = \frac{[p\nu\nu]}{p_i(n-1)} \quad , \quad \sigma_i = \sqrt{\frac{[p\nu\nu]}{p_i(n-1)}} \qquad (2.3.32)$$

最後に、最確値 X_0 の分散を求める。これは、式（2.3.30）が既に得られているので以下のようになる。

異精度の場合の最確値の分散と標準偏差：

$$\sigma_0{}^2 = \frac{[p\nu\nu]}{[p](n-1)} \quad , \quad \sigma_0 = \sqrt{\frac{[p\nu\nu]}{[p](n-1)}} \qquad (2.3.33)$$

4 条件なし間接測定の場合

続いて、「条件なしの間接測定」における最確値の導出を行う。

間接測定とは、変数間に何らかの関係式が成立する場合に、その関係式を用いて測定値を求めるものであった。一般に、その関係式とは、直接測定される量 x_1, x_2, $\cdots$, x_n と、ある未知量 y_1, y_2, $\cdots$, y_q との間に成立するものを考える。

$$\begin{cases} x_1 = f_1(y_1, & y_2, & \cdots, & y_q) \\ x_2 = f_2(y_1, & y_2, & \cdots, & y_q) \\ & \vdots & \\ x_n = f_n(y_1, & y_2, & \cdots, & y_q) \end{cases} \qquad (2.3.34)$$

式（2.3.34）を、観測方程式という。

以上の観測方程式は、測定値に誤差がない場合のものであるが、実際の測定では、測定誤差が存在するため成立しない。さらに、ここでも誤差を規定する真値は知り得ないものである。そこで、以下のような残差方程式を考える。

$$\begin{cases} \nu_1 = x_1 - f_1(y_{01}, & y_{02}, & \cdots, & y_{0q}) \\ \nu_2 = x_2 - f_2(y_{01}, & y_{02}, & \cdots, & y_{0q}) \\ & \vdots & \\ \nu_n = x_n - f_n(y_{01}, & y_{02}, & \cdots, & y_{0q}) \end{cases} \qquad (2.3.35)$$

異精度の場合、まず精度が異なる具体的要因には1）測定回数の違い、2）測定距離の違い、3）観測者の技量、器械の性能の違い、などがある。以下では、1）を例に異精度の最確値およびその分散の導出方法を示す。なお、2）については、水準測量の章で例が示されており併せて参照されたい。

[例題5] AB間の距離を、それぞれ複数回測定した結果が以下である。最確値とその分散および標準偏差を求めよ。

測定者	測定値 [m]	測定回数
A	50.24	3
B	50.17	2
C	50.18	5
D	50.22	2

（解答は次頁欄外）

条件なし間接測定（例）
・長方形の2辺の長さを測定して面積を求める。
・水平距離 ℓ と鉛直角 θ を測定して高低差 h を求める。
　$h = \ell \tan\theta$

式 (2.3.35) を観測方程式ということもある。

[例題5] の解答

測定回数を重みとして、異精度の最確値の計算式より最確値が求められる。

最確値 X_0 [式 (2.3.29)]

$$= \frac{3 \times 50.24 + 2 \times 50.17}{3 + 2 + 5 + 2}$$
$$+ \frac{5 \times 50.18 + 2 \times 50.22}{3 + 2 + 5 + 2}$$
$$= 50.20 \,[\text{m}]$$

次に、残差と重み付き残差二乗和を求める。

	残差 ν [cm]	重み p	$p\nu\nu$
A	+4	3	48
B	-3	2	18
C	-2	5	20
D	+2	2	8
計		12	94

これより、最確値の分散が以下のように得られる。

最確値の分散 σ_0^2
[式 (2.3.33)]

$$= \frac{94}{12(4-1)} = 2.6 \,[\text{cm}^2]$$

標準偏差

$$\sigma = \sqrt{2.6}$$
$$= 1.6 \,[\text{cm}]$$

なお、他の一般的な場合については、参考文献6) (P50) などを参照されたい。

ただし、y_{01}, y_{02}, $\cdots$, y_{0q} は未知量の最確値を表す。

式 (2.3.35) の残差方程式を、最小二乗法における最適化問題に代入する。すなわち、等誤差の場合が式 (2.3.8)、異誤差の場合が式 (2.3.10) であり、それぞれ以下のように表される。

等誤差の場合:

$$\min \sum_{i=1}^{n} \nu_i^2 = [\nu\nu]$$
$$= \left\{ x_1 - f_1 \left(y_{01}, \ y_{02}, \ \cdots, \ y_{0q} \right) \right\}^2 + \left\{ x_2 - f_2 \left(y_{01}, \ y_{02}, \ \cdots, \ y_{0q} \right) \right\}^2 +$$
$$\cdots + \left\{ x_n - f_n \left(y_{01}, \ y_{02}, \ \cdots, \ y_{0q} \right) \right\}^2 \tag{2.3.36}$$

異誤差の場合:

$$\min \sum_{i=1}^{n} p_i \nu_i^2 = [p\nu\nu]$$
$$= p_1 \left\{ x_1 - f_1 \left(y_{01}, \ y_{02}, \ \cdots, \ y_{0q} \right) \right\}^2 + p_2 \left\{ x_2 - f_2 \left(y_{01}, \ y_{02}, \ \cdots, \ y_{0q} \right) \right\}^2 +$$
$$\cdots + p_n \left\{ x_n - f_n \left(y_{01}, \ y_{02}, \ \cdots, \ y_{0q} \right) \right\}^2 \tag{2.3.37}$$

式 (2.3.36)、(2.3.37) の最適化問題の一階条件は、それぞれ以下となる。

等誤差の場合:

$$\frac{\partial [\nu\nu]}{\partial y_{01}} = \frac{\partial [\nu\nu]}{\partial y_{02}} = \cdots = \frac{\partial [\nu\nu]}{\partial y_{0q}} = 0 \tag{2.3.38}$$

異誤差の場合:

$$\frac{\partial [p\nu\nu]}{\partial y_{01}} = \frac{\partial [p\nu\nu]}{\partial y_{02}} = \cdots = \frac{\partial [p\nu\nu]}{\partial y_{0q}} = 0 \tag{2.3.39}$$

これらは正規方程式と呼ばれ、それぞれの連立方程式を解くことにより、最確値 y_{01}, y_{02}, $\cdots$, y_{0q} を求めることができる。

なお、簡単な例として、観測方程式 (式 (2.3.34)) が以下のように表される場合について、実際に最確値を求めることとする。

$$\begin{cases} x_1 = a_{11} y_1 + a_{12} y_2 \\ x_2 = a_{21} y_1 + a_{22} y_2 \\ \qquad \vdots \\ x_n = a_{n1} y_1 + a_{n2} y_2 \end{cases} \tag{2.3.40}$$

ただし、a_{i1}, a_{i2} ($i = 1$, 2, $\cdots$, n) はパラメータである。

式 (2.3.40) より残差方程式は以下のようになる。

$$\begin{cases} \nu_1 = x_1 - \left(a_{11} y_{01} + a_{12} y_{02} \right) \\ \nu_2 = x_2 - \left(a_{21} y_{01} + a_{22} y_{02} \right) \\ \qquad \vdots \\ \nu_n = x_n - \left(a_{n1} y_{01} + a_{n2} y_{02} \right) \end{cases} \tag{2.3.41}$$

今、等精度であるとし、式 (2.3.41) を式 (2.3.38) に代入する。

$$\min[\nu\nu] = \sum_{i=1}^{n}\left\{x_i - (a_{i1}y_{01} + a_{i2}y_{02})\right\}^2 \tag{2.3.42}$$

なお、この最適化問題の一階条件、すなわち正規方程式は以下のようになる。

$$\begin{cases} \dfrac{\partial[\nu\nu]}{\partial y_{01}} = \sum_{i=1}^{n} 2(x_i - a_{i1}y_{01} - a_{i2}y_{02})(-a_{i1}) = 0 \\[3mm] \dfrac{\partial[\nu\nu]}{\partial y_{02}} = \sum_{i=1}^{n} 2(x_i - a_{i1}y_{01} - a_{i2}y_{02})(-a_{i2}) = 0 \end{cases} \tag{2.3.43}$$

これを、ガウスの総和記号を用いて書き換える。

$$\begin{cases} [a_1a_1]y_{01} + [a_1a_2]y_{02} = [a_1x] \\[2mm] [a_1a_2]y_{01} + [a_2a_2]y_{02} = [a_2x] \end{cases} \tag{2.3.44}$$

式 (2.3.44) の連立方程式を解くことにより、最確値 y_{01}, y_{02} が求められる。

$$\begin{cases} y_{01} = \dfrac{[a_2a_2][a_1x] - [a_1a_2][a_2x]}{[a_1a_1][a_2a_2] - [a_1a_2][a_1a_2]} \\[4mm] y_{02} = -\dfrac{[a_1a_2][a_1x] - [a_1a_1][a_2x]}{[a_1a_1][a_2a_2] - [a_1a_2][a_1a_2]} \end{cases} \tag{2.3.45}$$

　続いて、最確値の精度を推定する必要があるが、基本的な導出方法は、直接測定で示したものと同様である。しかし、間接測定における実際の推定は、かなり煩雑となるため、ここでは省略する。参考文献6）（P50）を参照されたい。

5　条件つき直接測定の場合

　次に、「条件つき直接測定」の場合を考える。条件つき測定とは、例えば、三角形の内角の和が $180°$ とならなくてはならないといった拘束条件のある測定のことであった。

　今、ある条件を満たす q 個の値 X_1, X_2, …, X_q を求めることを考える。このとき、X_1, X_2, …, X_q について、観測値 x_1, x_2, …, x_q が得られているものとする。X_1, X_2, …, X_q の最確値を X_{01}, X_{02}, …, X_{0q} とおくと、残差方程式は以下のようになる。〔残差＝観測値－最確値〕

$$\begin{cases} \nu_1 = x_1 - X_{01} \\ \nu_2 = x_2 - X_{02} \\ \quad\vdots \\ \nu_q = x_q - X_{0q} \end{cases} \tag{2.3.46}$$

　次に X_1, X_2, …, X_q が満たすべき条件は u 個あるとする。なお、当該条件は最確値でも当然満たされるべきものであり、以下の条件式は最確値を用いて表現したものである。

条件つき直接測定 (例)
・平面三角形 ABC の内角の和 は $180°$ であるという条件つきの角観測を行う (閉合条件)。
・夾角相互の閉合条件

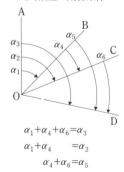

$\alpha_1 + \alpha_4 + \alpha_6 = \alpha_3$
$\alpha_1 + \alpha_4 \quad\quad = \alpha_2$
$\quad\quad \alpha_4 + \alpha_6 = \alpha_5$

・多角路線の方向角の閉合条件
　P104 の式 (6.2.1) 参照。
・直接水準測量での閉合条件
　出発点の標高に全比高を加えると、到着点 (閉合点) の標高になる。

$$\begin{cases} \varphi_1 \equiv b_{11}X_{01} + b_{12}X_{02} + \cdots + b_{1q}X_{0q} + b_1 = 0 \\ \varphi_2 \equiv b_{21}X_{01} + b_{22}X_{02} + \cdots + b_{2q}X_{0q} + b_2 = 0 \\ \qquad\qquad\qquad\qquad \vdots \\ \varphi_u \equiv b_{u1}X_{01} + b_{u2}X_{02} + \cdots + b_{uq}X_{0q} + b_u = 0 \end{cases} \tag{2.3.47}$$

以上の結果、最確値 X_{01}, X_{02}, $\cdots$, X_{0q} は、式（2.3.47）の制約条件式の下で、残差の平方和を最小化する値として求められる。

$$\min[\nu\nu] = \sum_{i=1}^{n} \{x_i - X_{01}\}^2 \tag{2.3.48}$$

条件式　$\varphi_i = 0$　$(i = 1, 2, \cdots, u)$ $\tag{2.3.49}$

一般式で表されるラグランジュ未定係数法を示しておく。
$\min f(X_0)$
s.t. $\varphi(X_0) = 0$
ラグランジュ関数は以下となる。
$L = f(X_0) - \lambda\varphi(X_0)$
ラグランジュ関数最適化のための一階条件は以下のようになり、この方程式を X_0 について解けばよいことになる。
$\dfrac{\partial L}{\partial X_0}$
$= \dfrac{\partial \left[f(X_0) - \lambda\varphi(X_0) \right]}{\partial X_0}$
$= 0$

式（2.3.50）では、ラグランジュ係数に「2」を付けているが、これは後の式展開をやりやすくするためのものである。

式（2.3.49）の制約条件の下で、式（2.3.48）の最適化問題を解くような問題は、制約つき最適化問題と呼ばれ、その解法には「ラグランジュ未定係数法」が用いられる。ラグランジュ未定係数法とは、ラグランジュ未定係数 λ_1, λ_2, $\cdots$, λ_u を用いて目的関数と制約条件とをまとめ、制約なしの最適化問題に置き換えて解を求める方法である。この新たに作成される制約なし最適化問題の目的関数は、ラグランジュ関数と呼ばれる。なお、この問題におけるラグランジュ関数 F は、以下のように表される。

$$F = [\nu\nu] - 2\lambda_1\varphi_1 - 2\lambda_2\varphi_2 - \cdots - 2\lambda_u\varphi_u \tag{2.3.50}$$

式（2.3.48）、（2.3.49）の最適化問題は、式（2.3.50）を最適化する問題になったわけである。その最適化のための一階条件は以下のとおりである。

$$\frac{\partial F}{\partial X_{01}} = \frac{\partial F}{\partial X_{02}} = \cdots = \frac{\partial F}{\partial X_{0q}} = 0 \ \ \text{および} \ \ \frac{\partial F}{\partial \lambda_1} = \cdots = \frac{\partial F}{\partial \lambda_u} = 0 \tag{2.3.51}$$

この中には、ラグランジュ未定係数による一階微分の条件も含まれている点には注意が必要である。式（2.3.51）の連立方程式から、最確値 X_{01}, X_{02}, $\cdots$, X_{0q} とラグランジュ未定係数 λ_1, λ_2, $\cdots$, λ_u を求めてやればよい。

ただし、通常は上の方程式を直接解くのではなく、最確値を消去して、残差を未知変数として解くという方法が用いられる。まず、式（2.3.46）を式（2.3.47）に代入すると、条件式は以下のように変形される。

$$\begin{cases} \varphi_1 \equiv b_{11}\nu_1 + b_{12}\nu_2 + \cdots + b_{1q}\nu_q - w_1 = 0 \\ \varphi_2 \equiv b_{21}\nu_1 + b_{22}\nu_2 + \cdots + b_{2q}\nu_q - w_2 = 0 \\ \qquad\qquad\qquad \vdots \\ \varphi_u \equiv b_{u1}\nu_1 + b_{u2}\nu_2 + \cdots + b_{uq}\nu_q - w_u = 0 \end{cases} \tag{2.3.52}$$

ただし、$w_i = b_{i1}x_1 + b_{i2}x_2 + \cdots + b_{iq}x_q + b_i$ $\tag{2.3.53}$

式（2.3.52）の条件式を用いて、式（2.3.50）のラグランジュ関数を書き改めると、

$$\begin{aligned} F = \nu_1{}^2 + \nu_2{}^2 + \cdots + \nu_q{}^2 \ &- 2\lambda_1\big(b_{11}\nu_1 + b_{12}\nu_2 + \cdots + b_{1q}\nu_q - w_1\big) \\ &- 2\lambda_2\big(b_{21}\nu_1 + b_{22}\nu_2 + \cdots + b_{2q}\nu_q - w_2\big) \\ &\qquad\qquad \vdots \\ &- 2\lambda_u\big(b_{u1}\nu_1 + b_{u2}\nu_2 + \cdots + b_{uq}\nu_q - w_q\big) \end{aligned} \tag{2.3.54}$$

となる。これを用いて、式 (2.3.51) の最適化の一階条件を求めると、式 (2.3.55)、(2.3.56) のようになる。

$$\begin{cases} \dfrac{\partial F}{\partial \nu_1} = 2\nu_1 - 2\left(\lambda_1 b_{11} + \lambda_2 b_{21} + \cdots + \lambda_u b_{u1}\right) = 0 \\ \qquad\qquad\qquad \vdots \\ \dfrac{\partial F}{\partial \nu_q} = 2\nu_q - 2\left(\lambda_1 b_{1q} + \lambda_2 b_{2q} + \cdots + \lambda_u b_{uq}\right) = 0 \end{cases} \tag{2.3.55}$$

$$\begin{cases} \dfrac{\partial F}{\partial \lambda_1} = b_{11}\nu_1 + b_{12}\nu_2 + \cdots + b_{1q}\nu_q - w_1 = 0 \\ \qquad\qquad\qquad \vdots \\ \dfrac{\partial F}{\partial \lambda_u} = b_{u1}\nu_1 + b_{u2}\nu_2 + \cdots + b_{uq}\nu_q - w_u = 0 \end{cases} \tag{2.3.56}$$

この連立方程式から、残差 ν_1, ν_2, $\cdots$, ν_q およびラグランジュ未定係数 λ_1, λ_2, $\cdots$, λ_u を求めればよい。その方法は、以下のとおりである。

1) 式 (2.3.55) の条件 $\dfrac{\partial F}{\partial \nu_1} = 0$, $\cdots$, $\dfrac{\partial F}{\partial \nu_q} = 0$ より $\nu_i = \nu_i(\lambda_1, \cdots, \lambda_u)$ を求める。

なお、$\nu_i(\lambda_1, \lambda_2, \cdots, \lambda_u)$ とは ν_i を $\lambda_1, \lambda_2, \cdots, \lambda_u$ の関数として解くということを意味している。

2) 求められた $\nu_i(\lambda_1, \cdots, \lambda_u)$ を式 (2.3.56) の条件 $\dfrac{\partial F}{\partial \lambda_1} = 0$, $\cdots$, $\dfrac{\partial F}{\partial \lambda_u} = 0$ に代入する。これにより、ラグランジュ未定係数 λ_1, λ_2, $\cdots$, λ_u のみで表される連立方程式が得られ、それを解くことにより、ラグランジュ未定係数 λ_1, λ_2, $\cdots$, λ_u が求められる。

3) 得られた λ_1, λ_2, $\cdots$, λ_u を、先の $\nu_i(\lambda_1, \cdots, \lambda_u)$ に代入することにより、残差 ν_1, ν_2, $\cdots$, ν_q が求められる。

4) 残差が求められると、式 (2.3.46) から最確値 X_{01}, X_{02}, $\cdots$, X_{0q} が求められる。

なお、ここでも簡単な例として、測定において対象とする値が 2 つ、条件式も 2 つである場合について、具体的に最確値を求めることとする。このとき、式 (2.3.46) の残差方程式および式 (2.3.52) の条件式は以下のように表される。

残差方程式：

$$\begin{cases} \nu_1 = x_1 - X_{01} \\ \nu_2 = x_2 - X_{02} \end{cases} \tag{2.3.57}$$

条件式：$\begin{cases} \varphi_1 \equiv b_{11}\nu_1 + b_{12}\nu_2 - w_1 = 0 \\ \varphi_2 \equiv b_{21}\nu_1 + b_{22}\nu_2 - w_2 = 0 \end{cases}$ $\qquad$ (2.3.58)

ただし、$w_i = b_{i1}x_1 + b_{i2}x_2 + b_i$ $\quad (i = 1, \ 2)$ $\qquad$ (2.3.59)

この問題に対するラグランジュ関数およびその最適化の一階条件は以下のよ

[例題6]　三角形の 3 つの内角 (x_1, x_2, x_3) の測定値が、

$$x_1 = 45°44'20''$$
$$x_2 = 58°21'36''$$
$$x_3 = 75°53'49''$$

のように得られた。三角形の内角の和は 180° であることに注意して、それぞれの内角の最確値を求めよ。

残差方程式 [式 (2.3.46)] は、

$$\begin{cases} \nu_1 = 45°44'20'' - X_{01} \\ \nu_2 = 58°21'36'' - X_{02} \\ \nu_3 = 75°53'49'' - X_{03} \end{cases}$$

制約条件式 [式 (2.3.47)] は、

$$\varphi \equiv X_{01} + X_{01} + X_{01} - 180° = 0$$

となる。なお、制約条件は ν を用いて表すと以下となる。

$$\begin{aligned} & \nu_1 + \nu_2 + \nu_3 \\ &= 179°59'45'' - 180° \\ &= -15'' \end{aligned}$$

以上より、制約条件下で残差二乗和を最小とするような最確値 X_0 を求める。

ラグランジュ関数 F を

$$\begin{aligned} F &= \nu_1{}^2 + \nu_2{}^2 + \nu_3{}^2 \\ &\quad - 2\lambda(\nu_1 + \nu_2 + \nu_3 + 15'') \end{aligned}$$

とすると、その一階条件より以下が得られる。なお、λ はラグランジュ未定係数。

$$\dfrac{\partial F}{\partial \nu_1} = 0 \ \text{より} \ \nu_1 = \lambda$$

$$\dfrac{\partial F}{\partial \nu_2} = 0 \ \text{より} \ \nu_2 = \lambda$$

$$\dfrac{\partial F}{\partial \nu_3} = 0 \ \text{より} \ \nu_3 = \lambda$$

これらを制約式に代入し、

$$\lambda = -5''$$

が得られ、残差方程式より最確値が求められる。

$$X_{01} = 45°44'25''$$
$$X_{02} = 58°21'41''$$
$$X_{03} = 75°53'54''$$

うになる。

ラグランジュ関数：

$$F = \nu_1{}^2 + \nu_2{}^2 - 2\lambda_1(b_{11}\nu_1 + b_{12}\nu_2 - w_1) - 2\lambda_2(b_{21}\nu_1 + b_{22}\nu_2 - w_2) \quad (2.3.60)$$

最適化の一階条件：

$$\begin{cases} \dfrac{\partial F}{\partial \nu_1} = 2\nu_1 - 2(\lambda_1 b_{11} + \lambda_2 b_{21}) = 0 \\[2mm] \dfrac{\partial F}{\partial \nu_2} = 2\nu_2 - 2(\lambda_1 b_{12} + \lambda_2 b_{22}) = 0 \end{cases} \quad (2.3.61)$$

$$\begin{cases} \dfrac{\partial F}{\partial \lambda_1} = b_{11}\nu_1 + b_{12}\nu_2 - w_1 = 0 \\[2mm] \dfrac{\partial F}{\partial \lambda_2} = b_{21}\nu_1 + b_{22}\nu_2 - w_2 = 0 \end{cases} \quad (2.3.62)$$

式（2.3.61）より、

$$\begin{cases} \nu_1 = \lambda_1 b_{11} + \lambda_2 b_{21} \\[2mm] \nu_2 = \lambda_1 b_{12} + \lambda_2 b_{22} \end{cases} \quad (2.3.63)$$

が得られる。なお、これを行列表記する。

$$\begin{bmatrix} \nu_1 \\ \nu_2 \end{bmatrix} = \begin{bmatrix} b_{11} & b_{21} \\ b_{12} & b_{22} \end{bmatrix} \begin{bmatrix} \lambda_1 \\ \lambda_2 \end{bmatrix} \quad (2.3.64)$$

これを、式（2.3.62）に代入するのであるが、式（2.3.62）は行列表記すると以下のように表される。

$$\begin{bmatrix} b_{11} & b_{12} \\ b_{21} & b_{22} \end{bmatrix} \begin{bmatrix} \nu_1 \\ \nu_2 \end{bmatrix} = \begin{bmatrix} w_1 \\ w_2 \end{bmatrix} \quad (2.3.65)$$

よって、式（2.3.64）を代入して $[\lambda_1, \lambda_2]$ について解くと、以下のようにラグランジュ未定係数 $[\lambda_1, \lambda_2]$ が求められる。

$$\begin{bmatrix} \lambda_1 \\ \lambda_2 \end{bmatrix} = \begin{bmatrix} b_{11}{}^2 + b_{12}{}^2 & b_{11}b_{21} + b_{12}b_{22} \\ b_{11}b_{21} + b_{12}b_{22} & b_{21}{}^2 + b_{22}{}^2 \end{bmatrix}^{-1} \begin{bmatrix} w_1 \\ w_2 \end{bmatrix} \quad (2.3.66)$$

これを、式（2.3.64）に代入すると、残差 $[\nu_1, \nu_2]$ が求められる。

$$\begin{bmatrix} \nu_1 \\ \nu_2 \end{bmatrix} = \begin{bmatrix} b_{11} & b_{21} \\ b_{12} & b_{22} \end{bmatrix} \begin{bmatrix} b_{11}{}^2 + b_{12}{}^2 & b_{11}b_{21} + b_{12}b_{22} \\ b_{11}b_{21} + b_{12}b_{22} & b_{21}{}^2 + b_{22}{}^2 \end{bmatrix}^{-1} \begin{bmatrix} w_1 \\ w_2 \end{bmatrix} \quad (2.3.67)$$

さらに、これを式（2.3.57）に代入すると、最確値 $[X_{01}, X_{02}]$ が求められる。

$$\begin{aligned} \begin{bmatrix} X_{01} \\ X_{02} \end{bmatrix} &= \begin{bmatrix} x_1 \\ x_2 \end{bmatrix} - \begin{bmatrix} \nu_1 \\ \nu_2 \end{bmatrix} \\[3mm] &= \begin{bmatrix} x_1 \\ x_2 \end{bmatrix} - \begin{bmatrix} b_{11} & b_{21} \\ b_{12} & b_{22} \end{bmatrix} \begin{bmatrix} b_{11}{}^2 + b_{12}{}^2 & b_{11}b_{21} + b_{12}b_{22} \\ b_{11}b_{21} + b_{12}b_{22} & b_{21}{}^2 + b_{22}{}^2 \end{bmatrix}^{-1} \begin{bmatrix} w_1 \\ w_2 \end{bmatrix} \end{aligned} \quad (2.3.68)$$

6 条件つき間接測定の場合

最後に、「条件つき間接測定」の場合の最確値を求める。これは、4 項の条件なし間接測定の場合と、前項の条件つき直接測定の場合とを組み合わせたものと考えればよい。

ここでは、4 項で示した具体例に基づき、最確値の導出方法を示すこととする。すなわち、観測値が n 個 $[x_1, x_2, \cdots, x_n]$ 測定されており、その観測値は、2 個の未知量 y_1, y_2 で表されるものとする。さらに、未知量 y_1, y_2 には、2 つの条件式が存在するものとする。

観測方程式は、以下のように表される。

観測方程式：

$$\begin{cases} x_1 = a_{11}y_1 + a_{12}y_2 \\ x_2 = a_{21}y_1 + a_{22}y_2 \\ \qquad \vdots \\ x_n = a_{n1}y_1 + a_{n2}y_2 \end{cases} \tag{2.3.69}$$

ただし、a_{i1}, a_{i2} $(i = 1, 2, \cdots, n)$ はパラメータである。

また、残差方程式は次のようになる。

残差方程式：

$$\begin{cases} \nu_1 = x_1 - (a_{11}y_{01} + a_{12}y_{02}) \\ \nu_2 = x_2 - (a_{21}y_{01} + a_{22}y_{02}) \\ \qquad \vdots \\ \nu_n = x_n - (a_{n1}y_{01} + a_{n2}y_{02}) \end{cases} \tag{2.3.70}$$

ただし、y_{01}, y_{02} は未知量の最確値を表す。

さらに、次の条件式が存在するものとする。

条件式：

$$\begin{cases} \varphi_1 \equiv b_{11}y_{01} + b_{12}y_{02} + b_1 = 0 \\ \varphi_2 \equiv b_{21}y_{01} + b_{22}y_{02} + b_2 = 0 \end{cases} \tag{2.3.71}$$

以上の設定の下で、最小二乗法を適用して、未知量の最確値 y_{01}, y_{02} を求める。当該制約条件つき最適化問題は以下のようになる。

$$\min[\nu\nu] = \sum_{i=1}^{n}\left\{x_i - (a_{i1}y_{01} + a_{i2}y_{02})\right\}^2 \tag{2.3.72}$$

条件式　$\varphi_i = 0$ 　$(i = 1, 2)$ \hfill (2.3.73)

式 (2.3.72)、(2.3.73) をラグランジュ未定係数法により解く。

まず、ラグランジュ関数は、以下となる。

条件つき間接測定（例）
・多角路線座標の閉合条件
　多角路線の出発点の座標値に距離と方向角から計算した新点の座標値を順次加算すれば閉合点の座標値となる。
・水準路線での間接測量による水準差の閉合条件
　水準路線の出発点の標高に距離と鉛直角とで算定した比高を順次加算すれば閉合点の標高となる。

$$F = \sum_{i=1}^{n} \nu_i^2 - 2\lambda_1\left(b_{11}y_{01} + b_{12}y_{02} + b_1\right) - 2\lambda_2\left(b_{21}y_{01} + b_{22}y_{02} + b_2\right)$$

$$= \sum_{i=1}^{n} \left\{x_i - \left(a_{i1}y_{01} + a_{i2}y_{02}\right)\right\}^2 - 2\lambda_1\left(b_{11}y_{01} + b_{12}y_{02} + b_1\right)$$

$$- 2\lambda_2\left(b_{21}y_{01} + b_{22}y_{02} + b_2\right) \tag{2.3.74}$$

なお、最適化の一階条件は以下となる。

$$\frac{\partial F}{\partial y_{01}} = \frac{\partial F}{\partial y_{02}} = 0 \quad \text{および} \quad \frac{\partial F}{\partial \lambda_1} = \frac{\partial F}{\partial \lambda_2} = 0 \tag{2.3.75}$$

後は式（2.3.75）の連立方程式を解くだけであり、それは、条件つき直接測定で示した方法で解くことができる。ただし、条件付き直接測定の場合とは、残差 ν の形が異なっており、ここでは最確値 y_{01}、y_{02} が求めるべき変数である点には注意を要する。なお、その具体的な解法は、非常に煩雑な形となるため、ここでは省略する。参考文献6）を参照されたい。

参考文献

1) T. H. ウォナコット、R. J. ウォナコット共著、国府田恒夫、田中一盛、細谷雄三共訳：統計学序説、培風館、1990

2) 新村秀一：パソコン活用3日でわかる・使える統計学－統計の基礎からデータマイニングまで、講談社、2002

3) 池守昌幸：土木計画のための確率・統計序説、森北出版株式会社、1998

4) 石川甲子男、一色朗、市原満編：測量のための最小二乗法、実教出版株式会社、2002

5) 福本武明、櫛田祐次、嵯峨晃、荻野正嗣、佐野正典、和田安彦：測量学、朝倉書店、2001

6) 中村英夫、清水英範：測量学、技報堂出版、2000

第 3 章
距離測量

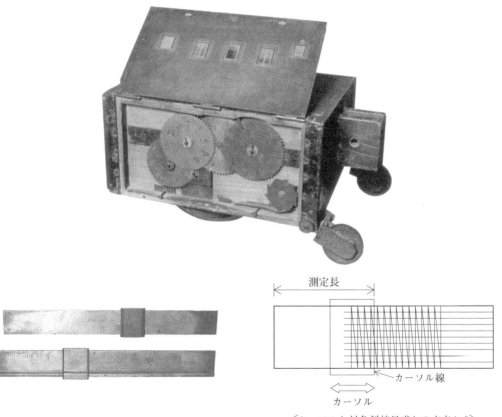

測定長

カーソル線

カーソル

カーソルと対角斜線目盛との交点から
1桁以下の単位まで正しく読める

量程車（上）（高さ 16.4cm、幅 23.0cm、奥行き 33.8cm）

　車の回転数を歯車によって数え走行距離を測定するように考案されたが、路面の凹凸により誤差が大きく、実用には不適であった。高橋至時が設計し、大坂・岸和田の職人作とされる。

折衷尺（下）（長さは 1 m の 10/33）

　伊能忠敬が使用した真鍮製物差し。関東の（第 8 代将軍徳川吉宗が定めた）享保尺と関西の又四郎尺を折衷して作成。標準長 303.04mm のところ 303.03mm、各 1 寸の標準偏差はわずか 55 μ の高精度であった。読み取り精度向上のための対角斜線目盛が刻まれている。又四郎尺は尺貫法の 1 尺の依り所となる。

（いずれも、千葉県香取市伊能忠敬記念館所蔵）

3 距離測量

準星
　銀河の中心核が爆発していると考えられる天体。

VLBI
　本章のコラム（P61）を参照。

　2点間の長さを測ることを距離測量（測距）という。距離測量には、器具を用いない歩測や巻尺を用いる方法から光波測距儀・TS などの光学器械を使用する方法および測地衛星からの電波を利用する GNSS 測量、さらには数 10 億光年離れた宇宙の彼方にある**準星**（quasar）が発信する電波による **VLBI** など種々の方法がある。その方法の選択は、測量目的や所要精度による。

1 距離の定義

高低差
　高低差は比高または鉛直距離ともいう。

1m の定義
　光が 1/299 792 458 秒間に真空中を進む距離（1983 年）。
もともとは、
$$1\mathrm{m} = \frac{（地球の周長）}{4000 万}$$
とされていた（1799 年）。
　長さの世界基準とするために人類にとって普遍である地球の周長が選ばれた（1793 年）。

　距離は、**図 3.1.1** に示すように斜距離、水平距離、**高低差**に分けられる。地表面には起伏があるため 2 点間の距離としては、斜距離が測定される。ピタゴラスの定理からこれら 3 つの距離の間には、次式が成立する。

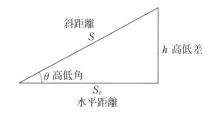

図 3.1.1　距離の種類

$$S^2 = S_0{}^2 + h^2 \qquad S_0{}^2 = S^2 - h^2 \qquad S_0 = \sqrt{S^2 - h^2} \tag{3.1.1}$$

$$S_0 = S\cos\theta = h \,/\, \tan\theta \tag{3.1.2}$$

地表面では、斜距離に比べて高低差が小さいので水平距離は次式で求まる。

$$S_0 \fallingdotseq S - \frac{h^2}{2S} \quad (h \ll S) \tag{3.1.3}$$

　また、測量の基準面である準拠楕円体面上での球面距離に補正した距離を投影距離といい、平面直角座標上の平面距離に換算した距離を座標平面距離または平面距離と定義している。各距離の概念を図 3.1.2 に示す。

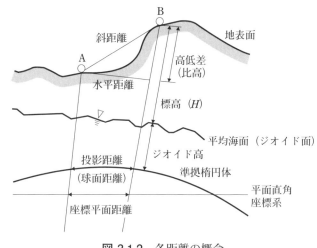

図 3.1.2　各距離の概念

　建設工事で行われる局地的な測量では、斜距離と高低差から求めた水平距離を使用している。広範囲の地形図作成には、水平距離をさらに準拠楕円体上の投影距離や平面直角座標系上の平面距離に補正する必要がある。

3　距離測量

2　距離測量の分類と精度

1　分類

　距離測量は、直接的な手法と間接的な手法に大別できる。直接的距離測量手法は、測定に巻尺やトータルステーション（以下、TS と略称）などの機器を用いる方法であり、歩測もこれにあたる。一方、間接的距離測量手法は、距離を直接測るのではなく、他の辺長や角度などを測り、幾何学式などを用いて計算により距離を求める方法である。間接的手法には、スタジア測量・三角測量・GPS 測量などがある。

2　精度

　精度には、測量対象領域の地形・土地利用状態によって許容される精度と、測定方法や使用機器類によって期待できる精度がある。前者の許容精度の目安は、以下のようであり、後者の精度は**表 3.2.1** のようになる。

　　山地・森林　　　　　1/500 ～ 1/1 000
　　平坦地・農耕地　　　1/2 500 ～ 1/5 000
　　市街地　　　　　　　1/10 000 ～ 1/50 000

　なお、公共測量においては、使用機器類の検定基準と測量精度の許容範囲が、公共測量作業規程の準則で規定されている（**表 6.2.2**、P103 参照）。

表 3.2.1　距離測量の方法と精度

	測定・測量方法	使用機器類	期待できる精度または誤差
直接的な手法	歩測	ガラス繊維製巻尺、歩数計	1/100～1/200
	巻尺	ガラス繊維製巻尺	1/1 000～1/3 000
		鋼製巻尺、温度計、張力計	1/5 000～1/30 000
		インバール尺、温度計、張力計	1/500 000～1/1 000 000
	光波	光波測距儀、反射鏡	$(1\sim5)\,\mathrm{mm}+(1\sim5)\times10^{-6}\times D$
	TS	TS一式	光波の場合と同じ
間接的な手法	スタジア測量	セオドライト、標尺	1/300～1/500
	三角測量	セオドライトなど	$2.5\times10^{-6}\times D$
	GNSS測量	アンテナ、受信機	水平 $5\mathrm{mm}+(1\sim2)\times10^{-6}\times D$ 高さ $10\mathrm{mm}+(1\sim2)\times10^{-6}\times D$

　D：測定距離（単位 km）、TS：トータルステーション、10^{-6} = ppm
　張力計：スプリングバランス（吊りばかり）
　機類は長期使用により機能が変化するため、精度を定期的に点検する。点検には、計量法で法制化された**トレーサビリティ**制度により、（財）日本品質保証機構（JQA）などの認定事業者が保有する特定二次標準器に基づき、使用機器を校正する方法が適切である。

トレーサビリティ

　正確にものを測るためには計量器が正確な標準器で校正されていることが重要である。トレーサビリティとは、ユーザの計測器がどういう経路・方法で校正されたかが分かりその経路がきちんと国家標準までたどれること（追跡可能性のこと）。
　ISO では「考慮の対象となっているものの履歴、適用又は所在を追跡できること」と定義している。
（ISO：国際標準化機構）

3 距離測量用機器

河川・農地・山林などで低い精度でもよい場合には測量ロープが用いられる。

〔測量ロープ〕

距離測量には従来から巻尺が使用されてきたが、現在では発光ダイオードやレーザを光源とする光波測距儀や TS を使った距離測定が主流になっている。

1 巻尺とポール

巻尺には、ガラス繊維製と鋼製およびインバール製がある。

ガラス繊維製巻尺は、ガラス繊維を芯材にして塩化ビニル樹脂で被覆し、特殊インクで目盛をプリントしたもので、温度変化による伸縮が少なく、電気絶縁性と耐磨耗性が優れており、安価で軽く取扱い易い。幅 12mm 厚さ 0.45mm で、長さは 30m と 50m のものが多用される。標準張力／標準温度は 98 N／20℃である。**写真 3.3.1** にガラス繊維製巻尺とその構造を示す。

最小目盛はガラス繊維製巻尺では 2mm、鋼製巻尺では 1mm。いずれもメートルの区切り目として 0m から 1cm 毎の目盛に数字がつけられている。

鋼製巻尺（鋼巻尺）とその構造を**写真 3.3.2** に示す。鋼製巻尺は、幅約 10mm 厚さ約 0.5mm の帯状（テープ状）鋼板をナイロンコートし浸透インクで目盛（1mm 単位）をつけたものと、幅 13mm 厚さ 0.27mm の帯状鋼板にホワイトアクリル系樹脂を焼付塗装し目盛をつけたものがある。前者は一般建設工事と一般測量に、後者は精密測量（3・4 級基準点測量）に使用される。標準張力／標準温度はそれぞれ 98 N／20℃（または 49 N／20℃）で、長さは 20m、30m、50m が標準である。鋼製巻尺は、ねじれなどにより折損し易いので測定時には取扱いに注意が必要である。

JIS や法律で定められた許容誤差を「公差」という。許容誤差とは目標値からのずれの許される範囲。

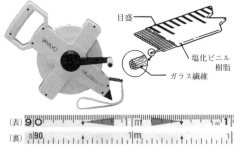

（表）目盛／塩化ビニル樹脂／ガラス繊維

写真 3.3.1 ガラス繊維製巻尺

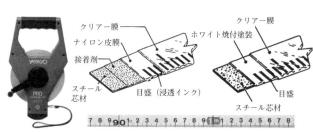

クリアー膜／ナイロン皮膜／接着剤／スチール芯材／目盛（浸透インク）／ホワイト焼付塗装／クリアー膜／目盛／スチール芯材

写真 3.3.2 鋼製巻尺

20cm

石突（いしづき）

〔ポール〕

なお、鋼製巻尺の JIS 1 級許容差は、標準張力と標準温度を基準として、長さごとに規定（長さ 30m、50m で各々± 3.2mm、± 5.2mm）されている。また、ガラス繊維製巻尺の JIS 1 級許容差の規定値は、鋼製巻尺の 4 倍程度である。

ニッケル 36 ％と鉄 64 ％の合金であるインバールの薄い板状またはワイヤ状のものに目盛をつけたものがインバール製巻尺である。最小目盛 1mm、長さ 50m 程度で、温度による伸びが鋼巻尺の 10 分の 1 程度と極めて小さいので、三角測量における基線測定などの精密距離測量に用いられる。

木製あるいは合成樹脂で作られた直径 3cm、長さ 2m で先端に石突（地につく部分にはめこんだ金具）がはめ込まれた棒をポールといい（P54 左下写真参照）、測点（視準目標）に立てて、その明示や測線の方向決定などに用いる。

ポールは 20cm 毎に赤・白に塗り分けてあるので、概略の距離測定や形状観察および寸法の概測（目安）に使う。

2　電磁波測距儀

電波や光のような電磁波には、空気中をほぼ一定の速度で伝わる性質がある。測点間で電磁波を発信・受信させ距離測定する装置を電磁波測距儀という。電磁波測距儀には、電波を用いる電波測距儀と光波を用いる光波測距儀がある。電波測距儀は、比較的波長が大きく透過力が優れた電波を使うため、気象の影響を受けにくいので、長距離測定に適している。しかし、わが国では電波管理法による制約を受けることなどから、現在はほとんど使われていない。

一方、図 3.3.1 に示す光波測距儀（光波距離計）は、気象の影響を多少受けるが、2 ～ 3km 程度までの距離であれば高い精度で測定できるため、広く用いられている。光源には、発光ダイオードやレーザが用いられる。一端に発光部と受光部、他端に反射プリズムを設置するだけで 2 点間の測定ができるので、巻尺類を使いにくい箇所や起伏に富んだ地形での距離測定に適している。斜距離が測定されるため水平距離に換算する必要があるが、鉛直角も同時に測定できる TS では換算結果がデジタル表示される。

公共測量作業規程の準則では、**光波測距儀の定数**の検定を義務付けている。検定には、国土地理院光波測距儀比較基線場または鋼巻尺検定用の 50m 比較基線場を用いる方法がある。比較基線場での検定ができない場合は **3 点法**を用いる。

3 点法では、数 100m 離れて 2 点 A、B を設け、AB 線上のほぼ中央に C 点を設けて AB、AC、BC の 3 辺長を測定し、AB ＝ AC ＋ CB から器械定数 K を求め、K とメーカーが検定した器械定数 K_0 との較差が、許容範囲内であるかを確認する。また、測定値に K を加えて補正する。

3　トータルステーション（TS）

自動読み取り機構が備えられた電子式セオドライト（角度を測る経緯儀）が開発されたのは 1970 年代前半である。また、先に述べた光波測距儀が実用化されたのもこの頃である。このような測距・測角器械が高性能化され、これらを組み合わせた測量器械である TS が 1980 年代に開発された。TS という用語は、測角と測距の 2 つの測量器械を統合したという意味で、主に日本やアメリカで用いられている。

わが国では電子式セオドライトに光波測距儀を組み込んだ電子式セオドライト主体型 TS が利用されている。TS は、水平角・鉛直角の測角と測距が同時にでき、任意測点の 3 次元座標を瞬時に計算できるだけでなく、測定データや計算処理結果を自動記録・編集する機能を持っている（詳細は第 5 章を参照）。

光波測距儀の定数は、測距儀側の定数（器械定数）と反射鏡側の定数（反射鏡定数またはプリズム定数）の和である。

3 点法による測距儀の検定

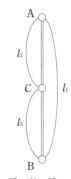

$(l_2+K)+(l_3+K)$
$=l_1+K$
$K=l_1-(l_2+l_3)$

①対物レンズ
②光軸調整ネジ
③照準器（照星・照門）
④コネクタ
⑤内部電源着脱ノブ
⑥内部電源

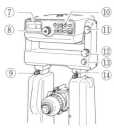

⑦表示器
⑧視準望遠鏡
⑨ヨーク固定ネジ
⑩キー操作部
⑪高度微動固定ネジ
⑫高度微動ネジ
⑬電源スイッチ
⑭光軸調整ネジ

図 3.3.1
光波測距儀（光波距離計）

4 距離測量の方法と補正

TS・GPS・三角測量
による方法については、
それぞれ 5 章と 6 章を
参照。

この節では、歩測・鋼製巻尺・光波測距儀・スタジア測量によって 2 点間の距離を求める方法と距離測量における各種補正について概説する。

1 歩測による方法

歩測とは、人間の歩幅に歩数を乗じて（通常、**複歩幅**×複歩数）2 点間の距離を求める方法であり、測量機器を用いずに概略の距離を知るためには便利である。一定距離に伸ばした巻尺に沿って一定の歩調で何回も歩くことによりその間の歩数を数え、各自の複歩幅を事前に確認しておくことが必要である。

練習により 1/200 程度の精度が得られる。

複歩幅

右足から右足または
左足から左足までの歩
幅。平坦地に 30m 巻尺
を張り、数回往復して
歩幅（1 複歩幅）を求
める。複歩幅は身長の
90％程度である。

後端 巻尺の 0 目盛側。
前端 巻尺の最終目盛
側。

往復測定

往復測定の精度は較
差（往復測定の差）と
測線長との比で表す。

公共測量では鋼巻尺
は国土地理院が管理す
る鋼巻尺比較基線場で
尺定数を検定したもの
を用いる（検定値の有
効期限は 1 年）。

2 鋼製巻尺（鋼巻尺）による方法

まず、測定すべき 2 地点を結ぶ直線上に鋼製巻尺（鋼巻尺）を張る（測定区間長が長く 1 回の測定では巻尺の長さが足りない場合は、いくつかの区間に分ける）。そして、**後端側**（0m 側）は、巻尺からひもを介してポールで固定し、**前端側**（最終目盛側）は、グリップハンドルで挟んでひもを介して張力計（スプリングバランス）を付け、張力 98N（10kgf）で引っ張る。このときの両端における巻尺の目盛を同時に読み取って記録する。巻尺の位置を少しずらして、上記の測定を繰り返す（1 区間につき 2 回読定する）。このようにして往路の測定が終われば巻尺の前端と後端とを交代し、復路の測定を同様に行う（**往復測定**）。また、測定路線上の高低差も適宜測定する。なお、測定作業の開始時と終了時、それに途中適宜、巻尺と同じ高さの位置での気温を温度計により測定する。図 3.4.1 にこれらの測定要領を示す。

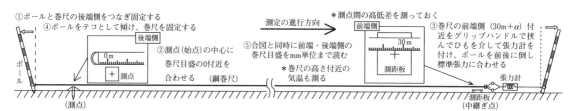

図 3.4.1 鋼巻尺による距離測定（中継ぎ測定）の順序 ①～⑤（30m 巻尺の場合）

鋼製巻尺を用いて 2 点間の距離を測った場合、以下の各補正が必要である。

(1) 尺定数補正（鋼巻尺の伸縮補正）

巻尺の長さ ℓ に対する尺定数（正しい長さと使用巻尺の長さとの差：その巻尺固有の誤差であり、正しい長さに対する伸縮量）を $\Delta\ell$ とすれば、測定距離 D に対する尺定数補正量 C_ℓ は、次式で求められる。

$$C_\ell = \pm\left(\frac{\Delta\ell \times D}{\ell}\right) \qquad \text{（尺定数}\Delta\ell\text{が正ならば＋、負ならば－）} \quad (3.4.1)$$

　符号の正は、正しい距離より巻尺が伸びている場合であり、負は短い場合である。尺定数は、50m＋3.5mm（98N/20℃）のように表示される。この尺定数の巻尺は、平坦な面上に沿い標準張力98N／標準温度20℃の条件のもとで正しい50mに対して3.5mm伸びていることを表している。

　すなわち、この巻尺で正しい50m区間を測定すると、3.5mm短く測ったことになるので補正値は＋3.5mmである。

(2) 温度補正（標準温度への補正）

　測定時の温度が、標準温度t_0（t_0は通常20℃）でないために生じる巻尺の伸縮による誤差C_tは、次式により補正できる。

$$C_t = D \times (t - t_0) \times \alpha \tag{3.4.2}$$

　ここに、D：測定距離、t：測定時の温度、t_0：標準温度、α：線膨張係数

　（鋼製巻尺の場合は、一般に$\alpha = 0.0000115$/℃、1.15×10^{-5}/℃）

(3) 傾斜補正（水平距離への補正）

　2地点に高低差がある場合、斜距離を水平距離に直すための傾斜補正量C_gは、次の近似式で求められる（図 3.1.1 参照）。

$$C_g = -\frac{h^2}{2D} - \frac{h^4}{8D^3} - \cdots \fallingdotseq -\frac{h^2}{2D} \tag{3.4.3}$$

　ここで、D：測定距離（斜距離）、h：高低差（比高）

　また、高低角θが与えられた場合、C_gは次のようになる。

$$C_g = D(\cos\theta - 1) \tag{3.4.4}$$

(4) 投影補正（準拠楕円体面への投影）

　測定距離は、尺定数・温度・傾斜の各補正をしたのち、さらに準拠楕円体面上の距離（球面距離）に補正する。これを基準面への投影補正という。

　測点の位置を緯度・経度で表す場合、測点の楕円体高で求めた水平距離を準拠楕円体面上の球面距離に換算するための補正量C_hは、次のようになる（図 3.1.2 参照）。

$$C_h = -\frac{Lh}{R} + \frac{Lh^2}{R^2} - \cdots \fallingdotseq -\frac{Lh}{R} \tag{3.4.5}$$

　ここで、L：楕円体高hでの水平距離、R：地球の半径（6 370km）

　準拠楕円体面上に投影する場合は、$h=$標高＋ジオイド高　となる。

(5) 縮尺補正（平面直角座標上の距離への補正）

　地形図に示される平面直角座標系上の距離（平面距離）に補正するには、準拠楕円体面上の投影距離すなわち球面距離に縮尺係数γ（平面距離sと球面距離Sの比、$\gamma = s/S$・図 1.3.3 参照）を乗じる。わが国では縮尺係数γが、1 ± 0.0001の範囲になるように、全国を19の平面直角座標系に区分している（図 1.3.2）。

(6) その他の補正

　巻尺による距離測定の補正には、上記以外に「張力補正」と「たるみ補正」が必要であるが、平坦地において標準張力（98N）で測定するときにはこれらの補正は不要となる。

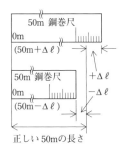

〔尺定数　$\pm\Delta\ell$〕

距離の測定値
↓
① 尺定数補正
↓
② 温度補正
↓
③ 傾斜補正
↓
④ 投影補正
↓
準拠楕円体面上の球面距離
↓
⑤ 縮尺補正
↓
平面直角座標面上の平面距離

①②は正しい測定値を得るための補正
③④⑤は幾何学的補正

（鋼製巻尺による距離測定の補正）

光波測距儀を用いる時は①②が気象補正とプリズム定数補正となる。

$\sqrt{1-x}$ の展開式

$$\sqrt{1-x} = 1 - \frac{1}{2}x - \frac{1}{8}x^2 - \frac{1}{16}x^3 \cdots$$

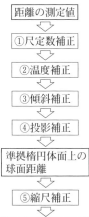

$$S = \sqrt{D^2 - h^2}$$

$$= D\sqrt{1 - \left(\frac{h}{D}\right)^2}$$

$$= D\left(1 - \frac{h^2}{2D^2} - \frac{h^4}{8D^4} \cdots\right)$$

$$= D - \frac{h^2}{2D} - \frac{h^4}{8D^3} \cdots$$

$$\fallingdotseq D - \frac{h^2}{2D}$$

〔チルト1プリズムユニット〕

〔固定3プリズムユニット〕

〔固定9プリズムユニット〕

位相
　光の強弱(明暗)の時間的変化を sin 波で表した場合の横軸の角度。
気象補正
　標準気象条件
(1 013hPa、15℃)
　気圧 1hPa の変化で0.3ppm、気温1℃の変化で 1ppm (ppm:100万分の1)。
光波測距儀による距離測量の誤差
①光の屈折率による誤差
②変調周波数による誤差
③位相差の測定誤差
④器械定数の検定誤差
　①②は測定距離に比例し、③④は一定値となる。①は気温測定の誤差と気圧測定の誤差で構成されるが前者のほうが大きい。①の誤差を1/1 000 000に制限するには気温1℃、気圧 3hPa まで正しく測定する必要がある。
　④の器械定数の検定には、比較基線場を用いる場合と3点法がある。

3　光波測距儀や TS による方法

　光波とは、特定の周期で強弱をつけて変化（変調という）させた光のことである。光波測距儀による距離測定には、光波を発信・受信する測距儀と光波を反射する反射プリズムとが用いられる。反射プリズムには、短距離用のミニプリズム、1素子反射プリズムと長距離測定用の3～24素子反射プリズムなどがある。また、プリズムを必要としないノンプリズム光波測距儀もある。

　図 3.4.2 において測定する距離の一点 A に光波測距儀、他点 B に反射プリズムを据え付け、波長 λ に変調された光波を往復させた時、発射光と反射光の**位相差**を光波測距儀内の位相差測定器で測定し、位相差が φ になったとすれば、φ と距離 D との間には、次の関係が成り立つ（N:往復の波の数）。

$$D = \frac{\lambda}{2}\left(N + \frac{\phi}{2\pi}\right) \qquad\qquad \lambda = \frac{C}{f} \qquad \begin{array}{l} C:光速 \\ f:周波数 \end{array} \qquad (3.4.6)$$

　上式より、距離 D を求めるためには、整数 N の確定が必要である。N の確定は、波長の異なる複数の変調波を発射し、各々の位相差を測定すること（位相比較法）で可能になる。確定作業は光波測距儀内部で自動的に行われ、表示部に距離がデジタル表示される。

　大気中の光の速度は気象条件によって変化するため、光波測距儀による距離測定では、測定時の気温・気圧を測り**気象補正値**を入力することで、自動的に気象補正済みの距離が求められる。また、測距儀には電気回路などによる固有の誤差（器械定数と反射鏡定数、またはプリズム定数、P82 参照）を生じるが、この値も事前に測距儀に入力することで補正できる。

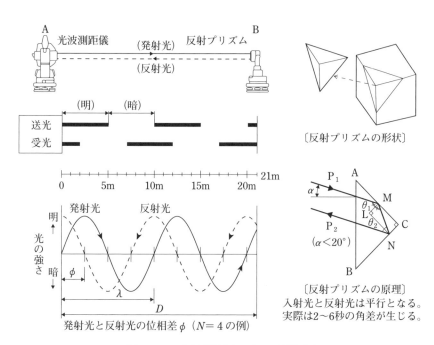

図 3.4.2　光波測距儀による距離測定

光波測距儀で測定される距離は斜距離であるが、これを**図 3.4.3** の準拠楕円体上に投影するためには、標高にジオイド高（準拠楕円体面とジオイド面までの高さ）を加えた楕円体高を用いて、次式により準拠楕円体面上の距離 S を求める。

$$S = D\cos\left(\frac{\alpha_1 - \alpha_2}{2}\right)\frac{R}{R + \left(\dfrac{H_1 + H_2}{2}\right) + H_g} \qquad (3.4.7)$$

ここで　D：測点1から測点2までの斜距離

   H_1：測点1の標高（概算値）＋器械高

   H_2：測点2の標高（概算値）＋器械高

   α_1：測点1から測点2に対する高低角

   α_2：測点2から測点1に対する高低角

   R：地球の平均曲率半径（6 370 000m）

   H_g：ジオイド高の平均値＝$(H_{g1} + H_{g2})/2$

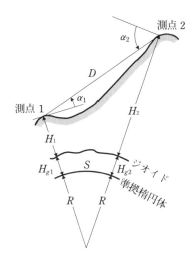

図 3.4.3　準拠楕円体への補正

なお、ジオイド高は、国土地理院が示したジオイドモデル（ジオイド 2011）から求める（**図 3.4.4**）。また、器械高とは、光波測距儀高あるいは反射プリズム高のことである。

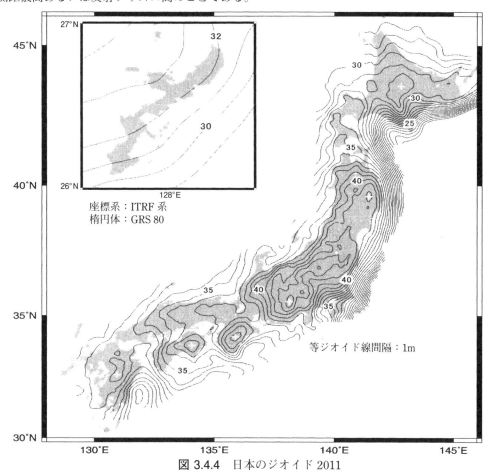

図 3.4.4　日本のジオイド 2011

スタジア線

〔スタジア線〕

4　スタジア測量による方法

　セオドライトやレベルを用い、望遠鏡内の十字線に刻まれたスタジア線と呼ばれる上下2本の横線に挟まれた標尺の長さ（ℓ）と高低角（θ）を測定し、標尺までの距離を求める方法をスタジア測量という。また、平板測量に用いるアリダードの分画目盛差からもスタジア測量ができる。

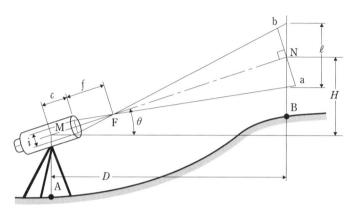

図 3.4.5　視準線が傾斜した場合のスタジア測量

　スタジア測量における距離の精度は倍率25のセオドライトを用いた場合、平坦地の2点間の水平距離が20mで1/500、100mで1/300程度である。
　スタジア測量による距離測定は精度は低いが縮尺1/1 000〜1/5 000程度の地形図などを作成する時の簡便法である。

　図 3.4.5 に示したA、B間の距離を求める時、A点に望遠鏡をB点に標尺を立てると視準線は傾斜するが、つぎの関係が成り立つ。

$$\overline{\mathrm{MN}} = \overline{\mathrm{FN}} + (c+f) \tag{3.4.8}$$

図 3.4.5 において、D は $D = \overline{\mathrm{MN}}\cos\theta$、$\overline{\mathrm{FN}}$ は、$\overline{\mathrm{FN}} = \dfrac{f}{i}\overline{\mathrm{ab}}$ となる。

一方、$\overline{\mathrm{ab}}$ は近似的に $\ell\cos\theta$ とみなせるため、

$$\overline{\mathrm{FN}} = \frac{f}{i}\ell\cos\theta \tag{3.4.9}$$

したがって、

　式（3.4.10）中のKとCは、器械によって決まる定数でスタジア定数といい、Kを乗定数、Cを加定数という。
　一般に内部照準式望遠鏡の器械では$K=100$、$C=0$となるように調整されている。

$$D \fallingdotseq \left(\frac{f}{i}\ell\cos\theta + c + f\right)\cos\theta = K\ell\cos^2\theta + C\cos\theta \tag{3.4.10}$$

　　ただし、　$K=\dfrac{f}{i}$ 、　$C=c+f$

となる。$K=100$、$C=0$ であれば水平距離Dは、次式より求められる。

$$D = 100\,\ell\cos^2\theta \tag{3.4.11}$$

さらに、M、N 間の高低差Hは、$H = D\tan\theta$ であるから、

$$H = \left(K\ell\cos^2\theta + C\cos\theta\right)\tan\theta = \frac{1}{2}K\ell\sin2\theta + C\sin\theta \tag{3.4.12}$$

となり、$K=100$、$C=0$ であるときには、Hは次のようになる。

$$H = 50\,\ell\sin2\theta \tag{3.4.13}$$

したがって、2点間の高低差Hも同時に求められる。

尺定数の比較検定

　鋼巻尺の尺定数 $\Delta\ell$ は、国土地理院鋼巻尺検定用の50m比較基線場において測定値と比較基線長（50＋ΔL）を比べることで求められる。比較基線長もピッタリ50mではなく（50＋ΔL）m である。

　　（尺定数）＝（比較基線長）－｛（測定長）＋（温度補正量）｝

　　　$(\Delta\ell)=(50+\Delta L)-\{(b-a)+\alpha\times50(t-t_0)\}$

ここで a：後端の読定値、b：前端の読定値、$(b-a)$：測定長、

　　　　α：鋼巻尺の線膨張係数（0.0000115/℃）、t：測定温度、t_0：標準温度（20℃）

VLBI による基線観測

　10～140億光年離れた宇宙の彼方にあって、銀河系星全体の100～1000倍のエネルギーを銀河系中心領域から放射している天体を準星（quasar：1963年に電波源の光学対応天体として発見）という。準星からの電波を地球上の複数地点で同時受信することで、観測点間の相対的位置関係（基線ベクトル）を求める観測技術を VLBI（超長基線電波干渉法：very long baseline interferometory）という。VLBI は電波天文学の研究分野で生まれた技術であり、1970年代より測地分野での利用実験が開始され数千 km 以上離れた地点間の基線（距離）を数 cm 以下の精度で求められることから、大陸間の距離測定・海洋プレート運動などについて各国が共同観測を実施している。図に観測原理を示す。A・B点で観測された準星からの同じ電波の到達時刻差（遅延時間）に光速を乗じて行路差（電波が来る方向に対する両点の距離）を求める。多数の準星からの電波を観測することで両点間の基線ベクトルが算定できる。国土地理院では、新十津川（北海道）、つくば（茨城県）、姶良（鹿児島県）、父島（東京都）の４地点に VLBI 観測局を設置しており、1986年から実施した観測によって主要な三角点の位置が改測され、精密測地網の高精度化が実現した。現在では石岡（茨城県）に新しい観測局を設置し、前述の４局は運用を終了している。

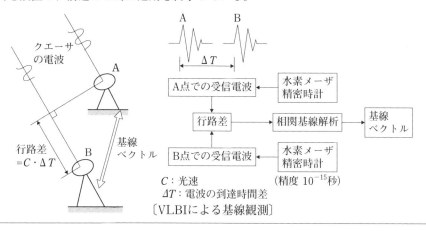

〔VLBIによる基線観測〕

参考文献

1）森忠次：測量学１基礎編、丸善、2001

2）中村英夫、清水英範：測量学、技報堂出版、2000

3章　距離測量　計算問題　(解答は P282)

問1　距離測量において1/5 000の精度を確保する必要がある場合は、勾配を考慮しなくてよい高低角θ（測定点間の傾斜角）は何度くらいか。

問2　斜面の高低角θが10°くらいまでを水平とみなすときの距離測量の精度を求めよ。

問3　斜距離Lが30mの測量において許容誤差を0.01mとすれば高低差Hは何mまでにしなければならないか。

問4　長さ50mの鋼巻尺を用いての距離測量で、尺の前端と後端との高低差を測って傾斜補正を行う場合、補正量が測定値の1/20 000以下であれば補正を省略してよいとすれば、測量距離50mについて高低差を無視できる限度（cm）はどれくらいか。

問5　尺定数が50m＋5.0mm（20℃、98N）の鋼製巻尺で2点間の距離を測量したところ、前端の読みが38.557m、後端の読みが0.050mであり、測定時の気温が29℃、2点間の高低角が2°15′00″の場合の水平距離を求めよ。
　　　ただし、鋼製巻尺の線膨張係数は、0.0000115/℃である。

問6　基線長が50m－10.5mmの比較基線場において、鋼製巻尺を用いて両端点間の距離を測定したところ49.9915m（測定時の温度15℃、張力98N）であった。この鋼製巻尺の尺定数を求めよ。
　　　ただし、鋼製巻尺の線膨張係数は、0.0000115/℃、標準温度は20℃とする。

問7　一様な勾配の地形上にある2点間の斜距離を尺定数50m＋5.5mm（20℃、98N）の鋼製巻尺を用いて標準張力で測定したところ、次の結果になった。
　　　測定長　550.785m、測定時の温度　30℃
　　　2点間の水平距離を求めよ。ただし、2点間の高低差は5.0mで鋼製巻尺の線膨張係数0.0000115/℃とする。

問8　北極と赤道間の子午線長の1/10 000 000を1mと定義するとき、地球を球と仮定すると地球の半径Rはいくらになるか。km単位まで求めよ。
　　　なお、円周率π＝3.1416とする。

問9　直線上にあるA、B、Cの3点間を光波測距儀で測定したところ以下の結果となった。光波測距儀の器械定数とAC間の補正後の距離を求めよ。ただし、反射鏡定数は0.000mとする。
　　　AB＝206.123m、BC＝215.632m、AC＝421.777m

問10　変調周波数f＝10MHzの光波の波長λを求めよ。ただし、光速c＝3×10⁸mとする。

第 4 章
角 測 量

夜中測量之図（宮尾幾夫氏寄託、呉市入船山記念館所蔵）

　文化3（1806）年に伊能忠敬が実施した広島県呉市付近での測量作業の情景。中央左にある大型の 象限儀（カバー⑦
参照）を用いて、夜間の恒星の高度角観測を行っている。頭巾を被った老人が観測しているのは子午線儀。

4 角測量

1 角とは

のり面勾配の表現方法

縦（直高1）に対する横（水平距離）の比で表現

1：1.0　1割勾配

1：0.5　5分勾配

1割以上の勾配は容易に登れない。5分勾配より急では直立面に見える。

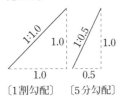

〔1割勾配〕　〔5分勾配〕

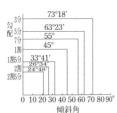

・パーセント勾配
（100分率）

道路での勾配表示に使用

・パーミル勾配
（1 000分率）

鉄道や用水路での勾配表示に使用

・分数表示

河川での勾配表示に使用

測量において取り扱う角には、水平角と鉛直角（または高低角）がある。また、角度の測定単位として日本では、60進法（度分秒単位）を用いる。

1 水平角と鉛直角

図 4.1.1 のように、地点 O において地点 A、B を O を含む水平面に投影した点を、A'、B' とすると、∠A'OB' を水平角（horizontal angle）という。測量では、水平角は右回りに数えるものを正（＋）とし、0°から 360°まで数える。

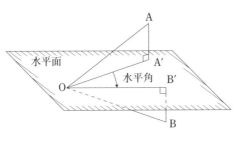

図 4.1.1　水平角

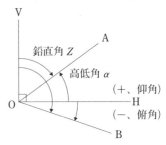

図 4.1.2　鉛直角と高低角

図 4.1.2 のように、地点 O を通る鉛直線上方 OV を基準にした∠VOA、∠VOB を鉛直角（vertical angle）または天頂角（zenith angle）という。鉛直角は、上方を 0°として 180°まで数える。また、地点 O を通る水平線 OH を基準にした∠HOA、∠HOB を高低角（elevation angle）または高度角（atitude）という。高低角は、水平を 0°として上方を仰角（angle of elevation）といい＋90°まで、下方を俯角（angle of depression）といい－90°まで数える。鉛直角 Z と高低角 α は、余角の関係（$Z + \alpha = 90°$）となる。

2 角度の単位

(1) 60進法（度、分、秒）DEG、DMS（度数法）

図 4.1.3 (a) のように 60 進法では、円周を 360 等分した弧に対する中心角を 1°（度）と定義する。

1°（度）＝ 60'（分）＝ 3 600"（秒）、1'（分）＝ 60"（秒）と数える。全円周＝ 360°、1 直角＝ 90°となる（全円周＝ 360°＝ 21 600'＝ 1 296 000"）。

1"の角度を具体的に表すと、100m 離れた地点でシャープペンの芯（0.5 mm）を挟む角である。この角度単位は、国内における一般の地上測量に用いられる。

(2) 弧度法（ラジアン）RAD、radian

図 4.1.3(b)のように、弧度法では半径と同じ弧長に対する中心角を 1^{rad}（ラジアン）と定義する。

全周＝ 2π（ラジアン）、1 直角＝ $\dfrac{\pi}{2}$（ラジアン）となる。弧度とは、弧長と半径の比、すなわち $\dfrac{弧長}{半径}$ である。この角度単位は、数学に用いられている。

(3) 100 進法（グラード）GRAD

図 4.1.3(c) のように 100 進法では、円周を 400 等分した弧に対する中心角を 1^g（グラード）と定義する（90°＝100 グラード）。

$1^g = 100^{cg}$（センチグラード）、$1^{cg} = 100^{cc}$（センチセンチグラード）と数える。

全周＝ 400^g、1 直角＝ 100^g となる。また、グラードをゴン（gon）ともいう。この角度単位は、主にヨーロッパとアフリカ、オーストラリアでの測量に用いられ、日本では写真測量で採用している（$1^g = 0.9°$、$1^{cg} = 0.54'$、$1^{cc} = 0.324''$）。

(4) 60 進法と弧度法の関係

$$\alpha° : \alpha^{rad} = 360° : 2\pi \ \text{より} \ (180° = \pi^{rad})$$

$$\alpha° = \frac{180°}{\pi}\alpha^{rad} \quad \text{または} \quad \alpha^{rad} = \frac{\pi}{180°}\alpha° \tag{4.1.1}$$

ここで、$\dfrac{180°}{\pi} = \rho°$ とおくと（$\rho° = 1^{rad}$ ）

（ロー度）$\rho° = \dfrac{180°}{\pi} = 57°.2957795\cdots\cdots \fallingdotseq 57.3°$

（ロー分）$\rho' = \dfrac{180 \times 60'}{\pi} = 3\,437'.74677\cdots\cdots \fallingdotseq 3\,438'$

（ロー秒）$\rho'' = \dfrac{180 \times 60 \times 60''}{\pi} = 206\,264''.806\cdots\cdots \fallingdotseq 206\,265''$

$\left. \right\}$ 1radを度数法で表すとこのようになる。 (4.1.2)

この ρ は、60 進法と弧度法の換算係数である。

弧度法で表された値に ρ を掛ければ度分秒の角に、度分秒で表された角を ρ で割れば弧度法の値（rad）になる。

$$\alpha^{rad} \times \rho° = \alpha° \quad \alpha^{rad} \times \rho' = \alpha' \quad \alpha^{rad} \times \rho'' = \alpha'' \tag{4.1.3}$$

$$\frac{\alpha°}{\rho°} = \alpha^{rad} \quad \frac{\alpha'}{\rho'} = \alpha^{rad} \quad \frac{\alpha''}{\rho''} = \alpha^{rad} \tag{4.1.4}$$

これらを応用すると、図 4.1.4 の 2 つの図形（扇形と直角三角形）は θ が微小角（1°以下の角度）であれば近似的に等しい。

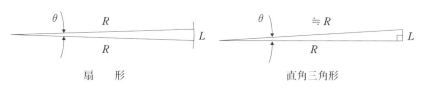

扇　形　　　　　　　直角三角形

図 4.1.4　微小角

図 4.1.3 （a）
角度単位（60進法）

$\ell : r = \theta : 1\text{rad}$

$\theta = \dfrac{\ell}{r}$ 、　$\ell = \theta \cdot r$

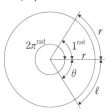

図 4.1.3 （b）
角度単位（弧度法）

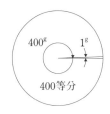

図 4.1.3 （c）
角度単位（100進法）

度数法と弧度法の換算

$弧度 = \dfrac{度数}{\rho}$

$度数 = \rho \times 弧度$

図 4.1.3 （b）において

$\theta = \dfrac{\ell}{r}$ 、　$\ell = \theta \cdot r$

これを度数法で表せば

$\theta° = \rho° \dfrac{\ell}{r}$

$\theta' = \rho' \dfrac{\ell}{r}$

$\theta'' = \rho'' \dfrac{\ell}{r}$

となる。

図 4.1.4 の左の図より 　　同図の右の図より

$$\theta^{\mathrm{rad}} = \frac{L}{R} \qquad\qquad \tan\theta \doteqdot \frac{L}{R} \qquad \sin\theta \doteqdot \frac{L}{R}$$

$$\therefore \tan\theta \doteqdot \sin\theta \doteqdot \theta^{\mathrm{rad}} \doteqdot \frac{\theta''}{\rho''} \tag{4.1.5}$$

人間の眼の分解力は視力 1.0 で最小視角 1′程度である。
$$\left(\begin{array}{l} 視力\ 0.5 \rightarrow 2' \\ 視力\ 1.5 \rightarrow 40'' \end{array}\right)$$

〔例1〕100m 先にある 0.5mm のシャープペンの芯を挟む角を求める。

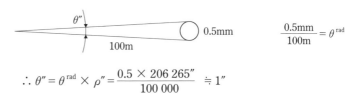

$$\frac{0.5\mathrm{mm}}{100\mathrm{m}} = \theta^{\mathrm{rad}}$$

$$\therefore \theta'' = \theta^{\mathrm{rad}} \times \rho'' = \frac{0.5 \times 206\,265''}{100\,000} \doteqdot 1''$$

〔例2〕レベルで 40m 先の標尺を視準したところ視準線が水平から 10″ ずれていた。読み取り誤差を求めよ。

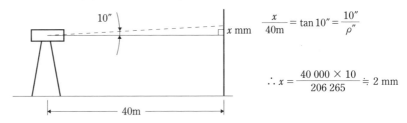

$$\frac{x}{40\mathrm{m}} = \tan 10'' = \frac{10''}{\rho''}$$

$$\therefore x = \frac{40\,000 \times 10}{206\,265} \doteqdot 2\ \mathrm{mm}$$

〔例3〕sin 0° 30′、tan 0° 30′ と 30′ を弧度法で表した値を比較せよ。

$$\sin 0°\ 30' = 0.008\,726\,535$$

$$\tan 0°\ 30' = 0.008\,726\,867$$

$$\frac{30 \times 60''}{\rho''} = 0.008\,726\,638$$

2 角度測定器 (セオドライト)

経は織物の縦糸。緯は織物の横糸。望遠鏡の動く方向が、縦 (鉛直)・横 (水平) 方向に規制されている構造を意味する。

水平角や鉛直角を測定するには、セオドライトまたはトランシットを用いる。角度測定器は精密測地測量を目的にヨーロッパにおいて発達したもので、それをセオドライト (theodolite：経緯儀) といい、倍率の大きい望遠鏡は長くなり水平軸の周りに回転することができなかった。これに対し、土木測量など一般測量を目的にアメリカで発達したものがトランシット (transit：回転するという意味、転鏡経緯儀) である。望遠鏡が短く、水平軸の周りに自由に回転できる機構のものであった。

しかし、現在では光学技術の発達により短くて倍率の高い望遠鏡が開発され、外見上の区別がなくなり、以前はトランシットと呼んでいたが、2002 年 4 月から国土交通省公共測量作業規程では、セオドライトと総称している。

1　セオドライトの種類

セオドライトは、構造、読取装置、性能などにより分類される。
構造の違いにより分類すると、単軸型と複軸型とがある。

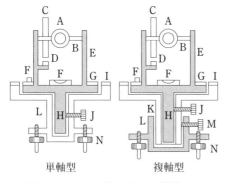

各部名称

A. 望遠鏡
B. 水平軸
C. 鉛直目盛盤
D. 鉛直目盛読取装置
E. 支架
F. 平盤気泡管
G. 水平目盛読取装置
H. 鉛直軸
I. 水平目盛盤
J. 上部固定ネジ
K. 内軸筒
L. 外軸筒
M. 下部固定ネジ
N. 整準ネジ

図 4.2.1　セオドライトの構造

図 4.2.1 に示すように、単軸型セオドライトは、1 つの軸筒によって鉛直軸が支えられ、水平目盛盤は固定されており、望遠鏡は鉛直軸とともに軸筒内で回転できる機構になっている。一方、複軸型セオドライトは、2 つの軸筒により鉛直軸が支えられ、望遠鏡と水平目盛盤とを固定して外軸筒内を回転させることができ、また、固定を解いて目盛盤のみを固定し、望遠鏡だけを内軸筒内で回転できる機構になっている。

読取装置の違いにより分類すると、バーニア式、マイクロ式、デジタル式（電子式）があり、現在ではデジタル式が主流である。マイクロ式は、ガラス製の目盛盤を光学顕微鏡などで拡大して読み取り、1 目盛以下の端数値を光学的マイクロメータで微細に読み取れるようにしたものである（図 4.2.5）。デジタル式には、インクリメンタル方式とアブソリュート方式があり、以前は前者がよく用いられていたが、最近の汎用機ではほとんどが後者を用いている。アブソリュート方式は図 4.2.2 のように、発光ダイオードで目盛盤を照明し、スリットを透過してきた光をリニアイメージセンサーで受光する。リニアイメージセンサーは、10 数 um の細かい受光センサーが 1 列に並んでいて、受光センサーで受けた光量を個々に検出できる。検出された光量を順番に並べればスリット投影像が得られるので、スリットごとに投影像の幅を調べ、ビット情報を抽出する

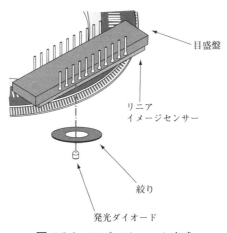

目盛盤

リニア
イメージセンサー

絞り

発光ダイオード

図 4.2.2　アブソリュート方式

①ハンドグリップ
②望遠鏡気泡管
③磁針固定つまみ
④対物レンズ
⑤照準器
⑥平盤気泡管
⑦分度回転リング
⑧下部固定ネジ
⑨整準ネジ
⑩ハンドグリップ取付ネジ
⑪バッテリーボックス
⑫採光窓
⑬照明スイッチ
⑭下部微動ネジ
⑮底板

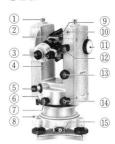

①測距儀取付座
②合焦つまみ
③望遠鏡接眼レンズ
④角度読取接眼レンズ
⑤求心望遠鏡
⑥分度表示窓
⑦上部固定ネジ
⑧円形気泡管
⑨焦点板照明レバー
⑩コンパス（磁針）
⑪マイクロつまみ
⑫望遠鏡固定ネジ
⑬望遠鏡微動ネジ
⑭上部微動ネジ
⑮着脱レバー

〔複軸型マイクロ式
セオドライト〕

um

マイクロメートル（μm とも書く）。
ミリメートルの 1000 分の 1。

①対物レンズ
②水平固定ネジ
③水平微動ネジ
④表示器
⑤円形気泡管
⑥センタリング固定
　ネジ
⑦照準器
⑧機械高マーク
⑨求心望遠鏡
⑩整準ネジ

①ハンドグリップ
②ハンドグリップ取付
　ネジ
③合焦つまみ
④接眼カバー
⑤接眼レンズ
⑥電源
⑦鉛直固定ネジ
⑧鉛直微動ネジ
⑨平盤（托架）気泡管
⑩操作キー
⑪整準台
〔単軸型デジタル式
　セオドライト〕

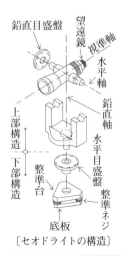

〔セオドライトの構造〕

ことができる。ビット情報が一定個数以上抽出されれば、その配列（符号）に割り当てられた絶対角度が得られる。目盛盤に描画されているスリットは720本なので1本あたり0.5°に相当する。測量機は1"前後の最小表示を要求されるので、目盛盤のスリットとリニアイメージセンサーの受光センサーの位置関係を最小二乗法で求める内装処理が必要となる。

　国土地理院が定める測量機器性能基準では、**表 4.2.1** のように最小目盛値により特級から3級まで分類されている。

表 4.2.1　セオドライト性能区分

級　別	望遠鏡 最短視準距離 (m)	目　　盛　　盤 最　小　目　盛　値 水　平（秒）	鉛　直（秒）	水平気泡管 公称感度 (秒/目盛)	高度気泡管 公称感度 (秒/目盛)
特　　級	10以下	0.2以下	0.2以下	10以下	10以下
1　　級	2.5以下	1.0以下	1.0以下	20以下	20以下
2　　級	2.0以下	10以下	10以下	30以下	30以下
3　　級	2.0以下	20以下	20以下	40以下	40以下

＊読み取り方式は、精密光学測微計または電子的読取装置による。

2　セオドライトの器械誤差

　セオドライトの基本構造は、**図 4.2.3** のように三軸といわれる鉛直軸、水平軸、視準軸からなる。鉛直軸は鉛直に立ち水平方向に回転する軸で、水平軸は鉛直軸の真上で鉛直軸と直交する軸で、視準軸は鉛直軸の真上で水平軸と直交し水平軸を軸として鉛直方向に回転する軸(望遠鏡)である。それ以外のものとして、鉛直軸の中心と一致するように水平目盛盤が取り付けられ、水平軸の中心と一致するように鉛直目盛盤が取り付けられて

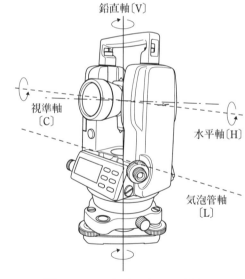

図 4.2.3　セオドライトの三軸

いる。また、鉛直軸を正しく鉛直に据え付けるために気泡管と整準台がある。これら三軸間の関係が崩れると観測角に誤差が生じる。セオドライトの水平角に及ぼす器械誤差には、**図 4.2.4** (a) ～ (f) に示すように、三軸誤差といわれる鉛直軸誤差（V≠L）、水平軸誤差（H≠V）、視準軸誤差（C≠H）と器械製作上の誤差である偏心誤差、外心誤差、目盛誤差がある。

　これらの誤差のうち観測方法によって消去できるものもある。**表4.2.2** は、器械誤差と誤差原因および消去法をまとめたものである。

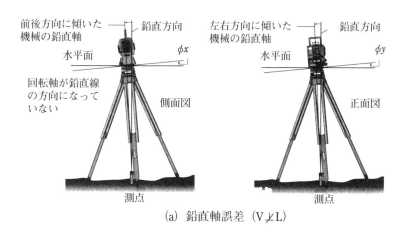

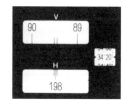

V：鉛直角

H：水平角

① 角度読取接眼レンズ
を覗き、マイクロつ
まみで主目盛線を度
の値に合わせる。

② 主目盛の値（度）と
マイクロ目盛（右の
窓）の値を読み合計
する。

$$\begin{array}{r} 198° \\ +\quad 34'\ 20'' \\ \hline 198°\ 34'\ 20'' \end{array}$$

図 4.2.5　マイクロ読み

(a) 鉛直軸誤差（V⊥L）

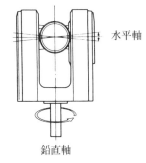

(b) 水平軸誤差（H⊥V）

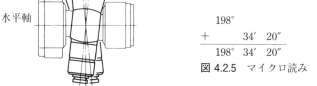

(c) 視準軸誤差（C⊥H）

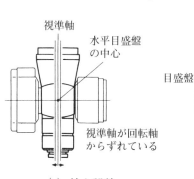

(d) 偏心誤差　　　　(e) 外心誤差　　　　(f) 目盛誤差

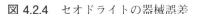

図 4.2.4　セオドライトの器械誤差

　三軸誤差は、目標点の高低角が大きくなるほど大きく現れる。また、視準線
とは、望遠鏡の対物レンズの中心と十字線の交点を結んだ線をいう。ここで対
回観測とは、望遠鏡正反の一連の観測をいう。

　望遠鏡正反とは、正位・反位ともいい、正を r で反を ℓ で表し、

　　望遠鏡正（r）：鉛直目盛盤に対して望遠鏡が右側（right）にある状態

　　望遠鏡反（ℓ）：鉛直目盛盤に対して望遠鏡が左側（left）にある状態

のことである。

　対回観測することで鉛直軸誤差と目盛誤差以外は消去でき、測角精度も上が

る。

表 4.2.2　セオドライトの器械誤差と水平角に及ぼす誤差の消去法

誤差の種類		説明図番	誤　差　原　因	観　測　方　法			
				0.5対回	1 対回	2 対回	対向読み
三軸誤差	鉛直軸誤差	図 4.2.4(a)	鉛直軸が正鉛直になっていない	×	×	×	―
	水平軸誤差	〃 (b)	水平軸と鉛直軸が直交していない	×	○	○	―
	視準軸誤差	〃 (c)	視準軸(線)と水平軸が直交していない	×	○	○	―
偏 心 誤 差		〃 (d)	鉛直軸と目盛盤の中心が不一致	×	○	○	○
外 心 誤 差		〃 (e)	視準線が鉛直軸上にない	×	○	○	―
目 盛 誤 差		〃 (f)	目盛盤の目盛間隔が一様でない（不整）	×	×	△	―

○印：消去される　　△印：少なくなる　　×印：消去できない
対向読み：180° 対立した目盛の読み
鉛直軸誤差の消去法は、次節1項に示す。

3　水平角の観測

1　観測の準備

　観測の準備として現場で行うことは、まず平盤気泡管の点検調整である。これは観測による消去法がない鉛直軸誤差をなくすために行う。その他の誤差は、対回観測を行うことにより消去される。平盤気泡管の点検調整は、次の流れ図にしたがって行う。

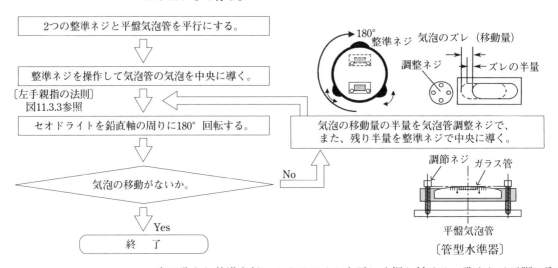

　次に致心と整準を行いセオドライトを正しく据え付ける。致心とは三脚に取り付けられたセオドライトの求心望遠鏡により鉛直軸の中心と測点の中心を同一鉛直線に据える作業で、整準とは気泡管と整準ネジを用いて鉛直軸を正しく鉛直に据える作業である。致心と整準は、次の流れ図にしたがって並行して行う。致心と整準が終われば、次は望遠鏡の視度の調節である。照準器（照星・照門）を視準し、望遠鏡を目標に向け、まず接眼レンズのつまみで十字線が明瞭に見えるようにしたのち、合焦つまみで目標物のピントを合わせる。

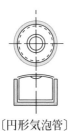

〔円形気泡管〕

セオドライトを三脚に取り付ける。

水平軸が首の高さにくるように、三脚を等間隔に開き、測点が三角形の中心にくるように置き、三脚を踏み込む。

求心望遠鏡の視度を合わせ、整準ネジを操作し、測点を求心望遠鏡の中央に入れる。

三脚の伸縮を利用して、整準台にある円形気泡管の気泡を中央に導く。

水平固定ネジを緩め、平盤気泡管と整準ネジを用いて正しく整準する。

移心装置を用いて、求心望遠鏡で正しく致心する。

整準・求心とも正確か。 No

Yes

終　了

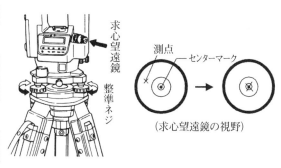

求心望遠鏡　整準ネジ

測点　センターマーク

（求心望遠鏡の視野）

図 4.3.1　求心望遠鏡と整準ネジ

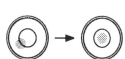

（円形気泡管の気泡）

注）気泡の片寄っている方向に一番遠い脚を伸ばすか、一番近い脚を縮める。

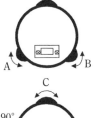

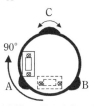

気泡は左手親指が動く方向に移動する。〔左手親指の法則〕

①A、Bの整準ネジをつまみ、左右の指を同時に回転させ気泡を中央に導く。
②セオドライトを鉛直軸回りに90°回転させる。
③Cの整準ネジだけを回して気泡を中央に導く。
①②③を繰返し気泡を中央に導く。

視準
　望遠鏡中の十字線を測定対象に合わせること。

スタジア線

〔十字線の例〕

2　水平角の測定

　水平角の測定には、方向観測法（図4.3.2 参照）、単測法（図 4.3.3 参照）、倍角法（反復法）（図 4.3.4 参照）があるが一般的には「方向観測法」を用いる。方向観測法は方向法ともいい、ある特定の方向（これを零方向という）を基準にして各方向までの角を望遠鏡正反で一連に**視準**し、読定する方法である。

　複軸型セオドライトを用いるとき**図 4.3.2** の3方向（A、B、C）の測角は、次の流れ図にしたがって行う。

　観測時間が長くなると、機器の変動や大気の変化により観測精度が低下することがあるので、1組の観測方向数は5方向以下とされている。

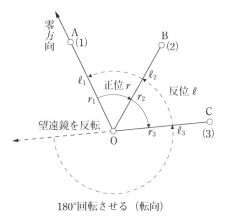

図 4.3.2　方向観測法（1対回の観測）

セオドライトをO点に据える。

※
望遠鏡正(r)で上部・下部固定ネジをゆるめ水平目盛の始読が0°より少し過ぎた位置で上部を固定する。

※
下部運動でA点を視準し、目盛r1を読み観測手簿に記入する。

上部運動でB点を視準し、目盛r2を読み観測手簿に記入する。

上部運動でC点を視準し、目盛r3を読み観測手簿に記入する。〔望遠鏡正の観測終了〕

望遠鏡を反(ℓ)にし、上部運動でC点を視準し目盛ℓ3を読み観測手簿に記入する。

上部運動でB点を視準し、目盛ℓ2を読み観測手簿に記入する。

上部運動でA点を視準し、目盛ℓ1を読み観測手簿に記入する。〔望遠鏡反の観測終了〕

これで1対回目の観測が終了する。観測手簿上で観測結果を計算する。

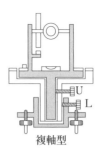

U＼L	○ 水平目盛の値が変わる	× 水平目盛の値は変わらない
○	自由回転	下部運動
×	上部運動	固　定

U・L：上部・下部固定ネジ
○：ゆるめる
×：ネジ締める

複軸型

下部運動：上部固定ネジを締め、下部固定ネジと微動ネジを操作して 回転させる。
（上下盤が一体で回り、角度は変わらない。）

上部運動：下部固定ネジを締め、上部固定ネジと微動ネジを操作して回転させる。
（下盤を固定したまま上盤が回り、角度は回転しただけ変わる。）

望遠鏡を水平軸の周りに　　　　望遠鏡を鉛直軸の周りに
180°回転（反転）　　　　　　　180°回転（転向）

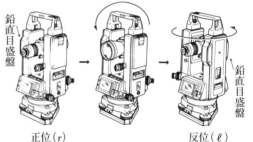

鉛直目盛盤　　　　　　　　　　　　　　　　　鉛直目盛盤

正位(r)　　　　　　　　　　　　反位(ℓ)
望遠鏡が鉛直目盛盤の　　　　　望遠鏡が鉛直目盛盤の
右側にある状態。　　　　　　　左側にある状態。

［観測結果の計算］
	望遠鏡正(r)	反(ℓ)
∠AOB	r2－r1	ℓ2－ℓ1
∠AOC	r3－r1	ℓ3－ℓ1

デジタル読みの単軸型器械を用いる場合には、※印のところの代わりに次のような操作を行う。
　①望遠鏡正で【0 set】を操作して目盛を0°0′0″にし、水平微動ネジで少し過ぎた位置にする。
　②【HOLD】を操作して目盛を固定し、A点を視準したのち【HOLD】を解除し目盛r1を読む。
以下は複軸型の器械と操作は同じ。

　　　2対回目以降は、対回数に応じて目盛の位置（始読）を変えて行う。

　　　【参考】目盛誤差の影響を少しでも消去するため、対回数に応じ始読値を180°／n（n：対回数）ずつ変える。

　　　　　例えば 2対回……0°、90°　　3対回……0°、60°、120°

　　　また、偶数対回目は望遠鏡反位(ℓ)より始めるので始読値は所定の値に180°加えた値とする。

　　　2対回以上の観測を行い観測値の良否の判定を行う。これは、倍角差と観測差に制限を設けて判定する。制限値は、公共測量作業規程の準則では**表 6.2.2**（P103）のように規定している。

倍角 ……同一対回内の同一方向の（$r+\ell$）の秒位（正位・反位観測の和）

較差 ……同一対回内の同一方向の（$r-\ell$）の秒位（正位・反位観測の差）

倍角差……全対回における同一方向の倍角の出合差（他の対回との差）

観測差……全対回における同一方向の較差の出合差

ここで、出合差とは、最大値と最小値の差をいう。

なお、倍角・較差の計算においては全対回の同一方向の分位を揃えて行うこと。また、較差には必ず符号（＋、±、－）を付けること。

制限を超えた場合には、悪いと思う対回の全方向を再測する。

表 4.3.1 は、3 方向 2 対回の水平角観測手簿の計算記載例である。

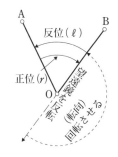

図 4.3.3　単測法

表 4.3.1　水平角観測手簿記載例（**図 4.3.2**の観測例）

時 分	目盛	望遠鏡	番号	視準点	観 測 角			結 果			倍角	較差	倍角差	観測差
					°	′	″	°	′	″	″	″	″	″
9：15	0	r	1	A	0	12	20	0	0	0				
			2	B	36	0	40	35	48	20	120	＋40	40	0
			3	C	98	35	20	98	23	0	140	－20	60	20
		ℓ	3		278	36	20	98	23	20				
			2		216	0	40	35	47	40				
			1		180	13	0	0	0	0				
	90	ℓ	1		270	23	40	0	0	0				
			2		306	11	40	35	48	0	160	＋40		
			3		8	46	20	98	22	40	80	± 0		
		r	3		188	45	20	98	22	40				
			2		126	11	20	35	48	40				
9：52			1		90	22	40	0	0	0				

図 4.3.4
倍角法（反復法）

平 均 値
A＝ 0 0 0
B＝ 35 48 10
C＝ 98 22 55

［倍角・較差・倍角差・観測差の計算］

第2方向　　　　　結　果　　　　　倍角　較差　倍角差　観測差

```
0°   r 2   35° 48′ 20″ → 47′ 80″  ⎫
     ℓ 2       47  40    〃  40    ⎬ 120″ +40″
                                              ⎫
                                              ⎬ 40″      0″
90°  ℓ 2       48′  0″ → 〃  60″  ⎫           ⎭
     r 2       48  40    〃 100   ⎬ 160  +40
```

第3方向

```
0°   r 3   98° 23′  0″ → 22′ 60″ ⎫
     ℓ 3       23  20    〃  80   ⎬ 140″ −20″
                                             ⎫
                                             ⎬ 60″     20″
90°  ℓ 3       22′ 40″ → 〃  40″ ⎫           ⎭
     r 3       22  40    〃  40  ⎬ 80  ± 0
```

倍角差・観測差がともに制限内（**表 6.2.2** 参照）であれば平均値を求める。

倍角、較差

正位・反位の観測の和と差。測角誤差の大きさに関係する値。

倍角差

他の対回との差。観測状態の良否に関係する値。

観測差

観測者の技量による観測値の良否に関係する値。

制限値

表 6.2.2 を参照。

4　鉛直角の観測

鉛直角（天頂角）
　水平線に直交する方向（鉛直線の方向）にある角度。

天頂
　「てっぺん」の漢語的表現。観測点において鉛直（重力）線の方向の頂上のこと（天頂距離ともいう）。

　セオドライトの鉛直目盛盤の取り付けには2種類あり、望遠鏡正で視準軸を水平にしたとき0°（水平0°）を示すものと、90°（天頂0°）を示すものがある。鉛直角を測定する場合、用いるセオドライトがどちらの目盛かを確認しておく。

1　鉛直角の読定

図 **4.4.1** において、P点を視準したとき

c ： 目盛盤の取り付け誤差

n ： 目盛読み取り装置Eの取り付け誤差

r ： 望遠鏡正での読定値

ℓ ： 望遠鏡反での読定値

Z ： 鉛直角（天頂角）　とすると、

望遠鏡正：$90° - Z = 90° - r + c - n$ 　　　　　　　　　　　　　　(4.4.1)

望遠鏡反：$90° - Z = \ell - 270° - c + n$ 　　　　　　　　　　　　(4.4.2)

両式を加えると、$2Z = r + 360° - \ell$

$$\therefore Z = \frac{1}{2}\{(r + 360°) - \ell\} = \frac{1}{2}(r - \ell) \tag{4.4.3}$$

高低角（高度角）α は、$\alpha = 90° - Z$ となる。

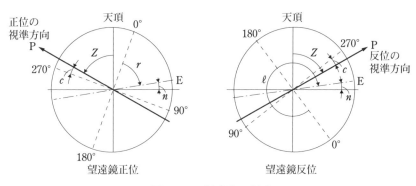

図 4.4.1　鉛直角の読定

　すなわち、式（4.4.3）でわかるように、望遠鏡正での読定値 r から望遠鏡反での読定値 ℓ を引くと $c \cdot n$ の両誤差が消去され、鉛直角 Z の2倍角が得られる。
　また、式（4.4.2）と式（4.4.1）の差をとると、

$$r + \ell = 360° + 2(c - n) = 360° + K \qquad K = (r + \ell) - 360° \tag{4.4.4}$$

$2(c - n) = K$ を高度定数という。鉛直角の観測は、この高度定数の較差（最大値−最小値）に制限を設けて、観測の良否を判定する（P103 参照）。
　公共測量作業規程の準則では**表 6.2.2** のように制限値を規定している。

以上は、天頂 0°の目盛盤のセオドライトで式を導いたが、水平 0°の目盛盤のセオドライトにおいても同様にして求めることができる。この場合は式（4.4.5）、式（4.4.6）のようになる。

$$2Z = \ell - r$$

$$Z = \frac{1}{2}(\ell - r) \tag{4.4.5}$$

$$\alpha = 90° - Z$$

$$r + \ell = 180° + 2(n - c) = 180° + K \tag{4.4.6}$$

電子式（デジタル式）セオドライトでは、自動補正する機構になっており c、n の誤差は現れず、視準誤差だけが K として現れる。

2 鉛直角の測定

鉛直角の測定は、器械誤差の消去のために 1 方向ずつ望遠鏡正反で測定する。また、各方向視準前には必ず整準の確認を行う。

観測が終われば観測値の良否の判定を行う。これは、高度定数の較差に制限を設けて判定する。

高度定数の較差……同一測点における異方向の高度定数の出合差

高度定数　　……同一方向の $(r + \ell) - (360°$ または $180°)$

なお、観測に必要な方向が 1 方向の場合でも、必ず他の方向を観測し、高度定数の較差の点検を行うこと。

制限を超えた場合には、悪いと思う方向を望遠鏡正反で再測する。

表 4.4.1 は、鉛直角観測手簿の計算記載例である。

このように視準点を種々変えて各々の高度定数を求め較差を算出する。

鉛直角を測定した場合には必ず器械高 i と目標高 f を mm 単位まで測定し手簿に記載しておく。また、器械高と目標高は一致させるのが望ましい（高度定数の較差の制限値は**表6.2.2**を参照）。

表 4.4.1　鉛直角観測手簿記載例

時 分	望遠鏡	視準点	観 測 角			結　　果				備　考
			°	′	″		°	′	″	
10：03	r	A	88	23	20	$r-\ell=2Z=$	176	46	20	$i=1.450$
	ℓ		271	37	0	$Z=$	88	23	10	
			360	0	20	$\alpha=$	+1	36	50	$f=1.450$
	ℓ	B	269	41	20	$r-\ell=2Z=$	180	37	0	$f=1.450$
	r		90	18	20	$Z=$	90	18	30	
10：12			359	59	40	$\alpha=$	−0	18	30	

高度定数の較差が制限内であれば結果欄を用いて高低角 α を計算しておく。

［高度定数と高度定数の較差の計算］

A方向：高度定数 K＝$(r+\ell)-360°=$ +20″ ⎫
B方向：高度定数 K＝$(\ell+r)-360°=$ −20″ ⎭ 高度定数の較差 ＝ 40″

参考文献

1) 小林和夫、鎌田義弘、井上治、川端良和：改訂増補測量学（基礎から応用まで）、理工図書、2002

2) 株式会社ソキア（編）：測量と測量機のレポート、ソキア、1999

3) トプコンデジタルセオドライト取扱説明書

4) ニコン電子セオドライト使用説明書

4章　角測量　計算問題　(解答は P282)

問1　弧度 0.55rad を 60 進法（○° □′ △″）で表せ。

問2　25° 30′ を弧度（rad）で表せ。

問3　右図のように、A 点にある樹木の高低角を C 点で測定したところ 30°であった。樹木の方に 30m 近づいた B 点でこれを測定したところ 45°となった。この樹木の高さを求めよ。

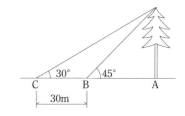

問4　方向観測法により下表のような観測値を得た。結果、倍角、較差、倍角差、観測差を求めよ。

目盛	望遠鏡	番号	視準点	観測角			結　果			倍角	較差	倍角差	観測差
				°	′	″	°	′	″				
0°〔1対回〕	r	1	A	0	01	20							
		2	B	55	50	10							
		3	C	102	38	30							
	ℓ	3		282	38	30							
		2		235	50	00							
		1		180	01	30							
60°〔2対回〕	ℓ	1		240	00	30							
		2		295	48	50							
		3		342	37	10							
	r	3		162	37	20							
		2		115	49	00							
		1		60	00	20							
120°〔3対回〕	r	1		120	01	50							
		2		175	50	30							
		3		222	39	10							
	ℓ	3		42	38	50							
		2		355	50	20							
		1		300	01	10							

問5　鉛直角観測を行い下表のような観測値を得た。結果と高度定数および高度定数の較差を求めよ。

時分	望遠鏡	視準点	観測角			結　　果			
			°	′	″		°	′	″
9 : 39	r	A	90	00	26	$r-\ell=2Z=$			
	ℓ		269	59	20	$Z=$			
						$\alpha=$			
	ℓ	B	269	31	36	$r-\ell=2Z=$			
	r		90	28	09	$Z=$			
9 : 43						$\alpha=$			

第 5 章
トータルステーションによる測量

浦島測量之図（宮尾幾夫氏寄託、呉市入船山記念館所蔵）
　文化3（1806）年に伊能忠敬が実施した広島県豊田郡（現在の呉市付近）での測量作業の情景。島に上陸した測量隊が浜辺を測量している。海辺には運搬船が待機し、隊員が杖先羅針(小方位盤・カバー②参照)などで目標に立てた梵天(ポール)を視準している。

5 トータルステーションによる測量

1 トータルステーションとは

TS の語源

日本でトータルステーションの名前を最初に用いたのは、ヒューレットパッカード社の 3810A という測距測角一体・同軸型の製品（1975 年製）である。

また本格的にトータルステーションの名前を使い始めたのは 1986 年建設省技術評価制度「TS システムの開発」からである。

外業

屋外での測定・観測作業。

内業

室内でのデータ処理作業。

トータルステーション（以下、**TS**）とは、角度の読み取りが電子化された経緯儀（電子式セオドライト）と光波測距儀（光波距離計）の測距部を一体化した電子式測距測角儀で、その観測データ（水平角、鉛直角、斜距離など）をデータコレクタ（電子野帳）などに自動的に記録できる機器である。

TS が開発される前の測量作業は、角度と距離を別々に測定し、観測値も別々の手簿に記入していた。しかし、TS を使用することにより、1 回の観測で水平角・鉛直角・斜距離を同時測定することができ効率化した。さらに、データコレクタなど電子記録装置を接続しておけば観測データの良否判定まで可能になり、作業時間の短縮と読取りミス・記録ミス・入力ミスがほとんどなくなった。また、データコレクタをパソコンに接続して観測データを取込むことにより、観測手簿の作成・座標計算などの各種計算処理・帳票作成・図面データ作成および作図などの一連の自動化処理が可能になった（TS システム、P86）。

このシステムを採用することで**外業**（がいぎょう）から**内業**（ないぎょう）までの測量作業の効率が大幅に向上するとともに、高品質で高精度の成果が得られる。測量分野での GPS の利用が拡大しているが、地上測量で最も普及している機器は TS である。

2 トータルステーションの種類

〔普及型 TS〕

〔データコレクタ内蔵型 TS〕

1 仕様による分類

(1) 普及型 TS

1980 年代半ばに開発された普及型は、測距・測角の基本的な機能を搭載したタイプで、一部の応用測定機能を有するが、観測データはデータコレクタを接続して記録するのが一般的である。

(2) データコレクタ内蔵型 TS（多機能型）

データコレクタ機能を一体化したタイプで、普及型に比べて多くの応用機能を有する。また、本体のメモリ機能のほかにメモリカードスロット付きや望遠鏡のピント合わせを自動化したオートフォーカス機能付きなどがある。カードスロットに基準点測量用の観測、縦横断観測または土量管理用の観測などの業務目的に合わせたアプリケーションカードを差し込むことにより、色々な観測に対応できる。

(3) モータ駆動型 TS（MDTS）

モータ駆動の機能を有した TS で、望遠鏡の視野に入った目標（反射プリズムの中心）を自動的に視準する機能を持つ自動視準 TS や、さらに移動するプリズムを自動的に追尾する機能を有した自動追尾 TS がある。

2　測距方式による分類

(1) プリズム測距型 TS

測定目標に反射体（反射プリズムなど）を置いて視準することにより距離測定ができる TS で、いままでに最も普及しているタイプである。

(2) ノンプリズム測距型 TS

測定目標に反射プリズムを設置しなくても測距が可能なタイプでノンプリズム TS と呼ばれる。最近のノンプリズム TS は近距離（1m ～ 350m 程度）を高精度で測定できるようになった機種が急速に普及してきており、前述の普及型、データコレクタ内蔵型およびモータ駆動型の各種 TS に搭載されている。通常のプリズムタイプの TS では、光源として**発光ダイオード（LED）**を使用しているが、このタイプでは**レーザダイオード（LD）**または**パルスレーザダイオード（PLD）**を使用している。

3　性能による分類

公共測量またはこれに準ずる測量において使用する機器は、**表 5.2.1** の性能を有することが定められている。

〔モータ駆動型 TS〕

MDTS
(Motor Drive Total Station)

手動ではなくモータ駆動で操作できるため、プリズム側でワンマン（1 人）観測ができる機能や無人で長時間の定点（変位）観測ができる機能を有する。

発光ダイオード（LED）
Light Emitting Diode の略、半導体発光素子。

レーザダイオード（LD）
Laser Diode の略、半導体素子を発光源とするレーザ。

パルスレーザダイオード（PLD）
高出力を短時間にパルス状に発光するレーザダイオード。

表 5.2.1　トータルステーション級別性能分類

級別	区分	測角部の性能 最小目盛値	測距部の性能 測定可能距離	測距部の性能 測定性能	データ記憶装置
1	－	1.0秒以下	2 km 以上	$5mm + 5 \times 10^{-6} \cdot D$ 以下	データコレクタ、メモリカード又はこれに準ずるもの
2	A	10秒以下	2 km 以上	$5mm + 5 \times 10^{-6} \cdot D$ 以下	
2	B	10秒以下	1 km 以上	$5mm + 5 \times 10^{-6} \cdot D$ 以下	
3	－	20秒以下	1 km 以上	$5mm + 5 \times 10^{-6} \cdot D$ 以下	

（公共測量作業規程の準則より抜粋）　　ただし、D は測定距離（km）

計測用高精度トータルステーション

一般の測量用よりも高い基本性能が要求される工業計測やモニタリングに使用するためのトータルステーションであり、マニュアルとモータ駆動型がある。

主に、以下のような場合の 3 次元測定システムに使用されている。

① 造船工場における船体ブロックの非接触での寸法計測

② 橋梁の鋼桁など大型構造物の部材組立時の精度管理

③ トンネル掘削時における内空変位・天端沈下の非接触計測

④ ダム、のり面、鉱山、橋梁、ビルなど大型構造物の変位監視

代表的な仕様は以下の通りである。

最小読定値　0.1 秒　（測角精度 0.5 秒）　　測定精度(反射シート)　$0.5mm + 1 \times 10^{-6} \cdot D$

測定精度(プリズム)　$0.8mm + 1 \times 10^{-6} \cdot D$　　測定精度(ノンプリズム)　$1.0mm + 1 \times 10^{-6} \cdot D$

〔計測用高精度 TS〕

3 各部の名称と構造

1 各部の名称

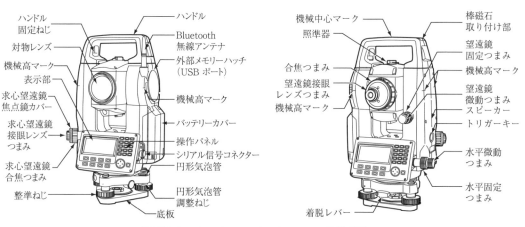

図 5.3.1 トータルステーションの各部名称

2 光学系

発光系と受光系および視準光学系の3光学系は、**図5.3.2**に示すように全て同一の対物レンズを共有する完全同軸視準タイプになっていて、1回の視準で測距・測角が同時に行える。また、測距に必要な可視光（赤）

APD

（Avalanche Photodiode）

光計測用に利用される高感度受光素子（光電変換素子）。

nm

ナノメートル、長さの単位で1ナノメートルは10億分の1メートル。

ダイクロイックミラー

目標からの赤外光を受光ダイオードへ反射し、可視光を透過させる鏡。

位相遅れ

電気回路が不安定なために生じる位相の位置変動のこと。

位相の変化を補正しないと測定値が変化してしまう。

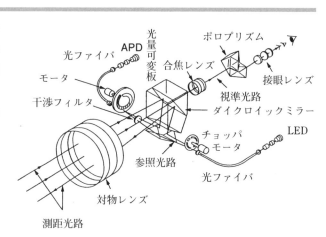

図 5.3.2 光学系構成例

から近赤外光（660～820nm）までと、視準に必要な可視光は**ダイクロイックミラー**により分割されていて、さらに測距の光路は本体内部のみを通る「参照光路（内部光路）」と、本体と反射プリズム間を通る「測距光路（外部光路）」の2光路で形成されている。「参照光路」を設けているのは、測定時間が短いために起こる電気部品の**位相遅れ**などの影響を消去するためである。発光系には2つの光路を切換えるために「チョッパ」があり、受光系には外光による悪影響を防ぐために「干渉フィルタ」と光量を自動調節する「光量可変板」とが設けられている。

3 全体構造（断面図）

望遠鏡部には、図 5.3.3 に示すように、測距電装部がコンパクトに収められており、望遠鏡を全周回転できる。托架部は電子式セオドライトとほぼ同様の構造になっている。

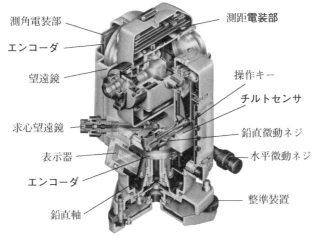

測角電装部	測距電装部
エンコーダ	
望遠鏡	操作キー
	チルトセンサ
求心望遠鏡	鉛直微動ネジ
表示器	水平微動ネジ
エンコーダ	
鉛直軸	整準装置

図 5.3.3 TSの全体構造

電装部
　測距系処理と測角系処理を行う電気回路部分（PC板ユニット）。

エンコーダ
（ロータリーエンコーダ）
　回転角度を電気的に検出するセンサ（図 4.2.2 参照）。

チルトセンサ
　鉛直軸の傾斜角を電気的に検出するセンサ。

MDTS の駆動部
　駆動部は高速旋回が可能な耐久性の高いモータが採用されており、ギアモータ型と超音波モータ型がある。超音波モータ型はギアがないため MDTS の小型化が可能となった。

4 電気系

電気系は CPU（マイコン）によりコントロールされており、測距部・測角部・チルトセンサなどの制御およびそれらの測定データを処理し、操作キーからの情報にしたがって表示器に結果を表示する。さらに外部入出力部に接続したデータコレクタとの通信（データ通信コネクタ）も行う。図 5.3.4 に TS の電気系ブロックダイアグラムの例を示す。

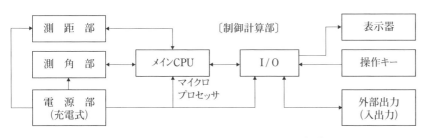

図 5.3.4 TSのブロックダイアグラム（例）

〔ギアモータ型〕

〔超音波モータ型〕

5 トータルステーションによる測量

4 基本機能

1 角度測定に関する機能

(1) 測角モードの切り換え

① 水平角右回り／左回りの切り換え

② 任意水平角の入力：水平角の0°セット、任意水平角のホールド、数値入力などにより設定

③ 倍角測定：倍角回数に応じて平均角を計算表示（倍角測定は**図4.3.4**参照）

TS測量における観測誤差の原因
・距離に比例するもの
① 気象測定の誤差
（観測中の気象変化による影響）
影響の大きさ
（気温＞気圧＞湿度）
② 変調周波数の誤差
（変調周波数の変化による影響）
・距離の大小に無関係なもの
① 位相差測定誤差
② 器械定数誤差
③ 致心誤差

プリズム定数（P58 参照）

反射プリズムの屈折率や寸法および測点とプリズムとの距離により生じる誤差（プリズム補正定数ともいう）。

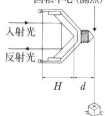

反射プリズムの
回転中心（測点）

入射光
反射光

H　d

プリズム定数 P
$P=-\{H\cdot(n-1)-d\}$
n：プリズムの屈折率
（約1.5）

(2) 鉛直角、水平角の自動補正

　３分程度の鉛直軸の傾きであれば傾斜角検出装置（チルトセンサ）により測定し、自動的に鉛直角および水平角を自動補正する機能であり、鉛直軸の傾きが水平角に及ぼす誤差（鉛直軸誤差）と鉛直角に及ぼす誤差の両方を補正する２軸補正と、鉛直角のみ補正する１軸補正タイプがある。

2　距離測定に関する機能

(1) 測距モードの切り換え

① 　測距回数の選択：連続測定か単回測定かを選択する。また、測定回数を設定し所定の回数測定後、平均値を自動計算して表示する機能もある。

② 　精密測定／簡易測定／トラッキング測定の各モード選択

精密測定：通常の測定モードで、表示単位は 1mm または 0.1mm、測定間隔は数秒。

簡易測定：精密測定モードより短時間で測定するが、精度は若干落ちる。表示単位は 10mm または 1mm。

トラッキング測定：速く（１秒以下）連続測距するモード。表示単位は 10mm が一般的で、測設時に反射プリズムを移動させて測距する際に使用。

(2) 各種補正機能

① 　気象補正値の設定：測定時の気温・気圧を入力し、自動補正する。

② 　**プリズム定数**値の設定：使用する反射プリズムの定数を設定する。

③ 　両差補正の設定：水平距離・高低差（比高）を求めるときに両差（球差・気差）を自動補正する。

(3) スロープリダクション（距離変換）

測定した斜距離と鉛直角から水平距離と高低差を自動計算し表示する機能。

3　球差・気差（両差）補正

　TS には、測距した斜距離データを換算して水平距離・高低差（比高）を表示させる機能があるが、換算の際に球差・気差を自動補正する機能がある。

　TS では両差補正を機械内部で自動計算し、水平距離・高低差（比高）を求めている。機械内部での計算に使用している両差補正を考慮した距離計算式の例を以下に記す（図 5.4.1）。

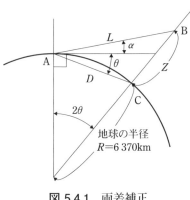

地球の半径
$R=6\,370$km

図 5.4.1　両差補正

水平距離　$D = \mathrm{AC}$
高低差　$Z = \mathrm{BC}$

$$D = L\{\cos\alpha - (2\theta - \gamma)\sin\alpha\} \tag{5.4.1}$$

$$Z = L\{\sin\alpha + (\theta - \gamma)\cos\alpha\} \tag{5.4.2}$$

$\theta = L\cos\alpha / 2R$：球差補正項

$\gamma = kL\cos\alpha / 2R$：気差補正項

$k = 0.133$：大気の屈折係数

$R = 6\,370\mathrm{km}$：地球の半径

$\quad \alpha$：高低角（水平からの角度）

$\quad L$：斜距離

両差補正しないときは、水平距離・高低差の換算式は次のようになる。

$$\left.\begin{array}{l} D = L\cos\alpha \\ Z = L\sin\alpha \end{array}\right\} \tag{5.4.3}$$

〔データコレクタ〕

4 データコレクタ（電子野帳<ruby>野帳<rt>や ちょう</rt></ruby>）

データコレクタは TS と接続して、観測データを自動的に取得し、パソコンと接続してデータを転送できる。またパソコンで計算した路線・用地測量用の座標データをデータコレクタに転送し、現地で計算座標通りに杭などを測設（P85 参照）できる。データコレクタは防塵・防滴などの耐環境性が高い。データコレクタが TS およびパソコンとデータ転送を行うときのインターフェイスは RS‐232C 規格またはこれに準拠したものが一般的となっているが、最近は TS にブルートゥース機能が搭載された機種が増えたことから、TS とデータコレクタによる観測はブルートゥースによるコードレス通信が多くなっている。

観測データについては、公共測量では特に作為的修正ができないようになっている。また、観測データの良否判定・測設機能の他にアプリケーションソフトウェアで路線計算・縦横断観測・水準測量観測・GPS 観測などがある。

RS‐232C 規格

外部機器に測定データを転送する時の通信規格。RS‐232C 規格はシリアル（直列）方式で、1 本の通信線でデータを順次送信する。

ブルートゥース
(Bluetooth)

数 m 程度の機器間をデータや音声の送受信に使うワイヤレス通信の規格の 1 つ。Bluetooth は免許なしで自由に使うことのできる 2.45GHz 帯の電波を利用して 1 Mbps の速度で通信を行うことができる。

5 トータルステーションによる測量

5 応用測定機能

1 視準オフセット測定

(1) 角度のオフセット測定

プリズムを直接設置できない構造物などの中心位置を求める機能である。求点 A_0 の横に求点と同水平距離となる位置にプリズムを設置し、求点の角度とプリズムまでの距離を測定することにより求める（図 5.5.1）。

(2) 前後のオフセット測定

半径のわかっている池や木などの中心部までの距離や座標を求める機能で、TS に前後方向のオフセット値（${}_0$HD）を入力し、プリズム P1 点を測定することにより求める（図 5.5.2）。

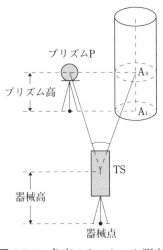

図 5.5.1　角度のオフセット測定

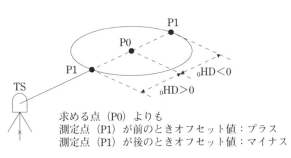

求める点（P0）よりも
測定点（P1）が前のときオフセット値：プラス
測定点（P1）が後のときオフセット値：マイナス

図 5.5.2　前後のオフセット測定

2　遠隔測高（REM：Remote Elevation Measurement）

図 5.5.3 のように、プリズムを直接設置できない送電線や橋桁などの鉛直距離（高さ）を求める機能である。

プリズムを目標点の鉛直線上（真上または真下）に設置し、プリズム高を入力後、プリズムまでの斜距離を測定する。次に目標点を視準すれば、望遠鏡の視準移動に合わせて高さ（H_n）が表示される。

$H = h_1 + h_2$

$h_2 = S\sin Z_1 \cdot \cot Z_2 - S\cos Z_1$

S：斜距離

Z_1，Z_2：鉛直角

✴：プリズム

🔺：TS

〔REM〕

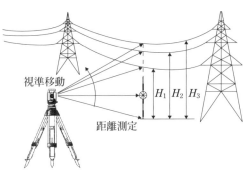

図 5.5.3　遠隔測高

3　対辺測定（MLM：Missing Line Measurement）

2 点のプリズム間の水平距離・斜距離・高低差を求めることができる。対辺測定モードには、放射と連続の 2 種類のモードがある（図 5.5.4 (a) (b)）。

プリズム A、B の 2 点を測定後、さらに C 点、D 点と測定した場合

① プリズム A を基準に A-B 間、A-C 間、A-D 間…と順次測定表示する放射モード。

② 各プリズム A-B 間、B-C 間、C-D 間…と順次測定表示する連続モード。

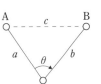

余弦定理より対辺長 c を求める。

$c = \sqrt{a^2 + b^2 - 2ab\cos\theta}$

a，b：水平距離

θ：水平角

〔MLM〕

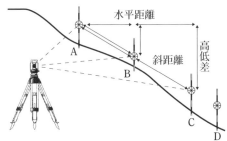

図 5.5.4 (a)　対辺測定(1)

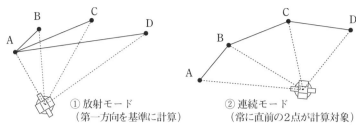

① 放射モード
（第一方向を基準に計算）

② 連続モード
（常に直前の2点が計算対象）

図 5.5.4(b) 対辺測定(2)

4 座標測定

座標原点からの TS の位置座標（器械点）および器械高とプリズム高を設定すると、座標原点からの求点（プリズム点）の座標を自動的に換算表示する機能（図 5.5.5）。

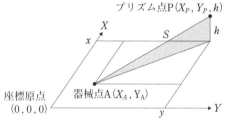

$$X_P = X_A + S \sin Z \cdot \cos \theta$$
$$Y_P = Y_A + S \sin Z \cdot \sin \theta$$
$$h = S \cos Z$$

S：斜距離
Z：A 点での鉛直角
θ：$\overline{AP}$ の方向角

図 5.5.5 座標測定

5 測設（ステークアウト、杭打ち）

設計に基づき**測設点**（杭打ち点）を現地に設置する際に使用する機能である。器械点 A と既知点 B および測設点 P の座標値から逆計算により、A から P への水平角 θ_A と水平距離 HD を求め、現在のプリズム位置（✳）での測定値と計算した測設位置の差を表示する。この表示された値が 0 になる地点に、プリズムを移動すれば図 5.5.6 のように効率よく測設点に杭を設置できる。

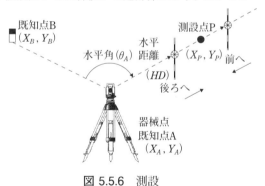

図 5.5.6 測設

$$\theta_A = \tan^{-1}\left(\frac{Y_P - Y_A}{X_P - X_A}\right) - \tan^{-1}\left(\frac{Y_A - Y_B}{X_A - X_B}\right) + 180° \tag{5.5.1}$$

$$HD = \sqrt{(X_P - X_A)^2 + (Y_P - Y_A)^2} \tag{5.5.2}$$

測設

構造物や道路を設計して建物の基準になる点や道路の中心線（No.杭等）・のり肩・のり尻を現地に復元（場所が判るように）するため測量杭などを設置すること。設置する点は、予め座標計算（公共座標系や任意座標系または局地座標系）により求め、既設の基準点を使用して水平角（θ_A）と水平距離（HD）により求める点の位置を決める。

--- 測設（ステークアウト、杭打ち）専用機器 ---
測量用トータルステーションと違い、杭打ちが一人で簡単に行える専用機器。
用途は ①土木現場での杭打ち（杭、鋲設置及び検査測定）②建築現場での墨出し（位置出し）。
使用範囲：距離 0.9〜130m　高度角＋55°〜−30°（0.9〜22m）　水平角 360°
測距精度：3.0mm＋2×10⁻⁶·D　測角精度：5″

6 トータルステーションシステム（TSシステム）

TS システムは、図 5.5.7 に示すように、TS、データコレクタ、パソコン、プリンタおよびプロッタで構成される。現場で観測データのデータコレクタへの自動取込みと精度判定を行い、室内でデータをパソコンに取込み、手簿作成、座標計算、図面作成までの一貫した処理が可能で、効率化と精度向上が図られることが TS システムの特徴である。以下に、TS システムの構成図と従来の測量作業との比較を示す。

TS

テーダ
コレクタ

〔TS とデータコレクタ〕

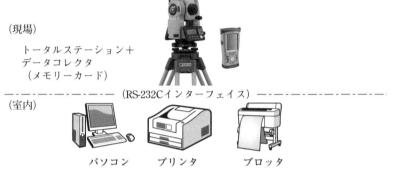

（現場）
トータルステーション＋
データコレクタ
（メモリーカード）

―・―・―・―・―・―（RS-232Cインターフェイス）―・―・―・―・―・―・―
（室内）

パソコン　　　　プリンタ　　　　プロッタ

図 5.5.7　TSシステムの構成図

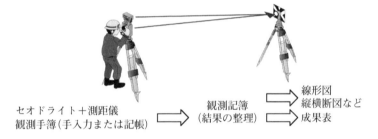

セオドライト＋測距儀
観測手簿(手入力または記帳)

観測記簿
（結果の整理）

線形図
縦横断図など
成果表

図 5.5.8　従来の測量作業

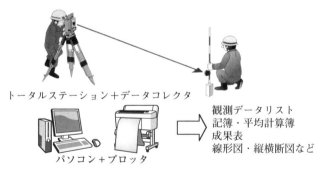

トータルステーション＋データコレクタ

観測データリスト
記簿・平均計算簿
成果表
線形図・縦横断図など

パソコン＋プロッタ

図 5.5.9　TSシステムを用いる測量作業

参考文献

1)　(社)日本測量協会：公共測量作業規程の準則　解説と運用、2009.2

2)　(財)日本測量調査技術協会：測量技術の進展

3)　光学用語辞典（JIS Z 8120）

4)　IT 用語辞典（e-Words）

モービルマッピングシステム（MMS：Mobile Mapping System）

　自治体などでは、都市空間の効率的管理が緊急かつ重大な課題であり地理空間情報の迅速な取得は社会的な要求となっている。機器類を地上に静置して観測してきた従来の測量では、この要請に応えることは容易ではない。MMS は、走行車両に測量機器を搭載して周辺の３次元位置情報・画像情報・スキャナ情報の全てを同時に取得できるシステムであり「走る測量機（MSS: mobile survey system）」とも称されている。搭載機器の位置情報は、GNSS（GPS ＋ GLONASS）受信機と傾きなどの姿勢情報が得られる IMU（Inertial Measurement Unit、慣性計測装置）およびホイールエンコーダ（タイヤの回転数検知器）からの観測値を統合して求め、周辺の地形・地物の３D 形状情報が得られるレーザスキャナと走行中の360°全方位画像が連続収録可能な画像ユニットによって道路周辺の地理空間データを同時にかつ瞬時に取得できる。

３次元レーザスキャナ（3D laser scanner）

　都市デザイン・マネジメント分野では、都市・建築物・屋内における空間情報の詳細で迅速な取得作業が必須となってきた。この作業は、TS やデジタルカメラなどで行ってきたが、以下のような課題がある。

① 取得できる範囲や測定精度およびデータ量に限界がある。

② 詳細な３次元データの取得には、膨大な作業が必要である。

③ これらの作業は、PC などを援用してもなお多くの手作業を要する。

　このような課題の解決法として、３次元レーザスキャナが開発された。

　回転式測距用スキャナ本体にデジタルカメラを搭載し、レーザ測距光軸とカメラ光軸が同軸になるようにして周辺地物の膨大な点群データと RGB（赤、緑、青）データを同時に取得することで、詳細な３次元位置座標が得られる。

GNSS・TS を用いた主な情報化施工

　情報化施工とはGNSS、TS、インターネット、パソコン、無線、LAN、各種センサーなどを結集し、それらを統合するソフトとの組み合わせにより、従来の工法をベースに様々な工事に活用されている。メリットとしては、施工の安全性や品質の向上、工期短縮があげられ、施工品質の信頼度が高まり、省力化→生産性向上→コスト縮減にもつながるシステムである。

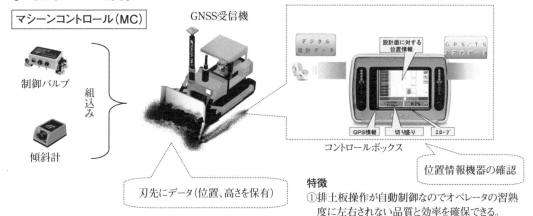

マシーンコントロール（MC）

GNSS受信機

制御バルブ　組込み　傾斜計

刃先にデータ（位置、高さを保有）

コントロールボックス

位置情報機器の確認

特徴
①排土板操作が自動制御なのでオペレータの習熟度に左右されない品質と効率を確保できる。
②自動制御なので丁張作業が大幅に削減できる。

　マシーンコントロールシステム（MC）は、土工事において3次元の位置情報を用い3次元の設計データとの差分を算出し、設計面通りにブルドーザやモータグレーダの排土板を自動で制御するシステムである。

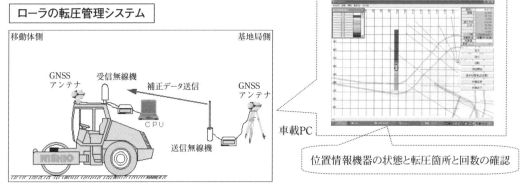

ローラの転圧管理システム

移動体側　　　　　　　　　　　　基地局側

GNSSアンテナ　受信無線機　補正データ送信　GNSSアンテナ

CPU　送信無線機　車載PC

位置情報機器の状態と転圧箇所と回数の確認

特徴
①PCを見ながら転圧箇所・回数がリアルタイムで確認できるので転圧の加不足が解消され面全体での管理が可能となる。
②オペレータの習熟度に左右されずに品質管理業務の簡素化・効率化ができる。

　振動ローラ・タイヤローラ（以下移動体とする）にRTK法などで構成される位置情報機器を装着し、移動体の3次元位置情報を取得させ車載PCにリアルタイムで転圧箇所および転圧回数を色変化で表示させるものである。オペレータが施工をしながら容易に連続的に施工エリアの品質管理を行うことができる。PC表示の他に取得データをもとに移動体の走行軌跡図・転圧回数の帳票などが作成できる。

＊GNSS:Global Navigation Satellite System （衛星航法システムの総称）

ブルドーザの敷均しシステム

ブレード操作は手動・自動制御が可能で、粗施工から仕上施工までを高精度で行うことができオペレータの技能に左右されない施工が実現し、丁張作業の削減など省力化・環境保全、安全性が確保できる。

特徴
- ●車載モニタに切盛数値を表示
- ●車載モニタにはブレード操作方向も表示
- ●3次元設計データとブレードの高さをパソコンに表示
- ●オペレータは表示に合わせてブレードを手動で操作
- ●複数の移動体での同時運用が可能
- ●粗施工に最適

主なシステム構成
- ●RTK-GNSS　●補正データ送受信無線器
- ●パソコン（車載PC）

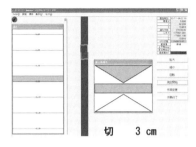

車載PCブレード（排土板）高さ表示例

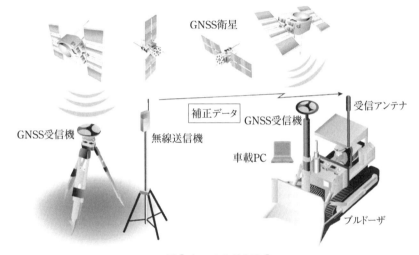

RTK法【ブレード手動制御】

ローラの転圧締固め回数管理システム

国土交通省　新技術提供システム（NETIS）登録
　　　　　登録番号：KT－010187－A　新技術名称:GPS・自動追尾転圧締固め管理システム
　3次元位置情報（RTK法・TS）を利用し、振動ローラ・タイヤローラ、ブルドーザの締固め状況をリアルタイムで表示・管理するシステム。

主なシステム構成
- ●TS（自動追尾TS）・プリズム　●無線送受信機・アンテナ
- ●PC（車載・TS制御用）

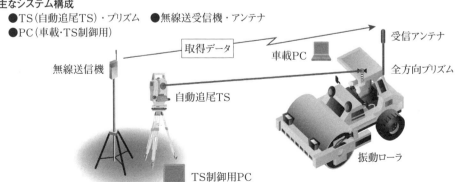

TSを利用した例

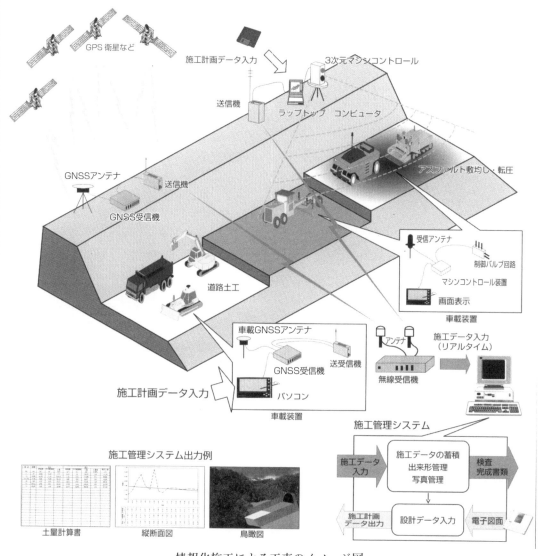

情報化施工による工事のイメージ図

（長谷川昌弘編著：『環境土構造工学（2. 施工技術編）』、電気書院、2005、285 頁より引用）

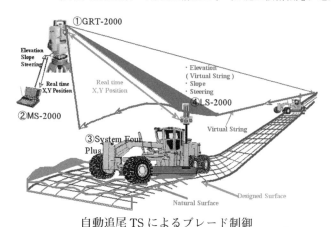

自動追尾 TS によるブレード制御

左図は、自動追尾 TS によるブレード自動制御システムの1例である。

事前に仕上げ高さや形状をデータ化し、その設計データどおりに排土板やブレードの高さや位置を GNSS と自動追尾 TS によって制御することで、仕上げ整形の効率化と高精度化および丁張レスを実現できる。

（ブレード：blade、土砂や舗装材料などを整形、敷均すための排土板）

（情報化施工の資料提供：西尾レントオール株式会社）

第 6 章
基準点測量

<ruby>懸<rt>けんちゅう</rt></ruby> 柱 式高測標（国土地理院、地図と測量の科学館内の模型）

　明治 14（1881）年から始まった一等三角測量では、約 40km 離れて設置した一等三角点間の角と距離を求めるために高さ 10m 以上の測量用のやぐら（懸柱式高測標）を建てた。測器架に経緯儀（セオドライト、角度測定器）を据えて、目標となる高測標の心柱（三角点の真上、高測標の天端部）を視準した。

6 基準点測量

1 概説

基本測量

　序章3節を参照。

原点（日本経緯度原点）

　国の測量の基準となる点。測量法施行令では、日本の経緯度原点は「東京都港区麻布台2-18-1日本経緯度原点金属標の十字の交点」としている。

東経139度44分28秒8869

北緯35度39分29秒1572

原点方位角（計算値）

　32度20分46秒209

（原点において真北を基準として右回りに測定したつくば超長基線電波干渉計観測点金属標の十字の交点の方位角）

（2011年10月21日改正）

基線

　三角測量の基準となる測線。本章4節の三角測量を参照。

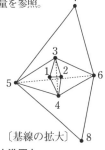

〔基線の拡大〕

水準原点

　高さの基準となる点。

　日本水準原点は東京湾の平均海面（明治6～12年の霊岸島での観測値の平均値：T.P）を0mとして国会議事堂構内憲政記念館前庭（東京都千代田区永田町1-1-2）にある。原点の高さを＋24.3900mとしている。

1 国家基準点

　精度の高い測量を行うためには、測量対象区域に水平位置（経緯度、直角座標）や高さ（標高）が正確に求められている点（既知点）を予め適当な間隔で配置しておき、これらを起点として周辺の細部地形などを観測（細部測量）する方法が最も効率的である。この点を基準点という。

　わが国には、国土地理院が実施した**基本測量**によって測量の骨格となる基準点が**表 6.1.1**に示すように約12万7千点設置されている。これを国家基準点という。国家基準点の座標は、まず**原点（経緯度原点）**を基点として、全国14箇所に設けた**基線**をもとに平均辺長が約25～45kmとなるよう**図 6.1.1**に示す一等三角点を配置し、1883年から1913年にかけて実施した一等三角測量によって求められた。さらにこの点を基準として二等・三等・四等三角測量により、それぞれに対応する等級の三角点が順次細かい間隔で全国に設置され、全点の3次元座標が求められている。標高（高さ）のみを示す国家基準点は、水準点といい**水準原点**を基点として、基準水準点と一等～二等水準点が全国の国道・主要地方道沿いに平均2km間隔で設けられている。

　この国家基準点を基に、全国を網羅する縮尺5万分の1と2万5千分の1の地形図が1984年までに完成し、さらに数値化情報整備事業により1994年には数値地図25000（地図画像）、2003年には2万5千分の1地形図のフルベクタデータによる地形図データベースの構築が完了した。これらの測量（基準点）成果や地形図類は国土の利用・開発・環境保全などの分野で広く活用されている。

表 6.1.1　国家基準点の整備状況　　　　（2020年4月現在）

種類（区分）	設置点数	内　　　訳		平均点間距離
三　角　点	109 280	一等三角点 二等三角点 三等三角点 四等三角点	974 4 998 31 701 71 607	25km 8km 4km 1～2km
水　準　点	16 732	基準水準点 一等水準点 二等水準点	84 13 339 3 309	100～150km 2km 2km
電子基準点 （GNSS連続観測点）	1 318			20km
合　　　計	127 330	──		

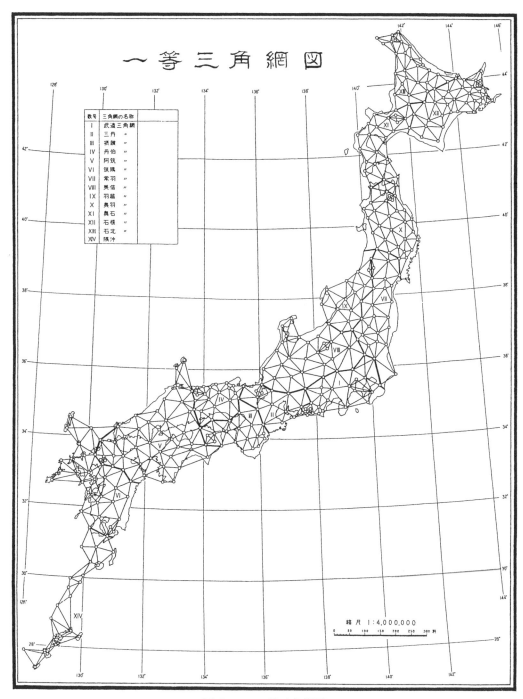

数号	三角網の名称
I	武遠三角網
II	三丹　〃
III	摂讃　〃
IV	丹伯　〃
V	阿筑　〃
VI	筑隈　〃
VII	常羽　〃
VIII	美信　〃
IX	羽越　〃
X	奥羽　〃
XI	奥石　〃
XII	石根　〃
XIII	石北　〃
XIV	隅沖　〃

縮尺 1:4,000,000

図 6.1.1　一等三角網図

また、1990年代からはGPSを利用した高精度の連続観測が可能となり、1992年以降GPS観測局が設置された。GPS観測局は当初、地震などによる地殻変動観測を目的として設けられたが、現在では**図 6.1.2**のように全国に1 318点設置され「**電子基準点**」（GNSS連続観測点）と呼ばれ、新しい国家基準点の役割を担っている。

GNSS（GPS）
　本章3節を参照。

電子基準点
　本章3節11項を参照。

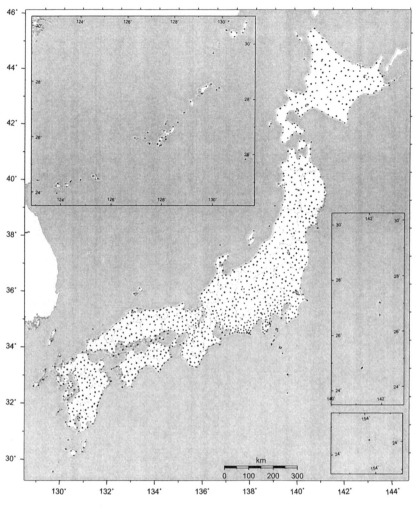

図 6.1.2　電子基準点配置図（1318点、2020年4月現在）

測量法
　土地の測量について次の4点を目的として国が1949年に定めた法律（付録 P300 に抜粋）。
①基本的体系を作る
②実施の基準を設ける
③測量の重複を除く
④測量の正確さを確保する

VLBI（超長基線電波干渉法）
　数10億光年の宇宙のかなたの準星が発する微少な電波(雑音)を地表の遠く離れた2点で同時に観測することで、相対的な位置を求める測地法。数千km以上離れた2点間の距離を数センチの誤差で測定できる。日本には、4箇所の VLBI 観測局がある（P61 参照）。

　2002年4月1日よりわが国の測量の基準を日本測地系から世界共通で使用できる世界測地系に改める「測量法及び水路業務法一部を改正する法律（改正測量法）」が施行された。これを受けて国土地理院は、宇宙測地技術を用いたVLBI観測局や電子基準点での観測データから各既設三角点の世界測地系に基づく緯度・経度の値と、高さの基準である水準点の標高値を公開した。現在では、公共測量は東日本大震災後に発表された成果（測地成果2011）に準拠して実施している。

2　基準点測量

　基準点測量とは、地形測量や応用測量の基準とするために新たに設置される標識（基準点）の位置を正確に求める作業をいう。すなわち、基準点測量は、既設の基準点（**既知点・与点**）に基づき、新設点（**新点・求点**）を決定する測量であり、骨組測量ともいわれ、その作業工程は**図 6.1.3**のようになる。

　公共測量では、用いる既知点の種類・既知点間距離・新点間距離に応じて基

準点測量を**表6.1.2**のように1～4級に区分している。

明治以来、基準点測量には三角形の1つの辺長（基線）と内角を測定し、正弦定理によって他の辺長を求め各測点（三角点）の座標を決定する三角測量を用いてきた。1960年代後半からは光波測距儀の実用化により、測距精度が飛躍的に向上したため、測点（多角点）間の距離や多角形の辺長および隣接辺のなす角を測定する多角測量が基準点測量の主流になった。また、辺長のみを測る三辺測量や測距・測角混合型測量も採用された。1980年代後半には、人工衛星を用いた測位法であるGPS測量が基準点測量の新たな方式に加わり、1996年の国土交通省公共測量作業規程の改正では三角測量は基準点測量方式から削除され、多角測量とGPS測量が基準点測量の基本方式に規定された。現在では、1・2級基準点測量ではGNSS（GPS）測量がほとんどを占めている。

既知点、与点
座標値などが分かっている基準点。

電子基準点の利用拡大のために、平成26年度からは「電子基準点のみを既知点とした基準点測量」は1級基準点を設置せず、直接、2級基準点（新点）が設置可能となる。これによって、三角点が利用しにくい場所での基準点設置作業の効率化・低コスト化が図れる。また、日本列島はプレート活動によって常に地殻変動が生じているので、電子基準点の位置も動いている。このため、新点の座標決定には国土地理院が提供する「地殻変動パラメータ」を使用して補正計算を行う（これをセミ・ダイナミック補正という）。
セミ・ダイナミック補正についてはP306参照。

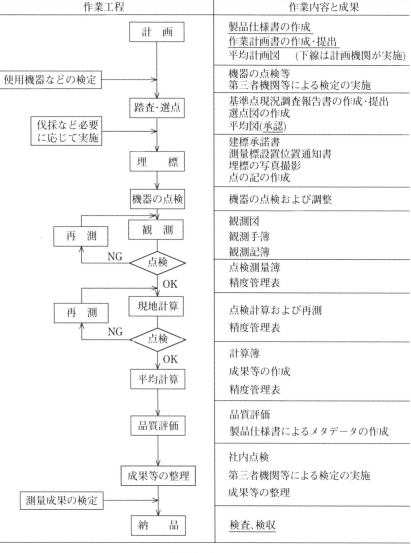

図6.1.3 基準点測量の作業工程と成果

表 6.1.2　公共測量における基準点測量の等級区分と目的および適用方式

基準点測量の等級区分	既知点の種類 既知点間距離*	新点間距離*	測量の主な目的	基準点測量の方式	GNSS測量の測位法
1級基準点測量	国家基準点** 1級基準点 4 000m	1 000m	○2級基準点測量のための既知点（基準点）の設置 ○トンネル工事等の測量で特に高い精度を要する場合	結合多角方式	スタティック法
2級基準点測量	国家基準点** 1～2級基準点 2 000m	500m	○3級基準点測量のための既知点（基準点）の設置 ○建設工事の調査・設計・施工等の測量で特に精度を要する基準点の設置		
3級基準点測量	国家基準点** 1～2級基準点 1 500m	200m	○4級基準点測量のための既知点（基準点）の設置 ○建設工事の調査・設計・施工等の基準点の設置 ○河川測量での距離標設置 ○空中写真測量での標定点設置	結合多角方式または、単路線方式	ネットワーク型RTK法 RTK法 スタティック法
4級基準点測量	国家基準点** 1～3級基準点 500m	50m	○大縮尺（1/1 000以上）の地形測量での図根点設置 ○TS平板測量での既知点（基準点）設置 ○路線測量での条件点、IP点設置 ○用地測量（境界測量）での既知点設置		

＊距離は標準値を示す。＊＊電子基準点および一～四等三角点（各方式、方法については、本章2節および3節を参照）。

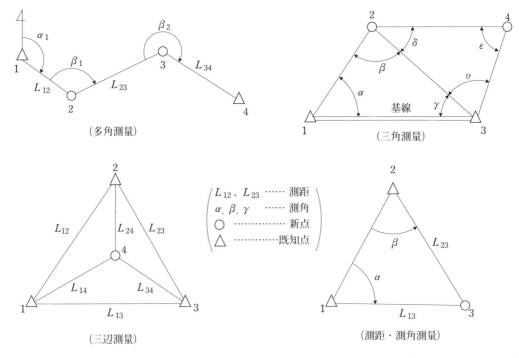

（多角測量）　（三角測量）

L_{12}、L_{23} …… 測距
α、β、γ …… 測角
○ ………… 新点
△ ………… 既知点

（三辺測量）　（測距・測角測量）

図 6.1.4　トータルステーションによる基準点測量の各方式（例）
（トータルステーションについては第5章を参照）

表 6.1.3　各基準点測量法の比較

	多角測量	GNSS測量	三角測量	三辺測量
観 測 方 法	測点間の距離(辺長)・水平角・高低角を測って多角点の3次元位置を決定する。	GNSS衛星からの電波を受信して測点(測点間)の3次元位置(3次元基線ベクトル)を決定する。	三角網の各内角と1辺長(基線)を測定し正弦定理を用いて三角点の水平位置を決定する。	三角網などの各辺長のみを測定し余弦定理を用いて、三角点の水平位置を決定する。
測 量 次 元	相対2次元個別測量	3次元同時測量	2次元測量	2次元測量
選 点 上 の 特 徴	地形・障害物の状況に応じて自由に配置できる。	高層建物など電波受信障害箇所を避ける。	市街地では視通線確保が困難。	同左
主 な 用 途	中規模以下の測量	小規模〜大規模な測量	基本測量	基本測量
一 般 的 な 測 線 長	数10m〜数100m	10kmまで*	数km〜数10km	同左
観 測 対 象 エ リ ア	地上・地下空間	地上と地球周辺空間	地上空間	地上空間
主 な 観 測 機 器	セオドライト、TS	GNSS測量機	セオドライト	光波測距儀
天 候 障 害 度	雨天観測困難	全天候対応	雨天観測困難	雨天観測困難
観 測 可 能 時 間 帯	原則昼間有人観測	昼夜間・無人観測可能	原則昼間有人観測	原則昼間有人観測

多角点：多角測量の測点、三角点：三角・三辺測量の測点　＊10km以上も可能

基準点測量の各方法を比較すると、**図 6.1.4** および**表 6.1.3** のようになる。

自治体などでは国家基準点をもとに公共測量を実施し、地盤沈下調査や社会資本整備などのために多くの基準点（公共基準点）を設置してきたが、地殻変動などによる基準点の移動や新しい国土情報管理手法である**地理情報システム（GIS）** の導入などの社会的要請から基準点の改測と座標の高精度化が必要となってきた。国土地理院は、これらに対応するため 1973 年度から「精密測地網一次（高度）基準点測量」を、そして 1988 年度からは「同二次基準点測量」を自治体などと協力実施し、一等〜三等三角点の位置（座標）を改測した。

特に、兵庫県南部地震（阪神淡路大震災・1995）により大きな地盤変動が生じた地域では震災後、国土地理院が公開した国家基準点データをもとに GPS 測量による改測・改算を行っている。また、**電子国土構想**推進に不可欠な「デジタルマッピング（数値地形図データ）」の構築に向けて 1990 年代中頃以降は、空中写真測量での**標定点**測量や基準点の点検測量が、GPS 測量により実施されている。加えて 2002 年度からは、新しい国家基準点である電子基準点での観測値に基づいた「測地（基準点）成果 2000」により公共基準点の改測・改算と世界測地系への座標変換ならびに GIS データ基盤構築のための（街区）基準点整備も進んでいる。

1949 年に制定された測量法は 2001 年に改正され、2002 年 4 月からは測量の基準が日本測地系から世界測地系へと変更になり、世界の基準と整合が取れるようになった。このため、同じ地点でも緯度経度の値が各々約 12 秒（距離で約 450m 程度）北緯の値が増え、東経の値が減る。測量法の改正にともない、公共測量作業規程も GPS 測量などを取り入れたものとなり、2008 年同規程の準則も変更されて基準点測量に RTK 法とネットワーク型RTK 法(VRS-RTK 法、FKP-RTK 法、本章 3 節 9 項参照) が導入された。

地理情報
地理空間に存在する事象について、その位置や範囲を示す幾何（図形）情報と、それがどのような内容や状態であるかを表す属性情報から構成される情報のこと。
地理情報システム(GIS)
地理情報の取得・保存・検索・操作・分析・表示などを CPU で系統的に処理するシステム（P231参照）。
電子国土構想
数値化された国土に関する様々な地理情報を位置情報に基づいて統合し、コンピュータ上で再現するサイバー国土をいい、国土管理の重要なツールとなる。電子国土基本図や電子地形図25000（縮尺 25000 分の 1地形図相当）などを国土地理院が提供している。
標定点
空中写真測量における基準点。

2　多角測量（トラバース測量）

多角測量は、**図 6.2.1** のように多数の測点を結んだ測線の水平角（方向）と辺長（距離）を測定することで各測点の平面的位置を求める測量方法である。測線の形が多角形や多角網状となるので多角測量と呼ばれ、また、測線がジグザグの折線（トラバース）で形成されることから、トラバース測量ともいわれる。各測点において隣接する両測点へ向かう折線がなす 夾 角（きょうかく）の測角と測点間（測線長、辺長）の測距を順次繰返し、求められた方向角と測線長から**緯距・経距**を計算して、各測点の直角座標値を求める。

多角測量は、基準点の配置が比較的自由に選択できるため、市街地などの見通しが悪い箇所でも測線を適宜屈折させることで、自由度の高い骨組構成が可能であり、作業が効率的で測量精度も比較的高いなどの利点を有している。このため公共測量、路線測量、工事測量などにおける中規模以下の基準点測量では、最も一般的な方法となっている。

緯距
　ある測線の NS 方向の距離。
経距
　ある測線の EW 方向の距離。

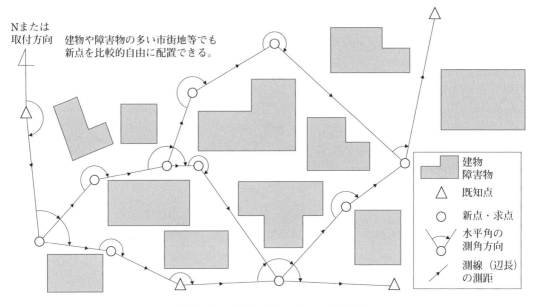

図 6.2.1　多角（トラバース）測量

1　多角網の種類と特徴

(1)　結合多角方式

既知点に囲まれた領域内に設置した多数の測点（**新点**）を結んだ多角網状の骨組みを結合多角方式といい、**図 6.2.2** (a)　(b)　のような X・Y・A・H 型の定型多角網と任意多角網とがある。結合多角方式は、**交点**が多いため観測精度が高く、最も一般的な方式とされている。

新点
　既知点をもとに測量を行って座標を求める測点。
交点
　互いに異なる既知点から出発した3路線以上が交わる点。

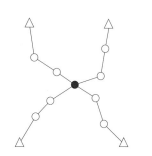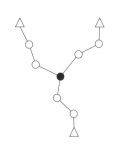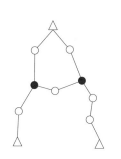

(a) X・Y・A・H型の定型多角網（結合多角方式）

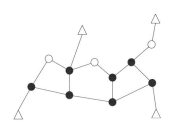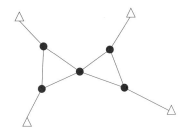

(b) 任意多角網（結合多角方式）

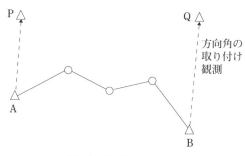

(c) 単路線方式

(d) 開放トラバース

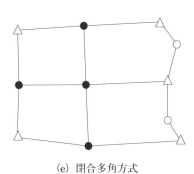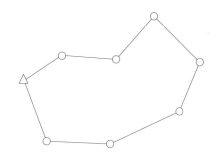

(e) 閉合多角方式

(f) 環状閉合（単一多角形）

△ 既知点（基準点）　　○ 新点　　● 新点（交点）

図 6.2.2 　多角（トラバース）網の種類

(多角）路線

既知点、新点、節点を順次結んでできる一連の測線のこと。

既知点⇒既知点、または、既知点⇒交点を結ぶ測線。

GNSS測量機を用いる場合には「方向角の取り付け」は省略できる。

単路線方式には、**図6.2.2** (d) のように既知点が一端のみの方式（開放トラバースという）もあるが、精度の点検と観測値の調整（補正）ができない。

閉合多角方式は、公共測量作業規程の準則では基準点測量の方式から削除されている。

TS等による測量では測点間の視通の確保状況、GNSS測量では上空視界の確保や電波障害などを考慮して測点配置を計画。

視通線

見通し線。

節点

測点間を地形、地物などの障害により直接観測できないときに、測点以外に仮に設ける中継ぎ測点。

偏心観測

本章2節6項を参照。

製品仕様書

地理情報を作成するための仕様書。地理情報標準プロファイル（JPGIS2014）に準拠して作成。

望遠鏡正位 (*r*)

望遠鏡が、鉛直目盛盤の右側にある状態。

(2) 単路線方式

図 6.2.2 (c) のように、既知点間の測点（新点）を結んだ単一折線の骨組みを単路線方式といい、多角網を形成しない結合多角方式の単位要素ともされる。両端既知点の座標精度が低いと、求められる測点の座標精度も低下するので、単路線方式では、両端の既知点A・Bと他の既知点P・Q（これを取付け点という）を結ぶ測量を行うことで既知点A・Bの精度向上を図っている。これを「方向角の取り付け観測」という。

結合多角方式は1～4級基準点測量、単路線方式は3・4級基準点測量に適用される（単路線方式を1・2級基準点測量に用いる場合は、やむを得ないケースに限る）。

(3) 閉合多角方式

既知点を結んだ複数の単位多角形（閉合多角形）により形成された**図 6.2.2** (e) のような多角網を閉合多角方式という。閉合多角方式は、既知点の座標精度が低い場合でも観測結果から多角網の形状が確定でき、観測の良否が点検できるため、測点座標に特に高精度が求められる場合や既知点の精度点検を要する場合に適用されるが、作業量が多くなるので例外的な方式とされている。1つの既知点と単位多角形により形成される**図 6.2.2** (f) のような環状の骨組みでは、測角誤差は点検できるが測距誤差の点検が不十分となるため公共測量作業規程の準則では閉合多角方式と区別している。

2 作業工程と留意点

公共測量作業規程の準則に基づく多角測量の作業工程・作業内容・運用基準などを示すと**表 6.2.1**、**表 6.2.2**のようになる。以下、順に各作業を概説する。

(1) 計 画

測量作業の図上（机上）計画は、適当な縮尺の地形図や空中写真などをもとに行う。測量範囲、既知点の位置・現況（破損・傾斜状態）、新点の概略位置、作業経路（多角路線）、多角網の構成や形状などについて作業効率と経済性などを勘案してこれらを地形図上に示し、平均計画図としてまとめる。新点は既知点を含め必要かつ十分な数を概ね均等に配置し、極力測線長が等しくなるように、また、小さな夾角や交角が生じないようにすることが望ましい。

(2) 踏査と選点

平均計画図をもとに、既知点の現況確認と作業経路などについて現地踏査を行い、新点の具体的な設置位置を選定するとともに**視通線・節点・偏心観測**の要否などを検討して作業の実施方法を決定する。選点上の留意事項は、①均等配置、②地盤堅固、③保存適地、④作業容易、⑤視通確保、⑥精度向上などである。踏査・検討結果を地形図などに記入して選点図を作成し、これをもとに使用する既知点・新点・観測する方向線などをまとめ、測量作業の実施計画書である平均図を作成する。また、各測点での測量要素（水平角・高度角・距離・偏心要素）を明示した観測図（例はP102参照）も作る。

表 6.2.1　多角測量による基準点測量の工程と作業内容・成果

作業工程	作業機関の主な作業内容	成果など計画機関への提出書類
計　画 ↓ 使用機器 等の検定	○適当な縮尺の地形図や空中写真などで測量対象区域や周辺の既知点の位置を調査 ○測量の作業経路・配点等を図上で計画 ○必要な器材・人員・費用等の見積	○作業計画書（仕様書類をもとに作成） ○**製品仕様書**、仕様書、特記仕様書 ○平均計画図 ○既知点成果表、点の記の閲覧・交付
踏査・選点 ↓	○既知点の現況、測量経路、選点位置、視通状況などを現地調査で確認し作業計画（平均計画図）の妥当性や偏心点の要否を検討 ○必要な伐木量と土地所有者の確認・承諾	○基準点現況報告書 ○選点図、平均図 ○建標承諾書（土地所有者等の承諾） ○観測図
測量標の設置 ↓ 機器点検	○埋標；新点に永久標識（標石・金属標）を埋設 ○仮設・一時標識（測標・標杭）の設置 　（3〜4級基準点には標杭でも可）	○標石（ICタグ取付）と埋標の写真 ○点の記 ○測量標設置位置通知書
角・距離の観測 ↓	○機器の機能・性能点検と調整 ○TSなどを用いて関係点間の水平角、鉛直角および距離などの観測と点検、再測 ○偏心要素（偏心角、偏心距離）の測定 ○必要により測標水準測量を実施	○データコレクタ・ファイル ○水平角、鉛直角、距離、偏心の各観測手簿と各観測記簿
点検計算 ▽	○観測結果（閉合差）を現地で点検 ○許容範囲を超えた場合は再測	○点検測量簿、計算簿 ○基準点網図 ○基準点成果表、成果数値データ ○精度管理表、各種データファイル
平均計算 ▽	○厳密網平均計算（水平・高低） ○簡易網平均計算（水平・高低）	
品質評価 作業等の整理	○基準点成果表について製品仕様書が規定するデータ品質を評価し、メタデータを作成	○品質評価表（総括表、個別表） ○メタデータ

（3）測量標の設置

　恒久的な標識を永久標識といい、新点に永久標識を埋設することを測量標の設置または埋標という。永久標識は、**図 6.2.3** のように盤石・標石または金属標などで構成される。

（4）観測

　平均図に基づき所定の観測位置に機器（TS）を設置し、観測図に従い測距・測角（距離測定、水平角・鉛直角観測）を行う。機器の必要性能と各級基準点測量への適用を**表 5.2.1**、**表 6.2.2**に示す。機器性能と測定機能の点検を観測開始前と観測作業中に適宜実施する。

　水平角観測は、ある測点方向を基準方向（零方向という）として方向観測法によって行う。まず、**望遠鏡正位（r）**で基準方向からすべての目標の方向観測を右回りで行い、次に、**望遠鏡を反位（ℓ）**にして、最後に観測した目標から左回りで観測する。これを1対回観測といい、2対回観測を標準とする。また、観測は陽炎（かげろう）の少ない朝ないし夕方に行うのが望ましい（方向観測法は**図 4.3.2**を参照）。

　測点の標高を直接水準測量で行う場合は、4級水準測量に準じるが距離の傾斜補正のため鉛直角観測を行う。また、間接水準測量で求める時にも測点間の

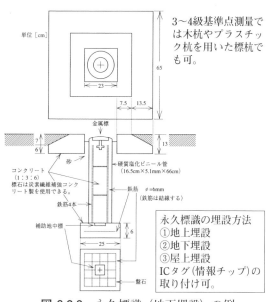

3〜4級基準点測量では木杭やプラスチック杭を用いた標杭でも可。

永久標識の埋設方法
①地上埋設
②地下埋設
③屋上埋設
ICタグ（情報チップ）の取り付け可。

図 6.2.3　永久標識（地下埋設）の例

望遠鏡反位（ℓ）
　望遠鏡が鉛直目盛盤の左側にある状態。
正位⇒反位、反位⇒正位
　望遠鏡を反転して、180°回転（転向）させる（P72 参照）。

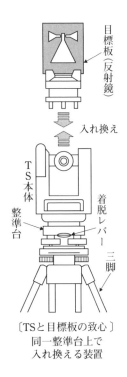

〔TSと目標板の致心〕
同一整準台上で
入れ換える装置

鉛直角観測を行う。鉛直角観測は、水平角観測した全目標に対して1方向ずつ望遠鏡正位・反位観測で1対回観測する。観測結果の良否は、倍角差・観測差・高度定数の較差によって判定する。

距離測定は、1視準2読定の測定を1セットとし2セット測定する。気温・気圧測定も距離測定の前後に行う。距離測定値は気象・傾斜・投影・縮尺補正を行う。TSを使用する場合は測距と測角を同時に行い、観測値の記録はデータコレクタまたは観測手簿で行う。**表 6.2.2**に各観測値の許容範囲などを示す。

(5) 点検計算

観測後には観測値の良否を点検するため、現地において観測値をもとに測線の方向角と新点の座標・標高の近似値を計算して、既知点での各閉合差などを求める。閉合差が**表 6.2.2**の許容範囲を超えるときは再測する。点検路線は**図 6.2.4**に示すように、既知点間を結ぶなるべく短い路線を選び、すべての既知点が最低1つの点検路線に含まれており、また単位多角形では閉合路線とし、その路線の1つ以上が前記の既知点間を結ぶ点検路線と重複することが必要である。点検計算に先立って測定距離を基準面（準拠楕円体面など）への投影距離に補正し、そして偏心補正計算も行い方向角と距離を偏心点から基準点のものに換算しておく。投影距離への補正には標高が必要となるので、標高の近似計算を最初に行う。標高は正・反分離計算を行い、較差が許容範囲以内であれば正反の平均値を点検計算に用いる。点検計算結果の許容範囲を**表 6.2.2**に示す。

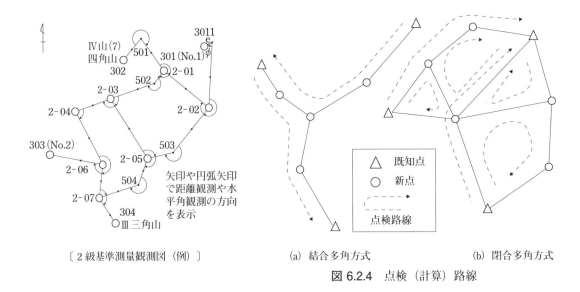

〔2級基準測量観測図（例）〕　　　(a) 結合多角方式　　　(b) 閉合多角方式

図 6.2.4　点検（計算）路線

(6) 平均計算

点検計算の結果は、誤差を含んだ近似値であるので、測量の最終成果（水平位置、標高など）の最確値と標準偏差は、平均計算によって求める。平均計算には厳密法と簡易法があり、前者を厳密網平均計算といい1・2級基準点測量に用い、後者は簡易網平均計算といい3・4級基準点測量に適用する。

厳密網平均計算では、まず観測値を新点の水平位置または標高（未知数）の

表 6.2.2 　基準点測量の運用基準　（公共測量作業規程の準則をもとに作成）

項目 ＼ 区分			1級基準点測量	2級基準点測量		3級基準点測量	4級基準点測量
既 知 点 の 種 類			電子基準点 一～四等三角点 1級基準点	電子基準点 一～四等三角点 1～2級基準点		電子基準点 一～四等三角点 1～2級基準点	電子基準点 一～四等三角点 1～3級基準点
既 知 点 間 距 離			4 000m	2 000m		1 500m	500m
設置される基準点（新点間距離）			1 000m	500m		200m	50m
使 用 機 器 （TS:トータルステーション）			1級TS 1級セオドライト 1・2級GNSS測量機 光波測距儀	1・2級TS 1・2級セオドライト 1・2級GNSS測量機 光波測距儀		2級TS 2級セオドライト 1・2級GNSS測量機 光波測距儀	3級TS 3級セオドライト 1・2級GNSS測量機 光波測距儀
観測方法と観測値の許容範囲	水平角観測	読 定 単 位	1″	(1″)*	10″	10″	20″
		対 回 数	2	(2)	3	2	2
		水平目盛位置	0°，90°	(0°，90°)	0°,60°,120°	0°，90°	0°，90°
		倍 角 差	15″	(20″)	30″	30″	60″
		観 測 差	8″	(10″)	20″	20″	40″
	鉛直角観測	読 定 単 位	1″	(1″)	10″	10″	20″
		対 回 数	1				
		高度定数の較差	10″	(15″)	30″	30″	60″
	距離測定	読 定 単 位	1mm				
		セット数	2（1視準2読定を1セットとする）				
		1セット内の測定値の較差	20mm				
		各セットの平均値の較差	20mm				
点検計算の許容範囲	結合多角・単路線方式	水平位置の閉合差	$100\text{mm}+20\text{mm}\sqrt{N}\sum S$	$100\text{mm}+30\text{mm}\sqrt{N}\sum S$		$150\text{mm}+50\text{mm}\sqrt{N}\sum S$	$150\text{mm}+100\text{mm}\sqrt{N}\sum S$
		標高の閉合差	$200\text{mm}+50\text{mm}\dfrac{\sum S}{\sqrt{N}}$	$200\text{mm}+100\text{mm}\dfrac{\sum S}{\sqrt{N}}$		$200\text{mm}+150\text{mm}\dfrac{\sum S}{\sqrt{N}}$	$200\text{mm}+300\text{mm}\dfrac{\sum S}{\sqrt{N}}$
	単位多角形	水平位置の閉合差	$10\text{mm}\sqrt{N}\sum S$	$150\text{mm}\sqrt{N}\sum S$		$25\text{mm}\sqrt{N}\sum S$	$50\text{mm}\sqrt{N}\sum S$
		標高の閉合差	$50\text{mm}\dfrac{\sum S}{\sqrt{N}}$	$100\text{mm}\dfrac{\sum S}{\sqrt{N}}$		$150\text{mm}\dfrac{\sum S}{\sqrt{N}}$	$300\text{mm}\dfrac{\sum S}{\sqrt{N}}$
	標高差の正反較差		300mm	200mm		150mm	100mm
厳密網平均計算の許容範囲	角の一方向の標準偏差 m_t		1.8″	3.5″		4.5″	13.5″
	一 方 向 の 残 差		12″	15″		―	―
	距 離 の 残 差		80mm	100mm		―	―
	単位重量の標準偏差		10″	12″		15″	20″
	高 低 角 の 残 差		15″	20″		―	―
	高低角の標準偏差		12″	15″		20″	30″
	新点水平位置の標準偏差		100mm				
	新点標高の標準偏差		200mm				
簡易網平均計算の許容範囲		路線方向角の残差				50″	120″
		路線座標差の残差				300mm	
		路線高低差の残差				300mm	

N：辺数、$\sum S$：全路線長（km）　＊（ ）内は1級TS、1級セオドライトを使用する場合
○既知点間距離および新点間距離は、標準値。
○水平角観測では、1組の観測方向数を5方向以下とする。
○厳密水平網平均計算の重量（P）には、$m_s = 10\text{mm}$、$\gamma = 5\times10^{-6}$、m_tは各区分ごとに上記の値を用いる。
○簡易網平均計算の重量（P）には、方向角については各路線の観測点数の逆数、水平位置および高さについては各路線長の逆数を用いる。

観測方程式
　式 (2.3.34)
　式 (2.3.35)
正規方程式
　式 (2.3.38)
　式 (2.3.39)

建設 CALS/EC

建設事業の設計から施工・保守に至るまでの各種情報を電子化し、技術情報や取引情報をネットワークで交換・共有し、生産性の向上を図る公共事業の施策。

電子納品

図面でなく CD-R などの電子記録媒体による納品。

メタデータ

一般には製品の説明情報。ここでは測量結果を説明するデータ。空間データ（地理情報）の範囲、品質、利用方法・条件、所在などを記載したデータ。国内基準（JMP2.0）に準拠して記述。この整備と普及が進むと地理情報の相互利用が促進され重複投資が不要になる。

クリアリングハウス

インターネット技術を利用し、世の中に点在する諸情報のメタデータを統合的に検索・提供できるシステム（分散型情報ネットワークの検索システム）。

関数として表した**観測方程式**を作成し、最小二乗法の条件（観測値に含まれる誤差の二乗和を最小にすること）によって正規方程式を求める。次に、**正規方程式**を解いて未知数である新点の水平位置または標高の最確値を決定する。

簡易網平均計算は、条件方程式などにより観測値を逐次補正して近似解を求める方法であり、まず幾何学的条件による理論角と観測角の閉合差から方向角を補正し、次に緯距・経距の計算により求めた水平位置の閉合誤差を配分して各測点の座標を決定する。標高は、直接水準測量または鉛直角観測による間接水準測量から求める。

各平均計算における誤差の許容範囲は、**表 6.2.2** のとおりである。測量成果は、2002 年度から**建設 CALS/EC** 対応の**電子納品**が標準となっている。

(7) 品質評価

測量の正確さを確保するために、基準点測量成果が製品仕様書に規定するデータ品質を満足しているか否かを地理情報の評価手順に基づき品質評価し、品質評価表を作成する。要求品質を満足していない項目については、必要な調整を行う。

(8) メタデータの作成

測量成果の共有利用ができるように**クリアリングハウス**に登録するために、製品仕様書に従ってファイルの管理・利用において必要な事項を記載した**メタデータ**を作成する。

3　単路線方式での簡易網平均計算

(1) 測線の方向角の計算

図 6.2.5 のような大きな屈折した測線がない通常の単路線方式において、各測線の方向角は、次式のようになる（ただし、n は新点数）。

$$
\begin{aligned}
\text{A} \sim 1 \text{ 測線} \quad & \alpha_a = T_a + \beta_a - 360° \\
1 \sim 2 \text{ 測線} \quad & \alpha_1 = \alpha_a + 180° + \beta_1 - 360° = \alpha_a + \beta_1 - 180° \\
2 \sim 3 \text{ 測線} \quad & \alpha_2 = \alpha_1 + 180° + \beta_2 - 360° = \alpha_1 + \beta_2 - 180° \\
& \cdots\cdots\cdots\cdots\cdots\cdots\cdots\cdots\cdots\cdots\cdots\cdots\cdots\cdots\cdots \\
n \sim \text{B 測線} \quad & \alpha_n = \alpha_{n-1} + 180° + \beta_n - 360° = \alpha_{n-1} + \beta_n - 180° \\
\text{B} \sim \text{Q 測線} \quad & \alpha_b = \alpha_n + 180° + \beta_b - 360° = \alpha_n + \beta_b - 180°
\end{aligned}
\tag{6.2.1}
$$

ここで、T_a と T_b は始点 A と終点 B における他の既知点（取付け点）P・Q への方向角であり、A・B 点の基準点成果表に記載された平均方向角の値である（T_a と T_b の値は既知）。上式の両辺を加えると、終点 B における取付け方向の観測方向角 α_b は次のようになる。

$$
\alpha_b = T_a + \beta_a + \beta_b + \sum \beta - (n+3) \cdot 180°
\tag{6.2.2}
$$

観測角の閉合差 ω は、次のとおりである。

$$
\omega = \alpha_b - T_b
\tag{6.2.3}
$$

ω を測角数に等分して、各測線の方向角を補正する。

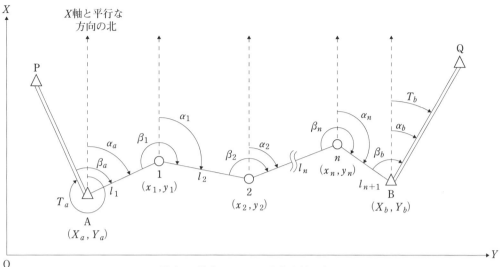

P、Q：始点A、終点Bにおける方向取付け点
A、BとP、Qはいずれも既知点
T_a、T_b：A、Bにおける方向取付け点への方向角（既知）
(X_a, Y_a)、(X_b, Y_b)：A、Bの座標値（既知）
β_a、β_b：A、Bにおける観測夾角（水平角）
α_a、α_b：A、Bにおける観測方向角
$\beta_{1\sim n}$：各新点（1～n）における観測夾角
$\alpha_{1\sim n}$：各新点（1～n）における観測方向角
$l_{1\sim n+1}$：各測線長（平面距離）
$(x_{1\sim n}, y_{1\sim n})$：各新点（多角点）の座標値

図 6.2.5　単路線方式（始点A→終点B）の多角測量

なお、単路線方式の路線両端既知点 A・B と他の既知点（取付け点）P・Q
との結合方向によって α_b を求める式（6.2.2）は、**表 6.2.3** のようになる。

(2) 測点の座標計算

補正後の方向角と測定された測線長（平面距離）を用いて各測線の緯距・経
距を求め、各測点の座標を計算する。$\alpha_a, \alpha_1, \alpha_2, \alpha_3, \cdots, \alpha_n$ を各測線の方向角、
$l_1, l_2, l_3, \cdots, l_{n+1}$ を各測線長（測定辺長）、そして既知点である始点 A と終点 B
の座標を (X_a, Y_a)、(X_b, Y_b) とすると、各点の座標 (x_n, y_n) は以下のようになる。

$$
\left.
\begin{array}{lll}
測点 1 & x_1 = X_a + l_1 \cos \alpha_a & y_1 = Y_a + l_1 \sin \alpha_a \\
測点 2 & x_2 = x_1 + l_2 \cos \alpha_1 & y_2 = y_1 + l_2 \sin \alpha_1 \\
& \cdots\cdots\cdots\cdots\cdots\cdots & \cdots\cdots\cdots\cdots\cdots\cdots \\
測点 n & x_n = x_{n-1} + l_n \cos \alpha_{n-1} & y_n = y_{n-1} + l_n \sin \alpha_{n-1} \\
測点 B & x_b = x_n + l_{n+1} \cos \alpha_n & y_b = y_n + l_{n+1} \sin \alpha_n
\end{array}
\right\} \quad (6.2.4)
$$

上式の両辺を加えると終点Bの座標 (x_b, y_b) は、次のように算定される。

$$
x_b = X_a + \sum(l \cdot \cos \alpha) \qquad y_b = Y_a + \sum(l \cdot \sin \alpha) \qquad (6.2.5)
$$

座標の閉合差 dx、dy と位置の閉合差 ds は、次のとおりになる。

$$
dx = x_b - X_b \qquad dy = y_b - Y_b \qquad ds = \pm\sqrt{dx^2 + dy^2} \qquad (6.2.6)
$$

また、測量精度を表す閉合比は、$ds/\sum l$ となる（$\sum l$ は全測線長）。

座標（水平位置）の閉合差が**表 6.2.2** の許容範囲内であれば、**コンパス法則**
により次のように各測線長に比例配分して、平均座標値を求める。

コンパス法則

測距と測角の精度が
同等の場合、誤差は測線
長に比例して生じるとの
仮定（P111 参照）。

表 6.2.3　結合方向の型と観測方向角 α_b （観測の進行方向は始点A→終点Bの場合）

単路線方式の結合方向の型	終点Bでの観測方向角 α_b
W W 型	$\alpha_b = T_a + \beta_a + \beta_b + \sum\beta$ $\qquad - (n+1)\cdot180°$ （n：新点数）
E E 型	
E W 型	$\alpha_b = T_a + \beta_a + \beta_b + \sum\beta$ $\qquad - (n-1)\cdot180°$
W E 型	$\alpha_b = T_a + \beta_a + \beta_b + \sum\beta$ $\qquad - (n+3)\cdot180°$

△ 既知点　○ 新点

閉合差 ω はいずれも $\omega = \alpha_b - T_b$　　　（松井啓之輔：測量学Ⅰ、共立出版、1985、224頁より引用）

$$X\text{座標値への配分量} = -dx \cdot l_i / \textstyle\sum l$$
$$Y\text{座標値への配分量} = -dy \cdot l_i / \textstyle\sum l \tag{6.2.7}$$

(3) 測点の標高（高低差）計算

水準点が近くにある場合は直接水準測量、水準点が近くにない場合は間接水準測量により求める。

　多角点の観測標高および高低差は、平坦地では直接水準測量により求められるが、高低差が大きい場合は鉛直角観測（間接水準測量）により求められる。

　図 6.2.6 において標高既知点Aから標高未知点（測点1）を視準（正視）した場合と標高未知点（測点1）から標高既知点Aを視準（反視）した場合の測点1の観測標高 H_1' は、それぞれ次式で求められる。

α_a はA点での高低角
α_1 は測点1での高低角

$$H_1' = H_a + i_a + L\tan\alpha_a - f_1 + K \quad \text{（正視）} \tag{6.2.8}$$
$$H_1' = H_a + f_a - L\tan\alpha_1 - i_1 - K \quad \text{（反視）} \tag{6.2.9}$$

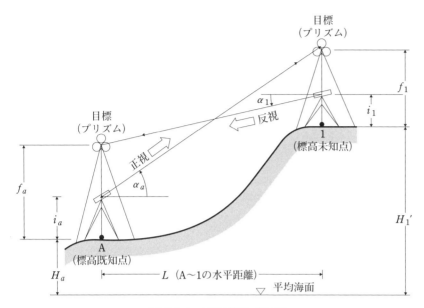

図 6.2.6　標高観測（計算）

観測において $i=f$ で行うと、i と f の計算が不要となる。このため $i=f$ で観測するのが望ましい。

斜距離 D を用いた場合は $D \cdot \sin\alpha$ で高低差を求める。

両差 K
$$K = (1-k)S^2/2R$$
k：屈折係数（0.133）
S：2点間の距離
R：地球の平均曲率半径
（≒ 6370km）

球差
遠距離はなれた2点間で生じる水平面の誤差。
視準距離 500m で
　　　　　　+20mm 位。

気差
光が空気密度の大きい方へ屈折することで生じる誤差。
視準距離 500m で
　　　　　　−3mm 位。

ここで、H_a は A 点の標高、$i_a \cdot i_1$ は A 点・測点 1 の器械高
$f_a \cdot f_1$ は A 点・測点 1 の目標高、K は**両差**（＝球差＋気差）
両辺を加え 1/2 すると正視と反視の高低角の平均値から H_1' が求まる。

$$
\left.
\begin{aligned}
H_1' &= H_a + L(\tan\alpha_a - \tan\alpha_1)/2 + \{(i_a - i_1) + (f_a - f_1)\}/2 \\
H_1' &= H_a + \Delta h_1 \\
\Delta h_1 &= L(\tan\alpha_a - \tan\alpha_1)/2 + \{(i_a - i_1) + (f_a - f_1)\}/2 \\
&\fallingdotseq L\tan\{(\alpha_a - \alpha_1)/2\} + (i_a + f_a)/2 + (i_1 + f_1)/2 \\
\text{以下}\quad H_2' &= H_1' + \Delta h_2 = H_a + \Delta h_1 + \Delta h_2 \\
&\vdots \\
H_b' &= H_a + \textstyle\sum \Delta h
\end{aligned}
\right\} \quad (6.2.10)
$$

ここで、H_b' は終点 B の観測標高、H_a は始点 A の既知標高

終点 B の観測標高 H_b' と終点 B の既知標高 II_b の差が標高の閉合差になる。

標高の閉合差が**表 6.2.2** の許容範囲以内であれば、測線長に比例して各点の標高を補正した平均標高 H_n を計算する。

4　Y 型定型多角網の簡易網平均計算

公共測量で一般的に用いられる**図 6.2.7** のような Y 型定型多角網の簡易網平均法は、重みつき平均法とよばれる。Y 型路線の交点 O における方向角・座標・標高の最確値は、路線ごとに求めた交点 O での各値を**重量平均**して決定する。重量平均による最確値 M_0 とその標準偏差 m_0 は、観測値を $M_1, M_2, M_3, \cdots, M_n$、各々の重みを $P_1, P_2, P_3, \cdots, P_n$ とすると次式で求まる。

重み（重量）P について
方向角については各路線の観測点数の逆数、水平位置および標高（高さ）については各路線長の逆数を用いる。

$$M_0 = \frac{P_1 M_1 + P_2 M_2 + P_3 M_3 + \cdots + P_n M_n}{P_1 + P_2 + P_3 + \cdots + P_n} = \frac{[P \cdot M]}{[P]} \quad (6.2.11)$$

$$m_0 = \sqrt{\frac{\left[P \cdot \nu^2\right]}{\left[P\right] \cdot (n-1)}} \tag{6.2.12}$$

ここで、ν は残差（$\nu_i = M_i - M_0$）、n は観測値数である。

(1) 方向角の平均計算

図 6.2.7 の路線（1），（2），（3）ごとに求められた測線 OP の観測方向角（統一する方向角）を α_1'、α_2'、α_3' とすると、各既知点間の角の閉合誤差 $\delta\alpha_n$ は次式で求められる。

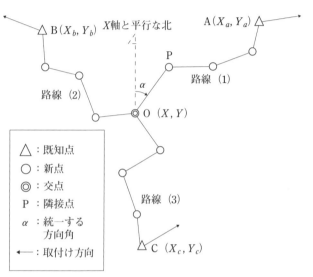

$$\left.\begin{array}{lll} \text{A} \to \text{B} & \delta\alpha_1 = \alpha_1' - \alpha_2' \\ \text{A} \to \text{C} & \delta\alpha_2 = \alpha_1' - \alpha_3' \\ \text{B} \to \text{C} & \delta\alpha_3 = \alpha_2' - \alpha_3' \end{array}\right\} \tag{6.2.13}$$

重量は、各路線の夾角数（N）の逆数（$P_1 : P_2 : P_3 = 1/N_1 : 1/N_2 : 1/N_3$）を用い、式（6.2.11）、（6.2.12）により交点 O の方向角の最確値 α と標準偏差 m_α を求める。

各路線に補正する補正角 $\sum\delta\beta$ は各々次式のようになり、路線ごとに測角数に等分し、各測点での方向角を補正する。

$$\left.\begin{array}{ll} \text{路線（1）} & \sum\delta\beta_1 = \alpha_1' - \alpha \\ \text{路線（2）} & \sum\delta\beta_2 = \alpha_2' - \alpha \\ \text{路線（3）} & \sum\delta\beta_3 = \alpha_3' - \alpha \end{array}\right\} \tag{6.2.14}$$

図 6.2.7 Y型定型多角網

凡例：
- $\triangle$：既知点
- $\bigcirc$：新点
- $\circledcirc$：交点
- P：隣接点
- α：統一する方向角
- $\longleftarrow$：取付け方向

一般に夾角数は路線長に比例するため重量を、各路線長の逆数としてもよい。

なお、$\sum\delta\beta$（路線方向角の残差）の許容範囲を**表 6.2.2** に示す。

(2) 座標の平均計算

前記（1）で補正した方向角と測線長（辺長）を用いて、路線ごとに交点 O の座標 (X_1', Y_1')、(X_2', Y_2')、(X_3', Y_3') を前項の計算法により求め、各既知点間の座標の閉合差 δx_n、δy_n と閉合比を計算する。

$$\left.\begin{array}{lll} \text{A} \to \text{B} & \delta x_1 = X_1' - X_2' & \delta y_1 = Y_1' - Y_2' \\ \text{A} \to \text{C} & \delta x_2 = X_1' - X_3' & \delta y_2 = Y_1' - Y_3' \\ \text{B} \to \text{C} & \delta x_3 = X_2' - X_3' & \delta y_3 = Y_2' - Y_3' \end{array}\right\} \tag{6.2.15}$$

交点 O の座標は各路線長の逆数を重みとして最確値 X、Y と標準偏差 m_x、m_y を式（6.2.11）、（6.2.12）により求める。各路線の座標補正値 $\sum\delta x$、$\sum\delta y$ は各々次式のようになり、路線ごとに測線長に比例配分（コンパス法則による補正、式（6.2.7）参照）して、各測点の平均座標値を求める。

$$\left.\begin{array}{llll} \text{路線（1）} & \sum\delta x_1 = X_1' - X & & \sum\delta y_1 = Y_1' - Y \\ \text{路線（2）} & \sum\delta x_2 = X_2' - X & & \sum\delta y_2 = Y_2' - Y \\ \text{路線（3）} & \sum\delta x_3 = X_3' - X & & \sum\delta y_3 = Y_3' - Y \end{array}\right\} \tag{6.2.16}$$

$\sum\delta x$、$\sum\delta y$（路線座標差の残差）の許容範囲を**表 6.2.2** に示す。

（3）標高の平均計算（高低計算）

標高の平均計算も座標の平均計算と同様な方法で行う。まず、路線ごとに求められた交点 O での観測標高 H_1'、H_2'、H_3' から前記（2）と同様な計算で O 点の標高の最確値 H、標準偏差 m_h ならびに各点の補正値を求め、各点の平均標高を決定する。観測標高と平均標高（最確値）の差を路線高低差の残差といい、その許容範囲を**表 6.2.2** に示す。

5　閉合トラバース計算例

図 6.2.2（f）のような、1つの既知点と単一多角形により形成される閉合トラバース（環状のトラバース）の計算を以下に示す（計算フローは次頁に）。

（1）補正内角の計算

辺数が n である多角形の内角の総和 $\sum\phi$ は、幾何学的に次式のようになる。また、観測角に含まれる誤差 δ は、観測内角の総和 $\sum\phi'$ と $\sum\phi$ との差である。

$$\sum\phi = (n-2)\times180° \qquad \delta = \sum\phi - \sum\phi' \qquad (6.2.17)$$

観測誤差 δ が次の許容値内であれば、δ を測角数で除した値を各観測角に均等配分して、補正内角を求める。δ が許容値以上ならば再測する。

許容測角誤差	許容閉合比（後出）
平坦地：$(20'' \sim 30'')\times\sqrt{n}$	1/5 000 ～ 1/20 000
丘陵地：$(30'' \sim 50'')\times\sqrt{n}$	1/1 000 ～ 1/5 000
山　林：$(60'' \sim 90'')\times\sqrt{n}$	1/1 000

（2）方位角の計算

ある測点での「方位角」とは、真北（子午線の北）を零方向とした次の測点への時計回りの水平角であり、始点で観測した方位角をもとに求める。

図 6.2.8 において、測点（n）の方位角 α_n は、その測点の観測夾角を β_n、前の測点（$n-1$）の方位角を α_{n-1} とすると次式で求められる。

$$\left.\begin{array}{l}\alpha_{n-1} と同じ側の \beta_n を観測した場合（a）：\alpha_n = \alpha_{n-1} - 180° + \beta_n \\ \alpha_{n-1} と反対側の \beta_n を観測した場合（b）：\alpha_n = \alpha_{n-1} + 180° - \beta_n\end{array}\right\} \quad(6.2.18)$$

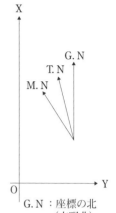

G.N：座標の北
　　　（方眼北）
T.N：真北
M.N：磁北

経線（子午線）の北方向を一般に北といい、これを真北ともいう。磁針が指す北を磁北という。

わが国では、磁北は真北よりも 3～10° 西偏している。

真北に対する磁北の偏りを偏角という。偏角は長年の間に変化する。

$\alpha_n > 360°$ ならばその値から 360° を引いて α_n の値とする。
$\alpha_n < 0°$ ならばその値に 360° を加えて α_n の値とする。

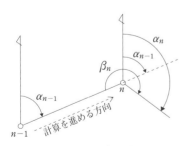

α_{n-1}と同じ側のβ_nを観測する場合
（進行方向に対して左側のβ_nを観測する場合）

(a)

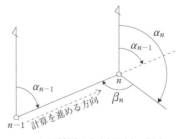

α_{n-1}と反対側のβ_nを観測する場合
（進行方向に対して右側のβ_nを観測する場合）

(b)

厳密には真北方向は地軸の延長線上で交わるが局地的測量の場合は、各測点の真北を平行と考え、方向角に替え方位角を用いて水平位置（合緯距、合経距）を求めることもある。

図 6.2.8　方位角の計算

12時の方向

南

（二等分線）

太陽の方向

太陽の方向に短針を向けると南は短針の方向と12時の方向との二等分線上にある。

〔時計で概略方位を知る〕

測角・測距

↓

測角誤差の計算
(6.2.17)

↓（再測）

許容測角誤差以内か　No

↓Yes

測角誤差の配分

↓

補正内角の計算

↓

方位角の計算
(6.2.18)

↓

方位の計算
(6.2.19)

↓

緯距・経距の計算
(6.2.20)

↓

閉合誤差の計算
(6.2.21)

↓

閉合比の計算

↓（再測）

許容閉合比以内か　No

↓Yes

閉合誤差の配分

↓

補正緯距・補正経距の計算
↓(6.2.22、23)

合緯距・合経距の計算
(6.2.24)

↓

作図・面積計算
（第10章参照）

〔閉合トラバースの計算〕

(3) 方位の計算

方位 θ_n とは、**図** 6.2.9 に示すように辺（測線）が向く方向の南北（N–S 線）を基準にした方向角であり、方位角 α_n から次のように表す。

第 I 象限（N − E 間）　$\theta_n = \alpha_n$　　　　：$N\theta_n E$

第 II 象限（E − S 間）　$\theta_n = 180° - \alpha_n$　：$S\theta_n E$

第 III 象限（S − W 間）　$\theta_n = \alpha_n - 180°$　：$S\theta_n W$

第 IV 象限（W − N 間）　$\theta_n = 360° - \alpha_n$　：$N\theta_n W$

(6.2.19)

(4) 緯距・経距の計算

「緯距」とは、ある測線の NS（緯線）方向の距離であり、「経距」とは、ある測線の EW（経線）方向の距離である。すなわち、緯距 L・経距 D は測線長を l、方位の角を θ_n とするとそれぞれ次式で求められる（**図** 6.2.9 参照）。

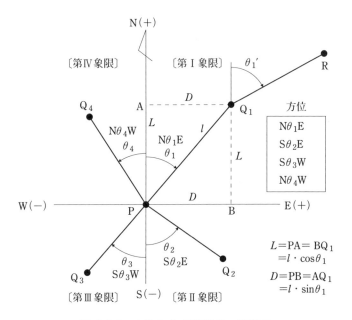

図 6.2.9　方位および緯距 L・経距 D

緯距　$L = l \times \cos\theta_n$　　　経距　$D = l \times \sin\theta_n$　　　　(6.2.20)

緯距は、測線が北へ向かう時は（＋）、南へ向かう時は（−）の値をとる。

経距は、測線が東へ向かう時は（＋）、西に向かう時は（−）の値をとる。

(5) 閉合誤差と閉合比の計算

測線長の測定にも誤差を伴うため緯距の総和および経距の総和は、ゼロにはならない。閉合トラバースは図6.2.10に示すように出発点1より座標計算し、順次2、3、4…と進んで再び出発点1に戻った時、その座標は1の座標と一致しなければならないが、多角形は閉合せず同図の1と1′のように E の誤差を生じる。E は次式で求められ、これを閉合誤差（閉合差）という。

$$E = \sqrt{(E_L)^2 + (E_D)^2}$$

(6.2.21)

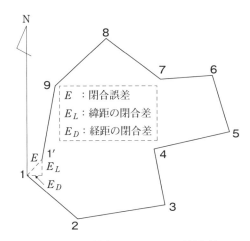

図 6.2.10　閉合トラバースの閉合差

ここで E_L は緯距の誤差＝ΣL　（＋緯距と－緯距の差）

E_D は経距の誤差＝ΣD　（＋経距と－経距の差）

また、閉合誤差と全測線長の比（$E／\Sigma l$）を閉合比といい閉合トラバース測量の精度という。閉合比が許容範囲（(1)を参照）を超える時は再測する。

(6) 補正緯距・補正経距の計算

多角形が完全に閉合するように閉合誤差を補正（調整）計算により補正する。補正（調整）方法には、「コンパス法則」と「トランシット法則」がある。

「コンパス法則」

誤差（E_L、E_D）を次式により、各測線長に比例配分する方法で、測距精度が高い平坦地の多角測量や測角精度と測距精度が釣り合っている多角測量に適した補正方法である。

$$\left.\begin{array}{l} \text{ある測線の緯距の補正量}＝E_L\times l／\Sigma l \\ \text{ある測線の経距の補正量}＝E_D\times l／\Sigma l \end{array}\right\} \quad (6.2.22)$$

ここで、l はその測線の長さ、Σl は全測線長

|トランシット法則」

誤差（E_L、E_D）を次式により、緯距・経距の絶対値の総和に比例配分する方法で、測距精度が劣る山地など起伏の大きい地域での多角測量や測角精度と測距精度が釣り合わない多角測量に適した補正方法である。

$$\left.\begin{array}{l} \text{ある測線の緯距の補正量}＝E_L\times L／\Sigma|L| \\ \text{ある測線の経距の補正量}＝E_D\times D／\Sigma|D| \end{array}\right\} \quad (6.2.23)$$

ここで、$L・D$ はその測線の緯距・経距、

$\Sigma|L|・\Sigma|D|$は緯距・経距の絶対値の総和

光波測距儀による多角測量では測距精度が高いので、コンパス法則を使う。求められた各補正量を（4）で算出した緯距・経距に加減して補正する。

(7) 合緯距・合経距の計算

各測点の平面直角座標における座標値が合緯距・合経距であり、それぞれ始

閉合比は分子を1にした 1/○○○○ の形で表す。

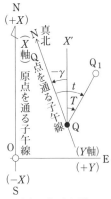

・原点の右（東側）に測点Qがある場合

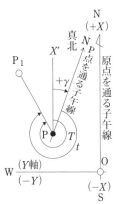

・原点の左（西側）に測点Pがある場合

γ：真北方向角（右回り＋γ、左回り－γ）

t：P_1, Q_1の方位角

T：P_1, Q_1の方向角（平均方向角）

$ON//PX'//QX'$

$t=T-\gamma$、$T=t+\gamma$

O：平面直角座標の原点

$\left[\begin{array}{l}\text{真北方向角}\gamma、\text{方位角}t、\\ \text{方向角}T\end{array}\right]$

t：N軸から時計回りの角

T：X' 軸から時計回りの角

点を原点とする縦軸上の距離と横軸上の距離になる。

したがって、各測点の合緯距・合経距は、その測点までの補正緯距および補正経距を代数和することで求められる（**図 6.2.11** 参照）。

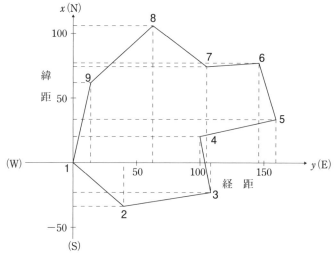

図 6.2.11 合緯距 x と合経距 y

$$\left.\begin{array}{l}\text{合緯距} = (\text{前の点の合緯距}) + (\text{前の点からその点までの補正緯距}) \\ \text{合経距} = (\text{前の点の合経距}) + (\text{前の点からその点までの補正経距})\end{array}\right\} \quad (6.2.24)$$

閉合トラバースの観測値の補正計算例を**表 6.2.4**（P114）に示す。

(8) 横距・倍横距の計算

図 6.2.12 のような 5 測線からなるトラバースにおいて、各測線の中点 $(\overline{1.2})$ …$(\overline{5.1})$ から座標の縦軸に垂線を下した長さを横距という。同図では、$(\overline{1.2})$〜$(\overline{1.2})'$ … $(\overline{5.1})$〜$(\overline{5.1})'$ がそれぞれ測線 1 〜 2…5 〜 1 の横距である。

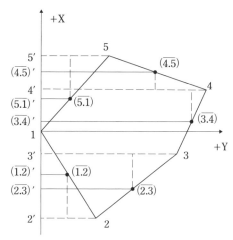

図 6.2.12 横距

各横距は

$(\overline{1.2})$〜$(\overline{1.2})' = 1/2$（測線 1 〜 2 の経距）

$(\overline{2.3})$〜$(\overline{2.3})' = (\overline{1.2})$〜$(\overline{1.2})' + 1/2$（測線 1 〜 2 の経距）$+ 1/2$（測線 2 〜 3 の経距）

$\overline{(3.4)} \sim \overline{(3.4)}' = \overline{(2.3)} \sim \overline{(2.3)}' + 1/2$（測線2〜3の経距）$+ 1/2$（測線3〜4の経距）

$\overline{(4.5)} \sim \overline{(4.5)}' = \overline{(3.4)} \sim \overline{(3.4)}' + 1/2$（測線3〜4の経距）$+ 1/2$（測線4〜5の経距）

$\overline{(5.1)} \sim \overline{(5.1)}' = \overline{(4.5)} \sim \overline{(4.5)}' + 1/2$（測線4〜5の経距）$+ 1/2$（測線5〜1の経距）

となる。両辺を2倍すると左辺は横距の2倍となり、これを倍横距という。

これらの関係を一般式で表すと以下のようになる。

第1辺（測線1〜2）の倍横距＝その測線の経距

第2辺（測線2〜3）以降の倍横距

＝（1つ前の測線の倍横距）＋（1つ前の測線の経距）＋（その測線の経距）

（9）面積の計算（倍横距法）

閉合トラバースで囲まれた領域の面積Aは、**図6.2.13**から次のように求められる。

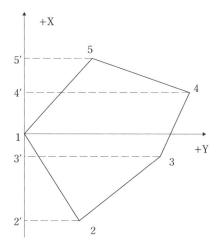

図6.2.13　面積

A＝多角形5' 54322' − △ 12' 2 − △ 15' 5

　＝台形4' 455' ＋ 台形3' 344' ＋ 台形2' 233' − △ 12' 2 − △ 15' 5

ここで

台形2' 233' − {(2' 2+3' 3) ÷ 2} × (2' 3')

　　　　　＝{(測線2〜3の倍横距) ÷ 2} × (測線2〜3の緯距)　(+)

同様に

台形3' 344' ＝ {(測線3〜4の倍横距) ÷ 2} × (測線3〜4の緯距)　(+)

台形4' 455' ＝ {(測線4〜5の倍横距) ÷ 2} × (測線4〜5の緯距)　(+)

△ 12' 2 ＝ {(測線1〜2の倍横距) ÷ 2} × (測線1〜2の緯距)　(−)

△ 15' 5 ＝ {(測線5〜1の倍横距) ÷ 2} × (測線5〜1の緯距)　(−)

これらの式を書き直すと

$2A = |\sum [(各測線の倍横距) × (その測線の緯距)]|$

であり、（各測線の倍横距）×（その測線の緯距）の総和の絶対値を求め、

1/2倍した値が面積Aとなる。

なお、面積計算には各測点の座標値を用いる座標法もある（P237参照）。

表 6.2.4 閉合トラバースの計算例

（長さ・距離の単位は m）

測点	観測内角	補正量	補正内角	測線	方位角	方位	測点間距離(補正済)	緯距 N(+)	緯距 S(-)	経距 E(+)	経距 W(-)	補正量 緯距	補正量 経距	補正緯距 N(+)	補正緯距 S(-)	補正経距 E(+)	補正経距 W(-)	合緯距	合経距	測点
1	116°53'02"	-2"	116°53'00"	1~2	127°35'00"	S 52°25'00" E II	51.213		31.236	40.585		-0.004	-0.002		31.240	40.583		0	0	1
2	136°32'00"	-2"	136°31'58"	2~3	84°06'58"	N 84°06'58" E I	73.807	7.566		73.418		-0.006	-0.004	7.560		73.414		-31.240	40.583	2
3	81°22'44"	-2"	81°22'42"	3~4	345°29'40"	N 14°30'20" W IV	49.286	47.715			12.345	-0.004	-0.002	47.711			12.347	-23.680	113.997	3
4	275°05'21"	-2"	275°05'19"	4~5	80°34'59"	N 80°34'59" E I	59.156	9.679		58.359		-0.005	-0.003	9.674		58.356		24.031	101.650	4
5	87°01'23"	-2"	87°01'21"	5~6	347°36'20"	N 12°23'40" W IV	46.714	45.625			10.027	-0.004	-0.002	45.621			10.029	33.705	160.006	5
6	98°13'22"	-2"	98°13'20"	6~7	265°49'40"	S 85°49'40" W III	41.154		2.994		41.045	-0.003	-0.002		2.997		41.047	79.326	149.977	6
7	218°28'42"	-2"	218°28'40"	7~8	304°18'20"	N 55°41'40" W III	57.206	32.242			47.255	-0.005	-0.003	32.237			47.258	76.329	108.930	7
8	103°38'03"	-2"	103°38'01"	8~9	227°56'21"	S 47°56'21" W III	66.825		44.767		49.613	-0.006	-0.003		44.773		49.616	108.566	61.672	8
9	142°45'41"	-2"	142°45'39"	9~1	190°42'00"	S 10°42'00" W III	64.917		63.788		12.053	-0.005	-0.003		63.793		12.056	63.793	12.056	9
計	1260°00'18"	-18"	1260°00'00"			I~IV は象限	510.278	142.827	142.785	172.362	172.338	-0.042	-0.024	142.803	142.803	172.353	172.353			
差		+18"					0	+0.042		+0.024				0		0				

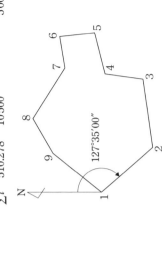

閉合差：$E = \sqrt{E_L^2 + E_D^2} = \sqrt{(0.042)^2 + (0.024)^2} = 0.0484\,\text{m}$

閉合比：$R = \dfrac{E}{\Sigma l} = \dfrac{0.0484}{510.278} \fallingdotseq \dfrac{1}{10\,500} < $ 許容閉合比 $\dfrac{1}{5\,000}$

測線	緯距補正量 l	緯距補正量 $-E_L/\Sigma l$	緯距補正量 補正量(m)	経距補正量 l	経距補正量 $-E_D/\Sigma l$	経距補正量 補正量(m)
1~2	51	-0.000082	-0.004	51	-0.000047	-0.002
2~3	74	-0.000082	-0.006	74	-0.000047	-0.004
3~4	49	-0.000082	-0.004	49	-0.000047	-0.002
4~5	59	-0.000082	-0.005	59	-0.000047	-0.003
5~6	47	-0.000082	-0.004	47	-0.000047	-0.002
6~7	41	-0.000082	-0.003	41	-0.000047	-0.002
7~8	57	-0.000082	-0.005	57	-0.000047	-0.003
8~9	67	-0.000082	-0.006	67	-0.000047	-0.003
9~1	65	-0.000082	-0.005	65	-0.000047	-0.003

l：測定間距離・測線長 （m単位）

測線	倍横距	倍面積
1~2	40.583	-1 267.781
2~3	154.579	1 168.617
3~4	215.646	10 288.686
4~5	261.655	2 531.251
5~6	309.982	14 141.689
6~7	258.906	-775.941
7~8	170.602	5 499.697
8~9	73.728	-3 301.024
9~1	12.056	-769.088
	倍面積 =	27 516.106m²
	実面積 =	13 758.053m²

6　偏心観測

　測点から目標点を視準できない場合は、器械や目標を視通可能な点（偏心点）に移して観測する。これを偏心観測といい、器械点を移す「観測の偏心」と目標点を移す「目標の偏心」および両点とも移動する「相互偏心」がある。

　偏心観測したデータは、偏心角と偏心距離を用いてあたかも基準点間で観測したように補正（変換）する必要がある。これを偏心補正計算といい、計算に使用する測点間距離と偏心点との位置関係によって、正弦定理や二辺夾角式（余弦定理）を使う（正弦定理と余弦定理はP287を参照）。

　既知辺長（与点間距離または測定長）が偏心角観測点の対辺の場合は正弦定理を使い、隣接辺の場合は二辺夾角式を用いる。

　相互偏心では、両方の式を用いて補正する。

（1）観測の偏心および目標の偏心

　観測点を図 6.2.14(a)のように偏心させた場合、偏心距離 e が小さく、e/S または $e/S' < 1/450$ の時は、$S \fallingdotseq S'$ と見なせる。このとき、正弦定理から偏心補正量 x は、次式で求められる。

偏心距離の制限

$S/e \geqq 6$

$$\frac{e}{\sin x} = \frac{S}{\sin \alpha} \quad \rightarrow \quad \sin x = \frac{e}{S}\sin\alpha$$

$$x = \sin^{-1}\left(\frac{e}{S}\sin\alpha\right) \tag{6.2.25}$$

　e が大きく $S \fallingdotseq S'$ と見なせない時、x と S は二辺夾角式から次式で求められる。

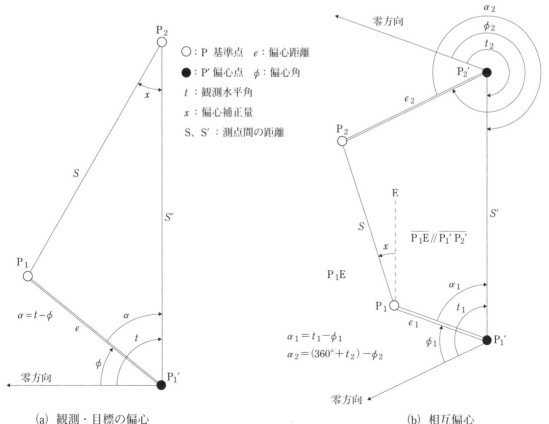

○：P　基準点　　e：偏心距離
●：P′　偏心点　　ϕ：偏心角
t：観測水平角
x：偏心補正量
S、S′：測点間の距離

（a）観測・目標の偏心　　　　　　　　（b）相互偏心

図 6.2.14　偏心観測（1）

目標を偏心させた場合も同様にして計算できる。

$$x = \tan^{-1}\left(\frac{e\sin\alpha}{S' - e\cos\alpha}\right) \qquad S = \sqrt{S'^2 + e^2 - 2S'e\cos\alpha} \qquad (6.2.26)$$

(2) 相互偏心

図 6.2.14(b) において S' が既知の時、x と S は次式で求められる。

$$x = \tan^{-1}\left\{\frac{e_1\sin\alpha_1 + e_2\sin\alpha_2}{S' - (e_1\cos\alpha_1 + e_2\cos\alpha_2)}\right\} \qquad (6.2.27)$$

$$S = \sqrt{(S' - e_1\cos\alpha_1 - e_2\cos\alpha_2)^2 + (e_1\sin\alpha_1 + e_2\sin\alpha_2)^2} \qquad (6.2.28)$$

また、S が既知の時は、x は次式となる。

$$x = \sin^{-1}\left(\frac{e_1\sin\alpha_1 + e_2\sin\alpha_2}{S}\right) \qquad (6.2.29)$$

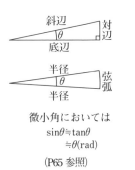

斜辺　対辺　θ　底辺

半径　弦弧　θ　半径

微小角においては
$\sin\theta \fallingdotseq \tan\theta$
　　　$\fallingdotseq \theta(\mathrm{rad})$

（P65 参照）

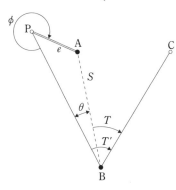

図 6.2.15　偏心観測（2）

図 6.2.15 において既知点 A を基準に既知点 B から新点 C の夾角 T を求めようとしたとき、B から A への視通が確保できなかったので目標の偏心点 P を設けて観測し、偏心角 ϕ と偏心距離 e、$\angle$ PBC（$= T'$）を得た場合の T は次のようにして求める。

$$\frac{e}{\sin\theta} = \frac{S}{\sin(360° - \phi)}$$

$$T = T' - \theta$$

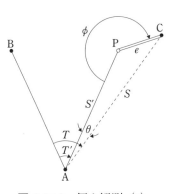

図 6.2.16　偏心観測（3）

図 6.2.16 において既知点 A において既知点 B を零方向として新点 C の夾角 T を求めようとしたとき、点 C が見通せなかったので偏心点 P を設けて観測し、ϕ と e と $\angle$ BAP（$= T'$）および S' を得た場合の T は次のようにして求める（$S \fallingdotseq S'$ とみなせる場合）。

$$\frac{e}{\sin\theta} = \frac{S}{\sin(360° - \phi)}$$

$$T = T' + \theta$$

図 6.2.17 において既知点 A から B 点、C 点への視通ができないため、偏心点 P を設けて観測し、e、ϕ、T、S_1'、S_2' を得た場合の T' は、次のようにして求める（ただし、$S_1 \fallingdotseq S_1'$、$S_2 \fallingdotseq S_2'$ とみなせる場合）。

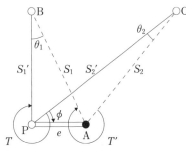

図 6.2.17　偏心観測（4）

$$\frac{e}{\sin\theta_1} = \frac{S_1}{\sin(360° - T + \phi)}, \quad \frac{e}{\sin\theta_2} = \frac{S_2}{\sin\phi}$$

$$(360° - T) + \theta_1 = (360° - T') + \theta_2, \quad T' = \theta_2 - \theta_1 + T$$

6 基準点測量

3 GNSS（GPS）測量

1 概説

GPS（Global Positioning System：汎地球測位システム）とは、米国国防総省が運行管理する GPS 衛星（測位衛星）からの発信電波（**搬送波**）を地上で受信することで、受信点の地球上における 3 次元的な位置を求める測位方法である。この衛星は NAVSTAR 衛星と呼ばれ、高度約 20 200km の円軌道上を約 11 時間 58 分 2 秒（12 恒星時間・秒速 4km・時速 14 000km）で周回している。

衛星の軌道面は 6 つあり、軌道面が赤道を横切る方向（昇交点傾斜角）が各々 55 度で昇交点経度が 60 度ずつずれており、各軌道面に 4 衛星が配置され図 6.3.1 のように合計 24 衛星で地球面のほとんどをカバーする状態で航行している。したがって、地表面上の任意の位置で常時 4 衛星以上が上空視界に飛来しており、場所と時間によっては 8 ～ 9 衛星からの電波を受信できる。地上に据えた受信機で同時に 4 衛星以上の電波を受信することで、各衛星から受信機までの距離を電波の伝搬時間と光速との積から算定し、各衛星の位置を既知点とした後方交会法によって受信機の位置が求められる（単独測位の原理）。GPS は、衛星と受信機および衛星位置を追跡・監視する制御局によって構成されている。GPS の構成と衛星の主要諸元を図 6.3.2 と表 6.3.1 に示す。

搬送波（はんそうは）
電波は変調することで種々の信号と情報を運ぶことができるので搬送波と呼ばれる（波長約 20 cm）。

1978 年
GPS 衛星打ち上げ開始
1993 年
システムの正式運用
航法データが無償提供
1998 年
日米 GPS 利用推進体制
2000 年
精度劣化操作解除、測位精度向上

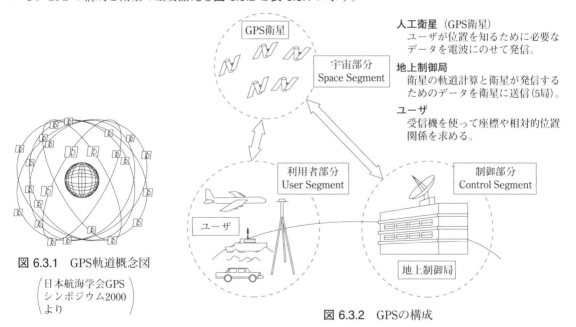

図 6.3.1 GPS軌道概念図
（日本航海学会GPS シンポジウム2000 より）

図 6.3.2 GPSの構成

GPS は、1964 年に定常運用された米国海軍の航行衛星システム（NNSS）を改良発展させたものである。最初の衛星が 1978 年に打ち上げられ、1993 年 12 月に 24 衛星の配備が完了し正式運用になった。GPS はわが国の測量分野で

軌道傾斜角

衛星の軌道面と地球赤道とのなす角。

コード（符号）

0と1を不規則に組み合わせた符号信号。衛星ごとに異なるコード配列をもつ。

C/Aコード

コード長（1周期）1 023ビットであり、1msごとに繰返されている（1.023 MHz）。衛星の識別情報（0と1の繰返し組合せパターン）を衛星毎に変えている。

Pコード

当初は軍専用コードで非公開であったが現在は実質公開（10.23 MHz）。

C/A・Pコードともに衛星識別情報。

航法メッセージ

衛星から放送されている軌道情報やGPS時刻などの各種データ（放送暦、50bps）。

GNSS

（Global Navigation Satellite System）

GPS、GLONASS、EUのGalilleo、中国の北斗（BeiDou）、日本の**準天頂衛星システム**などの航法衛星（測位衛星）システムを総称してGNSSという。

GLONASS

（GLObal NAvigation Satellite System）

旧ソ連が米国のGPSと同じ目的で開発したもので、ロシア国防省が引き継いで運行管理している。1970年代後半に開発が始まり、1982年に最初の衛星が打ち上げられ1996年に一応完成したが、その後ロシアの経済状況の悪化により衛星数が減り、2011年に24個が揃い完全運用となった。

衛星数8個×3軌道＝24個＋予備衛星、軌道

表 6.3.1　GPS衛星の主要諸元

衛 星 個 数	4個×6軌道面＝24個＋予備衛星
衛 星 設 計 寿 命	当初7.5年（最近は10年以上に延長）
軌 道 半 径	26 561km（軌道高度約20 200km）
周 回 周 期	12恒星時間（約11時間58分02秒）
軌 道 傾 斜 角	55°（昇交点傾斜角）
軌 道 形 状	地球の重心を周回する円軌道
使 用 座 標 系	WGS-84（放送暦使用の場合）
送 信 電 力	L1帯：C/Aコード：約26W、Pコード約13W L2帯：Pコード：4 W
搬 送 波 周 波 数 （ 測 位 用 ）	L1帯＝1 575.42 MHz（正弦波） 　（基準周波数10.23MHz×154・波長約19cm） L2帯＝1 227.6MHz　（正弦波） 　（基準周波数10.23MHz×120・波長約24cm）
測 距 信 号	C/Aコード：L1帯で送信、民生用に開放 **航法メッセージ**：L1帯で送信、民生用に開放 Pコード：L1・L2帯で送信
地 上 受 信 電 力 （仰角5°以上）	L1帯：C/Aコード＞－160dBW、Pコード＞－163dBW L2帯：Pコード＞－166dBW
単 独 測 位 精 度	C/Aコード：約10m
時 刻 精 度	C/Aコード：約20ns（セシウム原子発信器）
そ　の　他	重量2 217kg、幅11.4mの大型衛星 打上げはデルタロケットを使用

は1986年に導入され、1989年の精密測地網1次基準点測量で有効性の検証と2次基準点測量・四等三角測量への採用などを経て、1996年からは国土交通省公共測量作業規程の基準点測量方法として正式に採用された。2000年には「RTK-GPSを利用する公共測量作業マニュアル」が整備され、GPSはTSなどの従来手法にはない利点を有することから、各測量分野で急速に普及している。

　2011年3月の作業規程の準則の一部改正で、GPSおよびGLONASSを用いた測量をGNSS測量と、また2013年4月の一部改正で**準天頂衛星システム（QZSS）**（P119の欄外参照）が加えられ、**GNSS**測量とするようになった。なお、準天頂衛星システムはGPSと同様のものとして扱うことができる。国土地理院は、三角点などの従来の国家基準点に代わる測地用の公共インフラとしてGNSS観測局（電子基準点）を全国1 318箇所（2020年4月現在）に設置して観測データを公開し、測量分野におけるGNSSの利用拡大を推進している。

2　GNSS測量の分類と利用

　GNSSによる測位方法は、1台の受信機で観測点の座標を求める単独測位と受信機を複数台使用して複数測点の相対的な位置関係を求める相対測位に大別される。相対測位は、単独測位を組合せたディファレンシャル（DGNSS）法と搬送波の位相差を利用する干渉測位方式に分類される。測量分野では、干渉測位方式を用いる。干渉測位方式には「スタティック法（static method：静的

干渉測位法)」、「短縮スタティック法（rapid static method）」そして受信機を逐次移動して測位する「キネマティック法（kinematic method：動的干渉測位法)」などがある。GNSS測位法の分類と適用性を示すと**表 6.3.2** のようになる。

高度 19100km、周回周期約 11 時間 15 分、軌道傾斜角 64.8°、使用座標系 PZ－90。

表 6.3.2　GNSS測位法の分類と概要

（精度は水平方向のものを示す）

GNSS測位法の種類		観測時間	成果解析	精度	測量分野への適合度	適用領域
単独測位 〔1台の受信機で観測し絶対位置を求める。〕	絶対単独測位法	1秒～数秒	リアルタイム	～10m	×	船・航空機・車などのナビゲーション
相対測位	ディファレンシャル方式（DGNSS） （複数地点での同時単独測位）	数秒～1分	リアルタイム	0.2～1m	△	船位測量、工事用車両の運行管理
	干渉測位方式　スタティック法	60分以上 （120分以上*)	後処理	5mm +1ppm·D**	○	1～4級基準点測量 地滑り・地殻変動観測 構造物の変形観測
〔複数の受信機で同時観測し、相対的位置関係を求める。〕	短縮スタティック法	20分以上	後処理	5mm +1ppm·D	○	
	キネマティック法	10秒以上	後処理	10～20mm +2ppm·D	○	3～4級基準点測量 路線・河川・用地測量 出来形・施工管理測量 地籍測量、各公共測量
※RTK リアルタイムキネマティック	RTK※法	10秒以上	リアルタイム	10～20mm +2ppm·D	○	
	ネットワーク型RTK法				○	

*観測距離が10km以上の場合　**D：測点間距離、ppm：10^{-6}

なお、干渉測位方式での観測時間は公共測量作業の準則による。

　GNSS は、ほとんどの測量に利用され、作業効率の改善と生産性の向上に大きく貢献している。測量分野以外にも宇宙・産業分野、地殻変動観測、地震・火山噴火予知、地すべり・崩壊観測、構造物の変位測定などの安全・防災分野や出来形管理、工事管理、**GIS** 基盤データ構築、および各種移動体の航行支援、レジャー、福祉、市民生活などでも GNSS の利活用が拡大している。

3　GNSS 測量機と GNSS 測量の特徴

　測量用の受信機は、**写真 6.3.1** のようにアンテナと受信機の一体型が主流となっており、データコレクタやコントローラとコードレスで三脚やアンテナポールに装着し、測点に整置できる。受信情報は、受信機本体または受信機に接続したデータコレクタに自動収録され、パソコンによる後処理（またはリアルタイム処理）で基線解析や網平均計算などができる。GNSS 観測では、アンテナ位置の 3 次元座標値が求まるので、測点の座標値を知るにはアンテナの高さを別途測定する。測量用 GNSS 受信機の回路などは、ナビゲーション用とほぼ同等であるが、受信チャンネル数が 400 以上のものもあり、L1 波と L2 波の 2 種類の搬送波情報および C/A コード、P コード情報などを記録するメモリを内蔵している。RTK 機能を有する受信機は、任意の地点で即時に整数値バイアスの決定（初期化）を行う演算処理機能（OTF、P125 参照）を搭載しているものもある。

　国土交通省測量機器性能基準では、L1 波と L2 波を受信できる 2 周波受信機

GIS については 9 章 4 節を参照。

準天頂衛星システム
(Quasi-Zenith Satellite System、QZSS)

　日本が GPS などと組み合わせて、日本国内向けに利用可能とする地域航法衛星システム。日本上空の仰角 70°～80°付近に 8 時間程度滞在し、都市部や山間部で上空視界が広く確保できない地域での GPS の補完として有効に利用ができる。

　また、マルチパスや電波障害を生じにくく、高精度の測位が期待できる。1997 年から計画が始まり 2010 年初号機『みちびき』が打ち上げられており、2018 年には 4 機体制での運用を開始。2023 年にはさらに 3 機が追加され 7 機体制になる予定。

　軌道傾斜角 41°、準天頂軌道、周回周期約 23 時間 56 分（1 恒星日）。

表 6.3.3　GNSS受信機（測量機）と適用性

| 等級 | 搬　送　波 | | | 測　位　法 | | | スタティック測位の計測可能距離 |
| | L1帯 | | L2帯 Pコード | スタティック | RTK | 仮想基準点方式（VRS） | |
	C/Aコード	Pコード					
1級（2周波）	○	○	○	○	○	○	数100kmまで可能
2級（1周波）	○	×	×	○	○*	×	約10km未満

○：受信（観測）可能、×：受信（観測）不可能、*OTF法は不能（OTFはP125参照）

写真 6.3.1
測量用 GNSS 受信機

電離層（圏）
　地球大気圏の最上部（100〜500km）にあり、大気分子が紫外線により電子とイオンに解離している層。電波がここを通る時には、屈折と遅延を生じる。周波数の異なる複数の電波を同時受信することでこの誤差を補正できる。

仮想基準点方式（VRS）
　ユーザから遠く離れた複数の電子基準点での観測値からあたかも近傍に基準点があるようなデータを作る技術。広域内（1辺50〜70km）でのリアルタイム測位の方式。ネットワーク型 RTK 測位の1種である。

　衛星の位置は軌道情報と送信時刻から求める。

を1級 GNSS 測量機、L1波のみ受信の1周波受信機を2級 GNSS 測量機と定めている。各受信機の適用範囲は**表 6.3.3**のとおりである。2級 GNSS 測量機で1〜4級基準点測量ができるが、基線長が約10km以上になると**電離層**や対流圏などの影響により衛星電波が遅延して計測精度が劣化するので、搬送波位相データの組合せによって電離層遅延の誤差補正ができる1級 GNSS 測量機を使用する。また、短縮スタティック法や RTK 法でも2級 GNSS 測量機でも可能であるが、迅速に整数値バイアスの絞り込みと決定を行う必要がある場合は1級 GNSS 測量機が必要となる。

　上空からの衛星電波を補足する GNSS 測量の最大の特徴は、測点の上空視界が確保されていれば、選点時に測点間の地形や地物を考慮する必要が少なく、測点間の視通が確保できなくても測位できることにある。GNSS 測量とジオイドや鉛直線を基準とした TS など従来の光学的測量を比較すると**表 6.3.4**のようになる。次項以下では、現在多く使用されている測位法について説明する。

4　単独測位

　GNSS 衛星は、地球の中心（重心）を1焦点とする円軌道を正確に周回しているので、その位置は極めて高精度で求められ、その軌道情報は測位用電波によって受信できる。単独測位は、4機の衛星の宇宙空間位置を既知点とした交会法によって、電波受信点の3次元的な位置を求める測位法である。GNSS 衛星に搭載した高精度の原子時計（精度10億分の1秒）によって、衛星はパルス信号（C/A・P コード）を1/1 000 秒間隔で発信している。地上の受信機で、この信号の到達時刻を測定すれば衛星からの所要到達時間が分り、これと電波の速度との積から衛星までの距離が算定できる。

　しかし、受信機内蔵の時計は水晶時計（精度約 0.01 秒）であるため、算定距離には3 000kmの誤差が生じることになり3機の衛星電波では交会点が求まらない。そこで、**図 6.3.3**のように4機の衛星電波を同時受信することで3次元座標（X, Y, Z）に衛星と受信機の時計誤差を未知数として加え合計4個の未知数を同時に算定する方法を採用している。衛星 i の座標を（x_i, y_i, z_i）とし、WGS-84 測地座標系における観測点の3次元直交座標を（x, y, z）とすると、衛星 i と測点との距離は次のように表すことができる。

表 6.3.4　GNSS測量とTSによる光学的測量の比較

比　較　項　目	GNSS測量	TSによる光学的測量
観　測　媒　体	4個以上の人工衛星からの電波、搬送波 （軌道情報と電波の到達時間）	光波（光の変調で作られた波） レーザ波
波　　　　　長	L1波：19cm、　L2波：24cm	変調周波数により変わる
観　測　要　素	3次元基線ベクトル（距離と方向）	水平角、鉛直角、距離
測　量　基　準	地球中心、人工衛星の位置（軌道） 衛星からの直達波の位相差	水準面（ジオイド）、重力方向 発射波と反射波の位相差
測　量　次　元	3次元同時測定	相対2次元個別測量
測　線　　長	一般的には10kmまで（10km以上でも可能）	数10cm～数km
必　要　周　辺　空　間	上空視界（測点間の視通は不要）	測点間の視通が必要
気　象（天候）障　害　度	全天候対応、気象補正不要（標準大気）	雨天観測困難、気象補正必要
観　測　障　害　要　因	**マルチパス、サイクルスリップ**、ノイズ	視通（見通し）状態が悪い
観　測　可　能　時　間　帯	24時間観測可能、ただし 衛星の飛来時間帯に依存	原則的には昼間観測
観　測　誤　差　の　累　積　性	累積誤差なし	累積誤差を生じる
再　測　時　の　範　囲	該当セッションのみ再測	制限値を超える部分のみ再測
省　　力　　化	無人連続観測が可能	有人観測が一般的
操　　作　　性	操作性が高く、簡易	視準など観測に熟練必要
観　測　可　能　エ　リ　ア	地上と上空空間	地上と地下空間
デ　ー　タ　処　理　の 即　　応　　性	スタティック法：後処理 RTK法：リアルタイム	現地にて距離、座標がわかる （リアルタイム）
平　　均　　計　　算	3次元網平均計算	水平網平均計算と高低網平均計算
高　さ　の　表　現	楕円体高（準拠楕円体面を基準）	標高（ジオイド面を基準）
直　交　座　標　系 と　準　拠　楕　円　体	GPS　　　　　　　　GLONASS ⎰WGS－84座標系　⎰PZ－90座標系 ⎱WGS－84楕円体、⎱PE－90楕円体	ITRF系座標系 GRS 80楕円体
基　幹　シ　ス　テ　ム　の 製　作　・　管　理　者	GPS：米国国防総省 GLONASS：ロシア国防省	国産、主として民間企業
測　距　精　度	±5～10mm+1ppm×D　（D：km単位）	±5mm+5ppm×D

$$\sqrt{(x_i - x)^2 + (y_i - y)^2 + (z_i - z)^2} = C(\tau_i + \delta_t) \qquad (6.3.1)$$

ただし、C：電波の速度

　　　　τ_i：測定された電波の伝搬時間

　　　　δ_t：衛星時計と受信機時計の誤差

　そして、個々の衛星時計の精度は極めて高く、かつ同期しており誤差は微少とする。ここで、$C \cdot \tau_i$ は測定された伝搬時間から算定される衛星 i と測点の距離であるが、誤差を含むことから擬似距離 S_i と呼ばれる。また、$C \cdot \delta_t$ は時計誤差による距離計算への影響分である。

　$S_i = C \cdot \tau_i$、$t = C \cdot \delta_t$ とすると擬似距離 S_i は、次のようになる。

$$S_i = \sqrt{(x_i - x)^2 + (y_i - y)^2 + (z_i - z)^2} - t \qquad (6.3.2)$$

　すなわち、擬似距離 S_i は、既知量である衛星 i の座標 (x_i, y_i, z_i) と4個の未知量である観測量 x, y, z および t をもった連立方程式から求められる。

マルチパスとサイクルスリップの説明は、次頁欄外。

GLONASS を併用する場合には、解析時に PZ-90系をWGS-84系に変換して行う。

衛星の位置は軌道情報と送信時刻から求める。

マルチパス（多重反射）
（multpath）
　同一電波が反射面で乱反射して複数経路を通り受信され、テレビのゴースト現象のような状態となる。近接壁面・金網・看板・トタン屋根・地面などが電波の反射面となる（非直接波）。
　マルチパスは受信信号の強度変化、受信搬送波の位相のずれなどの原因となる。建物などの近傍での観測では衛星配置により影響量は異なり、その定量的評価や補正は困難。特に RTK 観測では観測時間が短いため一般的にマルチパスの影響が大きい。観測時間帯をずらして再測する。仰角の低い衛星からの受信はマルチパスが発生しやすいので衛星配置に留意する。TS 等による補測も必要。

サイクルスリップ
（遮蔽）（cycle slip）
　障害物による短時間の受信データの中断（瞬断）。

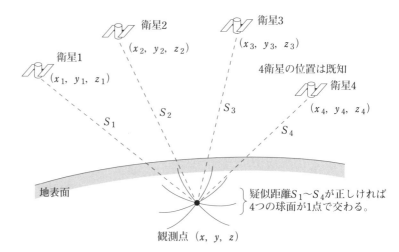

　4衛星の位置は既知

疑似距離 $S_1 \sim S_4$ が正しければ
4つの球面が1点で交わる。

地表面

観測点 (x, y, z)

観測点の座標　　x, y, z ｝4個の未知量を
時計の誤差　　$t = C \cdot \delta_t$ ｝4衛星の観測値で解く

図 6.3.3　単独測位の原理

　単独測位は、同時に4衛星以上の電波（L1 帯：C/A コード）を捕捉することにより S_i の最確値を求める手法で、測点の3次元座標を確定できるが電離層の影響除去やリアルタイムの衛星軌道情報の取得などができない現状では、測量分野での必要精度を満足できる測位法ではない。車や船舶など各種移動体の航行支援（ナビゲーション）に適しており、緯度・経度を瞬時に表示する小型の携帯用受信機も多用されている。

5　ディファレンシャル方式

　単独測位による精度向上を図る方法として、ディファレンシャル測位（Differential GNSS：DGNSS）方式がある。DGNSS では複数測点で同時に単独測位を行い、各測点で得られた観測結果からそれぞれの相対位置（ベクトル）を求める。まず、基準局（既知点）で単独測位を行い正しい位置との差から測位誤差を求め、これを移動局データの補正量とする。移動局では衛星との擬似距離に対して補正を行って位置を計算し、両局の位置計算結果から相対位置を求める。すなわち、測定された複数観測局の位置の差を利用することから、ディファレンシャル方式といわれる。

　したがって、DGNSS は単独測位を組合せた相対測位といえる。補正情報を無線通信などにより基準局から移動局に送信して、リアルタイムに解を求める方法が一般的である。DGNSS の概念を**図 6.3.4** に示す。DGNSS の利点は、単独測位の誤差要因である① GNSS 衛星軌道情報の誤差、②電離層や対流層による電波信号の遅延などが相殺されることであるが、基準点測量のような高精度が要求される測量には適さない。現在では、深浅測量における船位測量・工事用車両の運行管理・大型土工事の出来形管理・施工管理などに利用されている。

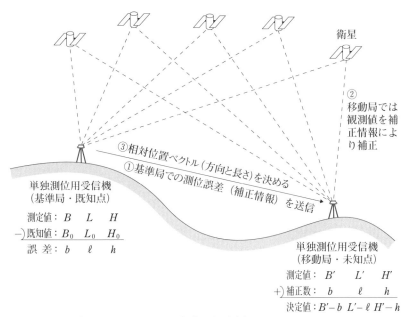

図 6.3.4　ディファレンシャル方式の概念図

6　干渉測位方式

　擬似距離を用いる単独測位法や DGNSS 法では基準点測量の所要精度を満足できないため、基準点測量には干渉測位方式を用いる。干渉測位方式（carrier phase relative positioning）では、図 6.3.5 および図 6.3.6 に示すように波長が短い**測位用電波**の L1 帯・L2 帯を複数の受信機で同時に受信して電波（搬送波）の**位相差**（**行路差**）を測定し、受信機間の距離と方向、すなわち測点間の位置関係（基線ベクトル）を求める。この作業を基線解析という。

測位用電波
　L1・L2帯のことでC/A・Pコードの変調波長に比べて波長が2桁位短い電波であるため、高い測位精度が得られる。

位相差
　ここでは、複数の受信機への同一電波の到達時間差。

行路差
　衛星からの距離の差。

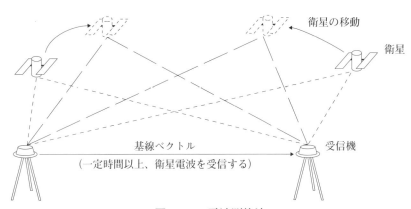

図 6.3.5　干渉測位法

　2 衛星からは 1 次元の基線ベクトルしか得られないので、3 次元の基線ベクトルを求めるためには、あと 2 組の観測が必要である。したがって、干渉測位法では少なくとも 4 衛星からの観測が必要となる。位相差測定は、約 1/80 の分解能があるので波長 19cm の L1 帯波を受信・解析することで 5mm ＋ 1ppm ×D 程度の高い測定精度が得られる（D は測定点間距離、km 単位）。

(1) 一重位相差と二重位相差

位相差とは搬送波位相の差のことであり、受信機間一重位相差と衛星間一重位相差とがある。受信機間一重位相差とは、行路差（距離差）のことであり**図6.3.6**のように1個（i 衛星）の衛星電波を2測点（A・B点）で受信することで計算される。測距誤差が衛星の時計誤差 ε_i と受信機の時計誤差 ε_A、ε_B のみとすれば行路差は、次式で求められる（いずれも長さに換算）。

d_{iA0}、d_{iB0} は正しい距離

$$d_{iA} - d_{iB} = (d_{iA0}+\varepsilon_i+\varepsilon_A) - (d_{iB0}+\varepsilon_i+\varepsilon_B)$$
$$= (d_{iA0} - d_{iB0})+(\varepsilon_A - \varepsilon_B) \tag{6.3.3}$$

ここで、d_{iA}、d_{iB} は i 衛星からA・B点までの距離である。

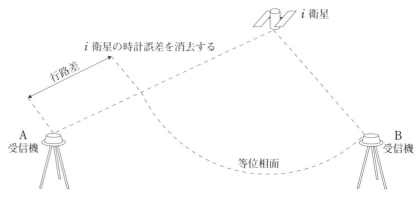

図 6.3.6　受信機間一重位相差（行路差）（1衛星2受信機）

上式より衛星の時計誤差が消去される。また、衛星間一重位相差は**図 6.3.7**のように、2個の衛星（$i \cdot j$ 衛星）から1点（A点）を測ることで計算される。

$$d_{iA} - d_{jA} = (d_{iA0}+\varepsilon_i+\varepsilon_A) - (d_{jA0}+\varepsilon_j+\varepsilon_A)$$
$$= (d_{iA0} - d_{jA0})+(\varepsilon_i - \varepsilon_j) \tag{6.3.4}$$

上式では衛星の時計誤差が残り、受信機の時計誤差が消去できる。

このようにして順次、各衛星に対する受信機間一重位相差の差、または各受信機に対する衛星間一重位相差の差（これを**二重位相差**という）を求めることで、衛星間時計誤差と受信機時計の誤差の両方が消去できる（**図6.3.8**）。

二重位相差

i 衛星に対する受信機間一重位相差と j 衛星に対する受信機間一重位相差との差。

または、A受信機に対する衛星間一重位相差とB受信機に対する衛星間一重位相差との差。
（差の差⇒二重差）

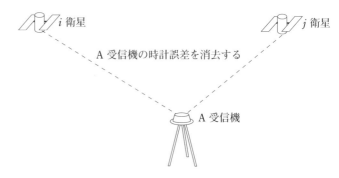

図 6.3.7　衛星間一重位相差（2衛星1受信機）

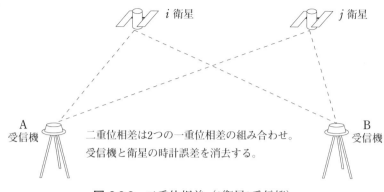

図 6.3.8　二重位相差（2衛星2受信機）

（2）整数値バイアスの決定

　二重位相差によって衛星時計の誤差と受信機時計の誤差が消去できるので、i 衛星と A 受信機間の距離は次式で算定される。

$$d_{iA} = C \cdot \tau_i = \lambda\left(N + \frac{\Delta\phi}{2\pi}\right) \tag{6.3.5}$$

ここで、N：衛星と受信機間の電波の波数（整数部分）、C：電波の速度
　　　　$\Delta\phi$：位相の端数、λ：電波の波長、τ_i：測定された電波の伝搬時間

　位相測定で分かるものは、受信機内部の搬送波位相積分計で読取り可能な1波長の端数部分（$\Delta\phi$）だけで、衛星と受信機間の電波の波数（整数部分 N）は不確定である。波の整数値が未知であることから、これを「整数値バイアス」または「整数値アンビギュイティ（不確定）」という。すなわち、整数値バイアスとは各衛星と受信点との間に存在する波数の不確定数である。整数値バイアスが確定しないと i 衛星から測点までの距離 d_{iA}、d_{iB} も算定できないので、干渉測位法では、この確定方法が最重要課題となる。

　N が決定されないと求められる行路差は多重解となる。観測時間を長くすると多くの多重解が得られるが、時間が経過し衛星の位置が変化しても変化しない解（基線解）が存在する。これが受信機 A・B 間の基線ベクトルになる。

　整数値バイアス N を迅速に確定するには、まず C/A コードや P コードによる擬似距離から N の検討範囲を絞り込み、その後 N を確定する方法が観測時間短縮に効果的である。**表 6.3.5** に各干渉測位方式と整数値バイアスの確定法をまとめた。

　最近では、オンザフライ（OTF：On The Fly calibration）法が最も効率的な整数値バイアスの確定方法とされている。OTF 法は、擬似距離によって整数値バイアスの探索範囲を 1m 程度まで絞り込み、L1 と L2 の搬送波・擬似距離情報を最大限有効に用いて整数値バイアスを効率的かつ安定的に確定する方式である。OTF 法で極めて短時間に整数値バイアスを決定するには、常時 5 衛星以上の電波の捕捉が必須であり、かつ 1 級 GNSS 測量機が必要となる。

擬似距離の精度は、C/A コードで10m、P コードで 1m 程度。

整数値バイアスの確定を「初期化」という。

表 6.3.5　各干渉測位方式と整数値バイアスの確定法

干渉測位方式	整数値バイアスの確定法とその特徴
スタティック法	3組(4衛星)の二重位相差の多重解の中で最も変化量の少ない基線解から確定する。確定に長時間を要する。（衛星の時間経過による位置変化を利用する方法）
短縮スタティック法	3組(4衛星)の二重位相差をL1・L2波ごとに多数作成し、各組で求めた多重解の中から一致する基線解を抽出する。確定が短時間になる。（多数の衛星の組合せを利用する方法）
キネマティック法	1m程度の短い基線に2台の受信機を設置して、数分間観測したのちアンテナを交換して観測し、向きが反対で一致する基線から確定する。多重解の絞り込み範囲が1m程の限られた範囲となる。（アンテナスワッピング法）
	基線ベクトルが既知の2点間での観測結果から確定する。使用する既知点の誤差に依存する。（既知点法）
RTK法	L1・L2の2周波と4組(5衛星)の二重位相差から取得した多数の観測データをリアルタイムで無線などで転送し、多重解の中から基線解を抽出する。確定に要する時間が極めて短い。観測途中に4衛星となった時は、確定作業をやり直す。（OTF法：On The Fly calibration）

7　スタティック法（静的干渉測位法）

　基準点測量には、測点間距離によりスタティック法とリアルタイムキネマティック（RTK）法およびネットワーク型RTK法が採用されている。

　スタティック法（static method）は、図 6.3.9 のように複数の測点に設置した受信機でGPS衛星のみの場合、同じ4衛星以上からの搬送波位相やコード情報を同時に60分以上連続観測して後処理により各測点間の**基線ベクトル**を求めるものであり、観測環境の影響が軽減され、高い観測精度が得られるため長距離観測となる1・2級基準点測量に多く用いられる。通常の基線長（10km以下）では2級 GNSS 測量機で可能であるが、基線長が10km以上の場合は電離層補正のため1級 GNSS 測量機を用いて5衛星以上使用し120分以上の観測が必要となる。短縮スタティック法では、受信する衛星数・搬送波を増やして観測時間の短縮を図る。

基線ベクトル

（baseline vector）

　測点間の距離と方向（3次元座標差）。スタティック法では長時間観測するので衛星配置や観測環境（大気のゆらぎ、マルチパス、雑音電波）による影響が平均化され精度の高い基線ベクトルが得られる。また、整数値バイアスも時間経過に伴う衛星の位置変化を利用して決定する。

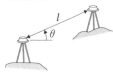

〔3次元座標差〕

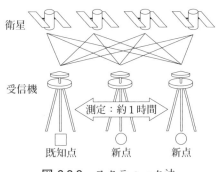

図 6.3.9　スタティック法

8　RTK 法（動的干渉測位法：リアルタイムキネマティック法）

　RTK 法（Real Time Kinematic method）は、図 6.3.10 のように1台の受信機を既知点（固定点）に据付けて継続観測しながら、アンテナポールにつけたもう1台の受信機を新点（移動点）に順次放射状に移動・整置して、5衛星以上からの搬送波位相とコード情報（擬似距離などの観測データ）を同時に10

　アンテナの整置が不安定であると正確な観測値が得られないのでアンテナポールは支持杖で支える。アンテナ高は mm 位まで測定。

秒程度受信し、特定小電力無線装置などを利用して固定点での観測データを新点側に送信（転送）することで新点側で即時（実時間：リアルタイム）に基線解析を行い、3次元的な相対位置（基線ベクトル）を算定する観測法である。RTK法は2級GNSS測量機でも可能であるが、OTF法による迅速な初期化（整数値バイアスの確定）を要する時には1級GNSS測量機を用いる。RTK法は2000年6月に「公共測量作業マニュアル」で認可され、観測時間が短く効率的で機動性を有することから測点間距離の短い3・4級基準点測量や測設作業に採用されている。表6.3.6にスタティック法とRTK法の比較を示す。

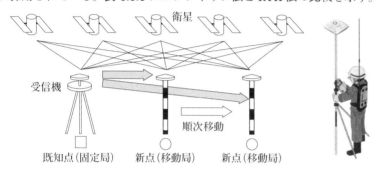

図6.3.10 リアルタイムキネマティック（RTK法）

表6.3.6 スタティック法とRTK法の比較（作業規程の準則に準拠して作成）

GPS測位法	スタティック法	RTK法
受信機の型式	2級（1周波型）	1級（2周波型）
受信機数	既知点1台、新点任意	既知点1台、移動局(新点)任意
他のハードウェア	──	無線装置が必要
利用データ	搬送波位相差	搬送波位相差
整数値バイアスの決定方法	観測中の衛星の移動による位置変化	OTFによる初期設定
観測方法	全点同時観測	各点順次観測
観測時間	60分以上	10秒以上
データ取得時間	30秒以下	1秒
測点数	受信機台数	無制限
測定基線	全点相互間	固定点と移動点間
観測必要衛星数	4衛星以上（GPSのみの場合）	5衛星以上（GPSのみの場合）
測量・計測での利用分野	主に1・2級基準点測量 地すべり自動観測 構造物変位・地殻変動観測 （地震予知、噴火予知）	3・4級基準点測量 出来形管理、施工管理 地形測量・応用測量 測設（杭打ち測量）
データ解析	後処理	リアルタイム処理
測点間距離	10kmまで*	500m以下
精度	$5mm+1ppm×D$	$10～20mm+2ppm×D$
その他	○衛星配置や観測環境による影響が平均化され高精度の基線ベクトルが得られる。	○衛星配置、マルチパス、サイクルスリップの影響を受けやすい。 ○点検観測が必要

*1級GNSS受信機を用いればDが10km以上でも可能。　　　　　（D：測点間距離〔km〕）
ただし、観測時間を120分以上とし、衛星数は5個以上（GPSのみの場合）。1・2級基準点測量では電子基準点のみを与点とする時、Dが10km以上の観測となることがある。

キネマティック法では、1観測点での観測時間が短いために大気のゆらぎやマルチパスおよび雑音電波の影響を受けやすい。特に、電波塔や構造物の近傍では、これらの影響を受けやすいため「観測時間を十分にとる」、「観測の時間帯を変えた観測を行い観測値の点検をする」などの配慮が必要。

また、一連の観測時間が長くなると観測途中でのサイクルスリップ、GNSS測量機の誤操作などにより作業能率が低下する場合があるため、観測では地形や地物の影響を考慮して「一連の観測時間を必要以上に長くしない」、「近傍に既知点がある場合にはなるべく取り付け観測を行い、観測値の点検を行う」などの注意が必要。

観測エポック

各衛星から固定点と移動点で同時に受信する1回の信号を1エポックといい、TS等の1読定に相当する。RTK法による3・4級基準点測量では1秒のデータ取得間隔で10エポックの観測が必要なため受信状態が良好であればFIX解が得られてから1セットの観測は10秒で終了。

観測必要衛星数

GPS＋GLONASSの場合
スタティック法：
　5衛星以上（10km未満）
　6衛星以上（10km以上）
RTK法：6衛星以上
　ただし、GPSおよびGLONASSはそれぞれ2衛星以上を使用。

9 ネットワーク型 RTK 法

配信事業者が算出した補正データ等または面補正パラメータを通信装置により移動局で受信すると同時に、移動局において GNSS 衛星から信号を受信して必要な基線解析または補間処理を行い、移動局の位置を定め、他の移動局（観測点）に順次移動して同様の観測を行う動的干渉測位方式を「ネットワーク（NW）型 RTK 法」といい、**VRS** 方式と **FKP** 方式が実用化されている。

VRS 方式の NW 型 RTK 法は、次の手順で行う。

① 移動局に整置した GNSS 測量機で、GNSS 衛星からの信号を受信。

② 移動局からその概略位置を通信装置により配信事業者に送信。

③ 配信事業者は概略位置での補正データ等を算出して、通信装置により移動局に送信。

配信事業者
　利用者の要求に応じて基準局の観測データ等を用いて補正データ等を算出し提供する者。

VRS
(Virtual Reference Station)
　仮想点。

FKP
(Flaechen Korrektur Parameter)
　面補正パラメータ。

　VRS 方式の仮想点と移動点間の観測距離は、3km 以内を標準とする。また、VRS および FKP 方式においてやむを得ず網外で観測する場合は、外周辺から 10km 以内にすることが望ましい。

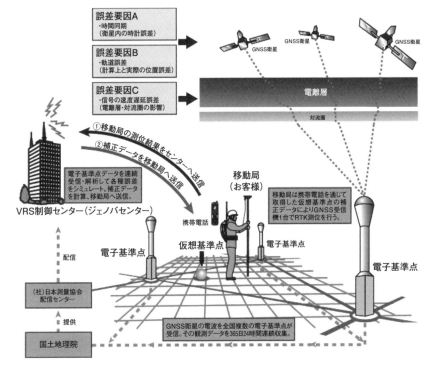

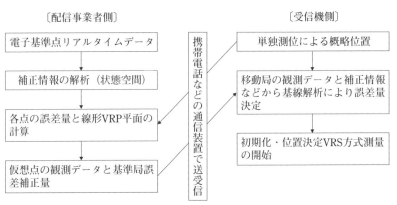

図 6.3.11 VRS 方式の概念と観測および計算の流れ

④ 移動局の観測データ等と補正データ等を用いて、即時に基線解析を行って移動局の位置を決定（データの通信装置には携帯電話や通信カードを用いる）。

また、FKP方式のNW型RTK測量は次の手順で行う。

① 移動局に整置したGNSS測量機で、GNSS衛星からの信号を受信。

② 移動局からその概略位置を通信装置により配信事業者に送信。

③ 配信事業者は、概略位置に最も近い基準局の面補正パラメータを通信装置により移動局に送信。

④ 移動局の観測データと面補正パラメータを用いて即時に移動局での誤差補正量を求め、移動局の誤差量を補正し、移動局の位置を決定。

このような仕組みを利用することでFKP方式は、放送型にも対応が可能である（データの通信装置には携帯電話や通信カードを用いる）。

両方式の概念と観測・計算の流れをそれぞれ図6.3.11と図6.3.12に示す。両方式を用いる基準点測量には、直接観測法と間接観測法がある。

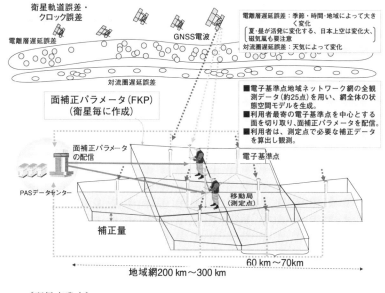

図6.3.12　FKP方式の概念と観測および計算の流れ

(1) 直接観測法

VRS方式で利用可能な観測方法で、配信事業者で算出された補正データなどと移動局の観測データによる基線解析で得られた基線ベクトルを用いて、多

解析処理事業者
　移動局の観測データと補正データ等を用いて即時に基線解析を行い、移動局の座標を決定する業者。

角網を構成する方法である。解析計算として補正データを配信事業者から受信し、受信機側のパソコンで計算を行う方式（ローバー型）と観測データを**解析処理事業者**に送り、そこに設置された解析処理サーバー内で計算を行う方式（サーバー型）とがある（図6.3.13参照）。

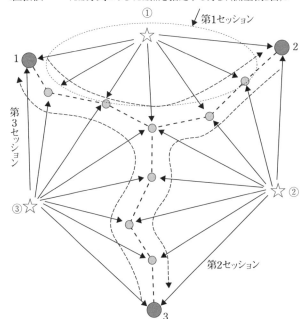

＜直接法……VRS方式のうちVRS点を指定する方法（測量機1台）＞

観測方法
既知点1においてVRS点①を指定し、新点を経由して既知点2へ結合する。次に既知点2からVRS点②を指定し、交点経由で既知点3へ結合する。同様に既知点3から既知点1へ観測しながら戻る。

☆　VRS点（指定した仮想点）

●　既知点（移動局）

○　新点（移動局）

→　観測基線ベクトル

⤙　観測ルート

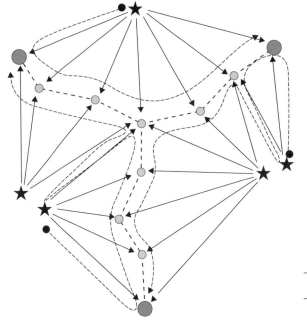

＜直接法……VRS点を指定しない（自動発生させる）方法（測量機1台）＞

観測方法
通信が途絶えた場合は、もう一度、VRS点を発生させたセッションの出発点に戻り、再度VRS点を生成する。
また、VRS点を再現できれば出発点に戻る必要はない。

★　VRS点（自動発生した仮想点）

●　既知点（移動局）

○　新点（移動局）

●　VRS点を発生させるための観測出発点

→　観測基線ベクトル

⤙　観測ルート

図6.3.13　直接観測法

(2) 間接観測法

次の2方式のうちいずれかにより行う。

① 2台同時観測方式による間接観測法

配信事業者で算出された補正データなどまたは面補正パラメータと2点の移動局で同時観測を行った観測データによる基線解析または誤差バイアス量の補正処理で得られた2つの3次元直交座標差から移動局間の基線ベクトルを間接的に求める。この基線ベクトルを用いて、新点どうしと新点と既知点を結合する多角網を構成する（**図6.3.14** (a)・(b) 参照）。

② 1台準同時観測方式による間接観測法

配信業者で算出された補正データなどまたは面補正パラメータと移動局の観測データによる基線解析または誤差バイアス量の補正処理を行い、その後、速やかに他方の移動局に移動して同様な観測を行って、基線解析または誤差バイアス量の補正処理により得られた2つの3次元直交座標差から移動局間の基線ベクトルを間接的に求める。この基線ベクトルを用いて①と同様に結合多角網を構成する（**図6.3.15** (a)・(b) 参照）。

解析計算としては、①、②ともに補正データを配信事業者から受信し受信機側のパソコンで計算を行う方式（ローバー型）と、観測データを解析処理業者に送り解析処理業者内で計算を行う方法（サーバー型）がある。

＜間接法……VRS方式のうちVRS点を指定する方法（測量機2台）＞
測量機2台で同時観測を行う。

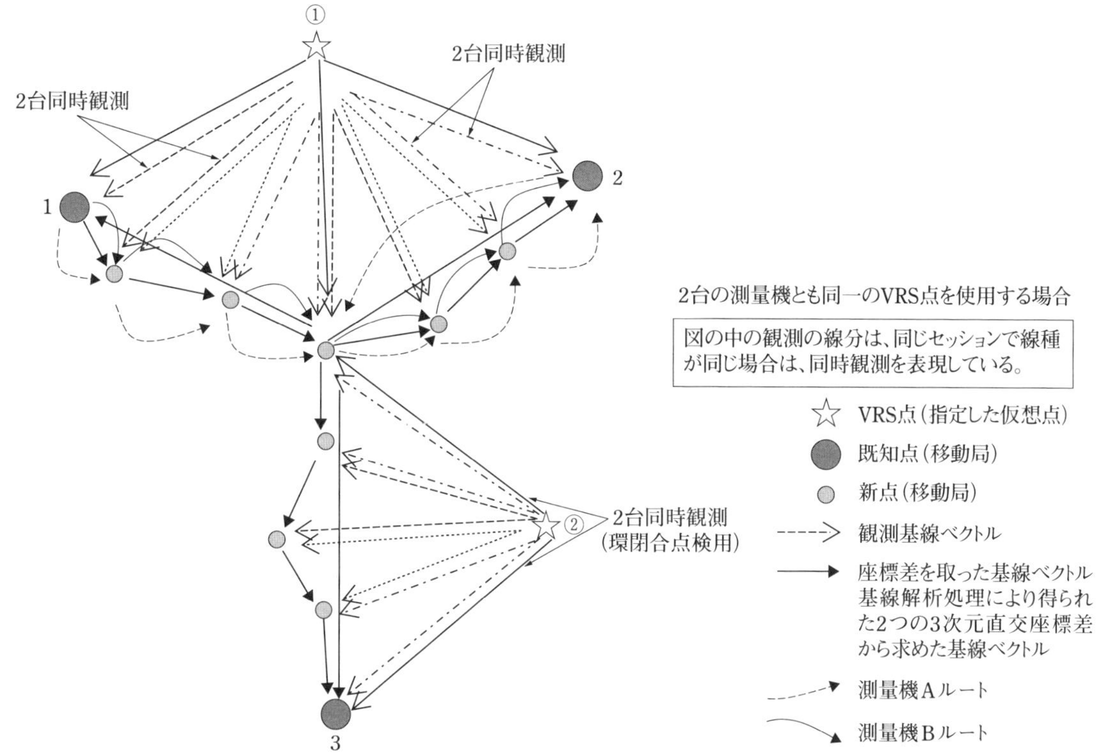

図 6.3.14 (a) 2台同時観測（VRS方式）

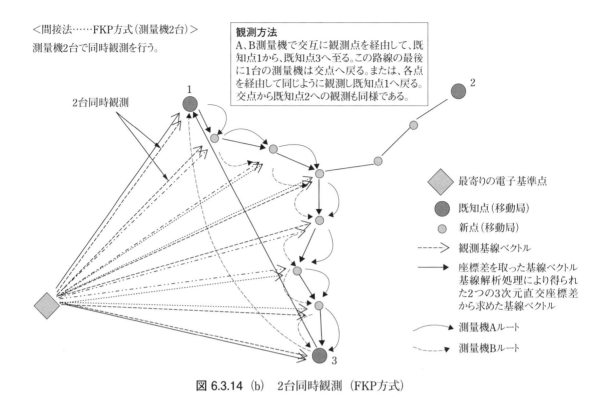

<間接法……FKP方式（測量機2台）>
測量機2台で同時観測を行う。

2台同時観測

観測方法
A、B測量機で交互に観測点を経由して、既知点1から、既知点3へ至る。この路線の最後に1台の測量機は交点へ戻る。または、各点を経由して同じように観測し既知点1へ戻る。交点から既知点2への観測も同様である。

◇ 最寄りの電子基準点

● 既知点（移動局）

○ 新点（移動局）

- - -▷ 観測基線ベクトル

──▶ 座標差を取った基線ベクトル
基線解析処理により得られた2つの3次元直交座標差から求めた基線ベクトル

⌒▶ 測量機Aルート

⌒▷ 測量機Bルート

図 6.3.14 （b） 2台同時観測 （FKP方式）

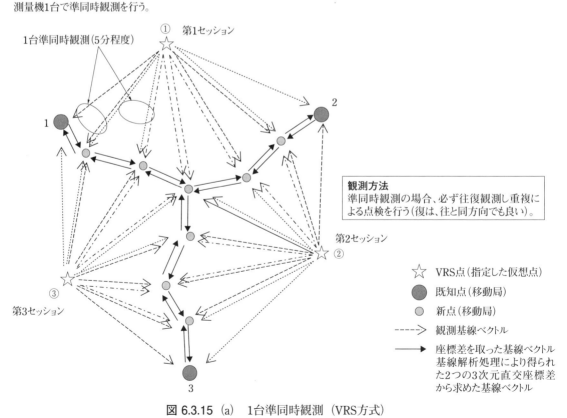

<間接法……VRS点を指定する方法（測量機1台）>
測量機1台で準同時観測を行う。

1台準同時観測（5分程度）

① 第1セッション

第2セッション ②

③
第3セッション

観測方法
準同時観測の場合、必ず往復観測し重複による点検を行う（復は、往と同方向でも良い）。

☆ VRS点（指定した仮想点）

● 既知点（移動局）

○ 新点（移動局）

- - -▷ 観測基線ベクトル

──▶ 座標差を取った基線ベクトル
基線解析処理により得られた2つの3次元直交座標差から求めた基線ベクトル

図 6.3.15 （a） 1台準同時観測 （VRS方式）

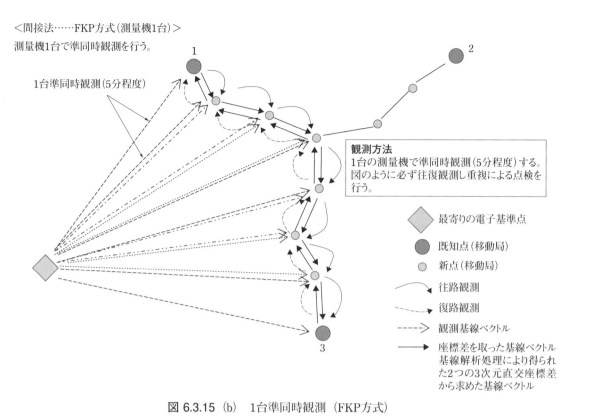

<＜間接法……FKP方式（測量機1台）＞
測量機1台で準同時観測を行う。

1台準同時観測（5分程度）

観測方法
1台の測量機で準同時観測（5分程度）する。
図のように必ず往復観測し重複による点検を
行う。

◇ 最寄りの電子基準点

● 既知点（移動局）

○ 新点（移動局）

⌒ 往路観測

⌒ 復路観測

----- 観測基線ベクトル

→ 座標差を取った基線ベクトル
基線解析処理により得られ
た2つの3次元直交座標差
から求めた基線ベクトル

図 6.3.15（b）　1台準同時観測（FKP方式）

10　GNSS 観測による基準点測量の作業順序

　作業規程の準則を参考に、GNSS 観測（干渉測位法）による基準点測量の作業工程と作業内容などを示すと**表 6.3.7**のようになる。

（1）観測計画と踏査および選点

　観測計画は、多角測量による基準点測量と同様に既往の地形図などをもとに基準点位置などの図上（机上）計画を行う。受信点での最重要留意点は受信環境の確保であるので、踏査の目的は上空視界の状況と受信障害物の有無を確認し、図上計画の妥当性を現地において検討することである。このほか踏査では、既知点の現況・作業経路・後続作業の能率・新点の地権者などを調査する。受信点の上空視界（受信高度角・カットオフアングル）は、マルチパスや大気のゆらぎの影響などを避けるため、最低高度角（仰角）15°を確保することを標準とする（困難な場合は30°まで緩和できる）。また、レーダ・放送局・テレビ塔・電波塔・通信局などの強い電磁波を発信する施設や送電線が近傍にないことが望ましく、電波を**マルチパス（多重反射）・サイクルスリップ（遮蔽）**するような高層ビルや高い樹木などの位置にも注意が必要である。測点周辺の障害状況を把握し、受信状況調査図として記録する。GNSS 衛星は北半球では、南半分の天空に多く位置しているため、北側の障害物はあまり影響しない。現地の状況により、アンテナタワー（高測標）の利用や偏心観測などの対策を検討する。踏査結果をもとに観測点配置の最終計画となる選点図と平均図を作成する。

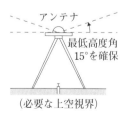

アンテナ
最低高度角
15°を確保

（必要な上空視界）

マルチパス（多重反射）
　建物類や地面などからの反射波。

サイクルスリップ（遮蔽）
　建物や樹木などによってGNSS 衛星からの電波が遮られる。

表 6.3.7　GNSS観測による基準点測量の工程と作業内容・成果

作業工程	主な作業内容	成果等
計　画 使用機器等の検定	○適当な縮尺の地形図や空中写真等で対象区域や周辺の既知点の位置を調査 ○測量の作業経路・配点等を図上計画 ○必要な器材・人員・費用・工程等の見積	○作業計画書 ○製品仕様書、特記仕様書 ○平均計画図 ○既知点成果表、点の記の閲覧・交付
踏査・選点	○既知点の現況、測量経路、選点位置、上空視界や受信障害物等を現地調査で確認し、作業計画の妥当性を検討 ○土地所有者の確認・承諾 ○セッション計画の立案と観測図の作成	○基準点現況報告書 ○選点図、平均図 ○建標承諾書 ○観測図 ○受信状況調査図
測量標の設置 機器点検	○埋標…新点に永久標識（標石）を埋設 　（地上埋設、地下埋設、屋上埋設）	○標石と地上写真 ○点の記 ○測量標位置通知書
GNSS観測	○衛星の飛来情報等から観測時間帯を選定 ○干渉測位方式による観測、放送暦の入手 　（スタティック測位、キネマティック測位） ○アンテナ高と偏心要素の測定	○スケジュール表 ○データファイル ○観測手簿 ○観測記簿
点検計算	○基線解析（WGS−84系） ○基線ベクトルの環閉合差の点検、再測 ○重複する基線ベクトルの比較点検、再測	○点検測量簿、計算簿 ○基準点網図 ○基準点成果表、成果数値データ ○精度管理表、各種データファイル
平均計算	○仮定3次元網平均計算 ○実用3次元網平均計算 ○新点の標高決定	
品質評価 作業等の整理	○基準点成果表について製品仕様書が規定するデータ品質を評価し、メタデータを作成	○品質評価表（総括表、個別表） ○メタデータ

　スタティック法では、同時に複数の受信機を用いて行う1組（1区切り）の観測を「セッション」という。1セッションに必要な受信機は、単三角ベクトルを構成するため最低3台であるが、通常は4〜6台が使用される。観測を効率的に実施するためには、セッションの組み方が重要になる。平均図をもとに効率的なセッション計画を検討し、それを図化したものを観測図という。観測は観測図に基づき実施する。**図 6.3.16** に平均図と観測図の例を示す。隣接す

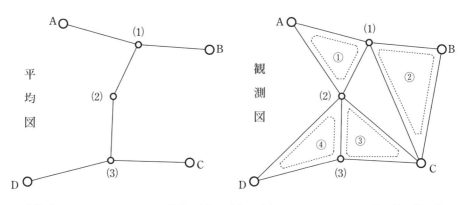

既知点：A、B、C、D　　　　新点：(1)、(2)、(3)　　　　セッション：①、②、③、④
上図の場合は観測値は、(1)・(2)・Cの環閉合差と、(2)・(3)の重複辺で点検ができる

図6.3.16　結合多角方式の平均図と観測図の例

るセッションは、点検計算のために少なくとも1辺は重複観測するか、異なるセッションの環閉合ができるように観測する。

RTK法では初期化（整数値バイアスの確定）を行った後、固定点と移動点の基線ベクトルを1回（通常10秒以上、10エポック以上）計測する単位を1セットの観測といい、1セッションの観測とは1つの固定点から観測したセットの集まりをいう（図6.3.17）。

計測は2セット行い、2回の平均値を求める。

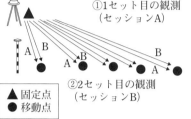

①1セット目の観測
（セッションA）

②2セット目の観測
（セッションB）

▲ 固定点
● 移動点

図6.3.17　RTK法におけるセッション

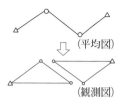

〔単路線方式の観測例〕
（GNSS受信機3台）

(2) 観測

① スタティック法による観測

スタティック法による基準点測量は、基線長が10km以下の場合がほとんどであるため2級GNSS測量機が使われる。作業着手前および作業中に適宜、受信機の機能・性能を点検する。まず、観測日と観測時間を設定するために観測計画ソフトにより図6.3.18のような衛星の飛来情報や配置状況などを入手する。PDOP値も考慮して、各セッションごとに同一セッションの全測点が、最低同一の4衛星以上を60分以上連続観測可能な時間帯を選定し、観測スケジュール表を作成する。観測は同一セッションの各測点に受信機を設置して、同時に実施する。各測点のアンテナは、位相ずれによる誤差を消去するため統一した方向（通常は北向き）に向け、観測は規定時間以上行い必要な衛星数と十分なデータ量（エポック数）の取得を確認する。また、各観測点でのアンテナ高さ（mm単位まで測定）や偏心点での偏心要素（斜距離・方位角・高低角または高低差）を測定する。

基線長が10kmを超えるときは節点を設け分割するか2周波受信できる1級GNSS受信機を用いる。

PDOP（位置精度低下率）
衛星配置状態の良否を表す指標。4衛星を結ぶ四面体の体積が大きいほどPDOP値は小さくなり、観測精度が良くなる。
片寄った衛星配置は避ける。

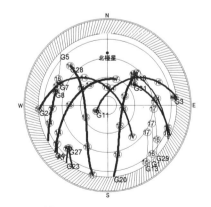

(a) 天空図スカイプロット
（上空の衛星移動軌跡）

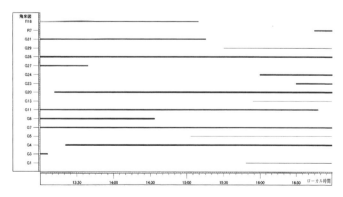

(b) 飛来図　（R：GLONASS, G：GPS）

図6.3.18　衛星の飛来情報と配置状況

その他の留意事項
・観測中は付近で受信に影響する機器類を使用しない
・受信機を長時間整置するときは脚杭で固定する
・予備電源を用意する
・観測中は DOP 値など受信状態をモニターで適宜確認する
・データ棄却率が大きい時は再測する
・観測距離をむやみに長くしない
2台の GNSS 受信機で単路線の作業を行う場合、最初の既知点に設置した固定局を観測終了後に他の既知点に移動させて観測することで、既知点〜新点〜既知点に至る結合多角網を構成できる。

② RTK 法による観測

観測準備は、セッション計画以外はスタティック法とほぼ同様であるが、1級または2級 GNSS 測量機を用い、受信衛星数は GPS のみの場合、最低5衛星必要となる。また、短時間で順次測点間を移動しながら観測するので、各測点で整数値バイアスを求めず、観測開始前に整数値バイアスを確定するための初期化作業を行う。RTK 法の観測法には、**図 6.3.19** に示すように直接観測法と間接観測法の2種類があり、いずれも既知点からの放射結合方式で行う。

直接観測法は、固定点（局）と移動点（局）で同時観測して基線解析で得られる基線ベクトルを直接用いて多角網を形成する方法で、測点間距離は500m以内を標準とする。間接観測法は、固定点と2点の移動点で同時観測し、基線解析で得られた2つの基線ベクトルの差を移動点間の基線ベクトルとし、この間接的に求めた基線ベクトルを用いて多角網を形成する方法である。間接観測法は、同時観測による2基線間の基線解析結果の差を用いるため衛星配置状況や衛星の地平線からの昇降などによる精度低下や大気遅延による誤差を少なくできる。固定点に三角点、公共基準点、電子基準点などの既設基準点を選定することや測定精度を考慮し、観測距離は直接観測する基線では10km以内、間接的に求める移動点間では500m以内を標準とする。

●直接観測法
基線解析で直接的に得られる固定局〜移動局間の基線ベクトルを採用し多角網を構成する方法。

●間接観測法
固定局と2台の移動局で同時観測を行い、各固定局〜移動局間で得られる2つの基線ベクトルの差をとり、これを移動局間（観測点間）の間接的な基線ベクトルとして採用し多角網を構成する方法。

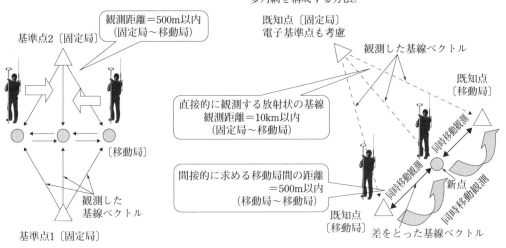

図 6.3.19 直接観測法と間接観測法（RTK法）

1セットの観測時間は、フィックス（FIX）解を確認後10秒以上（10エポック以上取得）で十分であるが、衛星配置が変化した時間帯（20分以上間隔を空けて）での点検観測が必要である。また、アンテナ高を変えた点検観測の実施も望ましい。再初期化が頻繁に起きるような受信環境の悪い箇所では、TSなどとの併用観測を考慮する。

(3) 基線解析

　観測した電波の位相情報と衛星の位置情報から電波の位相差を解析し、XYZ 直交座標系における基線ベクトル（2点間の3次元座標差）を求めることを基線解析という。基線解析は、2地点で受信した観測データを1台のパソコンに入力し、専用の基線解析プログラムにより行う。**表 6.3.8** は、観測・解析結果の出力例である。基線ベクトルの解析結果にはフィックス解（厳密解）とフロート解（非厳密解）がある。衛星から受信機までの距離を電波の波長数で表すと〔波長×波数＋位相〕となるが、解析結果で波数が整数 N で求められるものがフィックス解、整数にならないものがフロート解である。すなわち、フィックス解とは整数値バイアスが確定した状態での解である。点検計算に先立って、まず解析結果がフィックス解であることを確認し、次に観測結果の品質評価を観測・解析結果の出力表の統計的指標（標準偏差・データ棄却率・バイアス棄却率など）を参考に基線解として用いてよいことを確認しておく。フロート解

　基線解析は、整数値バイアスと未知点の座標値とを未知数として観測データを最小二乗法によって行うもので、基線解（フロート解）が得られる。フロート解で得られた整数値バイアスは観測誤差などのため整数値とはならないので、信頼度が低い。端数のついたバイアスを直近の整数と仮定して座標計算を再度行い基線解を求める。この解をフィックス解という。フィックス解は信頼度が高い解である。

　基線解析の出発点に用いる既知点は WGS－84 系の正しい値を与えないと求めた基線ベクトルは誤差を含むことになる。

　日本が採用している世界測地系は極めて WGS－84 系に近いため水平位置はそのままでよいが高さについては標高にジオイド高を加えた楕円体高を与える。

表 6.3.8　GNSS測量観測記簿（世界測地系）の出力例

```
解析ソフトウェア：Topcon, Inc. Pinnacle プログラムバージョン 2.00
使用した軌道情報：放送暦
使用した楕円体：GRS-80
使用した周波数：L1
基線解析モード：全ベクトル解析
　　　セッション名：020A
解析使用データ　開始：2003年 1月20日0時34分 UTC
　　　　　　　　終了：2003年 1月20日1時55分 UTC
　　　最低高度角：15度　気圧：1013hPa　温度：20℃　湿度：50％

観測点1：0301 （堤）　　　　　　　観測点 2：0302 （中州小学校）
受信機名(NO)：LEGACY-E/GGD　　受信機名(NO)：LEGACY-E／GGD
　　　　　（AGWYN0D5GJK）　　　　　　　　（AE72A0O9IWW）
アンテナ高=1.394m　　　　　　　　アンテナ高=1.599m
起点：入力値　　　　　　　　　　　終点
緯度=35°7′29″.16750　　　　　　　緯度=35°6′32″.34975
経度=136°0′8″.27020　　　　　　　経度=135°59′8″.86775
楕円体高=　　　123.180m　　　　　　楕円体高=　　　135.597m
座標値 X=−3756952.070m　　　　　座標値 X=−3756638.848m
　　Y=　3627755.342m　　　　　　　　Y=　3629544.101m
　　Z=　3649267.880m　　　　　　　　Z=　3647842.729m

解析結果　解の種類：FIX バイアス決定比：100.000000
観測点　観測点　　　　DX　　　　　DY　　　　　　DZ　　　　　斜距離
　1　　 2　　　313.222 m　　1788.759m　　−1425.151m　　2308.424m
　　　　標準偏差　 1.713e-03　　1.564e-03　　1.845e-03　　1.062e-03
観測点　観測点　　　方位角　　　　 高度角　　　　測地線長　　　楕円体比高
　1　　 2　　　220°40′ 8″.00　　0°17′52″.08　　2308.344m　　12.417m
　2　　 1　　　 40°39′33″.83　　−0°19′ 6″.84
分散・共分散行列
　　　　　　DX　　　　　　　　DY　　　　　　　　DZ
　DX　　 2.9351751e-06
　DY　−2.1284253e-06　　 2.4472105e-06
　DZ　−2.1845710e-06　　 1.6829591e-06　　 3.4032886e-06
使用したデータ数：2951　棄却したデータ数：8　棄却率：0％
使用したデータ間隔：30秒
RMS=0.002964　　RATIO=100.000000
```

座標変換プログラム（国土地理院作成）

日本測地系と測地成果2000の座標変換（TKY2JGD）

測地成果2000と測地成果2011の座標補正（PatchJGD）

の場合には、取得信号の不連続部分（サイクルスリップという）の除去などのデータ編集を行ったのち再計算・再観測する。基線ベクトルは、地球重心を原点とするWGS-84座標系で表現される。

(4) 点検計算

既知点（固定点）が旧日本測地系座標で表示されている場合は、国土地理院が作成した座標変換プログラムを利用した変換計算や再測量の実施などによってGRS80系（測地成果2011）への座標変換が必要となる。

観測結果の点検は、独立した条件で観測した基線解析結果を比較して行う。

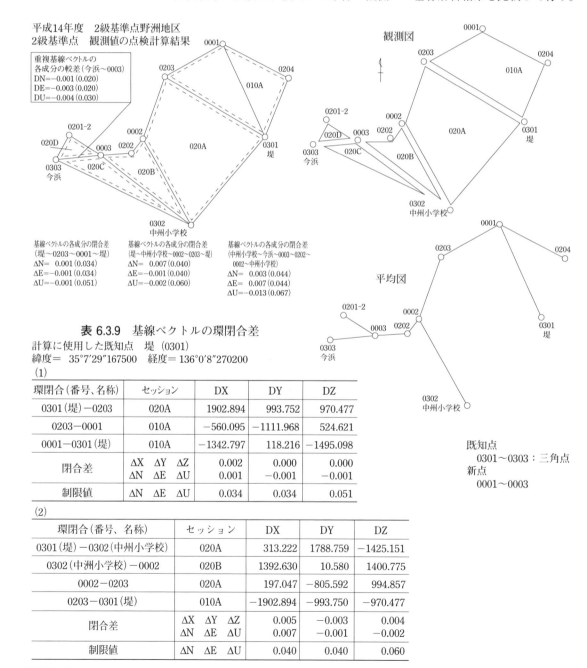

平成14年度　2級基準点野洲地区
2級基準点　観測値の点検計算結果

重複基線ベクトルの各成分の較差（今浜～0003）
DN=−0.001（0.020）
DE=−0.003（0.020）
DU=−0.004（0.030）

基線ベクトルの各成分の閉合差
（堤～0203～0001～堤）
ΔN= 0.001（0.034）
ΔE=−0.001（0.034）
ΔU=−0.001（0.051）

基線ベクトルの各成分の閉合差
（堤～中州小学校～0002～0203～堤）
ΔN= 0.007（0.040）
ΔE=−0.001（0.040）
ΔU=−0.002（0.060）

基線ベクトルの各成分の閉合差
（中州小学校～今浜～0003～0202～0002～中州小学校）
ΔN= 0.003（0.044）
ΔE= 0.007（0.044）
ΔU=−0.013（0.067）

観測図

平均図

既知点
　0301～0303：三角点
新点
　0001～0003

表6.3.9　基線ベクトルの環閉合差

計算に使用した既知点　堤（0301）
緯度＝ 35°7′29″167500　経度＝ 136°0′8″270200

(1)

環閉合（番号、名称）	セッション	DX	DY	DZ
0301（堤）−0203	020A	1902.894	993.752	970.477
0203−0001	010A	−560.095	−1111.968	524.621
0001−0301（堤）	010A	−1342.797	118.216	−1495.098
閉合差	ΔX ΔY ΔZ ΔN ΔE ΔU	0.002 0.001	0.000 −0.001	0.000 −0.001
制限値	ΔN ΔE ΔU	0.034	0.034	0.051

(2)

環閉合（番号、名称）	セッション	DX	DY	DZ
0301（堤）−0302（中州小学校）	020A	313.222	1788.759	−1425.151
0302（中州小学校）−0002	020B	1392.630	10.580	1400.775
0002−0203	020A	197.047	−805.592	994.857
0203−0301（堤）	010A	−1902.894	−993.750	−970.477
閉合差	ΔX ΔY ΔZ ΔN ΔE ΔU	0.005 0.007	−0.003 −0.001	0.004 −0.002
制限値	ΔN ΔE ΔU	0.040	0.040	0.060

表 6.3.8、表 6.3.9 は、独立行政法人　水資源機構琵琶湖開発総合管理所提供。

(3)

環閉合（番号、名称）	セッション			DX	DY	DZ
0302（中州小学校）－0303（今浜）	020C			2458.292	1464.915	1043.514
0303（今浜）－0003	020D			−583.173	−691.696	89.537
0003－0202	020B			−438.908	−472.129	26.278
0202－0002	020B			−43.584	−290.516	241.438
0002－0302（中州小学校）	020A			−1392.623	−10.587	−1400.772
閉合差	ΔX	ΔY	ΔZ	0.004	−0.013	−0.005
	ΔN	ΔE	ΔU	0.003	0.007	−0.013
制限値	ΔN	ΔE	ΔU	0.044	0.044	0.067

計算に使用した既知点　堤（0301）
緯度＝035°7′29″167500　経度＝136°0′8″270200
0003－今浜（0003－0303）

	セッション			DX	DY	DZ
重複値	020D			583.173	691.696	−89.537
採用値	020C			583.169	691.696	−89.534
較差	ΔX	ΔY	ΔZ	0.004	0.000	−0.003
	ΔN	ΔE	ΔU	−0.001	−0.003	−0.004
制限値	ΔN	ΔE	ΔU	0.020	0.020	0.030

〔重複する基線ベクトルの較差〕

同一セッションの観測値のみでは、算定された基線ベクトルの環閉合差は理論上ゼロになるので、点検は必ず異なるセッションを組み合わせる。同じ基線の基線ベクトルが観測ごとに差がないか、また、閉じた路線での基線ベクトルの総和の差はどうかを調べる。すなわち、点検計算は、基線ベクトルの環閉合差または重複（辺）基線の比較により行う。基線ベクトルの環閉合差は、異なるセッションの組合せによる最小辺数の多角形を選定し、比較点検する。重複基線の比較は、異なるセッションで重複する基線ベクトルの水平・高さ成分の較差を点検する。

既知点が電子基準点のみの場合は、2点の電子基準点を結合する路線で基線ベクトルの結合点検を行う。

基線ベクトルの水平・高さ成分は、次式により計算する。

$$\begin{bmatrix} \Delta N \\ \Delta E \\ \Delta U \end{bmatrix} = R \cdot \begin{bmatrix} \Delta X \\ \Delta Y \\ \Delta Z \end{bmatrix} \tag{6.3.6}$$

ΔN：水平面の南北方向の閉合差　　　ΔX：基線ベクトル X 軸成分の閉合差

ΔE：水平面の東西方向の閉合差　　　ΔY：基線ベクトル Y 軸成分の閉合差

ΔU：高さ方向の閉合差　　　　　　　ΔZ：基線ベクトル Z 軸成分の閉合差

$$R = \begin{bmatrix} -\sin\phi \cdot \cos\lambda & -\sin\phi \cdot \sin\lambda & \cos\phi \\ -\sin\lambda & \cos\lambda & 0 \\ \cos\phi \cdot \cos\lambda & \cos\phi \cdot \sin\lambda & \sin\phi \end{bmatrix} \tag{6.3.7}$$

ϕ、λ：緯度、経度　（ϕ、λ は測量地域内における任意の既知点の値）

図 6.3.20(a) に結合方式における点検の具体例を示す。同図では、C－2－3－1－C が異なるセッションが共通する最小辺数で環閉合できる多角形となるの

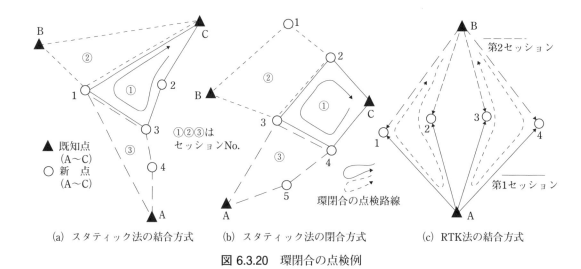

図 6.3.20　環閉合の点検例

で、この多角形で基線ベクトルの環閉合差を点検する。この点検では、1-Cと3-1の基線ベクトルの各成分には、各々第2セッションと第3セッションの値を使う。または、1-Cと3-1が異なるセッションで重複する基線ベクトルとなるので、これらで各成分の比較（較差）点検を行う。**図 6.3.20**(b)は閉合方式での点検例である。異なるセッションが共通する最小辺数で環閉合できる多角形（C-4-3-2-C）で基線ベクトルの環閉合差を点検する。点検では、3-2、4-3の基線ベクトルの各成分に第2セッション、第3セッションの値を使う。または、3-2、4-3が重複ベクトルであるのでこれらの各成分の比較点検を行う。**図 6.3.20**(c)は、既知点A・Bより放射状に観測を行ったRTK法での点検例である。各基線ベクトルは独立した観測であるので、A-1-B-2-AとA-3-B-4-Aで基線ベクトルの各成分の環閉合を点検する。**表 6.3.9**に環閉合差と重複辺の較差の計算例を示す。閉合差・較差が**表 6.3.10**の許容範囲を超えた時は再測する。

既知点が電子基準点のみの場合の許容範囲（結合多角・単路線方式）	
ΔN、ΔE	$60\text{mm}+20\text{mm}\sqrt{N}$
ΔU	$150\text{mm}+30\text{mm}\sqrt{N}$

表 6.3.10　点検計算の環閉合差および各成分の較差の許容範囲

区　分	許　容　範　囲		備　　考
基線ベクトルの環閉合差	水平（ΔN、ΔE）	$20\text{mm}\sqrt{N}$	N：辺数
	高さ（ΔU）	$30\text{mm}\sqrt{N}$	ΔN：水平面の南北方向の閉合差
重複する基線ベクトルの較差	水平（ΔN、ΔE）	20mm	ΔE：水平面の東西方向の閉合差
	高さ（ΔU）	30mm	ΔU：高さ方向の閉合差

（公共測量作業規程の準則より）

(5) 平均計算

GNSS基準点測量においては、観測点の水平位置（平面直角座標・緯度・経度）および標高の最確値と標準偏差は、3次元網平均計算によって求める。

①仮定3次元網平均計算

網全体の観測値および使用する既知点座標の良否を判定するため、基線解析

で算定された基線ベクトルを用いて既知点1点を固定した仮定3次元網平均計算を行い、得られた座標と既知点座標を比較する。仮定3次元網平均計算では、正確な標高や楕円体高は求められないが、既知点の位置誤差の影響を受けず観測精度のみが確認でき、既知点も新点として計算することから、既知点成果の点検もできる。また、固定点との楕円体比高が求められるので、標高を推定できる。既知点が電子基準点だけの場合は、この計算は実施しない。

表6.3.11に仮定3次元網平均計算結果の許容範囲を示す。

表6.3.11 仮定3次元網平均計算による許容範囲

区　分 項　目	1級基準点測量	2級基準点測量	3級基準点測量	4級基準点測量
基線ベクトルの各成分の残差	20mm			
方位角の残差	5秒	10秒	20秒	80秒
斜距離の残差	$20\text{mm}+4\times10^{-6}D$　　D：測定距離			
楕円体比高の残差	$30\text{mm}+4\times10^{-6}D$　　D：測定距離			
水平位置の閉合差	$\Delta S=100\text{mm}+40\text{mm}\sqrt{N}$ ΔS：既知点の成果値と仮定3次元網平均計算結果から求めた距離 N：既知点までの最短辺数			
標高の閉合差	$250\text{mm}+45\text{mm}\sqrt{N}$を標準とする　　N：辺数			

②実用3次元網平均計算

複数の既知点を固定して行う平均計算を実用3次元網平均計算といい、最終的な測量成果を求める計算である。計算式を以下に示す。

地球楕円体の定数および基本計算式は，次のとおりである。

長半径a，短半径b　　$a=6\,378\,137\text{m}$、$b=a(1-e^2)^{1/2}$

極の曲率半径　　　　$c=a^2/b=a/(1-e^2)^{1/2}=a(1+e'^2)^{1/2}$

扁平率　　　　　　　$f=(a-b)/a=1/298.257222101$

　　　　　　　　　　（aとfはGRS 80楕円体の幾何定数）

第1離心率　　　　　$e=\{(a^2-b^2)/a^2\}^{1/2}=(2f-f^2)^{1/2}$

第2離心率　　　　　$e'=\{(a^2-b^2)/b^2\}^{1/2}=\{e^2/(1-e^2)\}^{1/2}$

　　　　　　　　　　$W=(1-e^2\sin^2\phi)^{1/2}$、$V=(1+e'^2\cos^2\phi)^{1/2}$

卯酉線曲率半径　　　$N=a/W=c/V$
（ぼうゆう）

子午線曲率半径　　　$M=a(1-e^2)/W^3=c/V^3$
（しご）
　　　　　　　　　　（緯度方向の曲率半径）

平均曲率半径　　　　$R=(MN)^{1/2}$

　　　　　　　　　　$t=\tan\phi$、$\eta^2=e'^2\cos^2\phi$

緯度、経度、標高　　ϕ、λ、H

緯度差、経度差　　　$\Delta\phi=\phi_2-\phi_1$、$\Delta\lambda=\lambda_2-\lambda_1$

なお、右図のRPQはNS軸（地軸）に直交する平面と楕円体との交線である。これを平行圏という。

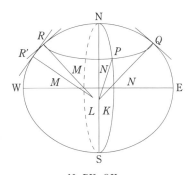

$N=PK=QK$
$M=RL=R'L$
RR'は微小区間

〔各曲率半径〕

基線ベクトルの計算には、座標系によって各々次式を用いる。

$$\begin{bmatrix} X_i \\ Y_i \\ Z_i \end{bmatrix} = \begin{bmatrix} (N_i + H_i) \cdot \cos\phi_i \cdot \cos\lambda_i \\ (N_i + H_i) \cdot \cos\phi_i \cdot \sin\lambda_i \\ \{N_i \cdot (1 - e^2) + H_i\} \cdot \sin\phi_i \end{bmatrix} \quad \begin{array}{l} (\text{測地座標系}) \\ i = 1、2 \end{array} \tag{6.3.8}$$

$$\begin{bmatrix} \Delta X \\ \Delta Y \\ \Delta Z \end{bmatrix} = \begin{bmatrix} X_2 \\ Y_2 \\ Z_2 \end{bmatrix} - \begin{bmatrix} X_1 \\ Y_1 \\ Z_1 \end{bmatrix} \quad (\text{地心 3 次元直交座標系}) \tag{6.3.9}$$

観測方程式は、それぞれの座標系で次のようになる。

〔測地座標（緯度 ϕ、経度 λ、楕円体高 H）による観測方程式〕

$$\begin{bmatrix} V_x \\ V_y \\ V_z \end{bmatrix} = m_2 \begin{bmatrix} \delta\phi_2 \\ \delta\lambda_2 \\ \delta H_2 \end{bmatrix} - m_1 \begin{bmatrix} \delta\phi_1 \\ \delta\lambda_1 \\ \delta H_1 \end{bmatrix} + M_\xi \begin{bmatrix} \Delta X_0 \\ \Delta Y_0 \\ \Delta Z_0 \end{bmatrix} \xi + M_\eta \begin{bmatrix} \Delta X_0 \\ \Delta Y_0 \\ \Delta Z_0 \end{bmatrix} \eta$$

$$\underset{\text{残量}}{} \quad \underset{\text{未知量}}{} \quad \underset{\text{未知量}}{}$$

$$+ M_\alpha \begin{bmatrix} \Delta X_0 \\ \Delta Y_0 \\ \Delta Z_0 \end{bmatrix} \alpha + \begin{bmatrix} \Delta X_0 \\ \Delta Y_0 \\ \Delta Z_0 \end{bmatrix} - \begin{bmatrix} \Delta X_{0b} \\ \Delta Y_{0b} \\ \Delta Z_{0b} \end{bmatrix} \tag{6.3.10}$$

$$\underset{\text{概算値}}{} \quad \underset{\text{観測値}}{}$$

ここで、m_i、M_ξ、M_η、M_α は次式で表される。

$$m_i = \begin{bmatrix} -(M_i + H_i) \cdot \sin\phi_i \cdot \cos\lambda_i & -(N_i + H_i) \cdot \cos\phi_i \cdot \sin\lambda_i & \cos\phi_i \cdot \cos\lambda_i \\ -(M_i + H_i) \cdot \sin\phi_i \cdot \sin\lambda_i & (N_i + H_i) \cdot \cos\phi_i \cdot \cos\lambda_i & \cos\phi_i \cdot \sin\lambda_i \\ (M_i + H_i) \cdot \cos\phi_i & 0 & \sin\phi_i \end{bmatrix} i = 1、2$$

$$M_\xi = \begin{bmatrix} 0 & 0 & -\cos\lambda_0 \\ 0 & 0 & -\sin\lambda_0 \\ \cos\lambda_0 & \sin\lambda_0 & 0 \end{bmatrix}$$

$$M_\eta = \begin{bmatrix} 0 & -\cos\phi_0 & -\sin\phi_0 \cdot \sin\lambda_0 \\ \cos\phi_0 & 0 & \sin\phi_0 \cdot \cos\lambda_0 \\ \sin\phi_0 \cdot \sin\lambda_0 & -\sin\phi_0 \cdot \cos\lambda_0 & 0 \end{bmatrix}$$

$$M_\alpha = \begin{bmatrix} 0 & \sin\phi_0 & -\cos\phi_0 \cdot \cos\lambda_0 \\ -\sin\phi_0 & 0 & \cos\phi_0 \cdot \cos\lambda_0 \\ \cos\phi_0 \cdot \sin\lambda_0 & -\cos\phi_0 \cdot \cos\lambda_0 & 0 \end{bmatrix}$$

ただし、 ϕ_0、λ_0：既知点（任意）の緯度、経度

ξ：鉛直線偏差の子午線方向の成分に相当

η：鉛直線偏差の卯酉線方向の成分に相当

α：網の鉛直軸の微小回転

S：網のスケールファクタ

〔地心 3 次元直交座標（X、Y、Z）による観測方程式〕

$$\begin{bmatrix} V_x \\ V_y \\ V_z \end{bmatrix} = \begin{bmatrix} \delta X_2 \\ \delta Y_2 \\ \delta Z_2 \end{bmatrix} - \begin{bmatrix} \delta X_1 \\ \delta Y_1 \\ \delta Z_1 \end{bmatrix} + M_\xi \begin{bmatrix} \Delta X_0 \\ \Delta Y_0 \\ \Delta Z_0 \end{bmatrix} \xi + M_\eta \begin{bmatrix} \Delta X_0 \\ \Delta Y_0 \\ \Delta Z_0 \end{bmatrix} \eta + M_\alpha \begin{bmatrix} \Delta X_0 \\ \Delta Y_0 \\ \Delta Z_0 \end{bmatrix} \alpha$$

　残差　未知量　未知量

$$+ \begin{bmatrix} \Delta X_0 \\ \Delta Y_0 \\ \Delta Z_0 \end{bmatrix} - \begin{bmatrix} \Delta X_{0b} \\ \Delta Y_{0b} \\ \Delta Z_{0b} \end{bmatrix} \tag{6.3.11}$$

　　　概算値　概算値

基線観測値の重量 P は、次のようにする。

$$P = (\textstyle\sum_\Delta)^{-1} \tag{6.3.12}$$

ただし、$\sum_\Delta$ は 1 基線観測値の分散・共分散行列

固定重量の計算式

$$\textstyle\sum_{\Delta X, \Delta Y, \Delta Z} = R^T \cdot \sum_{N,E,U} \cdot R \qquad R^T : R \text{ の転置行列} \tag{6.3.13}$$

ここで、$\sum_{\Delta X, \Delta Y, \Delta Z}$：$\Delta X$、$\Delta Y$、$\Delta Z$ の分散・共分散行列

$$\textstyle\sum_{N,E,U} = \begin{bmatrix} d_N & 0 & 0 \\ 0 & d_E & 0 \\ 0 & 0 & d_U \end{bmatrix} \qquad \begin{aligned} & d_N : \text{水平面の南北方向の分散} \\ & d_E : \text{水平面の東西方向の分散} \\ & d_U : \text{高さ方向の分散} \end{aligned}$$

$d_N = (0.004\text{m})^2$、$d_E = (0.004\text{m})^2$、$d_U = (0.007\text{m})^2$ とする。

$$R = \begin{bmatrix} -\sin\phi \cdot \cos\lambda & -\sin\phi \cdot \sin\lambda & \cos\phi \\ -\sin\lambda & \cos\lambda & 0 \\ \cos\phi \cdot \cos\lambda & \cos\phi \cdot \sin\lambda & \sin\phi \end{bmatrix}$$

ϕ、λ：緯度、経度（ϕ、λ は測量地域内における任意の既知点の値とする）

〔平均計算〕

観測方程式　$V = AX - L, \ P$ $\qquad\qquad\qquad\qquad\qquad$ (6.3.14)

正規方程式　$(A^T PA)X = (A^T PL)$、　解　$X = (A^T PA)^{-1} \cdot (A^T PL)$ $\quad$ (6.3.15)

ただし、V：残差のベクトル（$3m \times 1$）

$\qquad\quad A$：計画行列（未知数の係数の行列）（$3m \times n$）

$\qquad\quad A^T$：A の転置行列

$\qquad\quad X$：未知数のベクトル（$n \times 1$）$\qquad\quad m$：観測した基線値の数

$\qquad\quad L$：定数項のベクトル（$3m \times 1$）$\qquad\quad n$：未知数の数

$\qquad\quad P$：重量行列（$3m \times 3m$）

$$P = \begin{bmatrix} p_1 & 0 & \cdots & 0 \\ 0 & p_2 & \cdots & 0 \\ \vdots & \vdots & \vdots & \vdots \\ 0 & 0 & \cdots & p_m \end{bmatrix}$$

平均計算後の観測値の単位重量当たりの標準偏差

$$\sigma_0 = \sqrt{\frac{V^T PV}{3(m-n)}} \tag{6.3.16}$$

未知点座標の平均値の標準偏差（単位　m）

・測地座標による観測方程式の場合

$$\sigma_\phi = \sigma_0 (M+H)\sqrt{q_\phi} \qquad (南北方向)$$

$$\sigma_\lambda = \sigma_0 (N+H)\cos\phi\sqrt{q_\lambda} \quad (東西方向)$$

$$\sigma_H = \sigma_0\sqrt{q_H} \qquad\qquad (上下方向)$$

(6.3.17)

ここで、q_ϕ、q_λ、q_H は、$Q_{\phi\lambda H}$ の対角要素

$$Q_{\phi\lambda H} = RQ_{XYZ}R^T, \quad Q_{XYZ} = N^{-1}$$

・地心3次元直角座標による観測方程式の場合

$$\sigma_x = \sigma_0\sqrt{q_x} \qquad (南北方向)$$

$$\sigma_y = \sigma_0\sqrt{q_y} \qquad (東西方向)$$

$$\sigma_H = \sigma_0\sqrt{q_H} \quad (上下方向)$$

(6.3.18)

ここで、q_x、q_y、q_H は、Q_{xyH} の対角要素

$$Q_{xyH} = RQ_{XYZ}R^T, \quad Q_{XYZ} = (A^T PA)^{-1}$$

観測値の平均値の標準偏差

$$\sigma_{\Delta X} = \sigma_0\sqrt{q_{\Delta X\Delta X}}$$

$$\sigma_{\Delta Y} = \sigma_0\sqrt{q_{\Delta Y\Delta Y}}$$

$$\sigma_{\Delta Z} = \sigma_0\sqrt{q_{\Delta Z\Delta Z}}$$

(6.3.19)

ここで、$q_{\Delta X\Delta X}$、$q_{\Delta Y\Delta Y}$、$q_{\Delta Z\Delta Z}$ は、$Q_{\Delta X\Delta Y\Delta Z}$ の対角要素

$$Q_{\Delta X\Delta Y\Delta Z} = AQ_{XYZ}A^T$$

斜距離の平均値の標準偏差

$$\sigma_S = \sigma_0\sqrt{q_D}$$

(6.3.20)

ここで、$q_D = GQ_{\Delta X\Delta Y\Delta Z}G^T$

$$G = [\Delta X/D, \Delta Y/D, \Delta Z/D]$$

$$D = (\Delta X^2 + \Delta Y^2 + \Delta Z^2)^{1/2}$$

点の記

基準点の位置を詳細に記録したもので、基準点を同定できるように標識番号・種類・所在地など付近の略図・順路や土地所有者の住所・氏名を表形式にしたもの（P147に例を示す）。

基準点測量の結果（成果）は基準点成果表と点の記としてまとめられ公開されている。公共測量を行う場合にはこれらを閲覧し交付を受ける。

〔成果表への記載事項〕
① その点の座標系番号
② 経緯度（B, L）
③ 標高（H）
④ 平面直角座標値（X, Y）
⑤ 真北方向角（N）
⑥ 隣接基準点に対する平均方向角（T）と距離（S）
⑦ 縮尺係数（s/S）
⑧ ジオイド高
⑨ 埋標型式と埋標番号

3次元網平均計算の許容範囲は、斜距離の残差が1級基準点測量で8cm、2級基準点測量で10cm、また新点水平位置と新点標高の標準偏差がそれぞれ10cm および20cm である。

平均計算後、1/25 000 または適当な縮尺の地形図に基準点（既知点、新点、節点）の位置や方向線などを示した基準点網図を作成するとともに、永久標識の「**点の記**」などの測量成果をまとめる。

③標高の決定

3次元網平均計算で求められる高さは、GRS 80 楕円体に対する楕円体高 He である。He から標高 Ho を決定するには次式による。

$$\text{Ho} = \text{He} - \text{Hg} \qquad (\text{Hg はジオイド高})$$

(6.3.21)

ジオイド高 Hg は、国土地理院が提供するジオイドモデル 2011 による。

11　電子基準点を用いた基準点測量と GNSS 導入メリット

　国土地理院は、明治以来百数十年にわたり基本測量を実施し全国に国家基準点（三角点・水準点）を設置してきたが、世界測地系と一致せず長年の地殻変動によりずれが生じており、また、国家基準点の数が多くなり維持管理が困難であるなどの問題点があった。現在は、**写真 6.3.2** のような高さ 5m のステンレス製ピラー中に 1 級 GNSS 測量機、通信用機器などを格納した GNSS 連続観測局（電子基準点）が新しい国家基準点として全国 1 318 点（2020 年 4 月現在）に設置されている。電子基準点の座標は、4 箇所の VLBI 観測局を与点として確定され、次に一〜三等三角点の座標は電子基準点を与点として求められ、さらに四等三角点の座標は、周囲の一〜三等三角点の新旧座標差から補間計算することで新しい座標値が決定された。このようにして新たに求めた基準点座標値を『世界測地系（測地成果 2000）』という。

　2011 年の東日本大震災の地殻変動を反映して電子基準点を含む国家基準点の座標が改訂され、『測地成果 2011』として現在使用されている。

写真 6.3.2　電子基準点（中央）

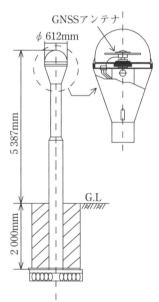

GNSSアンテナ

φ 612mm

5 387mm

G.L

2 000mm

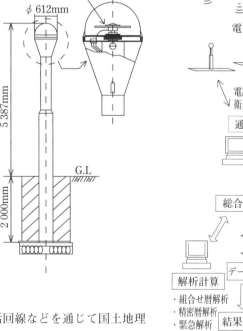

GNSS衛星

電子基準点

電話回線および
衛星通信

通信装置

RINEX（共通仕様）
データ

総合管理装置

データベース　・観測データ
　　　　　　　・解析結果
解析計算　　　・観測点情報

・組合せ暦解析
・精密暦解析
・緊急解析　　結果表示　　データ提供

・座標値変化グラフ　　　　・観測データ
・基線変化グラフ　　　　　・解析結果
・歪み図

〔GEONET〕

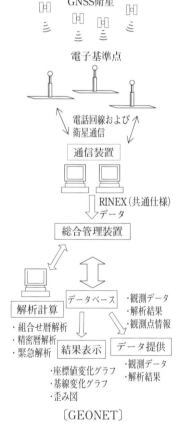

GEONET
GNSS（GPS）
Earth
Observation
Network system

　各電子基準点での観測データは、電話回線などを通じて国土地理院構内の GNSS 中央局に収集・解析処理され、その相対的な位置変動を把握することで地震や火山噴火などによる広域地殻変動の監視に利用されている。24 時間常時観測で変動を即時に把握でき成果の更新が容易であることが電子基準点の特徴である。**図 6.1.2** に電子基準点の配備状況を示す。この世界最大の電子基準点網は、「全国 GNSS 連続観測システム GEONET」と称され、2002 年からは観測データがインターネットで公開され、基準点測量などでも各電子基準点における位相データ・衛星精密軌道情報（精密暦）を利用できる。電子基準点を利用した基準点測量は、**図**

セミ・ダイナミック補正
　日本列島は4つのプレートがぶつかり合うプレート境界に位置するため、複雑な地殻変動が生じている。地殻変動に伴うひずみは、電子基準点のみを既知点とする測量（広範囲で行う測量）の精度に影響を及ぼす。その影響は年々大きくなるので、補正が必要となる。そこで『セミ・ダイナミック補正』法が提案されている。

　詳しくはP306を参照。

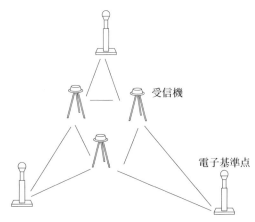

図 6.3.21　電子基準点を用いたスタティック法による1・2級基準点観測

6.3.21に示すように三角点へ行かずとも測量が可能で、受信機台数を少なくでき高精度であるなどが利点である。電子基準点は、スタティック法のみでなくRTK法にも対応できるように順次改造されており、今後の国土情報管理インフラの根幹的役割を担うことになる。

　GNSSの基準点測量分野への導入には、衛星電波を受信できない場所での測量ができない、電波障害に弱い、機材のコストが高いなどの課題があり、短い基線（測線）の観測ではTSの方が有利であるが、以下の導入メリットが評価できる。

① 公共座標取付け作業の迅速化と省力化が図れる。

　GNSS受信機の耐用年数は10年程度であるので計画的な設備更新が必要。

　　建設CALSや「**電子国土基本図**」の構築に向けてのGISの普及には、各施設の座標データのリンクが不可欠となり、公共座標取付け作業の効率化が望まれるが、GNSSではこれが容易である。

② 測量精度の向上が図れる。

　　特に、広範囲の基準点測量では、節点を設けることが不要になるため、測量精度が格段に向上し、高精度位置情報の需要増加に迅速に対応できる。

③ 高い再現性を得ることができる。

建設CALS
(Continuous Acquisition and Lifecycle Support)
　国土交通省が推進している建設に関する情報化施策（P104参照）。
①情報の電子化
②通信ネットワークの利用
③情報の共有化を目的とした電子情報システム

　　災害や工事などで基準点が破損・紛失した場合でも復元・再現作業が容易である。また、既設基準点の信頼性確認・改測・再計算・成果変更などのニーズに即応できる。

　電子基準点の設置間隔は、平均約20〜25kmであるが全国に均等配置されていないため、電子基準点を補完する目的で自治体などが独自に「GNSS固定点」を設けている例もある。

電子国土基本図
　国土地理院が整備する基盤地図情報（P233参照）に地図情報、航空写真画像データ、地名情報などを加えたものでWeb上で閲覧・提供される。

電子基準点の記

ふりがな 点　名 （点番号）	**おおさか** 大阪A （　181227　）	基準点コード（電子基準点）		EL05235040201
付属標番号	No. 181227A	基準点コード（付属標）		
標識番号	第　181227A　号	基準点コード（三等水準点）		
1/20万図名	和歌山	1/5万図名	大阪東南部	設置区分　　　　地上
所在地	大阪府大阪市天王寺区真田山町			
	真田山公園		地目	宅地
所有者	大阪市			
	（管　理：大阪市）			
選　点	平成30年11月15日	選　点　者		
設　置	平成31年 3月11日	設　置　者		
付属標観測		観　測　者		
自動車到達地点	車道			
基準点周囲の状況	公園			
隣接水準点 との距離				
備　考	平成31年 3月11日　新設 電子基準点側面～付属標：　0.40 m			

要　図　1/2.5万

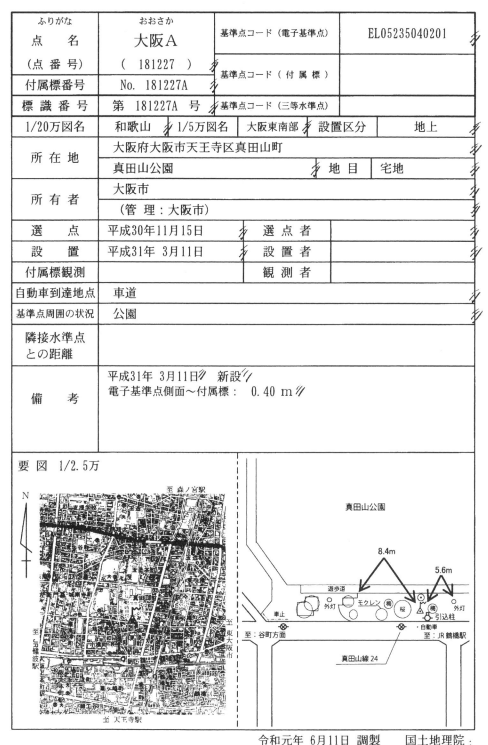

令和元年 6月11日　調製　　国土地理院：

4 三角測量

原理的には1辺と2角から他の辺長を求められるが夾角を全部測定して精度を高める。

正弦定理

三角形において各辺の長さと対角の正弦（sin）との比が等しいこと。

正弦法則ともいう。

1 三角測量の原理と特徴

図 6.4.1 のように測量対象区域に互いに見通せる測点を配置し、隣接測点を三角形で結んで多くの三角形が、鎖状または網状に連なる測量網を形成する。三角測量は、最初の三角形の一辺長（AB・基線長）と各三角形の内角（夾角）を測り、三角法の**正弦定理**を用いて各辺長を算定し、方向角 T_a から各辺の方位を計算してトラバース計算と同様な計算で各点の水平位置（座標）を求める基準点測量方法である。この測点を三角点という。

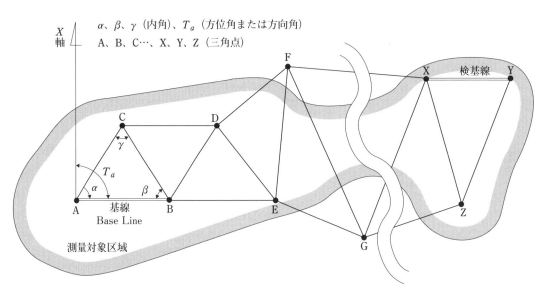

図 6.4.1 三角測量の測量網

スネリュウス

オランダの数学者で光の屈折の法則を発見した（1570 〜 1626）。

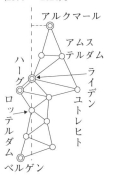

ベルゲンとアルクマール間の子午線長の計測

△ABC において各内角と AB の辺長が分かれば、他の辺長は次式により求められる（$\alpha + \beta + \gamma = 180°$ の点検をし、閉合差を各内角に補正した後、辺長を計算する）。

$$\frac{\overline{BC}}{\sin \alpha} = \frac{\overline{AC}}{\sin \beta} = \frac{\overline{AB}}{\sin \gamma} \quad 【正弦定理】 \tag{6.4.1}$$

$$\overline{BC} = \overline{AB}\frac{\sin \alpha}{\sin \gamma} \qquad \overline{AC} = \overline{AB}\frac{\sin \beta}{\sin \gamma} \tag{6.4.2}$$

BC に連なる各三角形では内角を測るだけで順次各辺長が算定でき、また基線 AB の方向角（T_a）を測れば各点の水平位置が求められる。三角形が 10 〜 20 個連なった箇所で検基線（点検基線）XY を設け、この長さを実測することで誤差点検ができる。

三角測量は、**スネリュウス**が 1617 年にオランダのハーグとライデンを結ぶ 15km の基線を作り、教会の塔などを順次視準しながら南北に三角網を拡げ、

ベルゲン・アルクマール間の子午線弧長150km（誤差3.4％）を求めたことに始まる。その後、**ガウス**が19世紀初頭に日光をミラーで反射させるヘリオトープを載せた測標を考案し、最小二乗法による観測結果の処理法を用いて測量精度を大幅に向上させることで、三角測量は精密測地測量の唯一の方法として長く採用されてきた。三角測量は、明治以来実施されてきたわが国の国家基準点測量に採用され、光波測距儀が実用化する1960年代まで基準点測量の主流であった。三角測量の主な特徴は、以下のようになる。

①　距離測定は最初の基線長のみで、あとは内角を測るだけで三角点の位置が算定できる。

②　測点間の視通が確保できれば、広大な地域でも効率的に高精度の基準点を設置できる。

③　国家基準点が近くにあれば、測角のみで新点が設置できる。

④　視通確保のための選点が難しく、高い**測標**の設置を伴う。

2　測定内角の調整

　辺長計算や測点の座標計算に先立って、観測角（実測角）に含まれる誤差を幾何学的条件などが満足されるように合理的に配分することを、測定内角の調整という。この条件には一般条件と局所条件がある。三角測量の調整計算は観測角についてのみ行う。調整計算後、正弦定理式により各辺長を算定し、閉合トラバース計算と同じ方法で三角点の座標を求める。

(1) 一般条件（図形条件）

　三角網が閉合図形を作るために必要な条件であり、①角の間に生じる条件（角条件）と②辺の間に生じる条件（辺条件）がある。各々の条件式を角条件式、辺条件式という。

　①［角条件］　三角形の内角の和は、180°である。

　②［辺条件］　任意の辺長は、計算順序に関係なく常に同じ値となる。

(2) 局所条件（測点条件）

　ある測点での観測角が満足すべき以下のような条件をいう。

①　単角の和は全角に等しい。

②　1測点から測ったすべての内角の和は360°である。

3　四辺形の調整計算

　調整計算には、各条件を同時にすべて満足するように最小二乗法を用いて解く「厳密法」と各条件を段階的に分けて調整する簡便な「近似法（漸近法）」とがある。後者は、角条件式により1次調整（角条件調整）を行った後、辺条件式により2次調整（辺条件調整）を行う。基線を含む最初の三角網では一般的に精度向上のため四辺形を組む。また、地形その他の状況によって所要の基線長の設置が困難な場合は、右図のように**基線の拡大**を行う。

　以下に**図6.4.2** (a) のような四辺形の近似法による調整計算を示す。

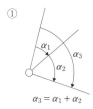
ガウス（Gauss）
　ドイツの数学者で最小二乗法や誤差曲線を考案（1777 ～ 1855）。

測標
　測点に設置する視準目標となる一時標識。

①

$\alpha_3 = \alpha_1 + \alpha_2$

②

$\alpha_1 + \alpha_2 + \alpha_3 = 360°$
〔測点条件〕

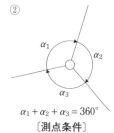

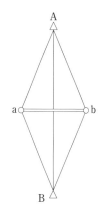

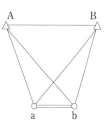

$\overline{ab}$ 小基線
$\overline{AB}$ 拡大基線
〔基線の拡大〕

三角測量の作業順序

1　三角形の配列
2　三角形の決定
3　現地踏査と選点
4　造標
5　基線長の測定
6　水平角の測定
7　鉛直角の測定
8　測定角の調整
9　辺長計算
10　三角点の座標計算
11　三角点の高低計算
12　三角点成果表作成

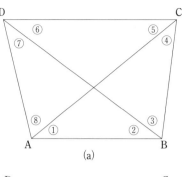
(a)

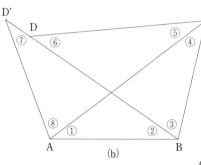
(b)

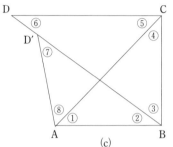
(c)

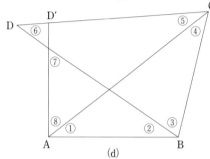
(d)

図 6.4.2　四辺形の場合

［角条件式］

$$①+②+③+ \cdots +⑧= 360°$$
$$①+②=⑤+⑥$$
$$③+④=⑦+⑧$$

(6.4.3)

　図 6.4.2（b）・（c）・（d）の状態でも上式が満足される場合があるので、図形が閉合するには、次の辺条件式も同時に満足する必要がある。

［辺条件式］

　図 6.4.2（a）において辺長 CD を求める場合、基線 AB から時計回りに△ABD と△ACD から求めた CD と、反時計回りに△ABC と△BCD から求めた CD が同じ値になることから、式（6.4.4）の辺条件式が導かれる。

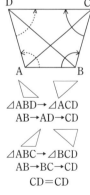

△ABD→△ACD
AB→AD→CD

△ABC→△BCD
AB→BC→CD
CD＝CD

　$△ABD$ において $\dfrac{\overline{AD}}{\sin ②} = \dfrac{\overline{AB}}{\sin ⑦}$、$△ACD$ において $\dfrac{\overline{CD}}{\sin ⑧} = \dfrac{\overline{AD}}{\sin ⑤}$

$$\therefore \overline{CD} = \frac{\overline{AB} \cdot \sin ② \cdot \sin ⑧}{\sin ⑤ \cdot \sin ⑦}$$

　$△ABC$ において $\dfrac{\overline{BC}}{\sin ①} = \dfrac{\overline{AB}}{\sin ④}$、$△BCD$ において $\dfrac{\overline{CD}}{\sin ③} = \dfrac{\overline{BC}}{\sin ⑥}$

$$\therefore \overline{CD} = \frac{\overline{AB} \cdot \sin ① \cdot \sin ③}{\sin ④ \cdot \sin ⑥}$$

$$\frac{\sin ② \cdot \sin ⑧}{\sin ⑤ \cdot \sin ⑦} = \frac{\sin ① \cdot \sin ③}{\sin ④ \cdot \sin ⑥} \qquad \frac{\sin ① \cdot \sin ③ \cdot \sin ⑤ \cdot \sin ⑦}{\sin ② \cdot \sin ④ \cdot \sin ⑥ \cdot \sin ⑧} = 1 \quad (6.4.4)$$

　図 6.4.2(a) の各観測角が**表 6.4.1** のように得られたときの調整計算を以下に示す。

〔角条件の調整計算〕角条件式より各調整量は次のようになる。

$$①+②+③+\cdots+⑧ = 360°$$

$$①+② = ⑤+⑥$$

$$③+④ = ⑦+⑧$$

$$360° - (①+②+③+\cdots+⑧) = +24'' \quad \therefore V_1 = +3''$$

$$(①+②) - (⑤+⑥) = +8'' \qquad\qquad \therefore V_2 = -2'' \quad と +2''$$

$$(③+④) - (⑦+⑧) = +8'' \qquad\qquad \therefore V_3 = -2'' \quad と +2''$$

表 6.4.1　角条件による調整角

角	観　測　角	調　整　量				角条件調整角
		V_1	V_2	V_3	計	
①	29° 19′ 11″	+3″	−2″		+1″	①′ 29° 19′ 12″
②	50° 18′ 25″	+3	−2		+1	②′ 50° 18′ 26″
③	67° 38′ 40″	+3		−2″	+1	③′ 67° 38′ 41″
④	32° 43′ 40″	+3		−2	+1	④′ 32° 43′ 41″
⑤	22° 33′ 10″	+3	+2		+5	⑤′ 22° 33′ 15″
⑥	57° 04′ 18″	+3	+2		+5	⑥′ 57° 04′ 23″
⑦	72° 07′ 04″	+3		+2	+5	⑦′ 72° 07′ 09″
⑧	28° 15′ 08″	+3		+2	+5	⑧′ 28° 15′ 13″
合計差	359° 59′ 36″ −24″	+24	±0	±0	+24	360° 00′ 00″

〔辺条件の調整計算〕辺条件式より各調整量は次のようになる。

$$方程式 : \delta_4 = \frac{\sin ①' \cdot \sin ③' \cdot \sin ⑤' \cdot \sin ⑦'}{\sin ②' \cdot \sin ④' \cdot \sin ⑥' \cdot \sin ⑧'} = \frac{0.16531599}{0.16529946}$$

$$= 1.00010000 > 1$$

$$誤　差 : \omega_4 = (\delta_4 - 1)\rho'' = (1.0001 - 1) \times 206\,265'' = 20.6265''$$

$$調整量 : V_4 = \frac{1}{\sum \cot ⓝ} \omega_4 = \frac{1}{9.8165666} \times 20.6265'' = 2.1''$$

表 6.4.2　辺条件による調整角

角	角条件調整角	調　整　量			辺条件調整角 (最終調整角)
		sinⓝ	cotⓝ	V_4	
①	29° 19′ 12″	0.4896868	1.7805224	−2.1″	29° 19′ 09.9″
②	50° 18′ 26″	0.7694801	0.8300031	2.1	50° 18′ 28.1″
③	67° 38′ 41″	0.9248432	0.4112574	−2.1	67° 38′ 38.9″
④	32° 43′ 41″	0.5406523	1.5559836	2.1	32° 43′ 43.1″
⑤	22° 33′ 15″	0.3835567	2.4077728	−2.1	22° 33′ 12.9″
⑥	57° 04′ 23″	0.8393643	0.6475963	2.1	57° 04′ 25.1″
⑦	72° 07′ 09″	0.9516972	0.3226218	−2.1	72° 07′ 06.9″
⑧	28° 15′ 13″	0.4733752	1.8608092	2.1	28° 15′ 15.1″
合計	360° 00′ 00″		9.8165666		360° 00′ 00.0″

〔検算〕　①〜②は最終調整角

(1) $180° - (①+②+③+④) = 00.0''$　　　　　　　　∴ OK

(2) $180° - (③+④+⑤+⑥) = 00.0''$　　　　　　　　∴ OK

(3) $180° - (⑤+⑥+⑦+⑧) = 00.0''$　　　　　　　　∴ OK

(4) $180° - (⑦+⑧+①+②) = 00.0''$　　　　　　　　∴ OK

(5) $360° - (①+②+③+④+⑤+⑥+⑦+⑧) = 00.0''$　　∴ OK

いずれも許容範囲内（10″以下）であるため、最終調整角を確定角とする。

〔辺長計算と三角点の座標計算〕

次に、各三角点（測点）間の辺長を基線長と正弦定理を用いて順次計算する。なお、基線長 L は 403.650m とし、基線 AB の方向角は 160° 52′ 00″ とする。

また、三角点の座標値はトラバース計算における合緯距・合経距の計算と同様に行うことによって得られる（本章2節5項参照）。

辺長計算と座標計算の結果を**表 6.4.3** と**表 6.4.4** に示す。

$$BC = \frac{\sin \alpha}{\sin \gamma} AB, \quad L = AB = 403.650\text{m}$$

$$BC = \left(\frac{\sin ①}{\sin ④}\right) AB = 365.587, \quad CD = \left(\frac{\sin ③}{\sin ⑥}\right) BC = 402.813$$

$$DA = \left(\frac{\sin ⑤}{\sin ⑧}\right) CD = 326.369, \quad AB = \left(\frac{\sin ⑦}{\sin ②}\right) DA = 403.650$$

表 6.4.3　辺長計算

三角形	最終調整角		既知辺(m)	求辺(m)
ABC	① 29° 19′ 09.9″	④ 32° 43′ 43.1″	AB＝403.650	BC＝365.587
BCD	③ 67° 38′ 38.9″	⑥ 57° 04′ 25.1″	BC＝365.587	CD＝402.813
CDA	⑤ 22° 33′ 12.9″	⑧ 28° 15′ 15.1″	CD＝402.813	DA＝326.369
DAB	⑦ 72° 07′ 06.9″	② 50° 18′ 28.1″	DA＝326.369	AB＝403.650

表 6.4.4　座標計算

測点	距離(m)	方　向　角	Δx (m)	Δy (m)	X (m)	Y (m)	測点
A	403.650	160° 52′ 00.0″	−381.352	132.303	400.000	0.000	A
B	365.587	98° 49′ 07.0″	−56.047	361.265	18.648	132.303	B
C	402.813	334° 06′ 03.0″	362.356	−175.944	−37.399	493.568	C
D	326.363	283° 17′ 35.0″	75.043	−317.624	324.957	317.624	D
A					400.000	0.000	A

$Δx = S \cos T$
$Δy = S \sin T$

S：距離
T：方向角

5 三辺測量

わが国の基本測量における三角測量の精度は、基線長の測距精度が 2×10^{-7} 程度であるが、測角精度が 0.5 秒位であるため、総合的には 2.5×10^{-6} 程度になる。1960 年代後半には、光波測距儀が実用化され測距精度が向上した（1×10^{-6}）ことから、辺長のみを観測する三辺測量が基準点測量や地震予知のための地殻の歪み観測にもしばらく使われた。三辺測量は、測距・測角作業の省力化や迅速化が図れるが視通の確保など選点上の制約は三角測量と同じである。また、三辺長のみの観測では測距精度の点検ができないため図 6.5.1 のように 3 測点以外にも測点 O を設ける必要があり、結局は多くの辺長観測と測点の標高観測が必要となることが短所である。したがって、三辺測量では必要な視通線の数が三角測量よりも増えるので観測上の制約も多い。

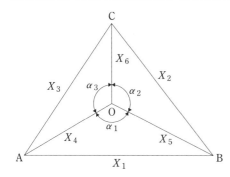

測線	測定値	最確値	誤差（残差）
AB	X_1	M_1	ν_1
BC	X_2	M_2	ν_2
CA	X_3	M_3	ν_3
AO	X_4	M_4	ν_4
BO	X_5	M_5	ν_5
CO	X_6	M_6	ν_6

残差
　未知量の最確値と各観測値との差。

図 6.5.1　三辺測量（内点の場合）

地球の形状は、回転楕円体であるため高さ 10m の測標を立てても 100km 程度しか視準できない。本土から遠く離れた離島などは直接視通できないため、三角測量や三辺測量も不可能となる。

離島の位置は従来は天文観測で求めていたが、現在では人工衛星による観測法（GNSS 測量）が採用されている。

図 6.5.1 のように測点 ABC 以外に O 点を設け、6 測線を測距すると余弦定理により α_1、α_2、α_3 は次式で求まる。

$$\left.\begin{aligned}
\cos\alpha_1 &= \frac{X_4{}^2 + X_5{}^2 - X_1{}^2}{2X_4 X_5} \\
\cos\alpha_2 &= \frac{X_5{}^2 + X_6{}^2 - X_2{}^2}{2X_5 X_6} \\
\cos\alpha_3 &= \frac{X_6{}^2 + X_4{}^2 - X_3{}^2}{2X_6 X_4}
\end{aligned}\right\} \quad (6.5.1)$$

測定値には誤差が含まれているため　$\alpha_1 + \alpha_2 + \alpha_3 \neq 360°（2\pi）$ となり、次の閉合差が生じ、**図 6.5.2**(a) のように求点が交会しない状態となる。

$$閉合差 = (\alpha_1 + \alpha_2 + \alpha_3) - 360° = -(\Delta\alpha_1 + \Delta\alpha_2 + \Delta\alpha_3) \quad (6.5.2)$$

△ABC の外側に測点
O をとった場合、制約条
件は $\alpha_2 = \alpha_1 + \alpha_3$ となる。

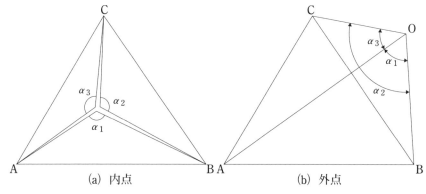

(a) 内点　　　　　　　　(b) 外点

図 6.5.2　三辺測量における内点と外点

$$\cos\theta_i = \cos(\alpha_i + \Delta\alpha_i)\ とすると、\Delta\alpha_i\ が微小であれば$$

$$\cos(\alpha_i + \Delta\alpha_i) = \cos\alpha_i \cos\Delta\alpha_i - \sin\alpha_i \sin\Delta\alpha_i$$

$$= \cos\alpha_i - \sin\alpha_i \cdot \Delta\alpha_i \tag{6.5.3}$$

と近似できる（$\Delta\alpha_i$ が微小であれば　$\cos\Delta\alpha_i \fallingdotseq 1$、$\sin\Delta\alpha_i \fallingdotseq \Delta\alpha_i$）。

一般に、　$y = f(x_1,\ x_2,\ x_3) = \dfrac{x_1{}^2 + x_2{}^2 - x_3{}^2}{2x_1 x_2}$　と定義される関数に対し、

テイラー展開
　関数を多項式で表す
ためにテイラーの定理に
よって無限級数へ展開す
ること。

$y + \Delta y = f(x_1 + \Delta x_1,\ x_2 + \Delta x_2,\ x_3 + \Delta x_3)$ を**テイラー展開**し、2 次項以降を無視すると、次式のように近似される。

$$f(x_1 + \Delta x_1,\ x_2 + \Delta x_2,\ x_3 + \Delta x_3) = f(x_1,\ x_2,\ x_3)$$

$$+ \left(\frac{x_1{}^2 - x_2{}^2 + x_3{}^2}{2x_1{}^2 x_2}\right)\Delta x_1 + \left(\frac{x_2{}^2 - x_1{}^2 + x_3{}^2}{2x_1 x_2{}^2}\right)\Delta x_2 - \left(\frac{x_3}{x_1 x_2}\right)\Delta x_3 \tag{6.5.4}$$

したがって、　$\cos\theta_1 = \cos(\alpha_1 + \Delta\alpha_1) = \cos\alpha_1 - \sin\alpha_1 \cdot \Delta\alpha_1$

$$= \frac{M_4{}^2 + M_5{}^2 - M_1{}^2}{2M_4 M_5} = \frac{(X_4 + \nu_4)^2 + (X_5 + \nu_5)^2 - (X_1 + \nu_1)^2}{2(X_4 + \nu_4)(X_5 + \nu_5)} \tag{6.5.5}$$

$$= \frac{X_4{}^2 + X_5{}^2 - X_1{}^2}{2X_4 X_5} + \left(\frac{X_4{}^2 - X_5{}^2 + X_1{}^2}{2X_4 X_5}\right)\nu_4 + \left(\frac{X_5{}^2 - X_4{}^2 + X_1{}^2}{2X_4 X_5}\right)\nu_5 - \left(\frac{X_1}{X_4 X_5}\right)\nu_1 \tag{6.5.6}$$

であり、$\dfrac{X_4{}^2 + X_5{}^2 - X_1{}^2}{2X_4 X_5} = \cos\alpha_1$ であるから、

$$\Delta\alpha_1 = -\left(\frac{X_4{}^2 - X_5{}^2 + X_1{}^2}{2X_4{}^2 X_5 \sin\alpha_1}\right)\nu_4 - \left(\frac{X_5{}^2 - X_4{}^2 + X_1{}^2}{2X_4 X_5{}^2 \sin\alpha_1}\right)\nu_5 + \left(\frac{X_1}{X_4 X_5 \sin\alpha_1}\right)\nu_1 \tag{6.5.7}$$

が得られる。以下、同様にして、$\Delta\alpha_2$、$\Delta\alpha_3$ は次のようになる。

$$\Delta\alpha_2 = -\left(\frac{X_5{}^2 - X_6{}^2 + X_2{}^2}{2X_5{}^2 X_6 \sin\alpha_2}\right)\nu_5 - \left(\frac{X_6{}^2 - X_5{}^2 + X_2{}^2}{2X_5 X_6{}^2 \sin\alpha_2}\right)\nu_6 + \left(\frac{X_2}{X_5 X_6 \sin\alpha_2}\right)\nu_2 \tag{6.5.8}$$

$$\Delta\alpha_3 = -\left(\frac{X_6{}^2 - X_4{}^2 + X_3{}^2}{2X_6{}^2 X_4 \sin\alpha_3}\right)\nu_6 - \left(\frac{X_4{}^2 - X_6{}^2 + X_3{}^2}{2X_6 X_4{}^2 \sin\alpha_3}\right)\nu_4 + \left(\frac{X_3}{X_6 X_4 \sin\alpha_3}\right)\nu_3 \tag{6.5.9}$$

式 (6.5.2) より、$(\alpha_1 + \Delta\alpha_1) + (\alpha_2 + \Delta\alpha_2) + (\alpha_3 + \Delta\alpha_3) = 360°\ (2\pi)$ であるから、

次の条件方程式が成立する。

$$\varphi = \Delta\alpha_1 + \Delta\alpha_2 + \Delta\alpha_3 + w = 0 \tag{6.5.10}$$

ただし、$w = \alpha_1 + \alpha_2 + \alpha_3 - 360°$ (6.5.11)

(6.5.7)〜(6.5.9)を(6.5.10)に代入すると、条件方程式は、次のように変形される。

$$\varphi = b_1\nu_1 + b_2\nu_2 + b_3\nu_3 + b_4\nu_4 + b_5\nu_5 + b_6\nu_6 \tag{6.5.12}$$

ここで、

$$b_1 = \frac{X_1}{X_4 X_5 \sin\alpha_1}$$

$$b_2 = \frac{X_2}{X_5 X_6 \sin\alpha_2}$$

$$b_3 = \frac{X_3}{X_6 X_4 \sin\alpha_3}$$

$$b_4 = -\frac{X_4{}^2 - X_5{}^2 + X_1{}^2}{2X_4{}^2 X_5 \sin\alpha_1} - \frac{X_4{}^2 - X_6{}^2 + X_3{}^2}{2X_6 X_4{}^2 \sin\alpha_3}$$

$$b_5 = -\frac{X_5{}^2 - X_6{}^2 + X_2{}^2}{2X_5{}^2 X_6 \sin\alpha_2} - \frac{X_5{}^2 - X_4{}^2 + X_1{}^2}{2X_4 X_5{}^2 \sin\alpha_1}$$

$$b_6 = -\frac{X_6{}^2 - X_4{}^2 + X_3{}^2}{2X_6{}^2 X_4 \sin\alpha_3} - \frac{X_6{}^2 - X_5{}^2 + X_2{}^2}{2X_5 X_6{}^2 \sin\alpha_2}$$

(6.5.13)

ラグランジュ関数については P46 を参照。

ラグランジュの未定係数法は非線形の最適化問題において条件方程式が特に等号だけで与えられている場合に適用される。最適化とはある条件の下で定められた目的関数を最小化（又は最大化）すること。測量の誤差検討では目的関数は残差の二乗和として定義される。具体的には、この目的関数を条件式(6.5.10〜13)のもとで偏微分して極値（最小値）を求める問題である。

したがって、距離の最確値は、条件方程式の下で次のラグランジュ関数 F を最小にする残差によって求められる。なお、測距は通常 TS で行われるので、式（6.5.14）では各測距の重みは等しいとしている。

$$F = \nu_1{}^2 + \nu_2{}^2 + \nu_3{}^2 + \nu_4{}^2 + \nu_5{}^2 + \nu_6{}^2 - 2\lambda\phi \tag{6.5.14}$$

ここで、λ はラグランジュの未定係数。

参考文献

1) 中村英夫・清水英範：測量学、技報堂出版、2000

2) 田島稔・小牧和雄：最小二乗法と測量網平均の基礎、東洋書店、2001

3) 測量作業要領、日本道路公団、2002

4) 測量作業規程、日本道路公団、2002

5) 測地測量、（財）測量専門教育センター、2003

6) 土屋淳・辻宏道：新・GPS 測量の基礎、（社）日本測量協会、2002

7) 測量実務研修テキスト、（株）トプコン、2000

8) 測量と測量機のレポート、（株）ソキア、2009

9) 長谷川昌弘・今村遼平・吉川眞・熊谷樹一郎：ジオインフォマティックス入門、理工図書、2002

10) 松井啓之輔：測量学 I、共立出版、1985

11) 松井啓之輔：測量学 II、共立出版、1986

12) （社）日本測量協会：基準点測量計算範例集、新訂版、1998

13) （社）日本測量協会：公共測量作業規程の準則、2008

14) （社）日本測量協会：公共測量作業規程の準則　解説と運用、2009

6章　基準点測量　計算問題 （解答は P282）

問1　森林地域において測点を結ぶ多角測量を行い、次の値を得た。AE 間の直線距離を求めよ。

測　線	距離 （m）	方位角
AB	118	187°30′
BC	76	109°00′
CD	104	148°30′
DE	80	76°30′

問2　ABCD の四角形の内角の観測を行い、以下の値を得た。調整計算を行え。

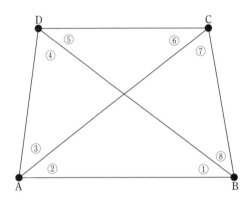

① 32° 43′ 41″
② 67° 38′ 40″
③ 50° 18′ 27″
④ 29° 19′ 13″
⑤ 28° 15′ 16″
⑥ 72° 07′ 12″
⑦ 57° 04′ 26″
⑧ 22° 33′ 13″

問3　下図のように、既知点 A において既知点 B を基準方向として新点 C 方向の水平角 T' を観測しようとしたところ、既知点 A から既知点 B への視通が確保できなかったため、既知点 A に偏心点 P を設けて観測を行い、表の観測結果を得た。既知点 B 方向と新点 C 方向の間の水平角 T' はいくらになるか。

　　ただし、既知点 A、B 間の基準面上の距離は、2 000.00m であり、S' および偏心距離 e は基準面上の距離に補正されているものとする。

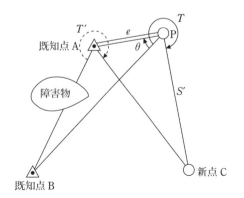

観測結果	
S'	1 800.00m
e	2.00m
T	300° 00′ 00″
θ	36° 00′ 00″

第 7 章
水 準 測 量

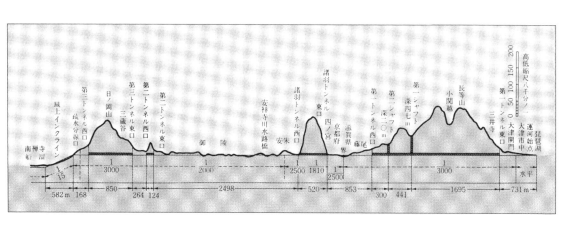

琵琶湖疏水（1次）の縦断面図と20インチＹレベル（京都市水道局琵琶湖疏水記念館所蔵）

　明治23（1890）年に完成した琵琶湖疏水建設事業（上は縦断面図、下は測量に用いた望遠鏡長20インチ＊のＹレベル）。

　明治になり東京遷都のため衰退した京都の復興事業として、全長約9kmの物流・水道・発電用水路が建設された。

　長さ2 436mのトンネル貫通点での誤差は、高低差で1.2cm・中心差で7.4cmとわずかであった。この高精度の測量技術で「大金の無駄使いだと思っていた京都市民が疏水は必ずできると考えるようになった。」（田村喜子著：京都インクライン物語、中公文庫、1994）　＊1インチ＝2.54cm

7 水準測量

水準測量は高低差測量ともいわれ、既知点をもとに諸点間の高低差（比高）の測定を行い標高などを求める測量である。また、設計図書にもとづいた構造物の高さや切土、盛土などの計画高に対する施工管理にも広く用いられる測量である。最近では、測量分野にも衛星を利用した GNSS 測量が広く導入されており、GNSS による高さ（楕円体高＝ジオイド高＋標高）の測定も実施されている。

1 水準測量の基本用語

(1) 水準面 (level surface)

ある標高の各点で重力方向に鉛直な曲面をいう。水準面の1点に接する平面を水平面 (horizontal plane) という。

(2) 水準線 (level line)

地球の中心を含む平面と水準面の交わりでできる曲線をいう。水準線上の任意の点でこれに接する直線をその点における水平線 (horizontal line) という。

(3) 基準面 (datum plane)

各点の高さを表す基準となる水準面をいい、わが国では**東京湾平均海面**を標高の基準と定めている。河川・港湾工事では各地域で特殊基準面を用いている。

(4) 標高・海抜 (elevation)

基準とする水準面（基準面・TMSL）より鉛直方向に測った距離である。

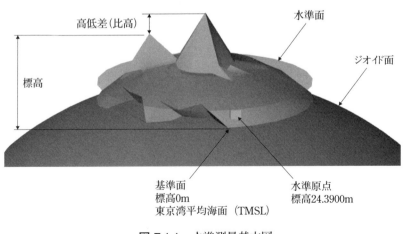

図 7.1.1　水準測量基本図

（5）水準原点（original bench mark）

　水準測量の基準面は東京湾平均海面を 0m とするが、常に基準を海面から求めるのは現実的ではない。このため、明治 24 年国会議事堂構内の憲政記念館前庭に平均海面上 24.5000m の高さに水準原点が設置された。1923（大正 12）年 9 月 1 日の関東大震災で 86mm、2011（平成 23）年 3 月 11 日の東日本大震災で 24mm 沈下したため現在の水準原点は、**図 7.1.2** のように平均海面上 24.3900m の高さにある（原点数値）。

〔日本水準原点〕
東京都千代田区永田町一丁目一番二地内、水準点標石の水晶板の零分画線の中点（測量法施行令第 2 条）。
中央の扉を開くと水晶板に水準原点の位置が刻まれている。

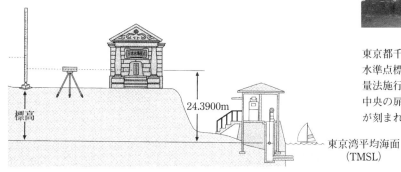

図 7.1.2　験潮観測と水準原点（「国土地理院パンフレット」より）

（6）験潮場（検潮所）

　潮汐を連続的に長期間観測することを験潮（検潮）といい、日本水準原点の標高は、神奈川県三浦市三崎の油壺験潮場において潮位観測を行っている。

　日本には、150 箇所以上の験潮場（国土地理院の験潮場は 25 箇所）がある。

（7）水準点（Bench Mark、BM）

　水準測量の基準となる点であり、基準面からの標高が精密に測定され、基準水準点や一・二等水準点が主要国道などに約 2km 間隔で設置されている。

　図 7.1.3 に水準点標識の埋設例を示す。

水準点の数は**表 6.1.1**を参照。
　験潮は沿岸の地殻変動検知と地震予知にも活用される。

　基準水準点と一・二等水準点は基本測量で設置される。
　1〜4 級水準点と簡易水準点は公共測量で設置される。

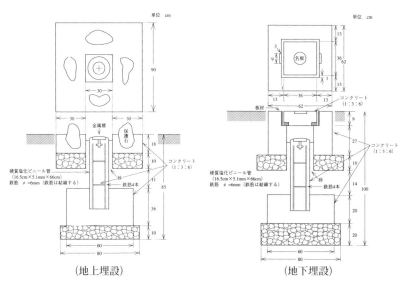

図 7.1.3　水準点標識の埋設例（「公共測量作業規程の準則」より）

2 水準測量の分類

水準測量は観測方法や観測目的および観測精度などによって次のように分類する。

1 観測方法による分類

(1) 直接水準測量

レベル（水準儀）と標尺（スタッフ、一種の物差し）などの水準測量器械を用いて、高低差（比高）を直接求める方法である。高い精度の測量を行うことができ、水準測量とは一般的に直接水準測量のことをいう。

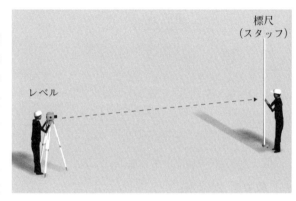

図 7.2.1 レベルと標尺による高低差（比高）測定

高低差＝a−b
標尺 I・II の同一水準面に対する標尺目盛 a・b
〔直接水準測量〕

(2) 間接水準測量

水準測量器械を用いない方法であり、例えば TS による高度角 α と斜距離 D の測量結果から図 7.2.2 のように、三角法などを利用して高低差を算出する方法や平板測量のアリダードを用いる方法などがある。また GPS 測量・スタジア測量・気圧水準測量・写真測量なども間接水準測量に分類される。直接水準測量よりも精度は低い。

測量精度は低いが直接水準測量が行えない箇所では間接水準測量が有効である。

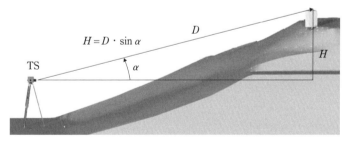

$$H = D \cdot \sin \alpha$$

図 7.2.2 TSによる高低差（比高）の算定

2 目的による分類

(1) 高低差水準測量

諸点間の高低差（比高）を測る測量である。

(2) 線水準測量

縦断測量と横断測量を線水準測量と総称する。縦断測量は、道路・鉄道・河川など一定の路線の中心線や線形などに沿った縦断方向の高低差を求める測量

である。横断測量は縦断方向に直角な方向の高低差を求める測量である。

(3) 渡海（河）水準測量

　海峡・河川・池・谷などを横断する水準測量ではレベルをその中間に設けることが不可能であるため渡海水準測量が行われる。観測方法には、観測距離や両岸の高低差に応じて**表 7.2.1** のように交互法・経緯儀法・俯仰ねじ法がある。交互法は、両岸にレベルを交互に設置して自岸や対岸の測点の高さを測定し、両岸の高低差を求める（P170 参照）。交互法による渡海水準測量ではレベルを使用し、俯仰ねじ法では俯仰ねじを有するレベルを用いる。経緯儀法ではレベルとともに TS や GNSS による間接水準測量も行う。

GNSS 測量による標高の測量（GNSS 水準測量）

　平成 26 年度から「GNSS 測量と新たなジオイド・モデル（日本のジオイド 2011）を組み合わせて行う GNSS 水準測量」により、簡便に 3 級水準点（新点）の設置が可能となる。特に、作業地域の近傍に既設の水準点がない場合では電子基準点（二等水準点）を既知点として GNSS 測量によって新点が設置でき、水準点測量の効率化・低コスト化が図れる。

表 7.2.1　渡海水準測量の観測方法（公共測量作業規程の準則による）

観測方法		交互法	経緯儀法	俯仰ねじ法
観測距離		300m（450m）まで	1kmまで	2kmまで
使用機器の性能		1級レベル 1級標尺	1級TS 1級レベル 1級標尺 （2級レベル）	俯仰ねじを有する1級レベル 1級標尺
観測機器の数量		1式（自岸↔対岸）	2式（両岸）	2式（両岸）
目標（標尺）の読定単位	自岸	0.1mm（1mm）	1秒	0.1mm（1mm）
	対岸	0.1mm（1mm）	1秒 距離1mm（1mm）	俯仰ねじ最小目盛の1/10

（　）内は2〜4級水準測量に適用

3　公共測量による分類

表 7.2.2　水準測量の運用基準（公共測量作業規程の準則をもとに作成）

項　目 ＼ 区　分	1級水準測量	2級水準測量	3級水準測量	4級水準測量	簡易水準測量
既知点の種類	一等水準点 1級水準点	一〜二等水準点 1〜2級水準点	一〜三等水準点 1〜3級水準点	一〜三等水準点 1〜4級水準点	一〜三等水準点 1〜4級水準点
既知点間の路線長	150km以下	150km以下	50km以下	50km以下	50km以下
設置される水準点（新点）	1級水準点	2級水準点	3級水準点	4級水準点	簡易水準点
使用機器[1]	1級レベル 1級標尺	2級レベル 1級標尺	3級レベル 2級標尺	3級レベル 2級標尺	3級レベル 箱尺
視準距離	最大50m	最大60m	最大70m	最大70m	最大80m
標尺目盛の読定単位	0.1mm	1mm	1mm	1mm	1mm
往復観測値の較差[2]	$2.5mm\sqrt{S}$	$5mm\sqrt{S}$	$10mm\sqrt{S}$	$20mm\sqrt{S}$	－[3]
環閉合差[4]	$2mm\sqrt{S}$	$5mm\sqrt{S}$	$10mm\sqrt{S}$	$20mm\sqrt{S}$	$40mm\sqrt{S}$
既知点から既知点までの閉合差[4]	$15mm\sqrt{S}$	$15mm\sqrt{S}$	$15mm\sqrt{S}$	$25mm\sqrt{S}$	$50mm\sqrt{S}$
単位重量あたりの観測の標準偏差[5]	2mm	5mm	10mm	20mm	40mm

1）1・2級水準測量（渡海）では、1級セオドライト・1級トータルステーション・光波測距儀を使用。
2）いずれも許容範囲の値。3）簡易水準測量では往復観測は不要。4）点検計算の許容範囲。
5）平均計算の許容範囲。Sは観測距離（片道・km単位）。
○「公共測量作業規程の準則」（2020. 3. 31改正）に基づいて、3級水準測量が可能になった。
○GNSS水準測量は、原則として、結合多角方式または単路線方式により行う。

　公共測量における水準測量は、作業規程の準則で測量精度などによって**表7.2.2**のように分類されている。1・2級水準測量は地盤変動調査や河川・橋梁・トンネル工事などの高精度を要する場合に、3級水準測量は各工事に必要な水準点設置に、4級水準測量は空中写真測量または縦断測量などの標高決定に、そして簡易水準測量は横断測量の標高決定などにそれぞれ採用される。

3　水準測量の使用器械・器具

1　レベル（水準儀）の種類

　直接水準測量は、レベル（水準儀）とスタッフ（標尺）を使用して観測を行う。最近の水準測量では、電子レベルが主流になりつつあるが、自動レベルも一般的な土木・建築施工現場で多く用いられている。

(1) 精密レベル

　精密レベルは1・2級水準測量に使用され、高感度気泡管を有し、オプティカルマイクロメータによって読定する（**写真7.3.1**）。対物レンズの前に取り付けられた平行平面ガラスが、マイクロメータを動かすことにより上下に1cmの範囲だけ移動する。マイクロメータには1/100の目盛が刻まれており**図7.3.1**のように0.1mmまで読定できる。

　山間部の調査には簡単な小型棒状（長さ13cm）の気泡管付ハンドレベルが用いられる。
　手で保持して望遠鏡視野内の気泡（P164欄外）で水平を確認できる器械。簡単な高度目盛盤がついたものもある。

・小型棒状

・小型高度目盛盤付

〔ハンドレベル〕

写真 7.3.1　精密レベル

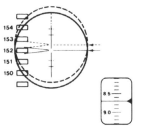

　標尺の目盛をくさび形十字線で正確にはさみ、そのときの標尺目盛にマイクロメータの読みを加える。
　（図では標尺の目盛線を誇張して太く描いている）

1.52	m	標尺目盛
+ 8.7	mm	マイクロメータの読み
1.5287	m	

図 7.3.1　光学マイクロメータの読み方

(2) 自動レベル（オートレベル）

　自動レベルは、円形水準器（気泡管）の気泡を整準ネジによって中央に誘導することで、コンペンセータ（自動補正機構）によって視準線が自動的に水平を保つことができる。コンペンセータは、三角プリズムをワイヤーで吊り下げて、プリズムが重力作用によって鉛直方向を常に保たれることを利用したものである。

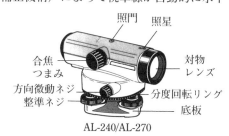

　合焦つまみ　照門　照星
　方向微動ネジ　対物レンズ
　整準ネジ　分度回転リング
　　　　　底板

AL-240/AL-270

　コンペンセータが機能するのは、レベルの傾きが10分程度の場合に限られる。吊り下げられたプリズムの揺れを防ぐために、ダンパ（制振装置）が組み込まれている。ダンパには、磁気ダンパや空気ダンパなどがあるが、工事振動や強風など外部からの振動には制動機能が働かないので注意を要する。

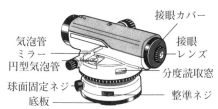

　気泡管ミラー　接眼カバー
　円型気泡管　接眼レンズ
　球面固定ネジ　分度読取窓
　底板　整準ネジ

図 7.3.2　自動レベル各部の名称

(3) 電子レベル（デジタルレベル）

　従来のレベルでは人間の目で標尺を読定し、スタジアなどで測距を行っていた。デジタルカメラなどに応用されている画像処理技術のCCD技術が、人間の目の役割を担っている。電子レベルは、自動レベルにCCDカメラを組み合わせたレベルといえる。取り込まれたバーコード標尺の解像画を、レベル内の基準コード画像の信号と比較して自動的に目盛の読定と測距を行って、デジタル表示するレベルである。**写真 7.3.2** のようにデータコレクタ（電子野帳）に接続することでデータが蓄積され、観測・計算結果などが出力される。水準測量作業の迅速化が図れ、観測者の誤読や個人誤差および転記ミスを低減させるなどの利点があり、1996年から公共測量でも使用可能となった。

写真 7.3.2　電子レベルとデータコレクタ

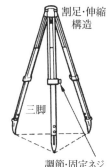

　割足・伸縮構造
　三脚
　調節・固定ネジ

①脚頭が胸高程度で水平になるように三脚の足を開く。

　石突

②石突を地面に踏み込んで三脚を固定する。

　整準ネジ
　脚頭
　定心桿（取付ネジ）

③レベルを脚頭にセットして気泡が円内に入るようにスライドさせて定心桿を締める。三脚の脚頭部は湾曲しているのでレベルをこれに沿ってずらすことで水平に据え付け易い。

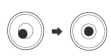

④3つの整準ネジで円形水準器の気泡のずれを修正する。
左手親指の法則を用いる（P71参照）。

〔レベルの据付方法〕

(4) 気泡管レベル（ティルティングレベル）

　気泡管レベルでは、円形水準器の中央に気泡を合わせ、さらに**写真 7.3.3** の

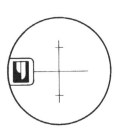

望遠鏡をのぞくと左側に気泡像合致観測窓が見える。

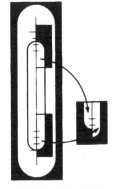

望遠鏡の横に平行に付けられた気泡管の両端の像を管形合致式プリズムにより1箇所に集めて視野内で気泡の先端部分の合致状況が見えるようになっている。

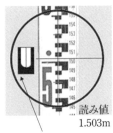

読み値
1.503m

管形気泡管の気泡端を俯仰ネジで合致させる。

対物側気泡　接眼側気泡

対象物が　水平　接眼側が
高い状態　状態　高い状態

〔俯仰ネジの回転方向と気泡の動き〕

ように、望遠鏡視野内にプリズムを通して見える管形気泡管の気泡端を俯仰ネジ（傾動ネジ、ティルティングネジ）を回して合致させることで、望遠鏡の視準線を水平に保つ機構となっている。

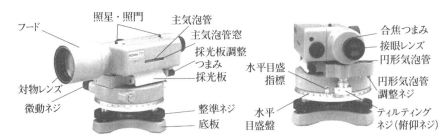

フード　照星・照門　主気泡管　主気泡管窓　採光板調整つまみ　採光板　対物レンズ　微動ネジ　整準ネジ　底板　合焦つまみ　接眼レンズ　円形気泡管　円形気泡管調整ネジ　水平目盛指標　水平目盛盤　ティルティングネジ（俯仰ネジ）

主気泡管の下部に採光板があり、このつまみを回して太陽光が気泡に当たるようにすると気泡像合致観測窓が明るくなり調整作業が行いやすい。

写真 7.3.3　気泡管レベル（ティルティングレベル）

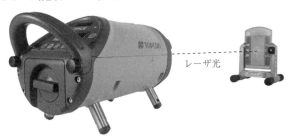

(5) レーザレベル

　レーザレベルは半導体レーザ（LD）の発信装置を内蔵したレベルであり、レーザビームにより水平・鉛

レーザ光

写真 7.3.4　パイプレーザ（トプコン TP-L6）

直・傾斜方向の各視準線を可視できる。**写真 7.3.4** は一方向にレーザ照射されるタイプ（パイプレーザ）のもので、丁張（P175 参照）をかけることなく上下水道管などの布設が高精度にできる。**図 7.3.3** に示す 360°回転しながらレーザを水平照射するタイプは、建築工事や内装工事での基準高設定（墨だし）に用いたり、重機に受光器を装着することでオペレータが重機高を認知できるので、省力化と施工効率の向上が図れる。

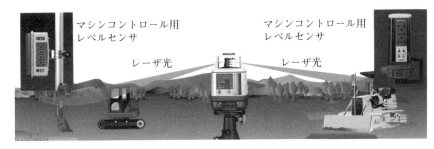

マシンコントロール用レベルセンサ　マシンコントロール用レベルセンサ

レーザ光　レーザ光

図 7.3.3　回転レーザによる重機高モニタ

　公共測量作業規程の準則では、前述の（2）（3）（4）の各レベル毎に 1〜3 級水準測量で必要な性能を定め、検定の有効期間を 1 年としている。

2　標尺（スタッフ）

標尺は水準測量に用いる測量機器で、水平視準線の高さを知るために図
7.3.4～6に示すような目盛を付けた棒状の検測器である。スタッフとも呼ば
れる。材質にはインバール製、グラスファイバ製、アルミ製、木製などがある。

(1) 精密水準標尺

1・2級水準測量には、目盛にインバール尺を用いた精密水準用標尺を使用
する。インバールは、鉄64％とニッケル36％および微量の炭素との合金鋼で
あり、線膨張係数が一般鋼の1/10程度（9×10^{-7}/℃）の材質である。インバー
ル尺をグラスファイバ枠や木枠の中にセットし、枠の伸縮の影響をうけないよ
うにインバール尺に一定の張力（通常20kgf）を与えている。誤読対策として
1cm間隔の目盛が尺の両側に一定間隔ずらして記されており、目盛精度は±
0.01mmである。標尺定数補正は、インバールの温度による伸縮を補正するた
めのものである。標尺は3年ごとに検定が規定され、基準温度による標尺定数
を求めて、これに基づいて温度補正をする。

図 7.3.4
各種精密水準標尺

(2) バーコード（水準）標尺

この標尺は電子レベル専用の標尺であり、バーコードによる目盛が刻まれて
いる。バーコード標尺は、1級水準測量用のインバール製バーコードもあり、
電子レベルを用いて精密水準測量ができる（図7.3.5参照）。その他にグラス
ファイバ製や簡易測量用のアルミ製などがある。バーコード標尺は電子レベル
にメーカー特有の基準コードが記憶されているためメーカー間の互換性がな
く、メーカーの専用バーコード標尺の使用が必要となる。

(3) その他の標尺

簡易水準測量など高い精度を要しない場合に
は、アルミ製標尺またはグラスファイバ標尺を使
用する。長さは3mと5mのものがあり、3段・5
段伸縮構造となっている。

15cm

標尺

図 7.3.5
バーコード水準標尺

(4) 標尺台

移器点に置く標尺が、沈下を起こし誤差の生じ
るのを防止するために設置する補助器具が標尺
台である。特に移器点（TP）では、前視と後視を
同じ条件の高さで観測することが最も重要であり、
標尺の回転位置でのずれが起こらないように、標
尺台を置きその突起上に標尺を立てる。標尺台下部
には3つの爪があり体重をかけて足で踏み込むこ
とで固定できる（写真7.3.5）。

写真 7.3.5　標尺台

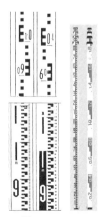

図 7.3.6
アルミ水準標尺

4　水準測量の観測方法

　水準測量では、距離は一般にスタジア法で求める（P265の図11.3.6参照）。各測点が一直線上にあれば、地盤高と距離を用いて測線に沿った断面図が作成できる。

縦断測量

　河川堤防や道路に沿った測量であり、縦断面図が作成される。

横断測量

　縦断測量の測線と直交方向に沿った測量であり、横断面図が作成される。

レベルの据付け（p163）

① 三脚の2本の脚を開いて固定し、残り1本の脚を前後・左右に動かし脚頭がほぼ水平になるように開く。

② 石突をしっかりと地面に踏み込み、三脚の固定ネジをしっかりと締め付ける。

③ レベルを脚頭上に乗せ、定心桿をレベル底部の三脚取付ネジ穴にねじ込んで締め付ける。

④ 3本の整準ネジを指でつまんで回すことで円形気泡管の気泡を中央に導く（左手親指の法則）。

　球面座三脚の場合は、円形気泡管の気泡の位置を見ながらレベルを脚頭部の湾曲面に沿って滑らすことで気泡をほぼ中央に導き、定心桿で固定したのち整準ネジで微調整をする。

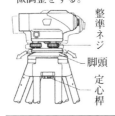

整準ネジ

脚頭

定心桿

　直接水準測量の観測方法には、測量目的によって器高式・昇降式・交互水準測量などがある。各々観測方法に大きな相違はないが、野帳の記入方法などに特徴を持っている。

1　水準測量の観測のための基本用語

・後視（back sight：BS）

　既知点（高さが既知の点）に設置した標尺の読み。または、水準測量の進行方向と逆の方向に設置した標尺の読み。

・前視（fore sight：FS）

　未知点（高さを求めようとする点）に設置した標尺の読み。または、水準測量の進行方向側に設置した標尺の読み。

・地盤高（ground height：GH）

　任意に設定した基準面から地表までの高さ。

　施工現場などで限定された地域で使用され、相対的な高低差が必要とされる場合に使われる。　　$GH = IH - FS$

・移器点またはもりかえ点（turning point：TP）

　測量を連続して行うなかで、器械（レベル）を移動させて次の地点へ移る時の接点となる観測点。この接点の観測点では前視と後視が読まれるため、この読みに誤差が生じると測量精度が低下する。

・中間点（intermediate point：IP）

　もりかえ点以外の前視で、求めたい複数の未知点。

・器械高（instrument height：IH）

　ある基準点から器械の視準線までの高さ。つまり既知点の地盤高に後視の読みを加えた高さ。　　$IH = （BS点のGH）+ BS$

　水準測量における各観測用語と地盤高・器械高の求め方を**図 7.4.1**に示す。**図7.4.2**には移器点での観測方法、また**図7.4.3**には普通標尺の読み方を示す。

2　器高式

　一般に横断測量や縦断測量などで中間点の観測が多いときに用いられ、器械高を基準に各測点の高さを求めるため器高式という。**図7.4.4**に示すように、レベルをA点に据付け1、2、3の観測が終わると、次にB点にレベルを移して3、4、5の観測を行う。

　表7.4.1のように前視（FS）は2つの欄に分けられ、中間点の読みはIPの欄に、移器点の読みはTPの欄に記載する。

　なお、最後の観測点はTP欄に記載する（ここでは測点5の2.358m）。

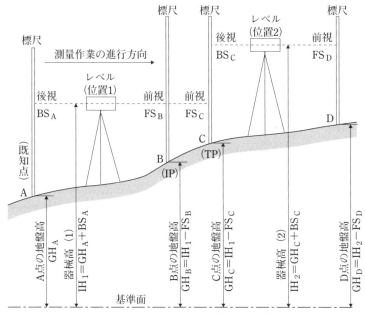

図 7.4.1　水準測量の観測用語と地盤高・器械高の求め方

測定作業

　望遠鏡をのぞきながら接眼鏡ノブを回し、望遠鏡の視野内の十字線が明瞭に見える状態にする。レベルを水平に据え付けたのち望遠鏡を測定点に立てられた標尺に向けて望遠鏡頭部の照準器（照門・照星）でねらいをつけ、望遠鏡の視野中に標尺が入ってくると固定ネジを軽く締め微動ネジを回して、標尺の目盛が十字縦線の中央に来るように調整する。

　合焦つまみを回して標尺の目盛が明瞭に見えるようにしたのち、十字横線上の標尺目盛の値を読み取る。

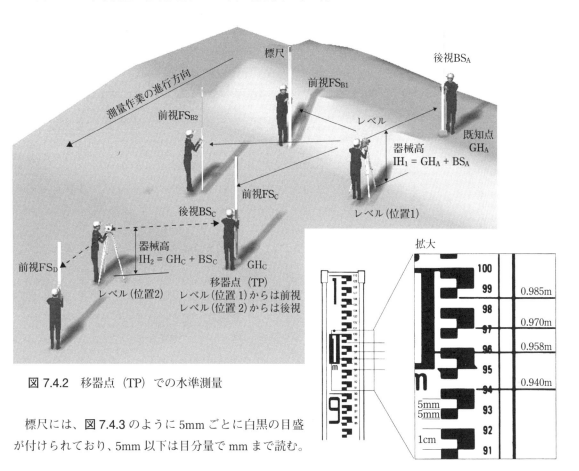

図 7.4.2　移器点（TP）での水準測量

　標尺には、**図 7.4.3** のように 5mm ごとに白黒の目盛が付けられており、5mm 以下は目分量で mm まで読む。

図 7.4.3　標尺の読み方

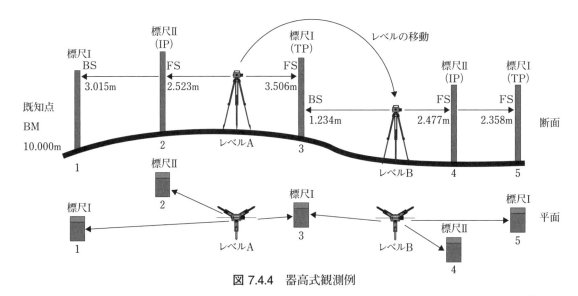

図 7.4.4　器高式観測例

表 7.4.1　器高式野帳記入例　　　　　　　　　　　　　　(単位m)

測点 (Sta)	距離 (Dis)	後視 (BS)	器械高 (IH)	前視　(FS)		地盤高 (GH)	備考 (Rem)
				IP	TP		
1		② 3.015	③ 13.015			① 10.000	BM 10.000
2				④ 2.523		⑤ 10.492	
3		⑧ 1.234	⑨ 10.743		⑥ 3.506	⑦ 9.509	
4				⑩ 2.477		⑪ 8.266	
5					⑫ 2.358	⑬ 8.385	
計		⑭ 4.249			⑮ 5.864		

(検算)　①始点のGH＋⑭∑BS－⑮∑TP＝⑬終点のGH　　　　　　(BM：ベンチマーク)
　　　　①10.000＋⑭4.249 － ⑮5.864＝⑬8.385　∴OK

記入・計算方法

・出発点の測点1は、既知点（BM の標高が 10.000m）なので①地盤高 10.000、測点1の読定値を②後視 3.015 と記入し、③器械高を求める。

　　　③器械高＝①地盤高＋②後視　　③ 13.015＝① 10.000 ＋② 3.015

・測点2の読定値を前視 IP 欄④前視 2.523 に記入し、測点2の地盤高は、

　　　③器械高－④前視＝⑤地盤高　　③ 13.015 －④ 2.523 ＝⑤ 10.492

・測点3の⑥前視は、移器点となるので TP の欄に記入する。⑦地盤高は、

　　　③器械高－⑥前視 TP ＝⑦地盤高　　③ 13.015 －⑥ 3.506 ＝⑦ 9.509

・次にレベルを B 地点へ移動し測点3を⑧後視として読定し⑨器械高を求める。

　　　⑨器械高＝⑦地盤高＋⑧後視　　⑨ 10.743 ＝⑦ 9.509 ＋⑧ 1.234

・測点4の読定値を前視 IP 欄⑩前視 2.477 に記入し、測点4の地盤高は、

　　　⑨器械高－⑩前視＝⑪地盤高　　⑨ 10.743 －⑩ 2.477 ＝⑪ 8.266

・測点5が最後の観測点となるので、⑫前視は TP 欄に記入し⑬地盤高を求める。

　　　⑨器械高－⑫前視 TP ＝⑬地盤高　　⑨ 10.743 －⑫ 2.358 ＝⑬ 8.385

3　昇降式

離れた2点間（図 7.4.5 の測点1と測点5）の高低差を観測したい時に用いられ、既知点からの昇り降りによって標高を求めるので昇降式という。後視から前視を減じた値が高低差であり、その値が「＋」の時は昇の欄に、「－」の時には降の欄に記入する。前の地盤高に昇、降の値を加減すると、その地盤高を求めることができる。レベルはA点での観測が終わると順次、B点、C点、D点へと移して観測する。

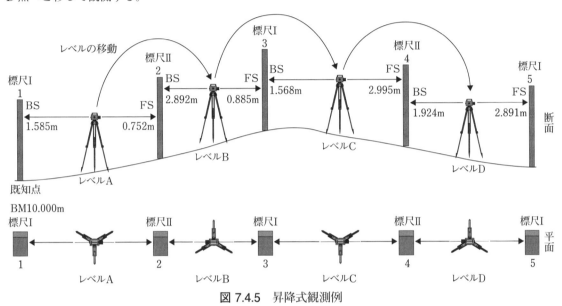

図 7.4.5　昇降式観測例

表 7.4.2　昇降式野帳記入例

（単位m）

測点 (Sta)	距離 (Dis)	後視 (BS)	前視 (FS)	昇 (＋)	降 (－)	地盤高 (GH)	備考 (Rem)
1		② 1.585				① 10.000	BM 10.000
2		⑥ 2.892	③ 0.752	④ 0.833		⑤ 10.833	
3		⑩ 1.568	⑦ 0.885	⑧ 2.007		⑨ 12.840	
4		⑭ 1.924	⑪ 2.995		⑫ 1.427	⑬ 11.413	
5			⑮ 2.891		⑯ 0.967	⑰ 10.446	
計		⑱ 7.969	⑲ 7.523	⑳ 2.840	㉑ 2.394		
差引			＋ 0.446		＋ 0.446		

（検算）　⑱$\sum$BS －⑲$\sum$FS ＝⑳$\sum$昇 －㉑$\sum$降

⑱ 7.969 －⑲ 7.523 ＝＋ 0.446、⑳ 2.840 －㉑ 2.394 ＝＋ 0.446　∴OK

記入・計算方法

・出発点の測点1は、既知点（BMの標高が10.000m）なので①地盤高10.000、測点1の②後視1.585の読定値を後視欄へ記入する。

・測点2の前視を観測し前視欄へ③前視0.752と記入して測点2の⑤地盤高を求める。測点1の②後視から測点2の③前視を減じ（＋）ならば昇（＋）の欄に、（－）ならば降（－）へ記入し、測点1の①地盤高を加える。

　　② 1.585 －③ 0.752 ＝④（＋ 0.833）、① 10.000 ＋④（＋ 0.833）＝⑤ 10.833

渡海（河）水準測量は極端な不等距離による水準測量。

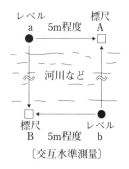

〔交互水準測量〕

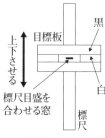

〔対岸の標尺〕

対岸の標尺は遠いため目盛を読めないので、上記のような目標板を上下させて視準線と合致した時の目盛を対岸で読む。

・レベル B 地点へ移動し、測点 2 の後視⑥後視 2.892 を観測し測点 2 の後視欄に、測点 3 の⑦前視 0.885 を観測して測点 3 の前視欄へ記入し測点 3 の⑨地盤高を求める。

$$⑥ 2.892 - ⑦ 0.885 = ⑧ (+2.007)、⑤ 10.833 + ⑧ (+2.007) = ⑨ 12.840$$

・レベル C 地点へ移動し、測点 3 の後視を⑩後視 1.568 を観測し測点 3 の後視欄に、測点 4 の⑪前視 2.995 を観測して測点 4 の前視欄へ記入し測点 4 の地盤高を求める。測点 3 の後視から測点 4 の前視を減ずると⑫（-1.427）は、マイナスになるので降（-）の欄へ記入する。

$$⑩ 1.568 - ⑪ 2.995 = ⑫ (-1.427)、⑨ 12.840 + ⑫ (-1.427) = ⑬ 11.413$$

・レベル D 地点へ移動し、測点 4 の後視を⑭後視 1.924 を観測し測点 4 の後視欄に、測点 5 の⑮前視 2.891 を観測して測点 5 の前視欄へ記入し測点 5 の地盤高を求める。

$$⑭ 1.924 - ⑮ 2.891 = ⑯ (-0.967)、⑬ 11.413 + ⑯ (-0.967) = ⑰ 10.446$$

4 交互水準測量

渡海（河）水準測量（P161）の一つで比較的短い距離（300m 以下）の河川や谷などをはさんだ観測に用いられる。標尺間の中央部にレベルを設置できないために両岸から観測する方法である。そのため、前視と後視の視準距離が著しく異なり不正確になる恐れがある。この場合は、図 7.4.6 のように両岸で同じ器械を用いて、水準測量を行う。両岸のそれぞれのレベル位置と標尺の位置をほぼ均等にして、交互に同時観測した高低差の平均値を求める。

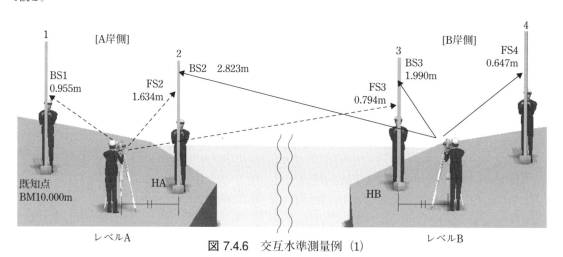

図 7.4.6　交互水準測量例（1）

（1）観測方法

① 気象の安定した時期を選び、陽炎などが発生する時間帯を避ける。

② 視準軸の誤差を消去するために、両岸の観測状況が変わらないように注意する。各距離を等しくする（欄外図で Aa ≒ Bb、Ab ≒ Ba とする）。

③　球差を消去するためには観測状況を等しくし、対岸にレベルを移動させれば良い。

④　気差の影響が大きい水面近くでの観測を避け、なるべく高い位置で行う。また、両岸での測定時刻が違うと光の屈折量が異なるため、2台のレベルを使用する場合は、2組の観測者が両岸で同時に観測するのが望ましい。

(2) 高低差の求め方

図 7.4.7 において、観測方法②によりレベル位置Ⅰから標尺 A・B の読み $a_1 \cdot b_1$ を観測し、レベル位置Ⅱから標尺 B・A の読み $b_2 \cdot a_2$ を観測すると HA、HB の高低差 H は、式 (7.4.1)、(7.4.2) より求められる。

$$H = \text{HA} - \text{HB}$$

$$\text{HA} = \frac{1}{2}(a_1 + a_2) \qquad \text{HB} = \frac{1}{2}(b_1 + b_2) \tag{7.4.1}$$

$$H = \frac{1}{2}\{(a_1 - b_1) + (a_2 - b_2)\} \tag{7.4.2}$$

$$\text{HA} = \frac{1}{2}(2.645 + 1.293) = 1.969\text{m} \qquad \text{HB} = \frac{1}{2}(1.991 + 0.647) = 1.319\text{m}$$

$$\therefore \quad 高低差\ H = 1.969 - 1.319 = 0.650\text{m}$$

または

$$高低差\ H = \frac{1}{2}\{(2.645 - 1.991) + (1.293 - 0.647)\} = 0.650\text{m}$$

1 台のレベルを用いて行う場合は、レベル位置をⅠ→Ⅱ（往）、Ⅱ→Ⅰ（復）として往復観測とする。

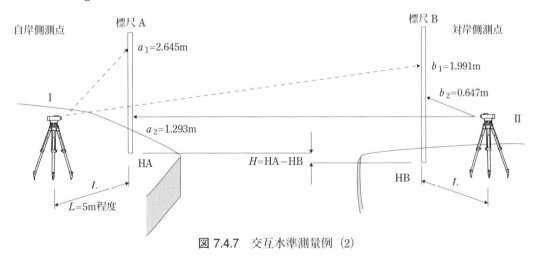

図 7.4.7　交互水準測量例 (2)

(3) 交互水準測量の野帳記入例

図 7.4.6 の観測結果を野帳に記入すると表 7.4.3 のようになる。

$$H = \text{HA} - \text{HB}$$

$$\text{HA} = \frac{1}{2}(\text{FS2} + \text{BS2}) \qquad \text{HB} = \frac{1}{2}(\text{FS3} + \text{BS3}) \tag{7.4.3}$$

または、

$$H = \frac{1}{2}\{(\text{FS2} - \text{FS3}) + (\text{BS2} - \text{BS3})\} \tag{7.4.4}$$

表7.4.3　交互水準測量野帳記入例　　　　　　　　　　（単位m）

測点 (Sta)	距離 (Dis)	後視 (BS)	器械高 (IH)	前視（FS）		地盤高 (GH)	備考 (Rem)
				IP	TP		
1		② 0.955	③ 10.955			① 10.000	BM　10.000
2		⑦ (2.229)	⑧ 11.550		④ 1.634	⑥　9.321	(④ 1.634＋⑨ 2.823)/2＝⑦ 2.229
3		⑩ 1.990	⑬ 12.148		⑪ (1.392)	⑫ 10.158	(⑤ 0.794＋⑩ 1.990)/2＝⑪ 1.392
4					⑭ 0.647	⑮ 11.501	
計		⑯ 5.174			⑰ 3.673		

（検算）　　① 始点のGH＋⑯ ∑BS－⑰ ∑TP＝⑮ 終点のGH
　　　　　　① 10.000＋⑯ 5.174－⑰ 3.673＝⑮ 11.501　∴OK

記入・計算方法

・出発点のA岸側の測点1は、既知点（BM10.000）なので①地盤高10.000、測点1の②後視0.955の読定値を後視欄へ記入し、③器械高を求める。

　　　　②後視＋①地盤高＝③器械高　　　② 0.955＋① 10.000＝③ 10.955

・測点2は移器点となるので前視TP欄④ 1.634に記入し、測点2の地盤高を求める。さらに測点2の備考欄に④ 1.634を記入しておく。

　　　　③器械高－④前視＝⑥地盤高　　　③ 10.955－④ 1.634＝⑥ 9.321

対岸のB岸側にある測点3を観測し前視⑤ 0.794を測点3の備考欄に記入しておく。

・次にレベルを、B岸側のレベルB地点へ移動させ、A岸側の測点2を⑨後視2.823として観測し、測点2の備考欄へ記入して、A岸側とB岸側の平均をとり、測点2の⑦後視とし、⑧器械高を求める。

　　　　（④ A岸側の前視＋⑨ B岸側からの後視)÷2＝⑦後視

　　　　　　（④ 1.634＋⑨ 2.823)÷2＝⑦ 2.229

　　　　⑥測点2地盤高＋⑦後視＝⑧測点2器械高

　　　　　　⑥ 9.321＋⑦ (2.229)＝⑧ 11.550

・測点3の⑩後視を観測し、測点3の後視⑩ 1.990に記入するとともに備考欄にA岸側から測点3の読定値である⑤前視と⑩後視の平均をとり測点3の⑪前視としてTP欄へ記入して、測点2の⑧器械高から測点3の⑫地盤高を求める。

　　　　（⑤ A岸側からの前視＋⑨ B岸側の後視)÷2＝⑪前視

　　　　　　（⑤ 0.794＋⑩ 1.990)÷2＝⑪ 1.392

　　　　⑧器械高－⑪前視＝⑫地盤高　　　⑧ 11.550－⑪ (1.392)＝⑫ 10.158

・測点4の⑭前視は、最終点の前視であるのでTP欄に記入する。

　⑮地盤高は、測点3の⑬器械高を先に計算し、求める。

　　　　⑫地盤高＋⑩後視＝⑬器械高　　　⑫ 10.158＋⑩ 1.990＝⑬ 12.148

　　　　⑬器械高－⑭前視TP＝⑮地盤高　　　⑬ 12.148－⑭ 0.647＝⑮ 11.501

　　　　⑯＝②＋⑦＋⑩、　⑰＝④＋⑪＋⑭

7　水準測量

5　水準測量の観測誤差とその消去方法

　観測誤差は、器械的誤差、人為的誤差、自然的誤差に区分される。誤差原因を明らかにしてその誤差消去を行う。

1　器械的誤差

(1)　レベルに起因する誤差

(a)　視準軸誤差と鉛直軸誤差

　①　視準軸と水準器軸（気泡管軸）が平行でない場合では、器械が前視の視準距離と後視の視準距離が等しくないと視準軸誤差が生じる。**不等距離法**（杭打ち調整法）によるレベルの点検・調整を行い、前視の視準距離と後視の視準距離を等しくすると視準軸誤差を消去できる。レベルは、なるべく両標尺を結ぶ直線上に整置する。

　②　軸の摩耗などにより鉛直軸が鉛直でない場合には鉛直軸誤差が生じる。この誤差を軽減するには、図 7.5.1 のように前後の標尺を結ぶ直線上にレベルを設置し、進行方向に三脚の2脚を平行にし、左右交互に整置しながら特定の一本を常に同一標尺に向けて設置する。そして、レベルの設置点数を偶数にすることも必要である。

> **視準軸誤差**
> 　視準軸と水準器軸が平行でない、つまり視準線が水平でない場合に生じる誤差。
>
> **鉛直軸誤差**
> 　レベルの鉛直軸が鉛直方向から傾いていることにより生じる誤差。
>
> 　**不等距離法**によるレベルの調整は、第11章（P261）参照。

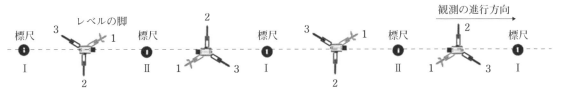

図 7.5.1　脚を一定方向に置くことによる消去法

(b)　自動レベルの機構に起因する誤差

　①　コンペンセータ（P163 参照）の吊り方特性による誤差

　　コンペンセータが鉛直であれば視準線は水平を保つことができるが吊り方の特性として鉛直性が確保できなければ水平な視準線が得られず誤差が生じる。この誤差は、整準するときに常に同じ標尺に向かって行うことで減少できる。

　②　ヒステリシス誤差

　　レベルを回転させたときコンペンセータは揺れて鉛直に戻るが、鉛直に戻りきれない場合に生じる誤差がヒステリシス誤差である。

　　この誤差は、望遠鏡を常に特定の標尺に向け、円形水準器の気泡が常に特定の標尺側から接眼レンズ側に移動するように整準すると減少できる。

> **三脚に関する誤差**
> ①三脚の沈下による誤差は地盤堅固な場所にレベルを整置し短時間で観測することで小さくできる。
> ②標尺を後視・前視・前視・後視の順に読み取ることで三脚の沈下による誤差を小さくできる（精密水準測量の場合）。

標尺の目盛誤差を軽減するため往観測と復観測では、各測点には同じ標尺を立てない。1級標尺はスプリングの張力変化などにより目盛誤差が変化するため定期的に検査する。

インバール標尺を使用した場合は標尺補正のため温度を測定する。

インバール標尺の標準温度における標尺補正数は定期的に検定する。

(2) 標尺に起因する誤差

(a) 標尺の零点誤差

標尺の底面が摩耗などで零点を示さない場合には標尺の零点誤差（零目盛誤差）を生じる。この誤差は、レベルの据付け回数を偶数回にすることで消去できる。すなわち、出発点に立てた標尺を最終観測点でも使用することである。

(b) 標尺目盛誤差

標尺目盛の不均一によって生じる誤差が目盛誤差である。この誤差は正しい標尺と比較点検を行い、往観測と復観測とで標尺を交換することで減少できる。

(c) 標尺の円形水準器の不良誤差

この誤差は、標尺に付随している円形水準器に狂いがあるために生じる誤差である。垂球を吊り下げて標尺を鉛直にし、その状態で円形水準器を点検・調整する。また、標尺をレベルに向かって前後にゆっくりとウエービング（揺れ動く）させて最小値を読定することで誤差を消去できる。

2 自然的誤差

自然的誤差には気差、球差およびそれらの両差や風・陽炎などの気象による誤差が考えられる。

(1) 気差（屈折誤差）

気差とは、光の屈折による誤差であり、光が大気密度の大きい方に屈折（湾曲）する性質により生じる。地表面に近いほど大気密度が大きいため鉛直方向に負の定誤差が生じる。したがって、気差分だけ高く見なすことになる。気差は、補正計算によって消去できるが、精密測量では標尺目盛の下方20cm以

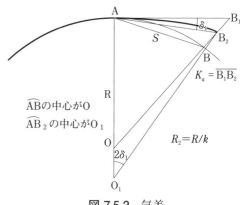

図 7.5.2　気差

下を読定してはならないと規定している。図 7.5.2 において、A から距離 S を隔てた B_1 を視準すると大気による屈折によって AB_2 を得る。

この時の B_1B_2 が気差である（R は、地球の半径 6 370km）。

$\triangle AO_1B_2$ より　$\widehat{AB_2} = 2\delta_1 \cdot R_2$　　∴　$\delta_1 = S / 2R_2$　（$AB_2 = S$）

気差 K_a は　$K_a = \delta_1 \cdot S$　であるから

$$K_a = S^2 / 2R_2 \quad (R_2 = R / k)$$

大気中の屈折係数を k（日本では0.133）とすると気差は次式のようになる。

$$K_a = kS^2 / 2R \tag{7.5.1}$$

(2) 球差（曲率誤差）

球差とは地球表面の曲率によって生じる誤差で、常に正の定誤差で表される。したがって、球差分だけ低く見なすことになる（図7.5.3 参照）。この誤差は、

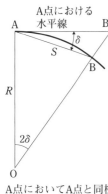

A点における水平線

A点においてA点と同標高のB点へ向けて水平線AB_1を視準するとAB間の高低差はBB_1だけ低く測定される。

図 7.5.3　球差

レベルと前視標尺および後視標尺との距離をほぼ等しくすることによって、消去できる。この誤差は計算で求めることができる。なお球差は観測距離 S の2乗に比例する。

△BAB_1 より球差 K_c は $K_c = BB_1$ であるので $K_c = \delta S$ である。

△AOB より $AB = S = 2\delta \cdot R$ ∴ $\delta = S / 2R$

$$K_c = S^2 / 2R \tag{7.5.2}$$

(3) 両差

長距離における観測には、気差 K_a と球差 K_c が同時に生じる。気差と球差を合わせて両差と呼ぶ。両差 K は、次式で表される。

$$K = K_a + K_c = -\frac{kS^2}{2R} + \frac{S^2}{2R}$$

$$= (1-k)S^2 / 2R \tag{7.5.3}$$

ここで、S は片道観測距離

両差は、観測距離 100m で 0.7mm 程度になるが、距離が短い場合は、ほとんど問題とはならない。レベルと標尺との距離が過大とならないようにし、前視・後視の視準距離を等しくすることで両差を消去できる。視準距離は**表 7.2.2**を参考とする。距離測定は、概略で十分であるのでスタジア測量による。

気差 K_a は負の定誤差、球差 K_c は正の定誤差であるのでそれぞれ符号は−と＋になる。

標高を K_a の値だけ高く読むことになるので、補正値は負（−）となる。

標高を K_c の値だけ低く読むことになるので、補正値は正（＋）となる。

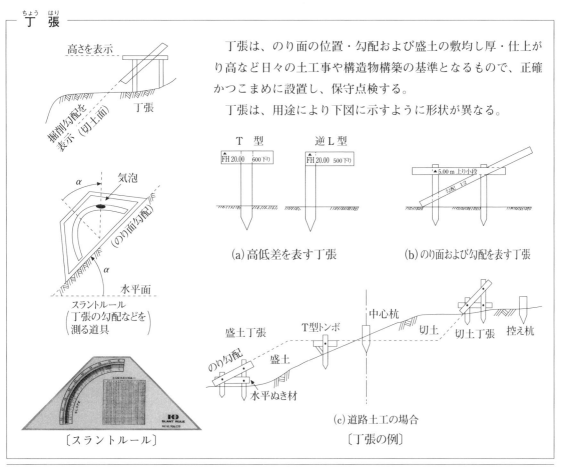

― 丁張 ―

丁張は、のり面の位置・勾配および盛土の敷均し厚・仕上がり高など日々の土工事や構造物構築の基準となるもので、正確かつこまめに設置し、保守点検する。

丁張は、用途により下図に示すように形状が異なる。

(a)高低差を表す丁張

(b)のり面および勾配を表す丁張

(c)道路土工の場合

〔丁張の例〕

〔スラントルール〕

6 水準測量の誤差調整

1 誤差の調整方法

　許容誤差は、水準測量の等級によって**表 7.2.2** のように定められている。許容誤差以内であれば誤差配分または誤差調整を行うが、許容誤差を超えた場合には再測をする。以下に往復・環状・結合水準路線での誤差調整を示す。

(1) 往復水準測量

　往復水準測量では、往路観測と復路観測の観測値を平均して補正観測値とする（往復観測での観測値の較差を出合差という）。

　BM を 10.000m として、**図 7.6.1** のように観測点 A ～ B の往復水準測量を行った。片道の観測距離は 260m である。測量区分は 3 級水準測量の精度で行い、各観測点の地盤高を求めてみる。**表 7.6.1** に野帳記入例を示す。

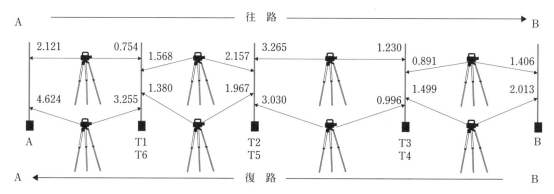

図 7.6.1　往復水準測量の例

表 7.6.1　往復水準測量野帳記入例　　　　　　　　　　　　（単位はm）

測点 (Sta)	距離 (Dis)	後視 (BS)	前視 (FS)	昇 (+)	降 (−)	測定地盤高 (GH)	備考
A	0	2.121				10.000	BM 10.000
T1	50	1.568	0.754	1.367		(11.367)	検算
T2	80	3.265	2.157		0.589	(10.778)	7.845−5.547
T3	70	0.891	1.230	2.035		(12.813)	＝3.402−1.104 (2.298)
B	60		1.406		0.515	12.298	Bの地盤高
計	260	7.845	5.547	3.402	1.104		10.000＋(7.845−5.547)
B	0	2.013				12.298	＝12.298
T4	60	0.996	1.499	0.514		(12.812)	検算
T5	70	1.967	3.030		2.034	(10.778)	8.231−10.533
T6	80	3.255	1.380	0.587		(11.365)	＝1.101−3.403 (−2.302)
A	50		4.624		1.369	9.996	Aの地盤高
計	260	8.231	10.533	1.101	3.403		12.298＋(8.231−10.533) 　＝9.998

（　）内の地盤高は求めなくても良い

(a) 許容誤差の計算

　　3級水準測量の許容誤差＝10mm $\sqrt{S}$　　　　S：片道観測距離（km）

　　$10 \times \sqrt{0.260 \times 2} = 7$mm

　　$10.000 - 9.996 = 0.004$m ＜ 7mm　よって許容誤差以内である。

(b) 確定地盤高

　　$|\Sigma BS - \Sigma FS|$

　往路　$7.845 - 5.547 = 2.298$m　　　復路 $8.231 - 10.533 = -2.302$m

　平均計算すると、観測点Bの確定地盤高は 12.300m となる。

　　$10.000 + (2.298 + 2.302) / 2 = 12.300$m

(2) 閉合水準測量（環状水準測量）

　閉合（環状）水準測量は、**図 7.6.2** のように既知点を出発して環内を回って元の既知点に帰ってくる水準測量である。既知点と帰着時の誤差が許容範囲内であれば、観測誤差を距離に比例して配分する。

　BM の地盤高を 10.000m とする既知点 A を出発して観測点 1〜5 を経て既知点 A に戻る閉合水準測量を3級水準測量の精度で行った。

　観測結果を**表 7.6.2** に示す。

1〜4級の水準測量は閉合、結合ともに往復観測を行う。

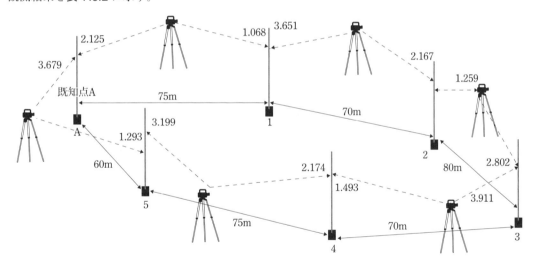

図 7.6.2　閉合水準測量（環状水準測量）の例

表 7.6.2　閉合水準測量野帳記入例　　　　　　　　　　　　　　　　（単位はm）

測点 (Sta)	距離 (Dis)	後視 (BS)	前視 (FS)	昇 (＋)	降 (－)	測定地盤高	調整量	補正地盤高	備考
A	0	2.125				10.000	−0.000	10.000	BM 10.000
1	75	3.651	1.068	1.057		11.057	−0.001	11.056	
2	70	1.259	2.167	1.484		12.541	−0.002	12.539	
3	80	3.911	2.802		1.543	10.998	−0.003	10.995	
4	70	2.174	1.493	2.418		13.416	−0.003	13.413	
5	75	1.293	3.199		1.025	12.391	−0.004	12.387	
A′	60		3.679		2.386	10.005	−0.005	10.000	
計	430	14.413	14.408	4.959	4.954				

(a) 許容誤差の計算

3級水準測量の環閉合許容誤差＝10mm $\sqrt{S}$ S：片道観測距離（km）

$10 \times \sqrt{0.430}$ ＝6mm（計算値は6.5mmであるが、切捨てて6mmとする。）

$|10.000 - 10.005|$ ＝0.005m＜6mm　よって許容誤差以内である。

(b) 補正量の計算

観測（閉合）誤差＝10.005 － 10.000 ＝＋0.005m

観測誤差を距離に比例して配分すればよいので

各測点の調整量＝閉合誤差×（追加距離／全距離）より

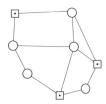

〔環閉合水準測量〕

1 の調整量　　－5×0.075km／0.43km＝－1mm

2 の調整量　　－5×0.145km／0.43km＝－2mm

3 の調整量　　－5×0.225km／0.43km＝－3mm

4 の調整量　　－5×0.295km／0.43km＝－3mm

5 の調整量　　－5×0.370km／0.43km＝－4mm

A' の調整量　－5×0.430km／0.43km＝－5mm　となる。

(3) 結合水準測量

図 7.6.3 のように既知点 A・B 間において中間点観測を行い、その地盤高を観測する測量である。既知点 A を出発して中間点を経て既知点 B まで観測を行い、この測定地盤高と既知点 B との観測誤差が許容範囲内であると、距離に応じて比例配分を行い各中間点の地盤高を確定することができる。

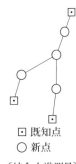

⊡ 既知点
〇 新点

〔結合水準測量〕

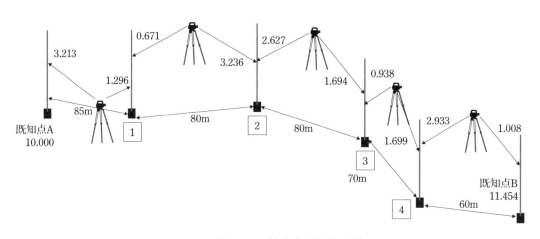

図 7.6.3　結合水準測量の例

地盤高 10.000m の既知点 A を出発し、観測点 ①～④ を経て地盤高 11.454m である既知点 B への結合水準測量を 3 級水準測量で行った。

(a) 許容誤差の計算

3級水準測量の結合許容誤差＝15mm $\sqrt{S}$ S：片道観測距離（km）

$15 \times \sqrt{0.375}$ ＝9mm（9.1mmと算定されるが切捨てて9mmとする。）

$|11.449 - 11.454|$ ＝0.005m＜9mm　よって許容誤差以内である。

表 7.6.3　結合水準測量の野帳記入例　　　　　　　（単位はm）

測点 (Sta)	距離 (Dis)	後視 (BS)	前視 (FS)	昇 (+)	降 (−)	測定 地盤高	調整量	補正 地盤高	備考
A	0	3.213				10.000	+0.000	10.000	A点 10.000
1	85	0.671	1.296	1.917		11.917	+0.001	11.918	
2	80	2.627	3.236		2.565	9.352	+0.002	9.354	
3	80	0.938	1.694	0.933		10.285	+0.003	10.288	
4	70	2.933	1.699		0.761	9.524	+0.004	9.528	B点 11.454
B	60		1.008	1.925		11.449	+0.005	11.454	
計	375	10.382	8.933	4.775	3.326				

(b)　補正量の計算

観測（結合）誤差＝ 11.449 － 11.454 ＝－ 0.005m

観測誤差を距離に比例して配分すればよいので

各測点の調整量＝閉合誤差×（追加距離／全距離）より

1 の調整量　　　＋ 5 × 0.085km ／ 0.375km ＝＋ 1mm

2 の調整量　　　＋ 5 × 0.165km ／ 0.375km ＝＋ 2mm

3 の調整量　　　＋ 5 × 0.245km ／ 0.375km ＝＋ 3mm

4 の調整量　　　＋ 5 × 0.315km ／ 0.375km ＝＋ 4mm

B の調整量　　　＋ 5 × 0.375km ／ 0.375km ＝＋ 5mm　　となる。

2　水準網における最確値

　複数の水準路線で構成された水準路線を水準網という。大別すると1つの交点を持つ水準路線での最確値と複数の交点を持つ水準路線での最確値とがある。前者は複数の水準路線から観測した観測値を重量平均によって求める。後者でも同様に路線ごとに観測標高差の重みは路線長に反比例するが、複数の交点ごとに標高と一致するという条件式が多数出来ることになる。これらの条件は最小二乗法によって解くこととなる。

水準測量における重量は視準距離が等しく、観測精度が等しい場合には、路線長の逆数に比例する。

(1)　複数の既知点から交点の地盤高を求める

　図 7.6.4 においてA、B、Cの各既知点からそれぞれa、b、cの水準路線を経て新点Dの標高を求める。

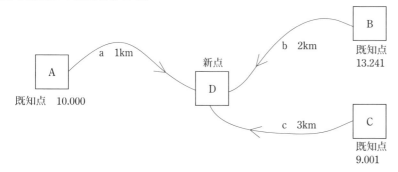

図 7.6.4　水準観測網

(a) 観測結果

既知点	距離	既知点地盤高	観測高低差	Dの観測地盤高
A	1.0km	10.000m	+2.362m	12.362m
B	2.0km	13.241m	−0.878m	12.363m
C	3.0km	9.001m	+3.360m	12.361m

重みP	残差ν	Pνν
6	±0^{mm}	0
3	+1	3
2	−1	2
11		5

D点の決定地盤高の
標準偏差σ

$$\sigma = \sqrt{\frac{[P\nu\nu]}{[P](n-1)}}$$
$$= \sqrt{\frac{5}{11(3-1)}}$$
$$= 0.5mm$$

(b) 重み付平均（重量平均）

$$P_a : P_b : P_c = (1/1) : (1/2) : (1/3) = 6 : 3 : 2$$
$$12.36 + (6 \times 0.002 + 3 \times 0.003 + 2 \times 0.001)/(6 + 3 + 2)$$
$$= 12.362m$$

よって、観測点 D の最確値である確定地盤高は 12.362m となる。

(2) 複数のルートを経て交点の地盤高を求める

図 7.6.5 において既知点 A から a、b、c の複数の観測ルートを経て未知点 B の標高を求める。

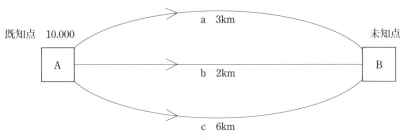

図 7.6.5 複数観測ルート

(a) 観測結果

ルート	距離	既知点地盤高	観測高低差	Bの観測地盤高
a	3.0km	10.000m	+3.639m	13.639m
b	2.0km	10.000m	+3.637m	13.637m
c	6.0km	10.000m	+3.638m	13.638m

重みP	残差ν	Pνν
2	+1^{mm}	2
3	−1	3
1	±0	0
6		5

B点の決定地盤高の
標準偏差σ

$$\sigma = \sqrt{\frac{[P\nu\nu]}{[P](n-1)}}$$
$$= \sqrt{\frac{5}{6(3-1)}}$$
$$= 0.6mm$$

(b) 重み付平均（重量平均）

$$P_a : P_b : P_c = (1/3) : (1/2) : (1/6) = 2 : 3 : 1$$
$$13.63 + (2 \times 0.009 + 3 \times 0.007 + 1 \times 0.008)/(2 + 3 + 1)$$
$$= 13.638m$$

よって、観測点 B の確定地盤高は 13.638m となる。

参考文献

1) 公共測量作業規程の準則 解説と運用、（社）日本測量協会、2009
2) 測地測量、（財）測量専門教育センター、2003
3) 測量と測量機のレポート、（株）ソキア、2009

回転レーザやＴＳを利用したブルドーザやモータグレーダのブレード自動制御システム

ブレード操作を自動制御することにより、高精度の仕上施工と大幅な省力化施工が可能となる。
（特徴）オペレータの技能に左右されない施工が実現し、丁張作業の削減など省力化・環境保全、
安全性を確保できる。

> モータグレーダ：moter grader、土砂や舗装材料の敷均しなどに用いる建設機械。
> ブレード：blade、ブルドーザやモータグレーダなどに装着されている排土板。

①ブルドーザのブレード自動制御

受光センサ
回転レーザ

回転レーザ【ブレード自動制御】

360度プリズム
TS

TS【ブレード自動制御】

②モータグレーダのブレード自動制御

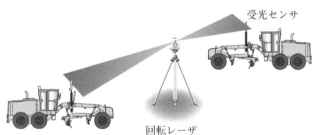

受光センサ
回転レーザ

回転レーザ【ブレード自動制御】

360度プリズム
TS

TS【ブレード自動制御】

特徴
- 仕上げ施工に最適
- 水平・一定勾配に均一な精度を実現
- レーザ光を受光しブレードを自動油圧制御
- 複数の移動体での同時運用が可能

主なシステム構成
- 回転レーザ　●受光センサ
- コントロールボックス　●油圧制御バルブ

特徴
- 仕上げ施工に最適
- TS（自動追尾トータルステーション）１台に、ブルドーザまたはモータグレーダ１台の組合せ
- ３次元設計データに基づいてブレードを自動油圧制御
- 複雑な地形も簡単な地形同様に施工が可能

主なシステム構成
- TS（自動追尾トータルステーション）
- 360度プリズム　●コントロールボックス
- 油圧制御バルブ

〔レーザトラッカ〕
（受光センサ）

〔回転レーザ〕
（P164 参照）

〔360度プリズム〕

〔自動追尾 TS〕

（資料提供：西尾レントオール株式会社）

7章　水準測量　計算問題 （解答は P282）

問1　器高式の水準測量を行い下図のような結果を得た。各点（2〜8）の観測地盤高を求めよ。

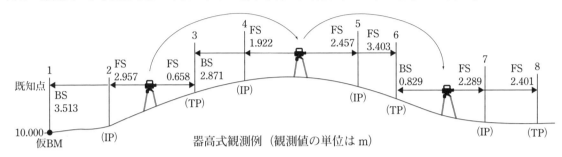

器高式観測例（観測値の単位は m）

問2　昇降式の水準測量を行い下図のような結果を得た。

各点（2〜6）の地盤高を求めよ。

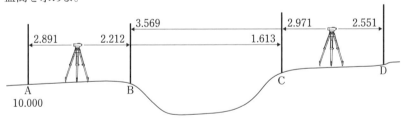

昇降式観測例（観測値の単位はm）

問3　交互水準測量を行い下図のような結果を得た。A 点の標高を 10.000m として B、C、D 点の観測地盤高を求めよ。

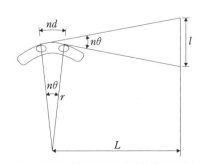

問4　右図において気泡管の気泡を $n = 2$ 目盛動かしたところ、$L = 40$m 離れた位置に立てた標尺の読みの差 $l = 0.032$m となった。気泡管の感度 θ（秒単位で表示）と曲率半径 r を求めよ。

ただし、気泡管の感度は、気泡管 1 目盛に対する中心角 θ で表される。また、気泡管 1 目盛の長さは 2mm とする。

$$n\theta = \frac{l}{L} \qquad \therefore \theta = \frac{l}{nL}$$

$$n\theta = \frac{nd}{r} \qquad \therefore r = \frac{d}{\theta} = \frac{ndL}{l}$$

n：気泡移動目盛数　　θ：1 目盛に対する中心角（ラジアン）

d：1 目盛の長さ　　　r：曲率半径

第 8 章
地形測量および写真測量

図の中央付近にあるバラ状の印は「コンパスローズ」と呼ばれ、複数の紙に書かれた地図を正しく接合するための目印として使われた。

コンパスローズの花びらに当たる矢印は東西南北などの方位を示す。

伊能忠敬の琵琶湖図（79.6cm × 65.0cm、原縮尺 1：12 000）
伊能忠敬が天橋立図や安芸宮島図とともに、各地の名勝地の地図を絵画風に描き幕府要人に贈ったもの。

（千葉県香取市、伊能忠敬記念館所蔵）

地形測量とは、地表面上の地物の位置や地形の起伏状態および土地の利用状況を測定して、地形図や平面図を作成する測量である。地形図作成方法には、平板測量と空中写真測量がある。建設事業の実施計画・設計では、縮尺 1/1 000 以上の**大縮尺**の地形図が必要であり、この作業には平板測量が適している。平板測量には、図板を使う方法と TS 等や GNSS 測量機を用いる方法があり、前者を「図解平板測量」、後者を「数値地形測量（電子平板測量）」といっている。

かつては図解平板測量が地形測量の代表的手法であったが、現在では、GIS などの整備・普及に伴い数値化された測量データの取得が不可欠となってきたため、地物・地形の位置・形状・属性をデジタル情報で取得・編集・図化（**数値地形図データ**を作成）する数値地形測量が主流となっている。数値地形測量では、測量対象地域や作業効率などを考慮して、「TS 等または GNSS 法およびこれらの併用法」を選択する。空中写真測量は、縮尺 1/500 以下（地図情報レベルでは 500 以上）の大縮尺から 1/25 000（地図情報レベル 25 000）までの**中縮尺**の地形図作成に適する。

大縮尺

1/500 〜 1/2 500（地図情報レベルでは原則 2 500 以下、1 000、500 を標準）

中縮尺

1/10 000 〜 1/50 000

小縮尺

1/100 000 以下

数値地形図データ

位置や形状は座標データ、内容は属性データとして計算処理が可能な形態で表現したもの。

---

1 図解平板測量

1 概要

平板測量とは、大縮尺の地形図・平面図を作成する細部測量のことであり、測量方法によって平板を用いるものとトータルステーション（TS）を使用するものに分けられるが、通常は前者のことを指しており本節でもそれに従う。

平板を用いる方法は、アリダードとよばれる縮尺定規付の簡易な視準器具と巻尺により、**地物**と**地形**の状況などを平板（小型木製図板と三脚）上の図紙に現地で直接記入・図解する方法であり、「**図解**平板測量」ともいわれる。

一方、TS を用いる方法は、目標物を TS で視準して測距・測角値をデジタルデータで取得・収録し、図形編集装置により地形図を編集・作成する方法でありデジタル平板測量または電子平板測量といわれる。詳しくは、次節「数値地形測量」で述べる。

図解平板測量は、器具類が安価で作業も簡単・迅速なため、特に小区域の細部測量に適しており、以下のような特徴をもつ。

① 地物・地形を現地で直接目視しながら作図（描画）するので、誤記・誤測・測り忘れが少ない（ほとんどの作業が**外業**である）。

② 近づけない測定点や直接距離測定ができない箇所でも、前方交会法などにより**展開**・図示できる。

図解平板測量は、公共測量分野では使われなくなったが地形測量の基本を体得する上で重要な事項が多いため、ここでは教育機関での実習用に解説する。

地物

地上に存在する道路・建物などの人工構造物や河川・森林などの天然物の総称。

地形

地表（土地）の起伏状態。

図解

図式解法または幾何学的に解くこと。

外業

野外（現地）作業。

展開

図紙上に基準点や求点などを記入・図示すること。

③　内業（室内作業）は、計算が少なく図面の透写仕上げが主な作業である。

④　使用する器具類が安価・軽量・簡便であり、操作も短時間で習熟できる。

⑤　複雑な地形や市街地、農地などの細部測量に適する。

⑥　雨天・湿度・強風などの天候・気象条件が作業効率や測量精度に少なからず影響する。

⑦　あまり高い測量精度は期待できない（図上で 0.2mm）。

⑧　測量結果は図面が主体であり、観測値がデジタル値で残らない。

なお、TS を用いる方法では、上記の⑦⑧の支障は解消される。

2　使用器具

図 8.1.1 に図解平板測量で使用する器具類を示し、以下にそれぞれ説明する。

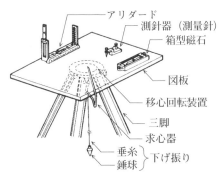

図 8.1.1　平板測量の器具

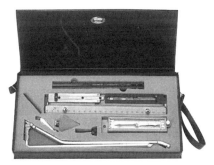

〔アリダードセット〕

(1) 図板と三脚

図板は測板とも呼ばれ、大きさ 30 × 40 〜 50 × 60cm、厚さ 2 〜 3cm の小型木製製図板であり、上面に図紙を貼り付けて直接作図する。図紙には、ケント紙や伸縮が少ない合成樹脂製シートを使用する。裏下面には、図板を三脚頭部に取り付けるためのボルトを挿入するだるま形の小穴があいている。三脚は、木製またはアルミ製で脚の長さが調節できる伸縮・割足構造となっており、頭部には上に載せる図板を整準（水平）・移動（移心）・回転できるように図板取付け用ネジ、整準ネジ、移心回転装置、**球面板**などの接続・調節・整準用金具類（平板移動器）を装備している。図板と三脚を併せて平板という。

(2) アリダード

図板の上に置き、目標や測定点などに立てたポールを視準して図上にその方向線（方向を示す線）を描き縮尺距離を図示する器具で、指方規ともいう。

① 視準板付きアリダード（普通アリダード）

最も一般的に使用されるアリダードで**図 8.1.2** にその構造と各部の名称を示す。長さ 22cm または 27cm、幅約 4cm、厚さ約 1.5cm の竹製または金属製定規と縁に折りたたみ式の視準板が両端に付いている。定規縁の中央部には水準器としての気泡管（曲率半径 1.0 〜 1.5m）が付属しており、気泡管の両側にはアリダードの傾きを修正し水平にするための微調整用の**外心桿**がある。両端

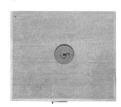

〔図板下面〕

球面板

おわん形の板を 摺 動させ任意の方向に図板を傾けて固定できる。

〔図板固定用ボルト〕

外心桿

アリダードの傾きを微調整する。

立てると定規の底面が上がる

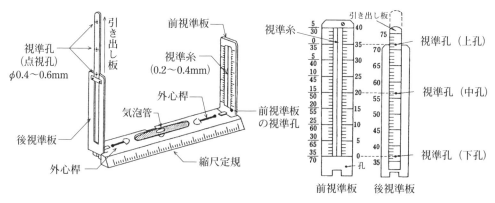

図 8.1.2 アリダードの構造と各部名称

部にある折りたたみ式の視準板は、それぞれ前視準板・後視準板と呼ばれる。前視準板には視準のため幅5mmのスリットがあり、スリットの中央に太さ0.2mm程度の細い視準糸（対物糸）が張られている。後視準板には直径0.5mm程度の視準孔（点視孔）が上・中・下の3箇所あり、この視準孔から前視準板の視準糸越しに目標を見通して、視準孔と視準糸それに目標が一直線上になるようにアリダードの向きを両手で調整し、方向を定める。定規縁には視準方向に平行な側面に所定の縮尺定規がネジ留めされ、巻尺で測定した目標までの距離を所定の縮尺で図上に**プロット（展開）**することで目標の図上位置（図上距離）が示される。後視準板は、視準高さが変えられるように引き出せる。前視準板と後視準板には両視準板間隔の1/100で目盛が刻まれており、これを分画目盛という。

プロット（展開）
　図上にしるしをつける。位置を図上に示す。

　視準孔から目標点を見通した時、目標に対応する相手視準板の分画目盛（分画数）を読み取ることで視準線の勾配が算定され、この値から目標までの距離と高低差の概略値が求められる。この測量方法を「**スタジア法**」という。

② 望遠鏡付きアリダード

　遠距離の目標を視準できるように、視準板の代わりにプリズム付きの望遠鏡を用いたアリダードであり、**図 8.1.3**のような構造になっている。

スタジア法
　P272を参照。

〔スタジア線〕

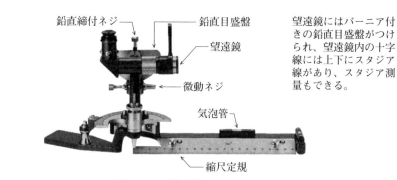

望遠鏡にはバーニア付きの鉛直目盛盤がつけられ、望遠鏡内の十字線には上下にスタジア線があり、スタジア測量もできる。

図 8.1.3 望遠鏡付アリダード（田村式）

(3) 求心器と下げ振り

　地上の測点を図紙上に示すために、求心器を下げ振りとともに**図 8.1.4** のように使用し、地上の測点とこれに対応する図上の点（展開点）を同一鉛直線中に一致させる。下げ振りとは、垂糸と錘球（垂球）および錘球の位置（高さ）を調節する自在金具が1組となったものである。

〔求心器〕

〔下げ振り〕

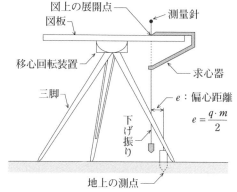

$$e = \frac{q \cdot m}{2}$$

e：偏心距離

q：許容される図上の誤差（通常0.2mm）

m：縮尺分母数

図 8.1.4　求心（致心）と偏心距離

$1/m$	許容偏心距離
1/100	10mm
1/500	50mm
1/1 000	100mm

$q=0.2$mmの場合

小縮尺の場合は求心器を用いないで目測で致心することも可。
（$1/m$=1/5 000→500mm）

(4) 測量針

　アリダードで測点から目標を視準するときは、求心器を用いて移した図上の測点に針を刺し、これを回転中心として定規縁を当てながら方向を定める。この針を測量針という。測量針とこれを固定する文鎮を一緒にした測針器もある。

(5) 箱型磁石（磁針箱）

　図上に磁北線を描いたり、平板の方位をおおまかに定めたりするときに図板上に置いて使用する金属製の長方形箱である。箱には長さ 10cm 程度の**磁針**が入っており、箱の長手側面が NS 方向に平行になっているので、この面を定規にして磁北方向が描ける。

　アリダード、縮尺定規、求心器、下げ振り、箱型磁石などはセットになって器具箱に入っている（P185 のアリダードセットの写真を参照）。

〔箱型磁石（磁針箱）〕

磁針

　磁石鋼を焼入れ磁化したもの。

　北半球では、S極側にバランスウェイトをつけたものを用いる。

　日本では磁針は、真北より3～10°西偏する。

(6) 巻尺

　直接距離測定は、1/1 000 以上の測距精度が必要であるため、JIS 2 級以上の鋼製巻尺またはガラス繊維製巻尺を使用する。長い距離の測定には、光波測距儀を用いることもある。

3　作業順序

　図解平板測量は、**表 8.1.1** の順序で行う。同表には、各工程での作業内容と運用基準などを示した。以下、各作業工程を説明する。

(1) 作業計画

　測量区域の現況を調査し、測量目的・成果を効率的に達成できる作業方法、

表 8.1.1　図解平板測量の作業工程

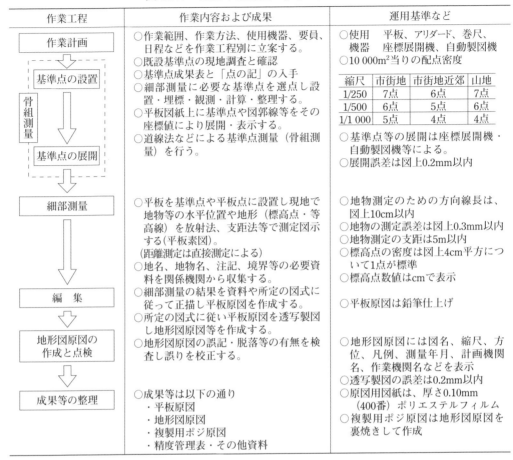

作業工程	作業内容および成果	運用基準など
作業計画	○作業範囲、作業方法、使用機器、要員、日程などを作業工程別に立案する。 ○既設基準点の現地調査と確認 ○基準点成果表と「点の記」の入手	○使用機器　平板、アリダード、巻尺、座標展開機、自動製図機 ○10 000m²当りの配点密度
基準点の設置（骨組測量）	○細部測量に必要な基準点を選点し設置・埋標・観測・計算・整理する。 ○平板図紙上に基準点や図郭線等をその座標値により展開・表示する。 ○道線法などによる基準点測量（骨組測量）を行う。	<table>縮尺 市街地 市街地近郊 山地 1/250 7点 6点 7点 1/500 6点 5点 6点 1/1 000 5点 4点 4点</table> ○基準点等の展開は座標展開機・自動製図機等による。 ○展開誤差は図上0.2mm以内
基準点の展開		
細部測量	○平板を基準点や平板点に設置し現地で地物等の水平位置や地形（標高点・等高線）を放射法、支距法等で測定図示する（平板素図）。 （距離測定は直接測定による） ○地名、地物名、注記、境界等の必要資料を関係機関から収集する。	○地物測定のための方向線長は、図上10cm以内 ○地物の測定誤差は図上0.3mm以内 ○地物測定の支距は5m以内 ○標高点の密度は図上4cm平方について1点が標準 ○標高点数値はcmで表示
編集	○細部測量の結果を資料や所定の図式に従って正描し平板原図を作成する。 ○所定の図式に従い平板原図を透写製図し地形図原図等を作成する。	○平板原図は鉛筆仕上げ
地形図原図の作成と点検	○地形図原図の誤記・脱落等の有無を検査し誤りを校正する。	○地形図原図には図名、縮尺、方位、凡例、測量年月、計画機関名、作業機関名などを表示 ○透写製図の誤差は0.2mm以内 ○原図用図紙は、厚さ0.10mm（400番）ポリエステルフィルム
成果等の整理	○成果等は以下の通り ・平板原図 ・地形図原図 ・複製用ポジ原図 ・精度管理表・その他資料	○複製用ポジ原図は地形図原図を裏焼きして作成

使用機器、要員、工程などを検討し作業計画を立案するとともに、器材、人員などを準備する。

(2) 基準点の設置と基準点の展開（骨組測量）

測量区域周辺の既設基準点（既知点、与点）の位置・状況確認と現地調査を行うとともに、**基準点成果表**と「**点の記**」を入手する。細部測量を実施するに先立って平板の図紙上で十分な基準点数になるように新たな基準点の増設が必要となる。新基準点の数は、既設基準点を含め図上で5〜15cmに1点の間隔を目安に**表 8.1.1** 中の配点密度を標準に現地状況を勘案して決める。基準点や**図郭線**は、座標展開機や自動製図機などにより図紙上に展開（図示または表示）しておく。また、道線法などにより、基準点測量（骨組測量）を行う。

(3) 細部測量（測図）

基準点などに平板を据え付け、平板測量の機器を用いて地形（標高点、等高線）や地物の水平位置を放射法や支距法などにより、可能な限り細部にわたって現地で測量・描画する。現地の状況により基準点からの細部測量が困難な場合には適宜、測点を増設する。この測点を**平板点（平板図根点）**という。平板点は、近くの基準点から放射法により設置する。細部測量で作図されたものを

基準点成果表
　既設基準点の座標値等をまとめた測量結果表。
点の記
　基準点の所在地、周囲の見取り図、土地の所有者などを示した基準点の記録（例は P147 参照）。
図郭線（ずかく）
　地図の周囲を囲む線。地形図の図郭は経緯線によっている。
平板点（平板図根点）（ずこん）
　補助基準点のこと。現地の状況に応じて臨機に設ける基準点。

平板素図という。細部測量と平行して地名・地物名称など図に注記すべき事項
や境界などを調査し、その他の必要資料類を関係諸機関などから収集する。

(4) 平板原図の編集

収集資料類を参考にして平板素図に地名や地物名などを記入し、さらに**図式**
に従い細部測量の結果を正描（整理）し、平板原図を鉛筆仕上げで作製する。

(5) 地形図原図の作成と点検

平板原図に厚さ 0.10mm のポリエステルフィルムをのせて所定の図式に従
い、透写製図して地形図原図を作製する。また、複製用ポジ原図（第二原図）
も作製する。原図の誤記・脱落、図式の誤り、画線の良否などについて地形図
原図の点検を行う。

4　平板の据付け（標定）と誤差

測量を始めるにあたり、平板を測点などに正しく据付けることを標定という。
標定では、致心・整準・定位の３条件を同時に満足する必要がある。これらを
標定の３条件という。

(1) 致心（求心）

図板を地上の正しい位置に設置することを致心という。求心器と下げ振りを
用いて地上の測点とこれに対応する図上の展開点が同一鉛直線上に合致するよ
うに、図板の位置を三脚頭部の移心装置などで調整する。致心のずれの量 e を
偏心距離という（図 8.1.4 参照）。

(2) 整準（整置）

図板を水平にすることを整準という。図板上にアリダードを置き、三脚頭部
の整準ネジを回して水準器（気泡管）の気泡を管中央に導くことで、図板が水
平になる。図板上のアリダードの向きを直角に変えて同様の操作を行うことで、
図板の面的な水平が確保できる。球面板でも整準は可能である。

(3) 定位（指向）

図板を正しい方向に向けて設置することを定位という。図板は、どの測点で
も常に一定方向に向けて据付ける必要がある。既知点での定位は、アリダード
の定規縁を図上の任意の方向線に合わせ、図板を回転・移心させながらこれに
対応する地上の目標を視準して、地上の方向線と図上の方向線を一致させるこ
とで可能となる（右図参照）。未知点（図上に展開されていない測点）での定
位には、後に述べる後方交会法を用いる。概略の定位は磁針でも行える。

定位による誤差は、測量精度に最も大きく影響するため、標定では定位が特
に重要な作業となる。

平板の標定は、まず、致心と整準の条件が大まかに満足されるように三脚の
位置を決め、磁針を用いて概略の定位を行い、次に、①致心、②整準、③定位
の順で調整することが効率的である。３条件を同時に満足させる状態にするた
めには、①②③を繰り返して行う。

図式

地物や地形等を地形図
中に表示する際に用いる
統一様式や記号のことで
あり、公共測量作業規程
の準則では表示事項、表
示方法、適用などの基
準を詳細に定めている
（P228 参照）。

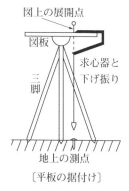

〔平板の据付け〕

〔T 型気泡管〕

整準は図板上に T 型
気泡管をのせて行うこ
ともできる。T 型気泡管
は２つの気泡管を直交さ
せたものであり、２方向
の水平度合いが同時に分
かる。

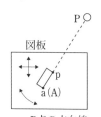

ap：P点の方向線
〔A点での定位〕

矢印は定位のために図
板の位置を動かして調
整することを示す。

健全な人の目の分解能は 25cm 離れたとき 0.1mm といわれている。

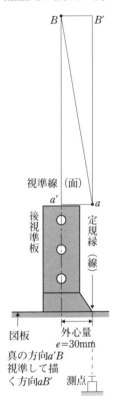

後視準板

定規縁（線）

視準線（面）

図板

外心量 $e=30\mathrm{mm}$

真の方向 $a'B$
視準して描く方向 aB'

測点

平板測量の誤差には、前記標定作業に伴う 3 誤差のほかに視準板付アリダードの構造上の誤差（視準誤差、外心誤差）がある。平板測量での展開誤差（図紙上に示す点の位置記入誤差）q は、0.2mm 程度が要求される。各誤差の許容値は、許容展開誤差と図面縮尺などによっても異なるが、個別の誤差に起因する q を 0.1mm 以下とすると、**表 8.1.2** のようになる。

表 8.1.2　平板測量の誤差と展開誤差 0.1mm に対応する各許容値

誤差の種類	誤差が生じる原因	展開誤差 $q<0.1\mathrm{mm}$ に対応する許容値	許容値に関係する主な要素
致心誤差	図上の展開点と地上の測点とのずれ（偏心距離）	偏心距離 $e \leqq \dfrac{m}{200}$(cm)	図面縮尺
整準誤差	図板の傾き	$\ell=10\mathrm{cm}$、視準線勾配1/10で図板の傾き1/200以下（気泡偏位で5mm以下*）	方向線長視準線勾配
定位誤差	図板の方向のずれ	$\ell=10\mathrm{cm}$で図板の方向のずれは±3′以下	方向線長
視準誤差	視準糸の太さ、視準孔の直径および前・後視準板の間隔	$\ell<10\mathrm{cm}$であれば無視できる。	方向線長
外心誤差	視準面と定規縁とのへだたり（外心量）欄外参照	図面縮尺1/300未満では無視できる。	図面縮尺外心量

m：図面縮尺の分母数、　ℓ：方向線長　（＊曲率半径1.0mの気泡管の場合）

5　平板測量の方法

平板測量の方法には放射法・支距法・道線法・前方交会法・後方交会法などがあり、それぞれの概要と適用性などをまとめると**表 8.1.3** のようになる。

表 8.1.3　平板測量の方法と適用

平板測量の方法（参照図番）	図上での位置の決定方法	平板の設置点	基準点（骨組）測量	細部測量	小地域（大縮尺）	大地域（小縮尺）	適用範囲や留意事項など
放射法（図 8.1.5）	測点から各目標を放射状に順次、視準して方向線を求め、各目標までの距離を測定し、縮尺図示する。	既知点	○	○	○	―	・障害物の少ない見通し良好な小地域に適する。・誤差の調整ができない。
道線法（図 8.1.7）	測点から測点へと順次、方向と距離を測定し、図上にトラバースを決定する。（図解トラバース測量）	既知点平板点	○	―	○	○	・障害物の多い地域・閉合・結合トラバースとする。・閉合差の調整が必要*
前方交会法（図 8.1.9）	複数（通常3点）の既知点から未知点に向かって方向線を引き、その交点を図上の未知点とする。（図解三角測量）	既知点	○	○	○	―	・距離測定が不能な箇所・交会角は45～130°・方向線数は3方向以上
後方交会法（図 8.1.10）	未知点から周囲の複数既知点へ向かって方向線を引き、その交点を図上の未知点とする。	未知点	○	―	―	○	・示誤三角形の処理が必要（処理法は透写紙法またはレーマン法）
支距法（図 8.1.6）	既に図示されている道路や測線から目標までの垂線長（支距・オフセット）を測定し、縮尺図示する。	―	―	○	○	―	・支距は5m以内・見通し不可の箇所

＊閉合差の許容値 $e<0.2\sqrt{n}$ (mm)、nは辺数。表中の○印は、よく適用されることを示す（大地域では、距離測定にスタジア測量や光波測距儀を用いる）。

(1) 放射法

図 8.1.5 に示すように測点（既知点）O に平板を標定した後、周囲の各目標（未知点）を放射状に順次視準して各方向と距離を求め、各目標の図上位置を定める方法で、光線法ともいう。測点の周囲が見通しのよい箇所での細部測量に適する（A～E は各目標、a～e はそれぞれの目標に対応する図上位置）。

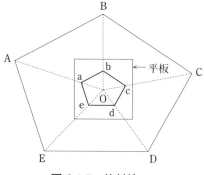

図 8.1.5 放射法

(2) 支距法

（オフセット法）

測線や道路などが図紙上に展開・記入済の場合に、これらを基準（本線）として各目標への垂線長（支距・オフセット）を測定し、構造物などを描画する方法である（図 8.1.6）。測点から見通せない地物の細部測量などに適するが、垂線長が長いと誤差が大きくなる。

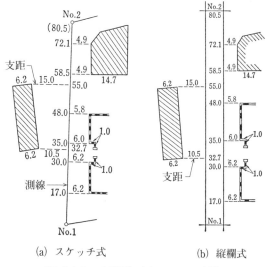

(a) スケッチ式　　　(b) 縦欄式

図 8.1.6 支距法（オフセット法）

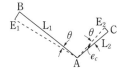

平板の標定のずれにより生じる水平方向の誤差

A 点に平板を標定し、B 点を基準として C 点の位置を決定する場合に平板の方向が角 θ（分単位）ずれると C 点における図上の誤差 e_c は次のようになる。

$$\theta = \frac{E_2}{L_2}\rho, \quad E_2 = \frac{\theta L_2}{\rho}$$

$$e_c = E_2 \times \frac{1}{m}$$

ここで

$E_1 = $ B 点の地上の位置
　　　　誤差

$E_2 = $ C 点の地上の位置
　　　　誤差

$L_1 = $ AB 間の水平距離

$L_2 = $ AC 間の水平距離

$\theta = $ 標定における平板
　　　　の角度誤差

$\rho = 1\,\mathrm{rad} = 3438'$

$\dfrac{1}{m} = $ 図面の縮尺

(3) 道線法

「図解トラバース測量」ともいわれ、平板を用いて直接図上にトラバースを描く方法である。図 8.1.7 に示すように各測点に平板を標定し、次の測点の方向と距離を求め、各測点の図上位置を順次定めて閉合トラバースを完成させる複道線法と、平板を 1 測点おきに据えて定位を磁針で行う単道線法がある。単

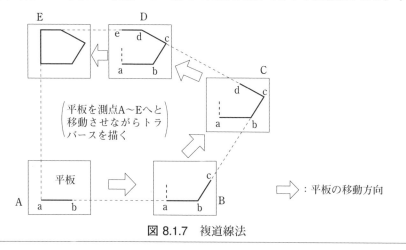

（平板を測点A～Eへと移動させながらトラバースを描く）

⇨：平板の移動方向

図 8.1.7 複道線法

道線法は精度が低い。トラバースの全測線長に対する許容閉合誤差（閉合比）は、平坦地で1/1 000、緩傾斜地で1/800 ～ 1/500、山地・複雑な地形で1/500 ～ 1/300程度である。許容限界内であれば**図 8.1.8**のようにコンパス法で調整する。道線法は、放射法ができるような見通しの良い位置に平板点を設ける方法であり、基準点（骨組）測量に適する。

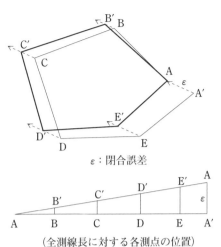

ε：閉合誤差

（全測線長に対する各測点の位置）

図 8.1.8　閉合誤差の図式調整

(4) 前方交会法

複数（通常3点）の方向線の交会から未知点の位置を定める方法を交会法という。前方交会法は、**図 8.1.9**のように複数の既知点に平板を標定し、各既知点から未知点への方向線の交点を図上での未知点と定める交会法である。交会角は45 ～ 130°、方向線は3方向以上を標準とするが、標定誤差などによりこれらの方向線は1点に交わらず小三角形ができる。これを示誤三角形といい、その内接円の直径が0.3mm以下であれば中心点を交会点とし、0.3mmを超えれば再測する。

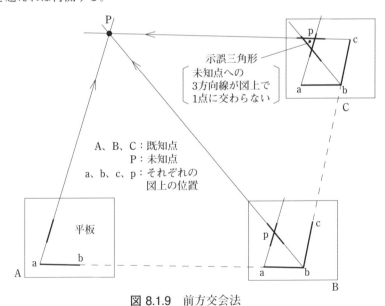

示誤三角形
未知点への
3方向線が図上で
1点に交わらない

A、B、C：既知点
P：未知点
a、b、c、p：それぞれの
　　　　　図上の位置

平板

図 8.1.9　前方交会法

(5) 後方交会法

図上に数個の既知点が展開されている場合に、**図 8.1.10**のように既知点に囲まれた未知点に平板を据付け、各既知点を視準して描いた各方向線の交点を図上での未知点とする交会法である。各方向線は、1点で交わらず示誤三角形が生じる。これを消去し、図上での未知点を求める方法としては透写紙法とレー

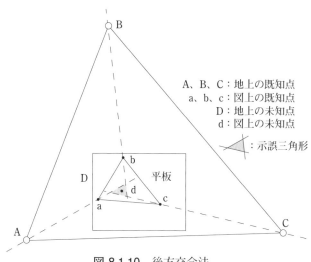

A、B、C：地上の既知点
a、b、c：図上の既知点
D：地上の未知点
d：図上の未知点

◁ ：示誤三角形

図 8.1.10 後方交会法

マン法があるが、前者が実用的である。

(a) 透写紙法（図 8.1.11）

① 平板上の図紙に既知点 a、b、c を展開（図示）する。

② 既知点と未知点の位置関係などを勘案して、平板を適当と考えられる点 D で標定する。

③ 図紙の上に透写紙（トレーシングペーパ）をかぶせ、地上点 D に対応する図上点 d′ を透写紙上に定める。

④ d′ 点から地上点 A、B、C を視準して、各方向線を透写紙上に描く（d′A、d′B、d′C）。

⑤ 力向線を描いた透写紙を図紙上で移動させながら、描かれた各方向線が図紙上に展開した既知点 a、b、c 点を通るような状態にする。

⑥ ⑤の状態で d′ 点を刺針し図紙上に移すと、これが未知点 d の正確な位置になる。

(b) レーマン法（図 8.1.12）

①②は透写紙法と同じ。

③ 地上点 D に対応する図上点 d′ を図紙上に定める。

④ 図紙上に展開した既知点 a、b、c にアリダードをおき、それぞれに対応する地上点 A、B、C を視準して各方向線を図紙上に描く（aA、bB、cC）。

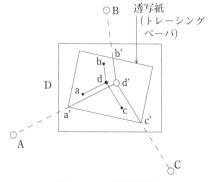

図 8.1.11 透写紙法

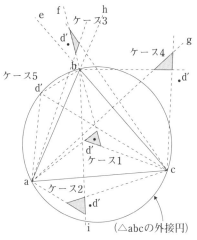

図 8.1.12 レーマン法

⑤ 図紙上にできた示誤三角形の位置（**図 8.1.12** のケース 1 ～ 5）から**表 8.1.4** の推定法によって未知点の位置 d′ を推定し、定位を修正する。

⑥ 3 方向線が 1 点に交わるまで④⑤の操作を繰り返す。

表 8.1.4 未知点（d′ の位置）を示誤三角形の位置から推定する方法

	示誤三角形の位置	未知点d′ の位置
ケース1	△abcの内部	示誤三角形の内部
ケース2	△abcの外部で 外接円の内部	方向線（bi）に対して 示誤三角形の反対側
ケース3	外接円の外部で△abcの内角の 対頂角内（△ebh内）	方向線（bf）に対して 示誤三角形の反対側
ケース4	外接円の外部で △abcの1辺に対する	方向線（ag）に対して 示誤三角形と同じ側
ケース5	点dが外接円上にあるときは、平板の標定条件が 不満足でも三角形は生じない（レーマン法は使用できない）。	

2 数値地形測量（現地測量）

1 概要

数値地形測量とは、地物・地形の位置座標や形状および属性などをデジタル化、コード化して（数値地形図データを作成し）計算処理によって地形図を作成するもので、①現地で **TS 等**または GNSS 測量機によって測量する方法（および両者の併用法）と、②航空機による空中写真から得た画像データを用いる方法がある。数値地形測量には、①②以外にも③既存の地形図を**デジタイザ**や**スキャナ**などで読み取って数値化するもの（既成図数値化、マップデジタイズ：MD）や、④これらによって作成した数値地形図を修正することも含まれる。

公共測量における現地測量では①が標準となっているので、ここでは TS 等または GNSS 測量機（および両者の併用法）を用いる数値地形測量（現地測量）について記述する。①～④の各数値地形測量の作業内容を**表 8.2.1** にまとめた。また、**図 8.2.1** には、①の数値地形測量の作業概念を示した。

TS は、測距（斜距離・水平距離・高低差）と測角（水平角・鉛直角）が同時に可能で、その測量結果がデータコレクタにデジタル値で直接入力・収録されるので誤記や誤読がなく、補正値や制限値を事前に入力することで自動的に測定値が補正され、測定結果の良否も現場で判定できる。システムや機器が高価で操作の習熟も図解平板測量に比べて時間を要するが、測定点の**属性データ**や測線の**結線データ**など現況を確認しながら入力でき、種々の図形編集機能やCAD 機能も有しているので、図解平板測量に比べて次のような利点を有する。

① 起伏の大きい地域や視準距離が長くなる地域を高精度・高能率で測量できる。

TS 等
　トータルステーション、データコレクタ、電子平板等のこと。

デジタイザ
　カーソルやポインタで位置を指示・検出して、座標値を読み取る装置。

スキャナ
　紙面から図形や写真を画像データとして読み取る装置。

属性データ
　数値地形図の地形・地物などに関わる地図情報の座標を取得する際に内容を表す分類コードや記号など。

結線データ
　点と点（座標と座標）の接続経路を表すデータ。

表 8.2.1　数値地形測量の作業内容

区　分	作　業　内　容
①TS等またはGNSS測量機（および両者の併用法）による測量（現地測量）	TS等、キネマティック法、RTK法もしくはネットワーク型RTK法を用いて、または併用して地形や地物などを測定し、図形編集処理装置により数値編集を行い数値地形図データを作成する。
②空中写真測量	空中写真測量などにより、地形、地物などにかかわる地図情報をデジタル形式で測定し、数値編集を行って数値地形図データを作成する（本章3節参照）。
③既成図数値化（MD）	既成図（既に作成された地形図など）をデジタイザやスキャナなどで数値化し、数値地形図データを作成する（P217参照）。
④修正測量（数値地形図データ修正）	既に作成されている数値地形図データに対して、経年変化部分などを修正し既成のDMデータファイル（旧DMデータファイル）および数値地形図データを更新する（表8.5.1参照）。

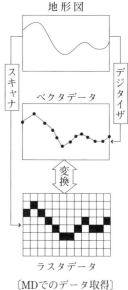

〔MDでのデータ取得〕

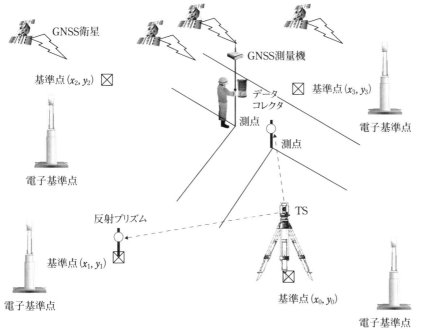

図 8.2.1　数値地形測量の作業概念

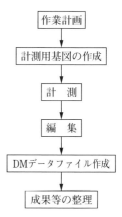

〔既成図数値化の作業手順〕

② 現地で図紙を使用しない測量であるので、気象の影響が少ない。

③ 描画作業の効率化が図れ鮮明で高品質で精度劣化のない図面が作成できる。

④ 図面縮尺や等高線密度が任意に設定できるなど図面の2次加工が容易。

⑤ 3次元地形図や透視図などの編集・作成も可能。

⑥ GISや国土空間情報基盤の構築など多目的な利活用ができる。

　一方、測定にあたっては、以下の点に留意する必要がある。

① 観測時の器械高や反射プリズム高は、手入力であるので入力ミスに注意すること。

② TS は、測角部分の誤差（鉛直軸・水平軸・視準軸誤差など）と測距部分

の定数などの点検・調整を行う。

③ 事前に十分にバッテリーを充電し、予備電源も携行する。

④ 収録した観測データは、直ちに他の電子媒体にコピーか転送する。

数値地形図における地図情報では、測地座標が用いられるので、従来の地図縮尺に代わる概念として「**地図情報レベル**」が採用されている。**表 8.2.2** に地図情報レベルと地形図縮尺および総合精度との関係を示した。数値地形図データの地図情報レベルは、原則 1 000 以下であり 250、500、1 000 を標準とする。

地図情報レベル

数値地形測量によって作成された数値地形図データの地図表現精度のことであり、全データの平均的な総合精度に相当する。地図情報レベル毎に図式、地図項目の取得分類基準、数値地形図データのファイル仕様・説明書、分類コードなどが公共測量作業規程の準則に示されている。

表 8.2.2　数値地形図データにおける地図情報レベルと地形図縮尺との関係

地図情報レベル	相当縮尺	精度（地上座標、標準偏差）		
		水平位置	標高点	等高線
250	1/250	0.12m以内	0.25mm以内	0.5m以内
500	1/500	0.25 m以内	0.25mm以内	0.5m以内
1 000	1/1 000	0.70 m以内	0.33mm以内	0.5m以内
2 500	1/2 500	1.75 m以内	0.66mm以内	1.0m以内
5 000	1/5 000	3.50 m以内	1.66mm以内	2.5m以内
10 000	1/10 000	7.00 m以内	3.33mm以内	5.0m以内

2　作業工程と作業内容

現地測量の細部測量に TS 等を用いる場合の作業工程・作業内容・成果などを**表 8.2.3** に示す。この方法には**図 8.2.2** のようにオンライン方式とオフライン方式とがある。現地での点検作業が容易なオンライン方式が普及している。

オンライン方式は、TS とペン入力式の携帯型 CPU（ペンコン）をケーブル接続したシステム（または無線モデム）により測定結果をペンコン画面上に直接図示しながら図形編集機能を使って現地で編集と点検を行い、出力図として

TS 点

細部測量の補助基準点。基準点のみでは細部測量ができない箇所に設置。

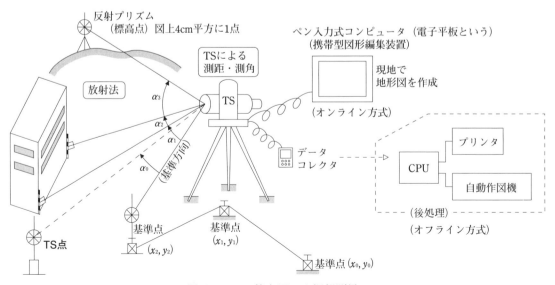

図 8.2.2　TS等を用いる細部測量

表 8.2.3 TS等を用いる作業手順 （公共測量作業規程の準則を基に作成）

作業工程	作 業 内 容	運用基準など
作業計画	作業範囲、作業方法、使用機器、要員、日程などを作業工程別に立案する。	○使用機器　1級、2級、3級TS 　　　　　　図形編集装置 　　　　　　デジタイザ ○10,000㎡当りの配点密度
基準点の設置	電子基準点、一～四等三角点および1～4級基準点を基準点として作成しようとする地図レベルの精度の保持に必要な一定密度の4級基準点を設置する。多角測量等によって細部測量に必要な基準点を設置する。	
細部測量	基準点または、TS点にTSを整置する。 ①オンライン方式：地形、地物などを測定して、地形図などに必要な数値データを取得する。TSに電子平板を無線モデム又はケーブルで接続し、観測データを電子平板の画面上に直接図示しながら図形編集機能を用いて編集及び点検を行う。 ②オフライン方式：地形、地物等の水平距離および標高を放射法、支距法、前方交会法などにより測定し、名称または、識別コードや観測データ（数値データ）をデータコレクタに記録する。	○TSによる水平角観測は0.5対回 ○TSによる距離測定は1回 ○放射距離の制限
数値編集	TS点の設置：基準点にTSを整置して、放射法で設置する。 　　　　　　または、設置するTS点にTSを設置して、後方交会法（数値交会法）で設置する。 測定位置確認資料：編集時に必要な地名及び建物等の名称や取得したデータを結線するための情報等をデータコレクタに入力または写真等で記録する。	
数値地形図データファイルの作成	①オンライン方式：地形、地物などの数値データについて、測定位置確認資料を参考に、分類コードを付加して編集し、編集済データを作成する。 ②オフライン方式：データコレクタ内のデータを測量計算システムに転送し、地形図等に必要な数値データを取得し、測定位置確認資料を参考にして、図形編集装置により地形、地物等の数値地図データ編集を行い、編集済データ（数値地形図）を作成する。	○編集済データの論理的矛盾等の点検は点検プログラム等により行う
品質評価	製品仕様書に従って編集済データから数値地形図データファイルを作成し、電磁的記録媒体に記録する。 製品仕様書に規定する品質基準を満足しているかを当該製品仕様書に定められた品質評価の方法に基づいて品質評価を行う。 点検した結果は、様式に基づいて品質評価表を作成する。	
成果等の整理	成果などは以下のとおりである。 数値地形図データファイル、品質評価表、**メタデータ**、その他資料	○メタデータは製品仕様書に従いファイルの管理及び利用に必要となる事項について作成

運用基準欄の表：

○10,000㎡当りの配点密度

レベル	市街地	市街地近郊	山地
250	7点	6点	7点
500	6点	5点	6点
1 000	5点	4点	4点

○放射距離の制限

地図情報レベル	放射距離	使用機器
500 以下	150m以内	2級TS
	100m以内	3級TS
1 000 以上	200m以内	2級TS
	150m以内	3級TS

○標高点密度は地図情報レベルに4cmを乗じた値を辺長とする格子につき1点が標準
○標高点数値はcm単位で表示

地形図を作成する。このため、重要事項の確認や再測の要否の判断も現地で行えるので、事後の補備測量などが不要ないしは軽減されるなどの利点がある。

写真 8.2.1、**図 8.2.3**、**図 8.2.4** にはオンライン方式の観測状況などを示す。

メタデータ

測量成果を説明するデータであり、共有利用が図れるようにクリアリングハウス に登録するため共通の仕様で作成するデータのこと。記述内容・仕様は準則に定められている。

クリアリングハウスとはインターネットを利用し世の中に点在する諸情報を統合的に検索・提供できるシステムのこと。

写真 8.2.1 TS とペンコンによるオンライン方式の観測状況

図 8.2.3　オンライン方式での画面（例）

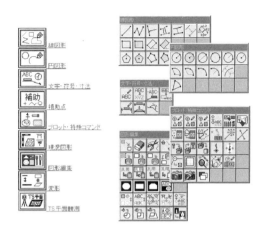

図 8.2.4　電子平板のコマンド・アイコン例

オフライン方式では、現地での測定時には観測データをデータコレクタで取得するのみで、取得後、室内で図形編集装置にデータを入力し、測量 CAD などを用いて数値地形図データを編集・作成する。測定時に測点の番号（名称）、分類コード（属性・識別コード）など編集に必要な測定位置確認資料を作成する。数値編集後、内容確認のために改めて現地で重要事項の確認を行い、不明な部分がある場合は補備測量を実施する必要がある。

3　GNSS による細部測量

細部測量に TS の代わりに GNSS を用いる方法には、、キネマティック法や RTK 法、ネットワーク型 RTK 法がある。GNSS 法は、測点間の視通が確保できなくても測量可能で選点の自由度も高いが、以下の点に留意する必要がある。

① 測定点の上空視界が開けていて、受信できる衛星数が 5 個以上あること。

② 電波障害やマルチパス（多重反射）の原因となる架線・送電線や大型看板および高層建物・高い樹木が観測点の近傍にないこと（マルチパスは P122 参照）。

数値地形測量では、等高線や**地性線**の位置など地上上の特徴的な箇所も数値地形図データから図形編集装置で描画できる。

キネマティック法または **RTK 法**によって、基準点または TS 点と地物・地形などの相対的位置関係を求め、数値地形図データを取得する方法の作業要領・順序・較差などを示すと以下のようである。

① 地物・地形などの水平位置・標高測定は干渉測位方式を用いる。

② 観測は、放射法によって 1 セット行う。

③ セット内の観測回数は FIX 解を得てから 10 エポック以上、データ取得間隔は 1 秒、使用衛星数は 5 衛星以上とする。GLONASS 衛星を併用して観測する場合は、使用衛星数は 6 衛星以上とする。ただし、GPS・準天頂衛星および GLONASS 衛星を、それぞれ 2 衛星以上用いる。

ネットワーク型 RTK 法

国土地理院の電子基準点データを利用して配信事業者が算出した補正データなどを通信装置により移動局で受信すると同時に、移動局において基線解析を行い移動局の位置を測定する方式（6章3節9項参照）。

地性線

張り出している尾根、稜線、窪み、谷など地形的特徴を表す線状のもの。

RTK 法

既知点での受信データと移動点のデータによりリアルタイムに干渉測位を行って座標値を求める方式（6章3節8項参照）。

既知点　　移動点

④　初期化を行う観測点は、既知点を選び点検のために1セットの観測を行い、観測終了後に再初期化して2セット目の観測値を採用値として以後の観測を継続する。

⑤　④のセット間較差の許容範囲は、ΔN、ΔE で 20mm、ΔU で 30mm（X、Y座標、H（標高）の比較でも可）を標準とする。

⑥　観測の途中で再初期化を行うときも④⑤による。

⑦　測定精度は、地図情報レベルに 0.3mm を乗じた値とし標高は主曲線間隔の 1/4 以内とする。

写真 8.2.2
キネマティック法または
RTK法の観測状況

⑧　測定終了後は、データ処理システムにデータ転送し計算機の画面上で編集と点検を行う。

⑨　地形は地性線を測定しデータ処理システムによって等高線などを描画する。

⑩　標高点の密度は、地図情報レベルに 4cm を乗じた値を辺長とする格子に1点を標準とし、標高点数値は 0.01m 単位で表示する。

⑪　測定以外にも測定位置確認資料を作成する。

⑫　測定位置確認資料は、編集時に必要となる地名、建物等の名称のほか取得データの結線のための情報などであり、現地でこれらを図形編集装置に入力する方法や現況を写真などで記録・作成する。

　また、ネットワーク型RTK法によって基準点またはTS点と地物・地形などの相対的位置関係を求め、数値地形図データを取得する方法の作業要領などを示すと以下のようである。

① 　地物・地形などの水平位置・標高測定は**単点観測法**により行うが、必要によって水準測量を行う。

② 　既知点での観測は、キネマティック法またはRTK法の②③を準用する。

③ 　セット間較差は、キネマティック法またはRTK法の⑤を準用する。

④ 　作業地域を囲む3点以上の既知点との整合を以下によって行う。

⑤ 　水平位置の整合は、座標補正で行う（平面直角座標上で行う）。

⑥ 　座標補正した地形データについては、当該地形データと隣接する1点以上の地形データで補正前と補正後の距離の点検を行う。

⑦ 　座標補正前後の距離の較差の許容範囲は、点検距離が 500m 以上で点検距離の 1/10 000、500m 以内で 50mm を標準とする。

⑧ 　標高の整合は、標高変換として行う。

⑨ 　標高補正は、標高値が明確な箇所で行う。

　なお、衛星電波の受信環境などの良否によっては、細部測量に TS 等と上記の GNSS 測量機を併用できる。**表 8.2.4** には図解平板測量と数値地形測量を比較した。

単点観測法
　仮想点または電子基準点を固定点とした放射法による観測をいう。1級GNSS測量機が1台あれば観測できることが特徴（6章3節9項参照）。

表 8.2.4　図解平板測量と数値地形測量（電子平板測量）の比較表

	図解平板測量（平板とアリダード）	電子平板測量（TSとペンコン）
実測準備	縮尺を予め決定する 　縮尺により図根点の数・位置に影響する。 　・大縮尺ほど多くの図根点が必要になる。 　・通常、方向線長は、10cm以内とする。 図根点のプロット（計算座標を展開） 　基準点の展開誤差が出やすい。	縮尺自在（縮尺可変） 　・縮尺には、影響しない。見通しのみ必要。 　・測定距離が長くとれるため、基準点数を減らせる。 　・放射距離の制限で100m〜200m 座標入力（計算座標をロード） 　入力ミスがなければ展開誤差は生じない。
器械の整置及び設置	平板の整置（標定） 　器械高は、視準と作画ができる高さ 1.　致心（求心器と下げ振りを使用） 2.　整準（気泡管式水準器を用いる） 3.　定位　平板を正しい向きに固定する 　致心、整準、定位の標定3条件を同時に満足させる。 平板の設置 　近傍の既知点に平板を整置して、放射法により設置しなければならない。	TSの整置 　器械高は、望遠鏡が覗ける範囲 1.　致心（求心望遠鏡を使用） 2.　整準 　致心と整準は、同時に満足させる。 3.　後方点を視準 TSの設置 　任意の位置にTSを設置し、後方交会法により正確な器械点座標を求めることができる。
細部測量の観測方法	1.　アリダードで細部の点（ポール）を視準して方向線を引く。 2.　テープで器械点と細部の測定点（目標）を測距して図上の方向線上に縮尺距離でプロットする。 3.　細部の点を順次1.2.の方法で図上にプロットし、求めた点が何であるかを記入する。 4.　適当なタイミングで線形物は、結線を行う。 5.　直角が確認できるものは基準になる図上点をもとに必要な点間距離を測り描画する。 6.　視準できない場合は、支距法・交会法などの測定方法により描画する。	1.　TSで（プリズムを立てた）細部の点を視準する。 2.　電子平板にて、属性表から分類を指定し、記録キーを押す（測定した細部の点が画面に自動描画される）。 3.　細部の点を順次1.2.の方法で観測する。 4.　自動的に指定した分類属性通りに描画される。 5.　視準できる測定点は、観測した方が効率的であり正確である。 6.　視準できない場合は、平板を用いた場合と同様に測定し、計算機能やCAD編集により描画する。
編集	平板原図を作成 　細部測量の結果を図式にしたがって正描する。	編集済データを作成 　細部測量の地形、地物などの数値地形図データをCAD編集する。
原図作成	地形図原図の作成 　所定の図式にしたがい、平板原図に描かれた各種表現事項を透写製図する。	数値地形図データの作成 　編集済データをもとに作成する。

オルソ画像

　中心投影を正射投影の画像にしたもの。

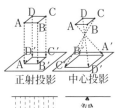

正射投影　中心投影

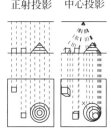

4　TS や GNSS 以外のオンライン方式

—電子平板システムでのデジタルオルソ画像の利用—

　高解像度のデジタルカメラの普及に伴って測量現場でも、従来の手書きメモの代わりにデジタル画像が利用されている。デジタルカメラにより容易かつ正確に現地の状況を写しとり、パソコンで手軽に再現できるようになった。

　デジタル画像を利用して簡単に**オルソ画像**（正射投影画像）を作成することができる。デジタルカメラ（200万画素以上を推奨）で斜め撮影した1枚のデジタル画像からオルソ画像を作成する。このオルソ画像は、地図や図面のように位置の情報を持っているため、これを電子平板システムに読み込ませれば画

像ファイルを指定するだけで位置合わせをすることなく、**図 8.2.5** のように他の地図・図面などと縮尺を合わせて重ね合わせができる。また、複数枚のデジタル画像を 1 枚のオルソ画像に自動的に合成し、広範囲の画像地図を容易に作成することも可能である。TS とのオンライン方式であるためデジタル画像の撮影から標定作業やオルソ画像の作成まで簡単に現場で行える。したがって、現場で画像の確認・点検ができるので、画像の不足部分や標定点の計測もれを未然に防げる。

　現場では点のみを観測して、内業にてオルソ画像を見て確認しながら、結線・属性データを入力し、現況図を完成させることも可能になる。

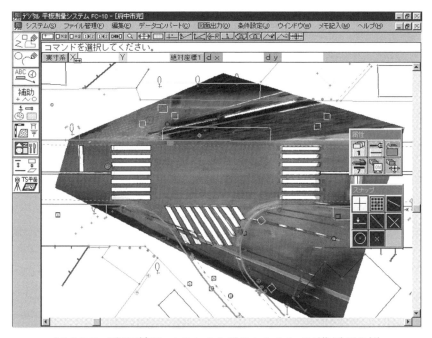

図 8.2.5　電子平板システムでのデジタルオルソ画像活用の例

8　地形測量および写真測量

3　空中写真測量

1　概要

　空中写真測量とは、専用の小型航空機に搭載した測量専用航空カメラ（**写真 8.3.1**）によって地表面を撮影した写真画像（空中写真）を用いて広い範囲の精密な地形図（数値地形図データ）を作成する技術である。写真がレンズの中心（投影中心）を挟んで実体と写真（感光面）が直線で結ばれる性質を測量に利用している。従来の現地測量による方法と比較して、室内で空中写真を測量する作業が主体であるので作業効率が飛躍的に上昇した。国土地理院は、縮尺

写真 8.3.1　航空カメラ

写真測量の歴史

1857年 ナダール（仏）が気球から写真撮影

1859年 ロスダー（仏）がステレオ写真で立体視

1863～70年 仏軍が写真から地図作成

1925年 日本の写真測量が実用化

1946～49年 米軍日本全土を航空写真撮影

1952年 民間における航空測量の開始

1960年 国土地理院が国土基本図事業を開始

1/25 000 地形図をこの手法により整備を完了しており、また、大縮尺地形図（縮尺 1/2 500 ～ 1/500）も地方自治体などで作成されるようになり、現在では地形図作成の代表的手法となっている。

空中写真は航空機の飛行方向に沿って一定間隔で連続的に撮影され、図8.3.1と図8.3.2のように撮影範囲に応じて複数の撮影コースを設定し、同一撮影コース内の隣どうしの写真は、同一範囲が約60％重複（オーバーラップ）するよう撮影し、また、撮影コースどうし間に空白部が生じないよう約30％程度重複（サイドラップ）させて撮影する。この結果、撮影範囲全域で、どの地点においても同一撮影コースの隣接する2枚の空中写真に撮影されることになる。人間の目は左右両眼によって立体視ができ、物の位置と奥行（距離感）がつかめるのと同様に、空中の2点（空中の撮影地点）から地上物の位置を捉えるこ

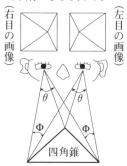

同じ物を左右の目で見るとそれぞれ見える範囲と平面像が多少異なる。

（右目の画像）（左目の画像）

四角錐

視角θ：被視体の大きさを認識する角度

光角Φ：光線で作られた角度（収束角）

〔立体視の原理〕

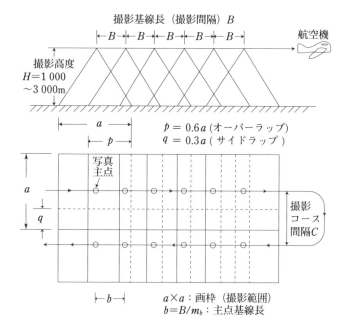

図8.3.1 撮影コースと撮影重複度p（p、q）

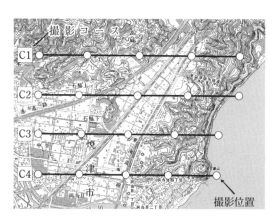

図8.3.2 空中写真の撮影方法

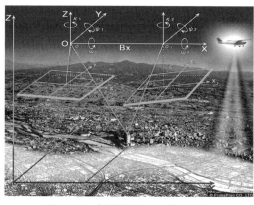

図 8.3.3 撮影位置と写真の傾き

とができる。この空中の2点を与点、地上の地物を求点として空中写真を用いて三角測量（空中三角測量）を行うことにより正確な地形図を作成することができる。よって、空中写真測量は、**図8.3.3**のように空中写真が撮影された位置（航空カメラの撮影時における3次元座標）と傾き（X、Y、Z軸方向におけるカメラの回転角 ω、ϕ、κ）を取得し、その位置をもとに地上の地物を測量により座標値を与える方法によって行われる。

2　空中写真測量による地形図の製作

空中写真測量によって数値地形図データを作成するまでの作業工程を、**表8.3.1**に示す。同表には、フィルム航空カメラとデジタル航空カメラによる空

表8.3.1　空中写真測量の作業工程

作　業　工　程	作　業　概　要
作　業　計　画	地形図の縮尺、図化区域、精度など考慮して測量作業計画を立案。人員、所要器材類の準備、費用積算
標定点の設置	標定点とは空中写真の標定用の点であり、写真上で識別できる基準点を選定。既設基準点などを利用
対空標識の設置	標定点の周囲に対空標識を設けて写真上での基準点の位置などを容易に視認・識別しやすくする
撮　　影	計画飛行高度からオーバーラップを60％、サイドラップを30％で撮影。霧や雲のない晴天日に実施
刺　針	撮影された写真上に図化作業に必要な基準点などを現地において点刻（微細な針穴を開ける）する
検　証　点	GNSS/IMUで得られた外部標定要素（空中写真の撮影位置（x、y、z）と3軸の傾き（ω、ϕ、κ））の妥当性を検討するために設置する点のこと
同　時　調　整	GNSS/IMUから得られた外部標定要素を検証点座標により、より高精度に調整計算を行う
現　地　調　査	撮影された地物の名称や用途、行政界や不明瞭な箇所などを現地で確認し、図化に必要な資料を作成
空中三角測量（写真座標の読み取り）	空中写真に撮影された対空標識の位置をもとに空中写真の撮影位置と傾きを求める（ステレオコンパレータや解析図化機により実施）
数　値　図　化	各種表現事項をステレオ図化機（空中写真を立体視する装置）で測定して、数値地形図データファイルを取得する
数　値　編　集	数値地形図データファイルを現地調査結果に基づいて編集し、またデータの構造化（データの連続性、面領域の作成等）を行う
補　測　編　集	編集素図上の重要事項を確認し、さらに補足が必要な部分・事項について現地で再度調査・測量
数値地形図データファイル作成	数値地形図データファイルを所定のフォーマットに格納する
品質評価成果等の整理	データの品質を評価し数値地形図データファイル、品質評価表、メタデータ等の作成、点検、整理

小型無人航空機（UAV）を用いた空中写真測量

UAV搭載のカメラとGNSSによる自律航行を実施することにより高度50m程度から地表面の画像を連続取得しCPU処理することで3次元立体形状データの生成が可能になっており、災害・工事現場など狭い範囲での地表測量に活用されている。このデータを基に点群データ（X・Y・Z）、オルソ画像、3DCAD、3DPDFなどを作成することで土量計算や縦断・横断形状の作成、景観シミュレーションなどもできる。【この測量はi-Construction（P303～305参照）などで採用される】

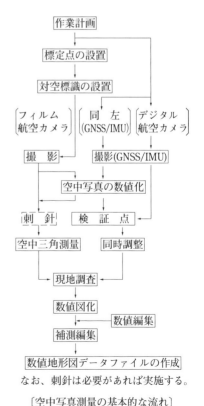

なお、刺針は必要があれば実施する。

〔空中写真測量の基本的な流れ〕

地図情報レベル	標準偏差	
	水平位置	標　高
500、1 000	0.1 m 以内	0.1 m 以内
2 500、5 000	0.2 m 以内	0.2 m 以内
10 000	0.5 m 以内	0.3 m 以内

〔標定点の精度〕

中写真測量の流れを併記した。現在では、空中写真測量はデジタル航空カメラによる方式が主流になりつつある。

(1) 標定点の設置

空中三角測量や数値図化における空中写真の標定に必要な基準点や水準点（これらを標定点という）を設置することであり、既設の基準点などを用いてもよい。基準点は 1～4 級基準点測量、水準点は簡易水準測量に準じて実施する。

(2) 対空標識の設置

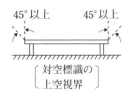

〔対空標識の上空視界〕

標定点などの写真座標を測定するため、諸点を写真画像上で識別できるようにこれらの点に一時標識（対空標識）を設置する。対空標識の設置にあたっては、以下の事項に留意する。

① あらかじめ土地の所有者や管理者に設置許可を得ておく。

② 風雨などで破損しないような素材を用い、堅固に設置する。

③ 計画機関名、作業機関、保存期限などを表示し、撮影後は速やかに撤去。

④ 標識の各端点において天頂から概ね 45° 以上の上空視界を確保する。

⑤ バックグラウンドの状態が良好な地点を選ぶ。

⑥ 建物の屋上に設置する場合は、床面よりも少し高く設置する。

⑦ 基準点が林の中にある場合は、樹冠よりも 50cm 程度高く設置する。

⑧ 偏心して設置する場合は、偏心点には標識と標杭を一緒に設置する。

⑨ 色は白を標準とするが、地面などの色を考慮し黄色などでもよい。

⑩ 設置後は写真撮影するとともに、設置場所付近の見取図を作成する。

⑪ 標識の大きさは、撮影縮尺が小さい程、大きいものが必要である。

地図情報レベル
500 で 20cm
1 000 で 30cm
2 500 で 45cm
5 000 で 90cm
10 000 で 150cm
〔標識の大きさ〕

なお、撮影後に写真画像上に明瞭な構造物が確認できる場合には、標定点測量によって対空標識に代えることができる。

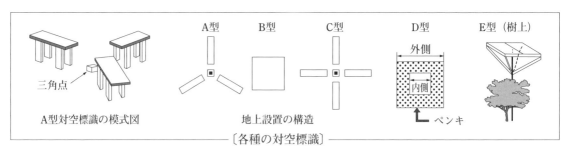

〔各種の対空標識〕

(3) 撮影

GNSS/IMU による撮影では、撮影区域と GNSS 基準局までの距離が 50km 以内、撮影時の GNSS 衛星の配置が良好で 5 個以上からの受信が必要。

「撮影」には、撮影作業と後続作業に必要な写真処理および数値写真の作成も含まれる。撮影作業には、フィルム航空カメラまたはデジタル航空カメラが使用される。前者では、画面距離と歪曲収差の検定値が 0.001mm 単位まで明確な広角航空カメラを用いてカラーまたは白黒フィルムで行う。後者は、パンクロ（白黒）と赤、緑、青（RGB）および近赤外線の撮像素子（CCD）を装着し、取得した高解像度のデジタル画像（パンクロ画像、カラー画像）を数値

写真として出力できる。一部のフィルム航空カメラまたは全てのデジタル航空カメラには GNSS/IMU 装置が搭載・装着される。GNSS/IMU は、空中写真の露出位置を求めるための GNSS と露出時のカメラの傾きを検出する3軸のジャイロおよび加速度計で構成される IMU（慣性計測装置）から構成されている。フィルム航空カメラで撮影する空中写真の撮影縮尺と地図情報レベルとの関係は、**表 8.3.2** を標準とする。デジタル航空カメラで撮影する数値写真の地図情報レベルと**地上画素寸法**の関係は、撮影高度と基線長によって**表 8.3.3** のように規定されている。**図 8.3.4** には、撮影から数値図化までの流れを示す。

ジャイロ

角度速度計測装置のこと。

地上画素寸法

デジタル航空カメラの撮影素子（CCD）の寸法に対応する地上の大きさ（空間分解能のこと）。

撮像素子

地上画素サイズ

表8.3.2　撮影縮尺と地図情報レベルの関係

地図情報レベル	撮影縮尺
500	1/3 000 ～ 1/4 000
1000	1/6 000 ～ 1/8 000
2500	1/10 000 ～ 1/12 500
5000	1/20 000 ～ 1/25 000
10000	1/30 000

（フィルム航空カメラ）

表8.3.3　数値写真の地上画素寸法と地図情報レベル（デジタル航空カメラ）

地図情報レベル	地上画素寸法（式中 B：基線長、H：対地高度）
500	$90\text{mm}\times2\times B[\text{m}]\div H[\text{m}]\sim120\text{mm}\times2\times B[\text{m}]\div H[\text{m}]$
1000	$180\text{mm}\times2\times B[\text{m}]\div H[\text{m}]\sim240\text{mm}\times2\times B[\text{m}]\div H[\text{m}]$
2500	$300\text{mm}\times2\times B[\text{m}]\div H[\text{m}]\sim375\text{mm}\times2\times B[\text{m}]\div H[\text{m}]$
5000	$600\text{mm}\times2\times B[\text{m}]\div H[\text{m}]\sim750\text{mm}\times2\times B[\text{m}]\div H[\text{m}]$
10000	$900\text{mm}\times2\times B[\text{m}]\div H[\text{m}]$

GNSS/IMU は、飛行位置や傾きのデータを撮影中に連続して取得でき、後処理によって外部標定要素を求めることができるが、積分による累積誤差があるため1コースの撮影長は、15 分以内と規定されている。

(4) 刺針

刺針とは、設置した対空標識が空中写真上で明瞭に確認できない場合に行うもので、現地において基準点の位置を空中写真上で明瞭な地点に偏心を行って表示する。刺針は、撮影後、現地の状況が変化しない時期に行う。

(5) 空中三角測量

写真画像から**図化**を行う場合、1つの**モデル**（Ⅰ、Ⅱ）に座標と標高が既知の基準点が、最低3点写っていることが必要である。連続撮影する広域の各モデルに、このように多くの評定点を設置することはコスト高となるため、地上基準点の増設を最小限にし、写像を用いて図化機や CPU（数値解析）によって標定点を設置・決定することが行われている。このような手法で空中写真の撮影位置と傾きを求め、さらに数値図化に必要となる標定点（パスポイント、タイポイント）を求めることを空中三角測量といい、立体摸像を作成する機械法と数値写真で数値図化を行う解析法があるが、最近では解析法が一般的に使用される。

① パスポイントやタイポイントの選定（標定点の選定）

パスポイントは、撮影コース方向の写真の接続を行うための標定点である。パスポイントの配置は、次のような要件に留意して行う。

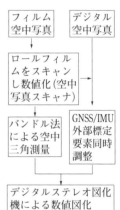

図8.3.4
撮影から数値図化までの流れ

図化

図化機による地形図作成。空中三角測量では1級図化機を使用。

モデル

2枚1組の重複写真。

デジタルステレオ図化機

ステレオ視可能な数値写真からステレオモデルを作成・表示し、数値地形図データを数値形式で取得・記録する装置。

　・主点付近および主点基線に直角な両方向の３箇所以上に配置。

　・主点基線に直角な方向の両点は、上下端付近に主点から等距離で配置。

　・付近が平坦で連続する３枚の写真上に明瞭に写るような点に配置。

　隣接する撮影コース間の接続調整を行うための点はタイポイントという。タイポイントの配置は、次のような要件に留意して行う。

　・単コース調整においては２モデルに１点、ブロック調整においては１モデルに１点を標準とし、ほぼ等間隔に配置。パスポイントで兼ねることもできる。

　・隣接コースと重複している部分で関係空中写真上で明瞭に認められる位置に配置。ブロック調整では、精度を高めるためコース方向に一直線に並ばないようにジグザグに配置。

　・パスポイントとタイポイントは、兼用可能。

② 機械法

　図化機とは、重複撮影したネガフィルムからポジフィルムを作製して２個の投影器に取り付け立体摸像を作って地形図作成に必要な事項を描画できるようにする機械であり、投影図化機または実体図化機といわれている。

　立体摸像は、重複写真のポジフィルム（Ⅰ、Ⅱ）を水平方向にある間隔で置いて光をあてて撮影時と同レンズを通せば、各被写体の光は撮影時と同じ経路を通って放射され像が再現され、両ポジフィルムからの光線が交会するように投影器の位置（傾きと相互距離）を調整することで形成される。このとき、光線の放射による対応点が**6点以上で交会**すれば他の全ての点が交会し、完全な立体摸像が作られる。図化機で立体摸像を作り出すこの作業を写真標定という。

　写真標定では最初に内部標定を行い、次に外部標定を行う。内部標定は、撮影時と同じ状態になるように密着ポジフィルムを投光器に正しくセットする（画面主点を投光器中心に一致させる）作業であり、現像などの処理過程で生じたフィルムの画面伸縮は、焦点距離の調整によって修正する。外部標定は、２つの投光器の距離と傾き（標定要素）を調整して２つの光線を交会させてとりあえず立体摸像を作る「**相互標定**」と縮尺や水準面を決定する「**対地標定**」に分けられる。すなわち、外部標定は投光器の位置や姿勢を調整して、撮影位置、方向、傾斜などを撮影時の状態と同じにする作業である。

　投射図化機は、**図 8.3.5** のように２つの投光器の３次元的な傾きと位置を任意に操作できるもので、飛行方向を X 軸、それと水平直角方向を Y 軸、鉛直（撮影軸）方向を Z 軸とし、X 軸回りの回転を ω、Y 軸回りの回転を ϕ、Z 軸回りの回転を κ、そして左右２つの投光器の X・Y・Z 軸の距離（すなわち左右の写真の投影中心位置）をそれぞれ b_x、b_y、b_z としている。これらは 12 個のパラメータを外部標定要素という。**図 8.3.6** のような重複写真の主点付近の点を結ぶ撮影基線 bx を対象として、6 点の相互標定点（パスポイント）を決めて投射器より上方から光をあて投影板上に投射して、標定要素を微少量動かし各

6点以上で交会

　理論上は５点の交会でよいが１点は点検（誤差評価）用。

相互標定

　対の重複写真の相対的な位置と傾き（相対的な幾何学的関係）を求めること。

対地標定（絶対標定）

　相互標定されたモデルを縮尺や標高が実際の地形に合うようにすること。

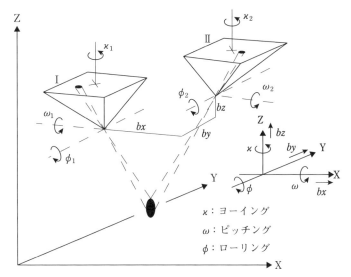

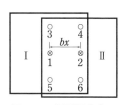

図8.3.6 相互標定点
（パスポイント）

図8.3.5 投射図化機による標定

κ：ヨーイング
ω：ピッチング
ϕ：ローリング

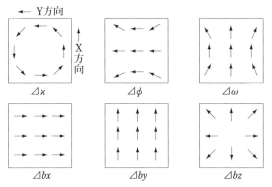

ここで、$\Delta\kappa$：Z軸まわりの回転による点の動き

$\Delta\phi$：Y軸まわりの回転による点の動き

$\Delta\omega$：X軸まわりの回転による点の動き

Δbx：X軸上の距離の移動による点の動き

Δby：Y軸上の距離の移動による点の動き

Δbz：Z軸上の距離の移動による点の動き

図8.3.7 投影器の回転・移動による各点の投影板上の点の動き

点の縦視差を順次少しずつ消去していく。投影器を回転・移動させると投影板上での任意の9点の動きは、図8.3.7のようになる。

機械法では、重複写真を上記のような標定作業を繰り返して撮影方向（右方向）に接続していくが、ひずみが累積するので、このひずみを調整する必要がある（調整計算）。これにより、1コースにおけるモデルの接続は原則15モデル以内と制限されている。

相互標定によって、とりあえず投影器を撮影時におけるカメラの状態と同じにできて実体視が可能となったが、この状態では対地的には投射器の位置が十分に調整されていないので、まだ地物などの大きさを正確に測定できない。す

縦視差

相互標定は左右の空中写真の光線を交会させる作業であるが、特にY軸方向で生じる光線のずれを縦視差という。

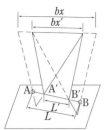

$$bx' : L' = bx : L$$

あらかじめ2つの基準点を展開する。そして投射器の間隔を変えることで縮尺を変化できる。

図8.3.8 　絶対標定（1）

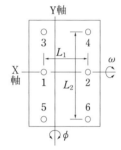

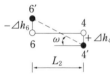

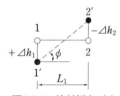

図8.3.9 　絶対標定（2）

なわち、投影中心間の距離（基線長）は未知数のままである。したがって、撮影時に形成された三角形と合同な三角形にスケール変換しないと正しい縮尺と標高が求められない。対地標定は、相互標定によって作られた立体摸像をスケール変換して縮尺や方位を実際の地形に正確に合うようにすることである。縮尺の決定は、直角座標によって図面上に展開された2つの基準点とモデル上の2点を一致させることによって行われる。具体的には、ある縮尺の図面上に展開された2つの基準点 AB 間の距離 L と立体摸像上でのこの2つの基準点間 A′B′ の距離 L' を合わせる操作を投影図化機の X 軸に沿って両投射器を移動させることによって行う（**図8.3.8** 参照）。

A′、B′ に対応する投射基線長を bx とすれば、A′ を A に、B′ を B に合わせると修正した投射基線長 b_x' は次式の関係から求められる。

$$b_x' : L' = b_x : L \tag{8.3.1}$$

このようにして縮尺が決定されても、水準基準面（MSL）に対しては傾きをもったままであるので、標高値が決定できない。そこで、立体摸像の形はそのままにして全体の傾きを調整して、MSL に立体摸像の基準面を合致させることで水準面の決定を行う。具体的には、**図8.3.9** のように立体摸像上の相互標定点4と6に対する図化機で測定した標高と各点の実際の標高との差 Δh_4、Δh_6 をゼロにするための投射器の X 軸回りの回転量 ω を次式から求め、次に1と2の同様な差 Δh_1、Δh_2 をゼロにするための投射器の Y 軸回りの回転量 ϕ を同じく次式から求める。求められた ω と ϕ だけ回転させると地上の基準点と立体摸像上の基準点の標高を一致させることができる。

$$\omega = \frac{\Delta h_4 - \Delta h_6}{L_2} \text{ ラジアン}, \qquad \phi = \frac{\Delta h_1 - \Delta h_2}{L_1} \text{ ラジアン} \tag{8.3.2}$$

③ 　解析法

機械法により実施していた空中写真の位置と傾きおよび標定点（パスポイント、タイポイント）の計算を電子計算機を用いて行う方法が解析法である。機械法と比べて作業効率が飛躍的に向上したほか、大量の空中写真に対して同時に調整計算を行えるようになった。また、写真標定によって撮影コースに沿っ

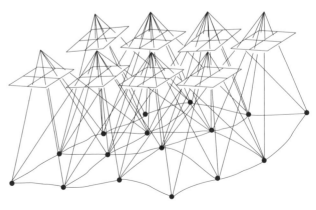

図 8.3.10 　バンドル法

て一連の細長いモデル群が得られ、諸点の写真座標が求められるが、これには地表面の曲率などによるひずみが含まれており、モデルの接続にしたがってひずみが蓄積していくので、この調整が必要となる。機械法ではこのひずみが困難であったが解析法では、高度な補正が可能である。この調整には、1つの撮影コース毎に接続調整を行う「単コース調整」と、複数の撮影コースをまとめて調整する「ブロック調整」がある。調整計算は、空中写真1枚ずつを単位として扱うブロック調整法である**バンドル法**によって行うのが標準である。

(6) 同時調整

同時調整とは、**デジタル図化機**を用いてパスポイント、タイポイント、検証点など必要な諸点の写真座標を測定し、撮影時にGNSS/IMUで得られた外部標定要素（撮影時のカメラの位置や傾きの値）を統合して調整計算を行い、各写真の外部標定要素の成果値や諸点の座標（水平位置）と標高を決定する作業である。調整計算に必要な検証点数は、GNSS/IMU装置によって外部標定要素を取得する方法では従来の機械法に比べ少なくできる。

(7) 現地調査

現地調査とは、数値地形図データの作成や図化に必要な各種表現事項、名称、行政境界などについて地図情報レベルを考慮して、現地において当該事項を調査・確認し、その結果を空中写真および参考資料に記入・記録することである。**予察**により要調査箇所・事項を検討・抽出し、実施する。刺針を現地調査時に一緒に行うことがある。

(8) 写像の判読

写像の特徴を観察して、その被写体を的確に判定することを空中写真の判読という。判読に必要な要素（着目点・特徴）と判読・判定のためのポイントをまとめると**表8.3.4**のようになる。一般に白黒（パンクロマティック）写真は、地形判読に適し、カラー写真は情報量が多く植生や地質判読に適する。また、赤外線写真では赤外線を反射する箇所は白く発色し、吸収する（水分が多い）箇所は黒っぽく写るので、植生の枯れた状態も判読できる。

バンドル法
　パスポイント等とカメラの投影中心を結ぶ写真毎の光線束（バンドル）を単位としてコースまたはブロック全体の調整を最小二乗法により同時に平均（決定）する絶対標定の方法（図8.3.10参照）。

デジタル図化機
　コンピュータシステムにより空中写真画像データを処理する図化機。
　デジタルステレオ図化機ともいう。

予察
　空中写真の判読困難・不能な事項・範囲、資料間で矛盾が生じている部分などを整理し、現地調査を行う範囲、調査事項、参考図など現地調査における基礎資料を作ること。

表8.3.4　空中写真の判読ポイント

判読要素	写像の特徴と判読上のポイントなど
撮影時季（撮影時刻）	植生などの様相の変化、河川水量の多少による流況の変化、季節による太陽の陰の長さや方向による被写体の形態など。
平面形状（形態）	被写体の平面形状から判定。鉄道、道路、河川などは、線状に写る。鉄道は、直線が多く緩い曲線で少し暗い。道路は、曲線が多く鉄道よりも明るい。河川は、太陽の位置によって明暗の程度が違う。送電線は、適度な間隔で直線状に配置。水田は、低平地にあり畦と用水路などが等高線に沿って存在。畑の境界は、判読可能であるが、種類の識別は困難。針葉樹は、谷筋に多く輪郭がとがって明瞭で比較的黒い。広葉樹の輪郭は、比較的不明瞭で樹冠は円形に近く薄く写る。果樹園は、格子状配列の樹冠。竹林は、広葉樹よりも薄く点々とした樹冠。地類は判定困難（既存の地図や文献、現地踏査の結果も考慮）。学校、工場、病院、神社などは、建築様式と配置が一般家屋とは異なる。地すべりなど特有な地形有。
色調	写真の明るさや色調（白、黒、濃淡）は、反射光の強弱を反映する。植生を判定するのに有効。
陰影	撮影時季や撮影時刻を考慮し高層建物・高塔・橋の陰によって立体形状（形状、高さ）の判読が可能。
パターン	自然地物と人工地物は、被写体の模様形態（パターン）によって判読可能。
きめ	各種の色調の混ざり合った状態をきめという。植生の群生などで作られる色調模様（テクスチャ）。

(9)　数値図化

　空中写真測量によって地形・地物などに関わる地図情報をデジタル形式で取得し、これに地形補備測量や現地補備から得られたデータを補足・付加して編集し、数値地形図を作成する作業をデジタルマッピング（DM）という。DMの標準的な作業工程を**図 8.3.11** に示す。同図において空中三角測量までの作業は**表 8.3.1** と同じであり、数値図化以降の作業が主に CPU を活用した作業となる。

　空中写真を実体観測して道路、建物、河川などの地物や標高を測定して数値地形図データを作成することを数値図化という。フィルムカメラによる撮影であれば空中写真（ポジフィルム）、航空デジタルカメラによる撮影であれば空中写真画像により図化を行う。空中写真の場合は機械式図化機または解析図化機により数値図化を行い、空中写真画像の場合はデジタル図化機（パソコンシステムで空中写真画像データとその位置や傾きを演算解析する）により数値図化を行う。空中写真または空中写真画像を図化機にセットして、空中写真の撮影位置と傾きを図化機で再現する手続きを以下に説明する。

① 　機械式図化機の場合

　まず、一対の空中写真を写真架台にセットして、実際の傾きの値（空中三角測量の結果）をセットし相対的な位置と傾きの関係を再現する。これを相互標定という。これができると一対の空中写真を実体視することができる。次に図化用紙に基準点を座標展開機で展開しておき、この点に基づいて空中写真の絶対位置を決定する。これを対地標定（もしくは絶対標定）という。現在では図化用紙による図化はほとんど実施されておらず、CAD もしくは GIS を接続して数値地形図データを取得することが一般的である。この場合は、CAD もしくは GIS に入力されている基準点座標を基にして対地標定を行う。

　対地標定以降は、立体像から求める図化縮尺での描画が可能となる。図化機の観測視野には観測用測標（メスマーク）があり、この測標を基に地形地物の形状を計測する。

② 　解析図化機の場合

　空中三角測量または同時調整で得られた空中写真の位置と傾きを予め図化機に入力しておき、その情報に基づいて相互標定と対地標定を行うことができる。図化用紙を必要とせず作業は効率的である。

③ 　デジタル図化機の場合

　同時調整計算空中三角測量の成果を基に、直接対地標定を行う手法（相互標定は省略される）が多用されている。標定はほとんどパソコンによる計算処理で自動的に行われ、結果を実体視により確認する程度となる。

(10)　数値編集

　図化機によって取得された数値地形図データには、道路、鉄道、建物、河川、植生、等高線などの地物が仕様で定められた分類などにしたがって格納されている。このデータに現地調査で取得した地名、建物名称、行政境界などを加え、

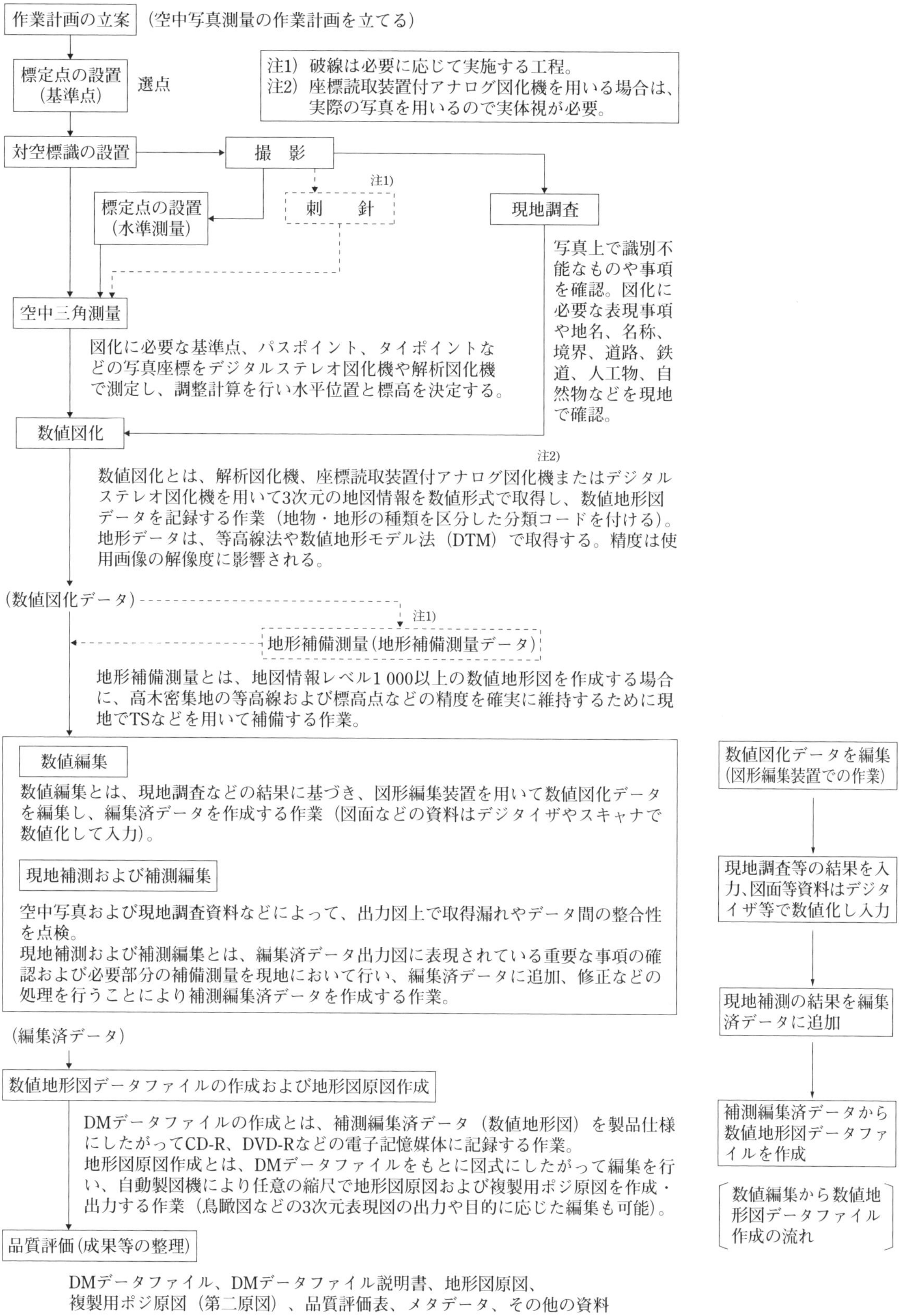

作業計画の立案 （空中写真測量の作業計画を立てる）

標定点の設置 （基準点）　選点

注1） 破線は必要に応じて実施する工程。
注2） 座標読取装置付アナログ図化機を用いる場合は、実際の写真を用いるので実体視が必要。

対空標識の設置 ── 撮　影

標定点の設置 （水準測量）　── 刺　針 注1）

現地調査

写真上で識別不能なものや事項を確認。図化に必要な表現事項や地名、名称、境界、道路、鉄道、人工物、自然物などを現地で確認。

空中三角測量

図化に必要な基準点、パスポイント、タイポイントなどの写真座標をデジタルステレオ図化機や解析図化機で測定し、調整計算を行い水平位置と標高を決定する。

数値図化 注2）

数値図化とは、解析図化機、座標読取装置付アナログ図化機またはデジタルステレオ図化機を用いて3次元の地図情報を数値形式で取得し、数値地形図データを記録する作業（地物・地形の種類を区分した分類コードを付ける）。地形データは、等高線法や数値地形モデル法（DTM）で取得する。精度は使用画像の解像度に影響される。

（数値図化データ）

注1）

地形補備測量（地形補備測量データ）

地形補備測量とは、地図情報レベル1 000以上の数値地形図を作成する場合に、高木密集地の等高線および標高点などの精度を確実に維持するために現地でTSなどを用いて補備する作業。

数値編集

数値編集とは、現地調査などの結果に基づき、図形編集装置を用いて数値図化データを編集し、編集済データを作成する作業（図面などの資料はデジタイザやスキャナで数値化して入力）。

現地補測および補測編集

空中写真および現地調査資料などによって、出力図上で取得漏れやデータ間の整合性を点検。
現地補測および補測編集とは、編集済データ出力図に表現されている重要な事項の確認および必要部分の補備測量を現地において行い、編集済データに追加、修正などの処理を行うことにより補測編集済データを作成する作業。

（編集済データ）

数値地形図データファイルの作成および地形図原図作成

DMデータファイルの作成とは、補測編集済データ（数値地形図）を製品仕様にしたがってCD-R、DVD-Rなどの電子記憶媒体に記録する作業。
地形図原図作成とは、DMデータファイルをもとに図式にしたがって編集を行い、自動製図機により任意の縮尺で地形図原図および複製用ポジ原図を作成・出力する作業（鳥瞰図などの3次元表現図の出力や目的に応じた編集も可能）。

品質評価（成果等の整理）

DMデータファイル、DMデータファイル説明書、地形図原図、複製用ポジ原図（第二原図）、品質評価表、メタデータ、その他の資料

数値図化データを編集（図形編集装置での作業）

現地調査等の結果を入力、図面等資料はデジタイザ等で数値化し入力

現地補測の結果を編集済データに追加

補測編集済データから数値地形図データファイルを作成

数値編集から数値地形図データファイル作成の流れ

図 8.3.11　デジタルマッピングの作業手順

また、道路縁データの連続性の編集、建物などの面図形化などの構造化編集を加え、数値地形図データを完成させる。

最近では、デジタル地図が普及していることもあり、編集作業はパソコンシステムにより実施されている。

(11) 数値地形図データファイル作成

数値編集がなされた数値地形図データは、部分的に現地補測を行い編集作業が加えられる。完成した数値地形図データは、GIS などに利活用がなされるので、所定のフォーマットへの記録が必要となるが、この作業を数値地形図データファイルの作成という。表示例を**図 8.3.12** に示す。

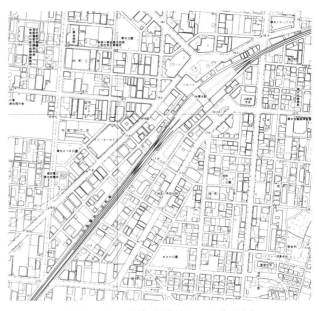

図 8.3.12 数値地形図データ表示例

数値地形図データファイルは製品仕様書の定めにより、その内容が利用者に分かりやすく説明できることが求められる。そのため、数値地形図データをファイル化する規則やデータを簡潔に説明するメタデータ（インターネット検索などにおける検索対象ファイル）を作成する。

3　撮影縮尺と地形図の縮尺

空中写真画像はレンズの中心を投影中心とする中心投影像であるので、傾きがない**鉛直写真**においては**図 8.3.13** のように写真縮尺（撮影縮尺）M_b は、**画面距離** f と被写体までの距離 H（撮影高度または対地高度）の比として表される。すなわち、$M_b = 1/m_b = f/H$ となる。実際の地表面や地物には起伏や高低差があるので H はすべての地点で異なるため写真縮尺は一定にはならない。このため写真縮尺は、ある基準面を想定した f/H の代表値として表示される。また、中心投影のため写真の縁辺部ほど高いものが外側へ倒れこんだように写る。したがって、空中写真画像をもとに正射投影である地形図を作製するには種々

鉛直写真
カメラの光軸を鉛直方向に向けて撮影した写真。

画面距離
カメラの焦点距離のこと（通常、高さの測定精度を良くするため、フィルム航空カメラの場合は、$f = 150\,\mathrm{mm}$ の広角レンズ（画角 90°）を使用）。

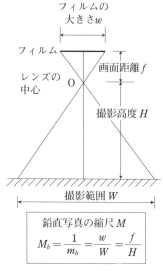

フィルムの大きさ w

フィルム

レンズの中心

画面距離 f

O

撮影高度 H

撮影範囲 W

鉛直写真の縮尺 M

$$M_b = \frac{1}{m_b} = \frac{w}{W} = \frac{f}{H}$$

写真測量で可能な地形図の縮尺

$$M_k = \frac{1}{m_k} = \frac{1}{25\,000} \sim \frac{1}{500}$$

図 8.3.13 写真縮尺

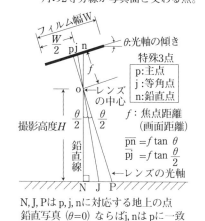

空中写真の特殊3点

主点：投影中心を通る光軸と写真面の交点。

鉛直点：投影中心を通る鉛直線と写真面との交点。

等角点：主点と鉛直点および投影中心のなす角の2等分線が写真面と交わる点。

フィルム幅W

$\frac{W}{2}$　p j n　　θ：光軸の傾き

特殊3点

p：主点

j：等角点

n：鉛直点

f：焦点距離（画面距離）

レンズの中心

撮影高度H

$\frac{\theta}{2}$　$\frac{\theta}{2}$

鉛直線

$\overline{pn} = f \tan \theta$

$\overline{pj} = f \tan \dfrac{\theta}{2}$

レンズの光軸

N J P

N, J, P は p, j, n に対応する地上の点

鉛直写真（$\theta = 0$）ならばj, nはpに一致

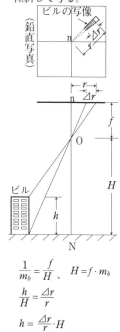

写真主点nから離れている高い建物は外側へ傾斜して写る。

ビルの写像

（鉛直写真）

n

r　Δr

n

f

O

H

ビル

h

N

$$\frac{1}{m_b} = \frac{f}{H}, \quad H = f \cdot m_b$$

$$\frac{h}{H} = \frac{\Delta r}{r}$$

$$h = \frac{\Delta r}{r} \cdot H$$

〔鉛直写真〕

の補正が必要になる。一般に、写真縮尺 $M_b = 1/m_b$ と地形図の縮尺（図化縮尺）$M_k = 1/m_k$ には、次の関係がある。

$$m_b = C\sqrt{m_k} \qquad (C = 200 \sim 350) \qquad (8.3.3)$$

公共測量作業規程の準則では、フィルム航空カメラで撮影する空中写真の撮影縮尺と地図情報レベルの関係は**表 8.3.2**（P205 参照）を標準としている。

4 視差差と高低差（標高差・比高）

図 8.3.14 のように、高さが違う点 A・B の撮影位置を B だけ移動させて撮ると写真画面上では異なった箇所（a_1、b_1 と a_2、b_2）に写る。このようにカメラの位置によって生じる像点の変化量を視差という。同図で点 A・B の視差 p_A、p_B はそれぞれ $a_1' a_2$、$b_1' b_2$ であり、三角形の相似により式（8.3.4）の関係が成立するので、視差 p_A、p_B から撮影点と地上点との鉛直距離 $(H - h_A)$、$(H - h_B)$ が求められる。

$\triangle O_1 A O_2 \infty \triangle a_1' O_2 a_2$ より、

$$\frac{p_A}{B} = \frac{f}{H - h_A}, \qquad p_A = f\frac{B}{H - h_A}$$

$\triangle O_1 B O_2 \infty \triangle b_1' O_2 b_2$ より、

$$\frac{p_B}{B} = \frac{f}{H - h_B}, \qquad p_B = f\frac{B}{H - h_B} \qquad (8.3.4)$$

そして、2点（点 A・B）の視差の差（視差差）$\triangle p$ は式（8.3.5）となる。

$$\triangle p = p_A - p_B = f\frac{B}{H - h_A} - f\frac{B}{H - h_B} = f\frac{B(h_A - h_B)}{(H - h_A)(H - h_B)} \qquad (8.3.5)$$

写真に自記されるデータ
①撮影地区名
②撮影年月日
③撮影時刻
④撮影高度
⑤撮影コース
⑥カメラ番号
⑦焦点距離
⑧写真番号
⑨指標
⑩丸形レベル
（グラード目盛）
⑩の気泡の位置から撮影時の画面の最大傾斜方向と傾きがわかる。

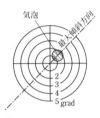

丸形レベルのグラード目盛

写真主点
　空中写真においては画像の中心点。写真の四隅または四辺の中央にある指標を結んだ交点。

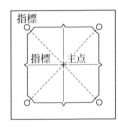

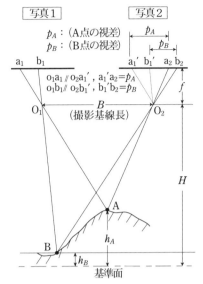

p_A：（A点の視差）
p_B：（B点の視差）

$o_1a_1 /\!/ o_2a_1'$, $a_1'a_2 = p_A$
$o_1b_1 /\!/ o_2b_1'$, $b_1'b_2 = p_B$

B（撮影基線長）

図8.3.14　視差と高低差との関係

H に比べて h_A、h_B が極めて小さい場合は、式（8.3.5）は式（8.3.6）、式（8.3.7）になる。

$$\Delta p \fallingdotseq f\frac{B(h_A - h_B)}{H^2} = f \times B\frac{\Delta h}{H^2} \qquad ただし、\ \Delta h = h_A - h_B \tag{8.3.6}$$

$$\Delta h = \Delta p\frac{H^2}{fB} = \Delta p\frac{H}{(f/H)B} \tag{8.3.7}$$

また、$M_b = 1/m_b = f/H$ であり、B/m_b は**写真主点**間の長さ b（主点基線長）であるので、式（8.3.7）は式（8.3.8）になる。

$$\Delta h = \Delta p\frac{H}{(B/m_b)} = \Delta p\frac{H}{b} , \qquad \frac{\Delta h}{H} = \frac{\Delta p}{b} \tag{8.3.8}$$

よって、2点間の高低差（標高差・比高）Δh は、視差差 Δp と撮影高度 H および主点基線長 b から求められる。なお、高低差の測定精度は、B/H や f/H にもよるが、一般に 1/1 000 程度である。

主点基線長 b と画枠 a および撮影重複度 p（%）には、式（8.3.9）が成立する。また、撮影基線長（撮影間隔）B、飛行コース間隔 C、画枠 a（フィルム寸法：通常 23 × 23cm）、撮影縮尺 $1/m_b$、撮影重複度 $p \cdot q$ には、式（8.3.10）の関係がある。

$$\frac{p}{100} = \frac{a - b}{a} , \qquad b = a\left(1 - \frac{p}{100}\right) \tag{8.3.9}$$

$$B = a \times m_b\left(1 - \frac{p}{100}\right) , \qquad C = a \times m_b\left(1 - \frac{q}{100}\right) \tag{8.3.10}$$

図 8.3.1（P202）に示したように、撮影重複度は、飛行コース方向（オーバーラップ）で $p = 60$%、飛行コース間（サイドラップ）で $q = 30$%を原則とする。

5 写真画像のひずみ修正

　空中写真は、①フィルム・印画紙の伸縮、②レンズの収差、③カメラの傾き、④地面の高低差によって写真画像（写像）にひずみが生じる。①②は、実用上無視でき、③は**鉛直写真**への射影変換で修正・除去できるが、正しい平面図の作成には④のひずみ修正が必要となる。

　起伏を有する地形や地物および地表に立つ高い構築物の写像には、**図 8.3.15**のようにひずみ Δr_A、Δr_B が生じている。図中の N 点より高い位置にあるものは実際よりも外側にずれ、低い位置にあるものは内側にずれて写るので、N 点の高さを基準面とした平面図にするには、Δr_A、Δr_B だけ写像を修正する必要がある。

ひずみは偏位またはずれともいう。

鉛直写真
　カメラの傾きが 0.2°以内の写真。傾き修正不要（傾きが3°以内の写真を垂直写真といい傾き修正が必要）。

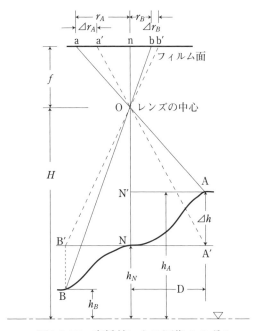

図8.3.15 高低差による写像のひずみ

$\triangle\,\mathrm{AN'O} \backsim \triangle\,\mathrm{anO}$ より、

$$\frac{f}{H-h_A}=\frac{r_A}{D} \tag{8.3.11}$$

$\triangle\,\mathrm{A'NO} \backsim \triangle\,\mathrm{a'nO}$ より、

$$\frac{f}{H-h_N}=\frac{r_A-\Delta r_A}{D} \tag{8.3.12}$$

D を求める式に両式を各々変形して等式化すると、以下のようになる。

$$r_A(H-h_A)=(r_A-\Delta r_A)(H-h_N), \quad r_A(h_A-h_N)=\Delta r_A(H-h_N)$$

よって、$r_A\,\Delta h \doteqdot \Delta r_A H$、　　ただし、$\Delta h=(h_A-h_N)$, $H \gg h_N$

$$\Delta r_A \doteqdot \frac{r_A \Delta h}{H}，\text{ または } \Delta h \doteqdot \frac{\Delta r_A H}{r_A} \tag{8.3.13}$$

高低差 Δh と撮影高度 H および鉛直点 n（主点）から像の先端までの長さ r_A によって写像のひずみ Δr_A が求められる。すなわち、地形、地物や構築物の標高や高さなどが既知ならば、式（8.3.13）によってひずみを算定し写像を修正できる。また、高低差や構築物の高さ Δh は、Δr、H、r から求められることになる。

数値地形モデル（DTM）

　数値地形図では、地形を等高線または DTM で表現する。等高線は高さの等しい地点を連ねた線であり、従来から土地の高低・起伏をアナログ表現する方法として用いられてきた。一方、DTM（数値地形モデル：digital terrain model）とはデジタル化された地形データのことであり、地形を 3 次元座標で数値表現するモデルのことである。3 次元座標は、等間隔格子点や任意点の緯度経度・標高値により表現される。座標値は航空機で撮影された立体写真（空中写真）などから解析図化機によって求めるが、既存地形図からデジタイザやスキャナによっても読み取れる。格子点間や等高線間の地形（座標）は種々の内挿法により表現され、任意点間の地形表現には各点を頂点とする不整三角形網モデル（TIN：triangulated irregular network）が用いられる。DTM からは、傾斜・斜面方位と勾配・等高線・水系と流域・地形陰影・斜面安定度などの地形情報や地形の特徴が抽出される。

　国土地理院は、既存地図のアナログ情報などを数値化した記録媒体を各種数値地図として刊行しており、立体図・鳥瞰図・景観予測・植生分布・災害予測などの環境防災分野の調査・計画・研究・アセスメントに活用されている。

　標高値のみのモデルを特に DEM（数値標高モデル：digital elevation model）という。DEM データの作成フローを図 8.3.16 に示す。等高線をベクトル化し標高値を与えて TIN データを作成したのち、任意間隔で DEM データを作る。

TIN：三角形による平面近似法。任意配置された地点を結んだ多数の小三角形群を作り、三角形内の標高は三角平面から求める内挿法。DEM の 1 種であり、地形点密度が高い場合に用いる。

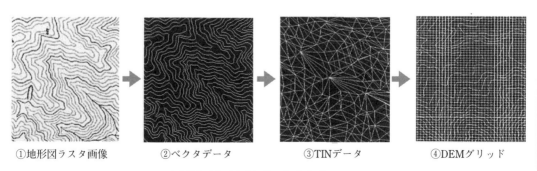

　　①地形図ラスタ画像　　　②ベクタデータ　　　③TINデータ　　　④DEMグリッド

図 8.3.16　DEMデータの作成フロー

4　既成図数値化（MD）

　既成図数値化とは、既成図（国土基本図、都市計画図、大縮尺地形図など、縮尺は 1/250 〜 1/2 500）に表現されている情報を、デジタイザ、スキャナなどを用いて DM データファイルを作成する作業で、マップデジタイズ（MD）と通称されている。

　数値化されたデジタルデータは、デジタイザを用いて作成した**ベクタデータ**とスキャナにより作成した**ラスタデータ**に分けられる。なお、両データは相互に変換できる。既成図数値化の作業工程は、**表 8.4.1** のとおりである。

ベクタデータ

　座標値をもった点列によって表現される図形データ。

ラスタデータ

　行と列に並べられた画素の配列によって構成される画像データ。

表 8.4.1　既成図数値化（MD）の作業工程

作業工程	作業内容および成果
作業計画	作業範囲・作業方法・使用機器・要員・日程などを作業工程別に立案する。
計測用基図の作成	既成図の原図を写真処理などにより複製して作成する（原図の図郭線および対角線長が所定の寸法であるかを確認）。
計測	原則として、図葉ごとにデジタイザまたはスキャナを用いて計測する（なお、計測機器の標準性能を**表 8.4.2**に示す）。
数値編集	計測により数値化されたデータを編集装置のディスプレイ上に表示して、計測データの修正・属性の付与・ノイズの除去などを行い整合のとれた編集済データを作成する。
数値地形図データファイル作成	製品仕様書にしたがって編集済データから数値地形図データファイルを作成して、電子記憶媒体に記録する。
品質評価	製品仕様書に基づいて品質評価を行い、品質評価表を作成する。
成果等の整理	数値地形図データファイル、出力図、品質評価表、メタデータ、その他資料

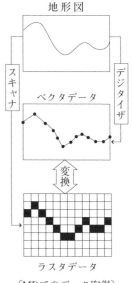

〔MDでのデータ取得〕

表 8.4.2　計測機器の標準性能

区　分	機　　能	性　能	読取範囲
デジタイザ	カーソルやポインタで点を指示したり線をなぞるとその位置を検出して、座標値や図形情報が記録できパソコンに入力できる装置	分解能　0.1mm以内 読取精度 0.3mm以内	計測基図の図郭内の読取が可能なこと
スキャナ	紙面から図形や写真を読み取って画像データとしてパソコンに転送する装置	分解能　0.1mm以内 読取精度 0.25％以内 （任意の2点間）	計測基図の図郭内の読取が可能なこと

5 修正測量（数値地形図修正）

DTM
数値地形モデル法のことで、所定の格子点や任意点の標高値を測定し、記録する方法（P216参照）。

修正測量とは、既に作成されている数値地形図データファイルについて経年変化部分を測量または各種のデータなどにより加除修正し、数値地形図データファイルを更新する作業をいう。また、変化部分の更新を修正、新たに作成する作業を改測という。数値地形図データファイルは常に最新のデータにしておくことが望ましく、維持管理・更新の方法を確立しておくことが重要である。

数値地形図データファイルは、デジタルデータであるので修正を重ねても精度の劣化が生じることはない。数値地形図の修正には、以下の方法があるが、**表 8.5.1** などを参考にして選択する。作業フローを**図 8.5.1** に示す。

(1) 写真測量による修正

(2) TS 地形測量による修正

(3) 平板測量による修正

(4) 既成図を用いる方法による修正

(5) 他の既成データを用いる方法による修正

表 8.5.1　数値地形図の修正方法による比較

修正方法	修正作業の内容	特徴および利点	適用範囲	地図情報レベル
空中写真測量による方法	デジタルマッピングの手法を用いて、修正箇所の修正データを取得し、修正を行う。	・最新の空中写真が必要。 ・広範囲で均一精度が維持できる。 ・DTMはこの方法で修正可能。	広域的	500、1 000 2 500、5 000 10 000
TS地形測量による方法	TS等により修正箇所の修正データを現地で取得し、修正を行う。	・現地作業が大半を占める。 ・高精度な成果が得られる。	局所的	250、500 1 000
RTK法による方法	基準局を設置して左記の方法によって修正箇所の修正データを現地で取得し修正する。	・基準局の設置と上空視界の確保が必要。 ・地上における視通は不要。	基準局を増設することで広範囲も可能	全レベル
ネットワーク型RTK法による方法	左記の方法の単点観測法によって修正箇所の修正データを現地で取得し、修正する。	・3点以上の既知点と上空視界の確保および補正データ取得用の通信・配信システムが必要。	広域的（3点以上の既知点で囲まれる範囲）	全レベル
TS等および上記2方法の併用	左記の方法で修正箇所の修正データを取得し、修正する。	・左記の方法で新たにTS点を設置し、その点からデータを取得。	広域的	全レベル
既成図を用いる方法	公共測量またはこれと同等以上の精度を有する縮尺のより大きな既成図に対して、デジタイザなどを用いてこのデータを取得し、修正を行う。	・既成図の存在する範囲のみの修正が可能。 ・精度は既成図の精度に依存。 ・天候に左右されない。 ・デジタイザ等で計測が必要。	既成図の存在する範囲	作図データについて全レベル
他の既成データを用いる方法	公共測量により作成された数値地形図のデータ、またはこれと同等以上の地図情報レベルのデジタルデータを用いて修正を行う。	・他の既成データの存在する範囲のみ修正可能。 ・精度は他の既成データに依存。 ・天候に左右されず修正データを取得できる。	他の既成データの存在する範囲	全レベル

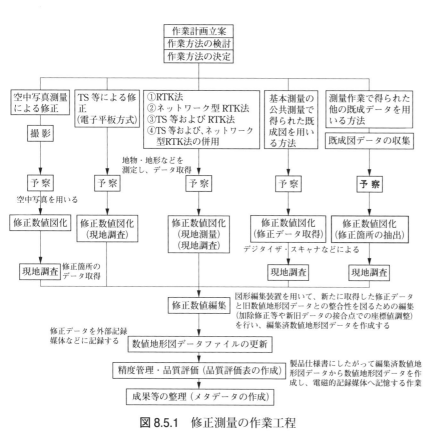

図 8.5.1　修正測量の作業工程

6　写真地図作成

　レンズを通した中心投影で撮影された数値写真は、地形などの影響によりひずんだ形となっているため、デジタルステレオ図化機などを用いて正射変換して正射投影画像（真上から見た画像）にした後、写真地図データファイルや**モザイク画像**を作成する。これを写真地図作成という。

　数値写真には、①フィルム撮影空中写真からスキャナにより数値化したものと②デジタル航空カメラで撮影したものがある。まず、数値写真をもとに自動標高抽出技術、等高線法、ブレークライン法、標高点計測法などによって各点の標高を取得し、格子（グリッド）または不整三角形網モデル（TIN）を用いて地形を 3 次元座標で数値表現した数値地形モデル（DTM）を作成する。次に、DTM の標高値を使って地形による画像位置のひずみや縮尺などを 1 画素毎に補正し、正射変換を行って正射投影画像を作成する。

予察

　旧数値地形図データファイルのファイル構造やフォーマットおよびデータの良否などを点検し修正範囲・箇所を抽出して修正素図などにまとめる。

　基準点の新設・移転・改埋も確認する。

モザイク画像

　隣接する正射投影画像をデジタル処理によって結合させた画像。

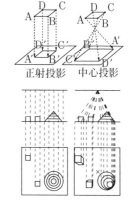

正射投影　　中心投影

7 航空レーザ測量（ALS）

ALS：Airborne
　　　Laser
　　　Scanner

GNSS/IMU について
は P205 参照。

近赤外パルスレーザを
使用。毎秒 1 000 ～ 10 000
パルスを発射。
水深の 3 次元測量が
可能な航空レーザ測深機
（ALB）も実用化されて
いる。

ALB：Airborne
　　　Laser
　　　Bathymetry

GNSS/IMU 装置でレー
ザー測距装置の位置・傾
きを直接定位。数万～数
十万回 / 秒のレーザース
キャニングで地形・地物
の点群データを取得して
3 次元地形モデルなどに
変換。確認用の空中写真
も同時に撮影。

計測諸元
対地高度、コース間重
複度、スキャン回数・角
度、パルスルート、飛行
方向など。

GNSS 基準局
レーザ測距装置の位置
をキネマティック GNSS
測量で求めるので基準局
（固定局）の設置が必要。
電子基準点を用いてもよ
い。

GNSS/IMU 装置とレーザ測距装置（レーザスキャナ）を搭載した航空機か
ら地表面に向けてパルスレーザを連続照射し、地表面からの反射パルスを受信
することにより、レーザの往復時間（時間差）と航空機の位置や傾きから地表
面のレーザ照射点の 3 次元座標を取得して、数値標高モデル（DEM：格子状
の標高値データ）や等高線データなどの数値地形図データファイルを作る技術
を航空レーザ測量（ALS）という。空中写真測量に比べ、①対空標識が不要で
基準点の設置数を少なくでき、②空中三角測量を実施する必要がなく、③立入
りが困難な区域も測量が容易であるなどの利点がある。

図 8.7.1 に航空レーザ測量の概念、図 8.7.2 には作業工程のフローを示す。
また、図 8.7.3 には、各作業工程で作成されるデータの概念を示す。

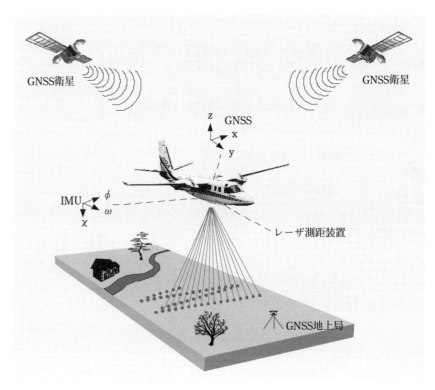

図 8.7.1　航空レーザ計測の概念図

作業計画では、**計測諸元**、飛行コース、**GNSS 基準局**の設置場所などを検討
する。GNSS 基準局は、対象区域内の基線距離が 50km 以内に選定・設置する。
3 次元計測データの点検・調整や標高値の精度確保のために作業区域内の平坦
地に調整用基準点を {（作業面積 km²/25）+1} 箇所（最低 4 点）を標準として設置
する。航空レーザ計測と同時に後工程のフィルタリングと点検のために数値写

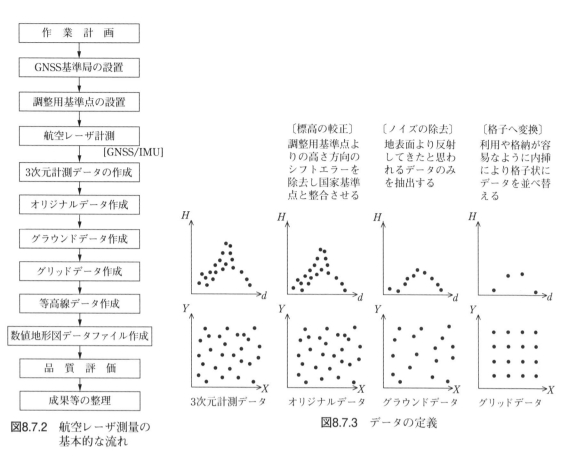

図8.7.2　航空レーザ測量の
　　　　基本的な流れ

〔標高の較正〕
調整用基準点よりの高さ方向のシフトエラーを除去し国家基準点と整合させる

〔ノイズの除去〕
地表面より反射してきたと思われるデータのみを抽出する

〔格子へ変換〕
利用や格納が容易なように内挿により格子状にデータを並べ替える

3次元計測データ　　オリジナルデータ　　グラウンドデータ　　グリッドデータ

図8.7.3　データの定義

真も撮影する。3次元計測データは cm 単位で取得し、調整用基準点と比較した平均値と標準偏差を求める。計測後、まずノイズ除去や各種補正・調整を行い、構造物や植生などの高さ情報が含まれたままのオリジナルデータを作成する。次に構造物などの高さを取り除くフィルタリング作業を行ってグラウンドデータを作成し、これから内挿法により**グリッド（格子）データ**を生成する。そして、グラウンドデータやグリッドデータから等高線データを作成する。前記のデータ類と水部ポリゴン、写真地図データ、位置情報ファイル、格納データリストを数値地形図データファイルとして作成し、電磁的記録媒体に記録する。

　例えば、ALS を用いて秋と冬の2回測量を行うことで、積雪地域の積雪深さの分布を広域に調査できる。

グリッド（格子）データ
　格子状の標高値データである数値標高モデル（DEM）。

地図情報レベル	格子間隔
1 000	1m以内
2 500	2m以内
5 000	5m以内

〔DEMの規格〕

図形の3要素
・ポイント（点）
・ライン（線）
・ポリゴン（面）

参考文献

1)　（社）日本測量協会：公共測量作業規程の準則　解説と運用、2009

2)　（社）日本測量協会：地形測量及び写真測量技術講習会テキスト、2009

3)　松井啓之輔：測量学Ⅰ、Ⅱ、共立出版、1985

4)　（株）トプコン：電子平板測量の実際、日本工房、2000

5)　（財）日本地図センター：空間情報ガイド　空中写真・衛星画像、2008

6)　長谷川昌弘ほか：ジオインフォマティクス入門、理工図書、2005

リモートセンシング（RS：Remote Sensing）

　遠く離れた所から直接触れずに対象物からの反射または放射される電磁波を計測し、対象物の性質や環境を分析する技術をリモートセンシング（RS）という。電磁波の検出装置を搭載する移動体（プラットフォーム）には人工衛星などが使われる。RS の原理は、全ての物体は種類および環境条件が異なれば、異なる固有の反射または放射の電磁波特性を有することにある。太陽光は、地球表面で反射され可視光線や反射赤外線などになり、地球からは熱赤外線が放射されている。これらを衛星に搭載した光学センサや熱赤外センサなどにより計測することで、水域汚染や植生などの地球環境の変化について広域の情報を同時にかつ周期的に把握できる。

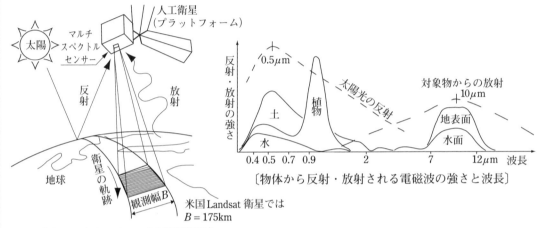

〔リモートセンシングの観測概念〕

〔物体から反射・放射される電磁波の強さと波長〕

合成開口レーダー（SAR：Synthetic Aperture Radar）

　SAR は、人工衛星などから電波を地表に向けて発信し地表からの反射波を捉えることで、その信号をもとに広域の地形や構造物の形状を画像化する手法であり、能動的 RS ともいわれる。SAR 画像は、衛星と地表間の距離の面的な情報を含んでいる。また、同一地域を 2 回 SAR 観測して 1 回目と 2 回目の画像を精密に比較することで、この期間に生じた地殻変動や地盤沈下などによる地表面の動き（ひずみ）を衛星〜地表間の距離の変化として捉える手法を「干渉 SAR」という。一度に観測できる範囲は 10 〜 100km であり、地上の観測機器類が不要で夜間や雨天での観測も可能であるなどの特徴を有する。大地震後の地盤変動、火山噴火予知、河川・洪水の氾濫状況などに必要な広域の地表面のひずみ・変位分布を観測できる。

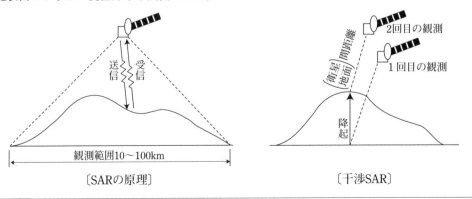

〔SAR の原理〕　　　　〔干渉 SAR〕

第 9 章
地図製作（編集）と GIS

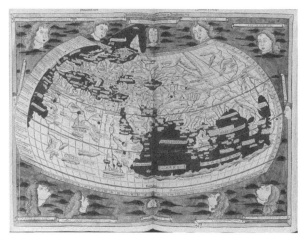

プトレマイオスの世界地図（2世紀）（（有）樋口商店 HP による）
ギリシャ・ローマ時代のヨーロッパを描いたもので、緯度経度が表示
されており、測量学的に作られた最古の地図といわれている。

プトレマイオス

　ギリシャの天文学者・地理学者。
　2世紀前半アレクサンドリアで天
文観測を行った。古代の天文学の知
識を体系化した「天文学大全」を著し、
天動説を唱え、以降、1400年その権
威を保った。また、地球の緯度経度
を決定することを試みた。科学的な
世界地図を作り、投影図法を発明し
た。

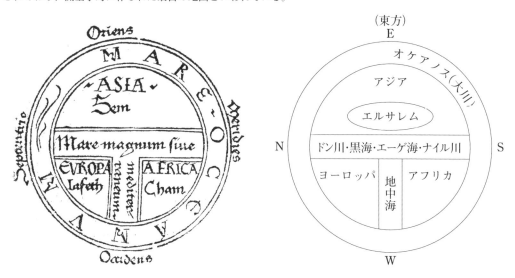

TO図（国土地理院、地図と測量の科学館パンフレット）と解説図

　エルサレムを中心とした中世キリスト教社会の平板的な世界観。旧約聖書のイザヤ書第40章22節にある「円形の大
地」を模している。円形盤の世界は楽園とされた東方を上に、ナイル川・ドン川・地中海によって世界が上下に分けられ、
左にヨーロッパ、右にアフリカが描かれて、これをオケアノス（大川）が環状に取り囲んでいる。この地図の形からTO
図と呼ばれた。イスラム社会では、ギリシャ・ローマ時代以来の球形の世界観が継承された。

9　地図製作（編集）とGIS

本章では、地図製作（編集）の基本を測量学的見地に基づいて説明するとともに、地理情報の高度利用システムであるGISについて記述する。

1　地図製作（編集）とは

作業規定の準則では、既存の地形図や数値地形図データを基図として、基準点測量成果や空中写真などを参考に、地図情報レベルが既存の地図情報レベルより大きい数値地形図データ（編集原図データ）を新たに作成することを地図編集と定義している。

［例　地図情報レベル
　2 500 ⇒ 10 000 ］

地図製作（編集）は、測量で得られた観測データを図面（地図）として表現し、利用目的に応じてわかりやすい成果を提示することである。例えば、観測した基準点の座標値は**表 9.1.1**のように（x, y, h）の数値で表示されるが、これではどの点がどこにあるのか全く見当がつかないが、座標値で表示される基準点の位置を**図 9.1.1**のように図紙上に配置すると、基準点の位置やその相互関係が把握できる。

表 9.1.1　基準点の座標値（例）

x座標	y座標	標高（h）
26 446.683	20 706.062	110.000
26 450.396	20 700.936	140.000
26 452.077	20 698.062	170.000
26 453.704	20 695.417	120.000
26 455.390	20 692.837	130.000
26 456.450	20 691.029	150.000

図 9.1.1　基準点の図紙表示（例）

1　地図の定義

地図とは、測量などの方法で地球上の位置が特定されうる事象を平面である図紙に図形、文字、記号でわかりやすく表現した図面をいう。地図に表示される事象は、有形のものと無形のものに大別され、前者には地形や道路・鉄道・建物などの人工構造物などが該当し、後者には地名や行政区画などが該当する。

人口や産業などの事象も地名あるいは行政区画などを伴うことによって、位置が特定できる事象（属性情報）として表現することができる。

一方、限られた紙面に表現できる情報量には限界がある。地図は、視覚的に内容が理解できることを求められるので、必然的に表示内容や表現方法は、地図の目的に応じて取捨選択される。地図は、大別して測量に基づく地図と測量に基づかない地図に分けられる。

（1）測量に基づく地図

一般図
利用目的を限定せずに作成される地図。

基準点測量や水準点測量・地形測量などの観測データを一定の約束（投影法・縮尺・図式）に基づいて、地表面の事象を特定の内容にかたよることなく正確に図紙に表現した地図が測量に基づく地図であり、**一般図**といわれる。特に、等高線で地形標高や地形の起伏を表示した地図を「地形図」といい、国土地理

院が発行する地形図には 1/10 000、1/25 000 および 1/50 000 がある。これら地形図をもとに縮尺を変更して作成した地図（編集図）、あるいは地形図の上に土地利用状況や建物用途といった測量以外の情報を付加した地図（**主題図**）も、この分類に含まれる。また、この 2 者以外に**特殊図**と呼ばれるものもある。

　主題図には、土地利用図・土地条件図・湖沼図・地質図・土 壌 図・海図・海底地質図・林相図・植生図・動植物分布図・地籍図・経済統計図・産業地図、都市計画図、住宅地図、交通網図などや道路地図・観光地図がある。

(2) 測量に基づかない地図

　鉄道の駅前などに掲示されている、駅周辺の主要施設の案内図や鉄道の路線図といった地図などがこれに該当する。これらは実際の形状を正確には表示していないが、そこには正確な位置よりも目的地までの経路や目標物が明瞭に表示され、利用者を目的地へ案内するという役割を果たしている。このような地図は表示される内容の相対的位置関係をわかりやすく表示することに重点が置かれる。日常的には、この分類に該当する地図に接することの方が多い。なお、本章では、この分類に該当する地図は測量学の範疇外であるので言及しない。

主題図
　利用目的に合わせた特殊用途の地図。
　人口や土地利用といった、通常は地図に表示されない事象等について、その分布を色分けなどにより表示した地図。
　すなわち、特定の主題（テーマ）を選んで、特にその主題がよくわかるように作成した地図。

特殊図
　海図、水路図、海流図など。

2　地図製作に必要な技術

　地図製作にあたって最も大切なことは、①地図利用者に何を伝えるのか、②それを如何にわかりやすく伝えられるか、の 2 点である。この 2 点の要求を満たすために必要な技術は、①地図投影法、②縮尺、③図式の 3 つである。地図製作では、目的に合わせてこれらを選択することが重要である。

　地図投影法は、もともと球体（正確には楕円体）である地球表面の形状を平面に置き換えるための技術であり、地図製作における最も基本的な事項といえる。縮尺と図式は地図上に表示する範囲と表示方法を決定するのに重要である。地図投影法の内容は第 2 節、縮尺と図式については第 3 節で述べる。

9　地図製作（編集）と GIS

2　地図投影法

　球体（正確には楕円体）である地球表面の形状を平面に表す技術を総称して、地図投影法または単に図法という。第 1 章の座標系でも説明したとおり、地球上の位置は、準拠する測地座標系と楕円体によって決定され、座標値は緯度と経度で表示される。座標値を地図に表示する方法は、①地球、②投影面としての地図（平面）、③投影中心の三者の位置関係により、幾つかの種類がある。いずれも楕円体上の緯度経度座標値を平面上に投影するものであるが、製作する地図の目的に応じて使い分けられている。本節では代表的な地図投影法（**表9.2.1**）である方位図法、円錐図法、円筒図法について述べる。

表 9.2.1
代表的な投影法一覧

方位図法	心射図法
	平射図法
	外射図法
	正射図法
円錐図法	正距円錐図法
	正積円錐図法
	正角円錐図法
円筒図法	円筒図法
	横円筒図法

1　方位図法

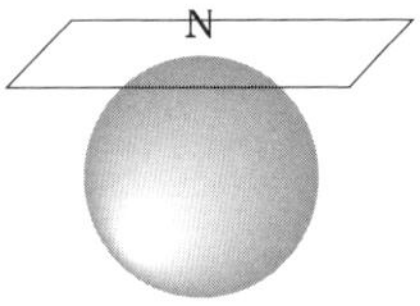

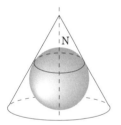

図 9.2.1　方位図法

方位図法（azimuthal projection）は地球を平面に直接投影する方法である。図 9.2.1 に地球と平面の位置関係を示す。同図では北極に平面が接した状態であるが、地球上の任意の点に接する平面としてとらえてもよい。方位図法では投影中心（地球を平面に展開する視点）の位置設定により、平面に展開される地図の形が決まる。地球を仮に透明な風船とし、接する平面をスクリーンとして、点光源を任意の位置に置いたとすると、地球表面を平面に投影できることが理解できよう。この点光源（投影中心）を地球中心に置く方法を心射図法（図 9.2.2）、地球に平面が接する点の反対側に置く方法を平射図法（図 9.2.3）、地球の外側に置く方法を外射図法（図 9.2.4）、無限遠に置く方法を正射図法（図 9.2.5）という。なお、図中の C は投影中心、P は地球表面上の任意の点、P′ は P の平面における展開位置を表している。方位図法は国土地理院発行の 1/500 万図や国際航空路線図などに用いられている。

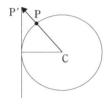
図 9.2.2　心射図法

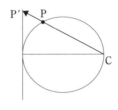
図 9.2.3　平射図法

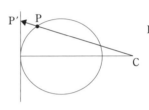
図 9.2.4　外射図法

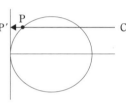
図 9.2.5　正射図法

2　円錐図法

図 9.2.6　円錐図法

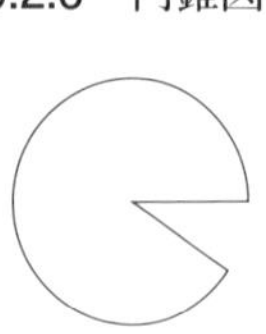

図 9.2.7　展開された円錐

円錐図法（conical projection）は地球に円錐をかぶせ、それに地球表面を投影する方法である。図 9.2.6 に地球と平面の位置関係を示す。円錐に投影された地図は、円錐を展開する（切り開く）ことによって図 9.2.7 のような平面の地図となる。この方法では、地球と円錐が線（緯度線）で接するため、点で平面と接する方位図法と比較して投影における歪みを少なくできる長所がある。

投影の中心は常に地球の中心に置かれる。この投影方法の代表的図法は、ランベルト正角円錐図法であり、緯度 80 度以下の地域における世界地図や天気図・国際航空図などに利用されている。国土地理院発行の 1/300 万図（日本とその周辺）、1/100 万図（日本）、1/50 万図（地方図）も、この方法により投影されている。

3　円筒図法

円筒図法（cylindrical projection）は地球に接する円筒で覆い、円筒に地球表面を投影する図法である。図 9.2.8 に地球と平面の位置関係を示す。円筒に投影された地図は、円筒を展開することによって平面の地図となる。地球と円筒が線（赤道）で接するため、赤道付近での投影の歪みはないが、高緯度になるにつれ歪みが拡大する。投影中心は常に地球の中心に置かれる。この投影方法

図 9.2.8　円筒図法

の代表的図法はメルカトル図法であり、GNSS などの衛星測位技術が普及する前の世界航海図や世界全図などに利用されている。

(1) 横円筒図法

円筒図法のうち、**図 9.2.9** のように円筒を横にして経線と接するようにした図法を、横円筒図法（transverse cylindrical projection）という。円筒図法では赤道付近の投影歪みが小さい特徴があるのに対し、横円筒図法では円筒に接する経線付近の歪みを小さくできる。この投影方法の代表的図法である UTM（ユニバーサル横メルカトル）図法は、地球全体を 6 度ごとの経度帯（座標帯）に 60 分割して、それぞれの帯の中央経線と円筒を接し、地球の中心を投影中心として投影する方法である。世界各国における小・中縮尺の地図に利用されている。経度帯は西から東へ向かって順に 1 ～ 60 の番号がつけられており、日本は 51 ～ 55 帯に位置している。国土地理院発行の 1/10 000・1/25 000・1/50 000 地形図や 1/200 000 地勢図もこの方法で投影している。UTM 図法における投影計算式には、ガウス・クリューゲルの等角投影法を採用している。

(2) 平面直角座標系の投影

第 1 章で述べた平面直角座標系は、UTM 座標と同様の手法により投影されて定義されている座標系である。UTM 座標が**中央経線**と赤道の交点を原点としているのに対して、平面直角座標系は、19 座標系それぞれに原点を設定している。基準点の座標や国土地理院発行の 1/2 500・1/5 000 国土基本図はこの方法で投影している。投影計算式もガウス・クリューゲルの等角投影法である。

表 9.2.2 には UTM 図法と平面直角座標系の特徴を比較した。

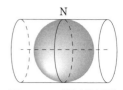

図 9.2.9 横円筒図法

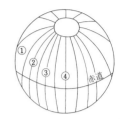

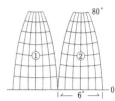

〔UTM 図法〕

中央経線

中央子午線ともいわれ、各座標帯の中央の経線であり、第 53 帯の中央経線は東経 135°になる。

公共測量においては水平位置の基準として平面直角座標系が用いられる。19 の座標系毎に原点を設けている（P20 参照）。

表 9.2.2　UTM図法と平面直角座標系の特徴

投影図法	UTM図法（座標）	平面直角座標系
図法名	正角図法（ガウス・クリューゲル図法）	
投影範囲	経度180°を基準に全地域を6°毎に 60 の経度帯（ゾーン）に分割	行政区域を基準にして、日本全土を19の座標系（I～XIX 系）に分割
適用範囲	緯度80°以下の全地球表面（1/10 000以下の中縮尺に適する）	日本全域（各座標系毎に適用）（1/5 000以上の大縮尺に適する）
座標の原点	各経度帯の中央経線と赤道との交点北半球：縦軸方向をN、横軸方向をE原点の座標：N=0km、E=500km	座標系毎に原点（X、Yとも 0m）を規定（定義）縦軸方向をX軸（北を＋、南を－）横軸方向をY軸（東を＋、西を－）
縮尺係数	中央経線上で0.9996、横軸方向に約180km離れた地点で1.0000	X軸上で0.9999、X軸より横軸方向に約90km離れた地点で1.0000
図郭線の表示	経度および緯度によって表示	原点からの距離によって表示（XY座標値）
図葉の区画形	不等辺四角形	長方形

9 地図製作（編集）と GIS

3 縮尺と図式

地図製作を前提とする測量業務（基本測量もしくは公共測量）では、例外なく当初から縮尺と図式が定められる。これは地図利用者が地図に求める表示事項や位置精度によって、測量方法が決まるためである。

縮尺は、観測データをどの程度の大きさで表示するのか、つまり限られた紙面にどの程度の範囲を表示するのかで決まる。一方、図式は観測データの何をどのように表示するのか、表示方法を決めるためのものである。例えば、道路と建物の形を表す場合に、道路は 2 本の線で実際の縮尺で表し、建物は上から見た形の外形線で表す、といったことを決めることである。実際の形状を縮尺に忠実に表示するもの、あるいは実際の形状を縮尺に忠実に表示すると小さすぎて判読が困難なものは表示を記号化して読みやすくする必要がある。

1 地図の縮尺

縮尺の大小

分子を 1 として分母数が小さいものを縮尺が大きいといい、分母数が大きいものを縮尺が小さいという。

日本国内では、日本全土を包括する小縮尺地図（縮尺 1/5 000 000）から市町村の道路管理図などの大縮尺地図（縮尺 1/500）まで、広範な縮尺の地図が作られている。縮尺が小さいほど、広範な地形の起伏などの情報を一目で把握できる特長があるが、市街地の道路や建物の状況を読み取ることはできない。逆に縮尺が大きい地図は、市街地の景況が詳細に判読できるが、広範な地形等の把握には不向きである。日本国内で整備されている代表的な縮尺の地図を**表 9.3.1** に示す。また、1/200 000 地勢図と 1/50 000 地形図、1/25 000 地形図、1/2 500 国土基本図の表示例を**図 9.3.1** 〜**図 9.3.4** に示す。

2 図式

図式

作図の公式
（作図の決め事）

図式の主な構成要素
・地図の規格と精度
・地図記号の表示方法と採用基準
・表現対象物の記号化と分類
・表現事項の取捨選択、総描、転位の基準
・地形の表現法
・注記（文字）の種類と表現法
・整飾

図式は地図製作の目的と縮尺に応じて、利用者にわかりやすい表示となるように工夫をすることが重要である。地表の形態を地図の利用目的に合った表現にするための約束ごとを図式という。縮尺に応じて**表 9.3.2** のような図式規程が定められている。

それぞれの図式規程では、表示する内容と表示基準が定められており、その主なものを**表 9.3.3** に示す。同表のとおり、小物体は大縮尺図と国土基本図にのみ表示されるが、どの縮尺の地図についても表示項目はほぼ同じである。

縮尺による地図表示の大きな違いは、次に述べる縮尺別の表示基準にある。表示基準は、①縮尺に応じて対象物を実際の大きさで表示するか非表示とするかの選択・採用基準、②表示方法の選択、の 2 つの手順がある。道路と建物について、縮尺別（1/500 〜 1/50 000）の表示基準を、**表 9.3.4** 〜**表 9.3.7** に示す。

これらの表示基準に見られるように、縮尺が小さくなるほど採用基準の最小値が大きくなり、表示の方法も一定の大きさ以下のものは実際の大きさよりも大きく表示（記号化）して、わかりやすくする工夫がなされている。

縮尺の異なる地図を同一範囲・同一縮尺で比較すると図式規程の違いが一目

表 9.3.1　日本国内で整備されている代表的な縮尺の地図

縮　尺	名　　称	図　法	作成機関
1/5 000 000	日本とその周辺図	正角円錐図法	国土地理院
1/3 000 000	日本とその周辺図	正角円錐図法	国土地理院
1/1 000 000	日本	正角円錐図法	国土地理院
1/500 000	地方図	正角円錐図法	国土地理院
1/200 000	地勢図	UTM座標系	国土地理院
1/50 000	地形図	UTM座標系	国土地理院
1/25 000	地形図	UTM座標系	国土地理院
1/10 000	地形図	平面直角座標系	国土地理院（市街地）
1/5 000	国土基本図、森林基本図	平面直角座標系	国土地理院、林野庁
1/2 500	国土基本図、都市計画図	平面直角座標系	国土地理院、自治体
1/1 000	道路台帳図、河川台帳図	平面直角座標系	自治体、河川事務所
1/500	道路台帳図、鉄道台帳図	平面直角座標系	自治体、鉄道会社

図 9.3.1　1/200 000 図の例
（京都及び大阪）国土地理院

図 9.3.2　1/50 000 図の例
（大阪東北部）国土地理院

図 9.3.3　1/25 000 図の例
（大阪東北部）国土地理院

図 9.3.4　1/2 500 図の例
大阪市 No.37（大阪城付近）
国土地理院

表 9.3.2　主な図式規程一覧

図　式　規　程	図式作成機関	適用縮尺
1/20万地勢図図式適用規程	国土交通省国土地理院	1/200 000
1/50 000地形図図式適用規程	国土交通省国土地理院	1/50 000
1/25 000地形図図式適用規程	国土交通省国土地理院	1/25 000
国土基本図図式適用規定	国土交通省国土地理院	1/2 500〜1/5 000
大縮尺地形図図式規程	国土交通省	1/500〜1/1 000

表 9.3.3　縮尺別主要表示項目比較

項　目	大縮尺図	国土基本図	1/25 000図	1/50 000図	1/200 000図	備考
建　物	○	○	○[*1]	○[*1]	×[*2]	建物の外形線
基準点	○	○	○	○	×	国家基準点等の表示
小物体	○	○	×	×	×	墓碑、記念碑等の表示
道　路	○	○	○	○	○	道路と道路構造物の表示
鉄　道	○	○	○	○	○	鉄道と鉄道構造物の表示
境　界	○	○	○	○	○	行政境界の表示
植　生	○	○	○	○	○	植生境界と種類の表示
水　部	○	○	○	○	○	河川、湖沼、海部の表示
地　形	○	○	○	○	○	等高線、急斜面等の表示

*1：**総描**となる　　*2：市街地表示となる

総描（総合描示）

　密集市街地の建物を、実際の形状で全てを表示することが不可能な場合、幾つかの建物をまとめて1つの建物として表示したり、あるいはその市街地全体をハッチングするなど読図が容易になるように表示すること。

編集の技術的手法

　地図情報レベルが大きくなる（縮尺が小さくなる）と地形や地物の表示事項を真位置、真形で表現が困難になるため技術的手法が必要となる。

①取捨選択

　優先度の高い地図情報を採用。

②総合描示（総描）

　表示事項が錯綜している場合に形状を省略化。

③転位

　表示事項が近接している場合に位置をずらす。

　ただし、基準点は転位させない。

表 9.3.4　1/500図の表示基準

項目	採　用　基　準	表　示　の　方　法
道路	全ての道路を表示	実際の幅（縮尺幅）で表示
建物	全ての建物を表示	外形線を実際の大きさ（縮尺大）で表示

表 9.3.5　1/2 500図の表示基準

項目	採　用　基　準	表　示　の　方　法
道路	幅1m以上の道路を表示	実際の幅（縮尺幅）で表示
建物	短辺1.25m以上の建物を表示	外形線を実際の大きさ（縮尺大）で表示

表 9.3.6　1/25 000図の表示基準

項目	採　用　基　準	表　示　の　方　法
道路	幅3m以上の道路を表示	幅3m〜25m未満の道路は縮尺幅よりも太く表示。幅25m以上の道路は縮尺幅で表示
建物	短辺10m以上の建物を表示	建物の外形を黒塗りつぶしで表示。数軒を1つにまとめたり、市街地全体をハッチで表示（総描）

表 9.3.7　1/50 000図の表示基準

項目	採　用　基　準	表　示　の　方　法
道路	幅5.5m以上の道路を表示	幅5.5m〜50m未満の道路は縮尺幅よりも太く表示。幅50m以上の道路は縮尺幅で表示
建物	短辺20m以上の建物を表示	建物の外形を黒塗りつぶしで表示。数軒を1つにまとめたり、市街地全体をハッチで表示（総描）

瞭然である。例えば、**図 9.3.5 〜図 9.3.7** のように建物は1/2 500図式では1軒ずつ実際の形状で表示されているが、1/25 000、1/50 000図式では網形状の総描、あるいは何軒かまとめて黒塗り表示となっている。また、道路については1/2 500図式では実際の幅で表示されているが、1/25 000、1/50 000図式では実際の幅よりも太く表示されている。

図 9.3.5　1/2 500 図式
（大阪市 No.37）

図 9.3.6　1/25 000 図式
（大阪東北部）
国土地理院

図 9.3.7　1/50 000 図式
（大阪東北部）
国土地理院

編集の順序
① 基準点
② 骨格地物
　（河川、水涯、道路、
　鉄道際）
③ 建物、諸記号
④ 地形
⑤ 行政界
⑥ 植生界、植生記号

3　レイヤの概念

　レイヤ（layer）とは地図表現における層別区分のことである。図式規程に定められた表現項目をそれぞれレイヤとして付番し、コンピュータ内部でそれぞれのレイヤ単位に表示・非表示ができる概念である。この概念により、地図の中から道路あるいは建物だけといった、必要な項目のみの表示や図面作成ができるようになる。

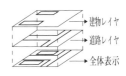

〔レイヤの概念〕

4　地物の概念

　レイヤの概念は、図式のうちの道路や建物などの個別項目ごとにレイヤ番号を付けて地図を層別に扱う概念であるが、地物の概念は一歩進めて個別の建物や道路を識別できる仕組みとしている。例えば、建物 1 軒ずつの建物構造のほか、建物名称・建物用途・住所・階数・世帯主名・電話番号・建物面積といった属性情報も一緒に整理すると、住所や電話番号による建物検索や一定面積以上の建物の抽出ができるようになる。こうした機能は GIS によって実行される。

　今後、このような GIS による地物の情報収集、すなわちデータベース化が普及することが予測され、地図はデータベースの出力方法の 1 つとしての位置付けとなろう。既に、地図データがインターネット上で表示できる状況にある。地図データの地物検索など、データベースをもとにした高度な機能の実現も精力的に進められている。

9　地図製作（編集）と GIS

4　GIS（地理情報システム；Geographic Information System）

1　GIS とは

　TS 地形測量、デジタルマッピング（DM）、既成図数値化（マップデジタイズ・MD）などで得られたデジタルデータ（数値地形図データ）は、従来使われてきた紙の地図（アナログデータ）に比べると①精度が経年劣化しない、②任意の縮尺に編集が容易である、③経年変化部分などの修正や追加が容易である、

鳥瞰図
　高所から地上を斜めに見下ろしたように描いた図。

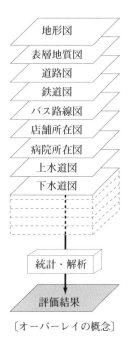

〔オーバーレイの概念〕

電子国土基本図
　国土地理院が整備する基盤地図情報（P233参照）に地図情報、航空写真画像データ、地名情報などを加えたもので、Web上で閲覧・提供される。

④表記位置が重複する事項についても削除・省略が不要である、⑤コンピュータにより各種の編集作業が容易である、⑥複数の各種情報をリンクさせて表現することが可能である、⑦鳥瞰図（ちょうかんず）などの3次元的表現が可能である、など多くの利点を有している（なお、数値地形図データの各種作成方法については、**表8.2.1**を参照）。

　地理情報とは、一般的には地図として表現される地物や地形の位置や形状などの幾何学情報（座標データ）と、それらの内容や状態および名称などを表す属性情報（属性データ）によって構成される情報のことであるが、最近では、人口の動態調査である国勢調査や地籍調査・土地利用調査・水調査などの国土調査の各種統計情報なども属性を持った空間的（地理）情報として扱われており、これらを総称して、地理空間情報または国土空間情報ということがある。

　地理情報システム（GIS）は、地理情報をデジタルデータ化しそれを用いて地図を作成するのみならず、複数の地理情報を処理・加工および重ね合わせ（オーバーレイ）表示することによって、各種分野の現況把握、相関性の分析や将来予測などに有用な情報を得ることを目的として作られたシステムである。

2　わが国における GIS の歴史と現状

　1995年の阪神淡路大震災の復旧作業での経験から、基盤的な空間情報の整備の必要性が認識され、政府にGISの推進組織が設置されてGISの整備が進んでいる。その結果、特に地方自治体の都市計画・道路管理・固定資産管理・上下水道管理部門において、数値化された地形図を背景情報として表示し、その上に自らが管理する境界線情報や設備情報を重ねて扱えるGISが普及し、2000年代に入ると、自治体各部署が共通に利活用できる基盤的な地形情報（共用空間データ）を定め、これを庁内で共有して効率化を図る「統合型GIS」が普及し始めた。

　現在では**電子国土基本図**の一般への公開などで公共分野に限らず、民間会社での調査・設計やマーケティングリサーチの分野および研究機関でもGISの利活用が進んでいる。そして、民間事業者による地図情報の配信ビジネスが多様化し、Webや携帯電話を通じた地域情報配信やGPSで取得した位置情報を物流モニタリングシステムに利用する例も増加している。**図9.4.1**には、現在に至るまでの測量成果の利活用分野の拡がりを示した。

　GISの利活用の具体例を挙げると、以下のようになる。

① 自治体におけるまちづくり・都市計画・交通計画の分野では、利便性・防災性（火災、洪水、地震、犯罪発生）など生活環境面での安全性評価や、交通機関からのアクセス性評価など

② 道路や上下水道およびガスなどの交通・生活・ライフライン・エネルギー施設の把握、公共資産管理、固定資産の評価・管理など

③ 広いエリアを対象とした建設工事における出来形把握や品質管理業務の高

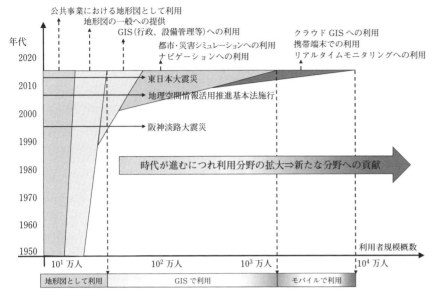

図 9.4.1　測量成果（地形図、数値地形図データ）の利活用分野の拡大

速化・均質化・効率化などを目的とした建設機械運行システムや施工管理ツールなど

④ 複数の GIS 利用者がそれぞれのデータを共有、相互利用できる仕組み（**クラウド型 GIS**）を利用することで、一層の業務効率化や経費圧縮効果が見込める。

こうしたニーズに応えられるよう、政府は様々な**地理空間情報**の円滑な流通を推進するため **G 空間情報センター**を設立し、同時に各 GIS 間のデータの互換性を高め効率化を図るため、準拠すべき地理情報標準が政府の GIS 推進組織によって作製されている。

3　数値地形データと基盤地図情報

地理空間情報活用推進基本法（2007 年 8 月施行（しこう））では、地理空間情報を広く捉え、多面的に利活用するための共通基盤を構築するという方向性を明示し、更に**図 9.4.2** に示すように共通基盤情報を衛星測位技術で相互に利活用することを志向している。公共測量作業規程の準則もこの基本法の理念に沿って改訂されており、今後は数値地形図データが様々な分野で利活用される。

また、地理空間情報のうち、電子地図上における地理空間情報の位置を定めるための基準となる測量の基準点、海岸線、公共施設の境界線、行政区画その他の国土交通省令で定めるものの位置情報であって電磁的方式により記録されたものを**基盤地図情報**という。基本法では、この情報を**公共財**として位置づけている。

クラウド型 GIS
　複数機関で GIS や地理空間情報をネットワーク上で共有することで経費を分散し、各機関の負担を軽減する方式。

G 空間情報センター
　産官学の様々な機関が保有する地理空間情報を円滑に流通し、社会的な価値を生み出すことを支援する機関。

地理空間情報
　空間上の特定の地点または区域の位置を示す情報およびこれに関連づけられた情報。
　地理空間情報活用推進基本法を総合的かつ計画的に推進するための基本計画の現状と今後については P306 に解説。

基盤地図情報
　国土交通省令にその具体的内容（13 項目の地物）が示されており、地理空間情報の位置の基準として日本全国シームレスに整備される。

公共財
　誰もが利用可能でかつ利用によって価値が減損しない財。

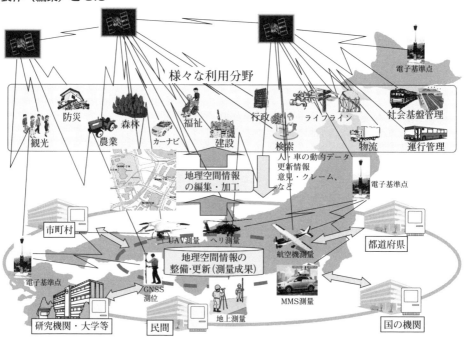

図 9.4.2　地理空間情報の整備・更新と利活用の概念図

4　クラウド型 GIS による地理空間情報の共有

これは近年のデジタル画像処理技術や GNSS 衛星の迅速で正確な測位技術の進歩の結果である。

複数機関で GIS や地理空間情報を共有し利用経費を折半負担する方式を「クラウド型GIS」という。

　東日本大震災（2011 年 3 月 11 日）の直後に人工衛星・航空機搭載のデジタルカメラ等の様々なセンサーにより、迅速に被害状況等が把握された。一方、被災した地方自治体の中には、それまでに整備していた GIS や建物情報など住民に直結する地理空間情報が津波で流出し、個々の被害状況の把握や復旧に支障をきたした事例もみられた。

　こうした反省から、今後 GIS や地理空間情報が失われる事態に備え、データ管理機関に別途保管するなどの方策として 2016 年 11 月に G 空間情報センターの運用が開始された。また、行政機関では総合行政ネットワーク（LGWAN）回線を利用する GIS が普及し始めている。この方式では複数機関が必要な GIS 機能と地理空間情報を適宜利用でき、システムとデータの管理は第三者機関が行うため地理空間情報を失うリスクが軽減され、利用者全体で経費折半できる利点がある。従来、地方自治体では GIS を導入する際に GIS に必要なシステムと地理空間情報の全ての経費を負担しなければならず、導入における大きな課題となっているが、今後はこの「クラウド型 GIS」が主流になっていくと考えられる。

参考文献

1) 堀　淳一：地図はさそう（自然と人と詩と）、そしえて文庫、1976

2) 小坂　和夫：教程　地図編集と投影、山海堂、1982

3) 新版　地図と測量のＱ＆Ａ、（財）日本地図センター、2003

4) スペーシャリストの会：実務者向け地理空間情報の流通と利用、日本測量協会、2008

第 10 章
面積・体積計算と面積分割・境界調整

室

青い海と緑の頂・測量山

与謝野鉄幹・晶子 歌

我立てる即涼山の上のみ青き霧の上かな　鉄幹

灯台の霧笛ひびき即涼山の木の下の路淋しけれ　晶子

昭和六年六月（一九三一年）

●明治五年（一八七二年）当時、開拓使がアメリカ人のライマンを招いて当地方の地質調査を行った。その時、当山にのぼって測量したことから「測量山」と呼ばれるようになり、後に「測量山」と改めた。札幌本道の見はらしの良い当山道路の開さくを記念したものである。

●アイヌ語で最初の見晴らし「ホシケサンペ」、アイヌ語「ホシケサンベ」の見晴らす山の意味として、昔アイヌ民族がこの山に親しんでいた。

●測量山周辺には、野鳥の四季折々のにぎわい、まれに野生の鳥獣に出会う。市民四季折々身近に観察できる「野鳥の観察地」となり、観鳥林、街中の物豊富な虫類と緑地に親しもう。

●測量山周辺は五〇〇特一九五〇ｈａ面積の市民合生の緑地で自然豊かな「野鳥渡来地」にせ親しもう。

●一等三角点補点　明治三三年（一九〇〇年）陸地測量部一等三角点補点として設置　測量

●海抜一九九・六三ｍ

測量山（室蘭にある一等三角点補点）

測量山付近の地形図（1：25 000）、名称の由来、与謝野鉄幹・晶子の歌ならびに山頂の三角点。

10 面積・体積計算と面積分割・境界調整

	面積	体積
単位	m²	m³
通称	ヘーベ	リューベ

測量における面積とは、土地の境界線などが水平面上に投影された広さのことであり、広域の面積は準拠楕円体への投影面積である。本章では、面積算定法とともに、土地の造成における切土や盛土などの土量算定やダムの貯水量などを求める体積計算ならびに面積分割と境界調整方法について述べる。

1 面積の算定

面積の算定には、測量による観測値から計算により求める直接測定法と平面図から図上で器械によって求める間接測定法がある。

1 直接測定法

直接測定法には、三斜法・三辺法・座標法・支距（オフセット）法がある。

(1) 三斜法

面積算定領域が多角形である場合、複数の三角形に分割し、各三角形の底辺と高さを測定し、各三角形の面積（底辺×高さ /2）を合計して多角形の面積 A を求める方法が三斜法である。

$$A = \frac{1}{2}\sum b_i h_i \tag{10.1.1}$$

誤差を少なくするため、各三角形はできるだけ正三角形に近くなるように分割する。すなわち、細長い三角形は避ける。**図 10.1.1** の七角形の面積を三斜法で求積すると**表 10.1.1** のようになり、$S = 56.986\text{m}^2$ を得る。

三斜とは不等辺三角形のこと。

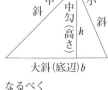

なるべく
$b : h = 1 : 1$
やむを得ない場合でも
$b : h = 1 : 3 \sim 3 : 1$

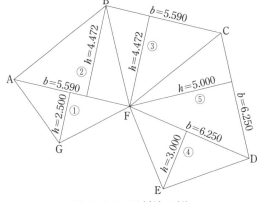

図 10.1.1 三斜法の例

表 10.1.1 三斜求積法

三角形番号	底辺 b	高さ h	倍面積 bh
①	5.590	2.500	13.975
②	5.590	4.472	24.99848
③	5.590	4.472	24.99848
④	6.250	3.000	18.750
⑤	6.250	5.000	31.250
	倍　面　積		113.97196
			56.98598
	敷地面積 S		56.986 m²

(2) 三辺（ヘロン）法

三角形の三辺長 a, b, c から三角形の面積 A は、ヘロンの公式を用いて次式

で求まる。すなわち、辺長だけで次式により面積を求める方法である。

$$A = \sqrt{s(s-a)(s-b)(s-c)} \qquad s = \frac{1}{2}(a+b+c) \qquad (10.1.2)$$

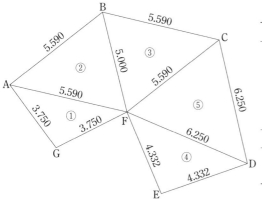

図 10.1.2　三辺（ヘロン）求積法

表 10.1.2　三辺法の例

三角形番号	a 辺	b 辺	c 辺	$s=(a+b+c)/2$	面積 A
①	3.750	3.750	5.590	6.5450	6.9878
②	5.590	5.000	5.590	8.0900	12.4995
③	5.000	5.590	5.590	8.0900	12.4995
④	4.332	4.332	6.250	7.4570	9.3753
⑤	5.590	6.250	6.250	9.0450	15.6246
	小	計			56.9867
	合	計			56.9867
	敷地面積 S				56.987m²

(3) 座標法

　最近は TS が普及しているので、多角測量の座標値 x（合緯距），y（合経距）の計測結果が簡単に求まるため、この座標値によって面積 A を求める。

面積 $A = \square\, aABCc - \square\, aADCc$

$\triangle\, aABb = \dfrac{1}{2}\{(x_1 + x_2)(y_2 - y_1)\}$

$\square\, bBCc = \dfrac{1}{2}\{(x_2 + x_3)(y_3 - y_2)\}$

$\square\, aADd = \dfrac{1}{2}\{(x_1 + x_4)(y_4 - y_1)\}$

$\triangle\, dDCc = \dfrac{1}{2}\{(x_4 + x_3)(y_3 - y_4)\}$

これらの式より面積 A を求めると

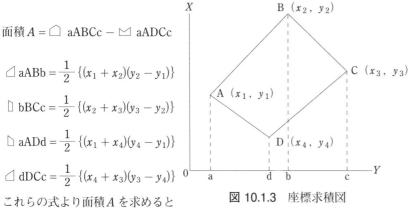

図 10.1.3　座標求積図

$$A = \frac{1}{2}\{(x_1 + x_2)(y_2 - y_1) + (x_2 + x_3)(y_3 - y_2)$$
$$- (x_1 + x_4)(y_4 - y_1) - (x_4 + x_3)(y_3 - y_4)\} \qquad (10.1.3)$$

$$A = \frac{1}{2}\{x_1(y_2 - y_4) + x_2(y_3 - y_1) + x_3(y_4 - y_2) + x_4(y_1 - y_3)\} \qquad (10.1.4)$$

　各測点の x 座標（x_i）にその前後の測点 y 座標の差（$y_{i+1} - y_{i-1}$）を乗じた値を合計すると、多角形の倍面積（$2A$）が求められる。すなわち、n 角形の倍面積（$2A$）は、次式で算定できる。

$$2A = \sum_{i=1}^{n} x_i(y_{i+1} - y_{i-1})$$
$$2A = \sum_{i=1}^{n} y_i(x_{i+1} - x_{i-1})$$
$$(10.1.5)$$

ヘロン

　紀元前 1 世紀頃のギリシャ・アレクサンドリアの発明家。歯車を用いた距離計、蒸気機関の原型、自動販売機、計算機、測角儀など多くを発明した。

　公共測量における面積計算は座標法を用いる。

　y 座標値による求積方法と x 座標値による求積方法がある。

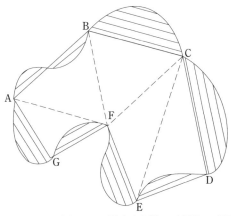

トラバースを組んで面積を座標法、三斜法、三辺法で求め、周囲の図形の面積を支距法で算定してこれらを加減する。

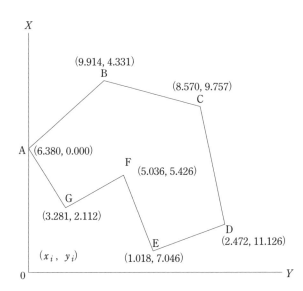

図 10.1.4 座標法の例

表 10.1.3 座標求積法

測 点	x_i	y_i	y_{i+1}	y_{i-1}	$(y_{i+1}-y_{i-1})$	倍面積2A (+)	倍面積2A (−)
(G)	3.281	2.112	—	—	—	—	—
A	6.380	0.000	4.331	2.112	2.219	14.1572	—
B	9.914	4.331	9.757	0.000	9.757	96.7309	—
C	8.570	9.757	11.126	4.331	6.795	58.2332	—
D	2.472	11.126	7.046	9.757	−2.711	—	6.7016
E	1.018	7.046	5.426	11.126	−5.700	—	5.8026
F	5.036	5.426	2.112	7.046	−4.934	—	24.8476
G	3.281	2.112	0.000	5.426	−5.426	—	17.8027
(A)	6.380	0.000	—	—	—	—	—
$2A=169.1213-55.1545=113.9668\mathrm{m}^2$　$A=56.983\mathrm{m}^2$						169.1213	55.1545

（面積は絶対値をとる）

(4) 支距（オフセット）法

オフセット（支距）測量を行い、測線から垂直に上げた境界線までの支距によって不規則な曲線で形成される測定区域を各台形に区分して面積を求める方法で、台形法・シンプソン第1法則・同第2法則がある。

① 台形法

図 10.1.5 のような測線（直線）と不規則な境界線（曲線）とに囲まれた部分の面積を算定する。この部分を適当な間隔（d_1, d_2, …, d_n）で区分し、各区間の支距（y_1, y_2, …, y_n）を求め、隣接支距間の境界線を直線とみなすと、面積Aは連続した台形の面積の合計となり、次式で求められる。

$$A = \frac{1}{2}\{d_1(y_0 + y_1) + d_2(y_1 + y_2) + \cdots + d_n(y_{n-1} + y_n)\} \tag{10.1.6}$$

シンプソン

18世紀、英国の数学者。定積分をコンピュータで計算する方法を考案した。

$d_1 = d_2 = \cdots = d_n = d$ （一定）になるように区分すると次式を得る。

$$A = \frac{d}{2} \{ y_0 + y_n + 2(y_1 + y_2 + \cdots + y_{n-1}) \} \tag{10.1.7}$$

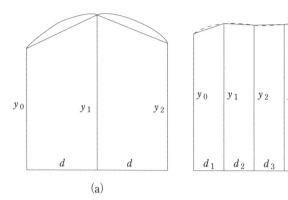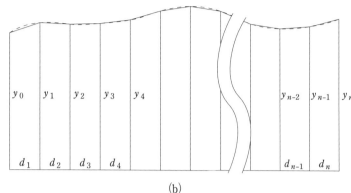

(a)   (b)

図 10.1.5 台形法

② シンプソンの第1法則

図 10.1.6 において隣接する2個の台形を一組とし、境界線を2次放物線と
みなして面積を求める方法である。

2次放物線
$y = ax^2 + bx + c$

図形 ABCDE 線の面積 = (台形部分 ABDE の面積) + (曲線部分 BCD の面積)

$$= \left(\frac{y_0 + y_2}{2} \right) \cdot 2d + \frac{2}{3} \left(y_1 - \frac{y_0 + y_2}{2} \right) \cdot 2d$$

$$= \frac{d}{3} (y_0 + 4y_1 + y_2) \tag{10.1.8}$$

図 10.1.6 (b) の全体の面積 A は、次式で求められる。

$$A = \frac{d}{3} \{ y_0 + y_n + 4(y_1 + y_3 + \cdots + y_{n-1}) + 2(y_2 + y_4 + \cdots + y_{n-2}) \}$$

$$\tag{10.1.9}$$

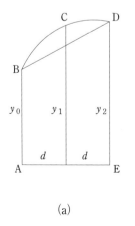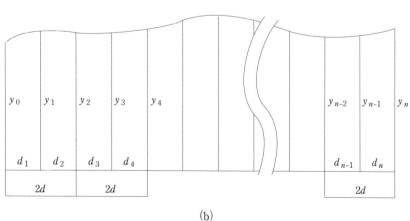

(a)   (b)

図 10.1.6 シンプソンの第1法則

n は偶数であるが、奇数の場合は最後の端数区間の面積を台形公式で求め加算する。

③　シンプソンの第2法則

図 10.1.7 において隣接する3個の台形を一組として、境界線を3次放物線とみなして面積を求める方法である。

図形 ABCDEF 線の面積=(台形部分 ABEF の面積)+(曲線部分 BCDE の面積)

$$= \left(\frac{y_0 + y_3}{2} \right) \cdot 3d + \frac{3}{4} \left(\frac{y_1 + y_2}{2} - \frac{y_0 + y_3}{2} \right) \cdot 3d$$

$$= \frac{3d}{8} (y_0 + 3y_1 + 3y_2 + y_3) \tag{10.1.10}$$

図 10.1.7（b）の全体の面積 A は、次式で求められる。

$$A = \frac{3d}{8} \{ y_0 + y_n + 3(y_1 + y_2 + y_4 + y_5 + \cdots + y_{n-2} + y_{n-1})$$
$$+ 2(y_3 + y_6 + y_9 + \cdots + y_{n-3}) \} \tag{10.1.11}$$

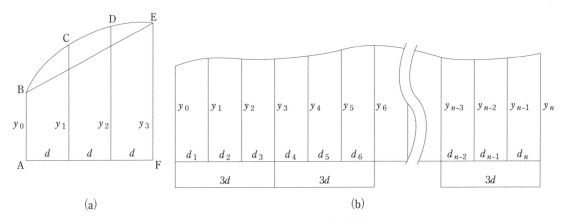

(a) (b)

図 10.1.7　シンプソンの第2法則

n が3の倍数でない場合には、最後の端数区間の面積を台形公式またはシンプソン第1法則により求めて加算する。

図 10.1.8 において、台形法、シンプソン第1法則、同第2法則により面積 A を求めると、それぞれ以下のようになる。

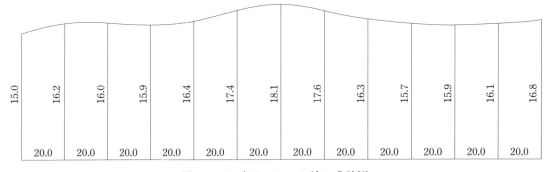

図 10.1.8　各オフセット法の求積例

台形法によると

$$A = \frac{20.0}{2} \{15.0 + 16.8 + 2(16.2 + 16.0 + 15.9 + 16.4 + 17.4 + 18.1 \\ + 17.6 + 16.3 + 15.7 + 15.9 + 16.1)\}$$

$$= 3\,950.00\mathrm{m}^2$$

シンプソン第 1 法則によると

$$A = \frac{20.0}{3} \{15.0 + 16.8 + 4(16.2 + 15.9 + 17.4 + 17.6 + 15.7 + 16.1) \\ + 2(16.0 + 16.4 + 18.1 + 16.3 + 15.9)\}$$

$$= 3\,952.00\mathrm{m}^2$$

シンプソン第 2 法則によると

$$A = \frac{3 \times 20.0}{8} \{15.0 + 16.8 + 3(16.2 + 16.0 + 16.4 + 17.4 + 17.6 \\ + 16.3 + 15.9 + 16.1) + 2(15.9 + 18.1 + 15.7)\}$$

$$= 3\,951.75\mathrm{m}^2$$

2 間接測定法

　複雑な境界線で囲まれた図上の面積を方眼法や**重量法**またはプラニメータ・デジタイザで求めることを間接測定法という。

(1) 方眼法

　概算の面積求積方法に方眼法またはメッシュ法がある。これは、方眼目盛付トレーシングペーパを面積算定図面上に重ね合わせ、その方眼数を数えて求積する方法である。方眼上に測線が少しでも通る場合は方眼数を 0.5 と数える。

　方眼 1 目盛四方の単位面積を a とし、方眼数を n とすれば面積 A は次式で求まる。

$$A = a \times n \tag{10.1.12}$$

図 10.1.1 に単位面積が $1\mathrm{m}^2$ の方眼目盛を重ねると**図 10.1.9** のようになり、面積 A は完全な方眼数（◎）が 38 個、不完全な方眼数（△）は 38 個であるので

$$A = (38 + 38 \times 0.5) \times 1.0 \\ = 57\mathrm{m}^2$$

　方眼法で求めた七角形の面積は、**表 10.1.1** の三斜法、**表 10.1.2** の三辺法による計算結果とほとんど等しい。

重量法

　単位面積の重さが既知の厚さが一様な紙に図形を描いて切り抜き重量を測る方法。

デジタイザ

　座標読取装置。

　カーソルやポインタで点を指示したり、線をなぞるとその位置を検出して座標値や図形情報が記録でき CPU に入力できる装置。

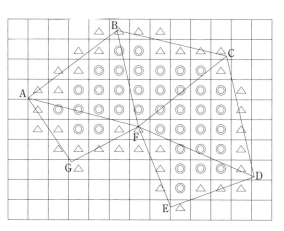

図 10.1.9　方眼法による求積例

(2) プラニメータによる求積法

　プラニメータには極式と無極式（ローラ式）がある。レンズの中の指標を測定する図形に沿って周回させることによって、図面上の図形面積を求めることができる。図面に伸縮があると測定結果に影響するので注意を要する。

① 極式プラニメータ

　写真 10.1.1 のように固定かん・滑走かん・鞘かんで構成されており、固定かんの端に極針がある。測定は極針を軸として、滑走かんの一端にあるレンズの指標を算定しようとする図面の図形や測線に沿ってトレースする。

　測輪の回転数を鞘かん内にある目盛盤のバーニアで読みとることで面積が算定できるが、算定結果がデジタル表示されるタイプ（**写真 10.1.3**）が多い。

② 無極式プラニメータ

　ローラ式ともいわれ、**写真 10.1.2** のようにレンズ・表示部・オペレーションキー・トレーサアーム（滑走かん）・ローラで構成される。操作方法は極式同様である。極針がないため細長い図面や広い面積の算定に用いられる。

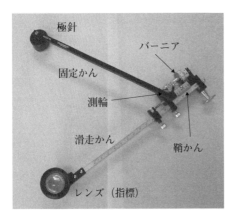

写真 10.1.1　極式プラニメータ

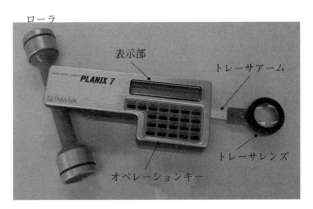

写真 10.1.2　無極式（ローラ式）プラニメータ

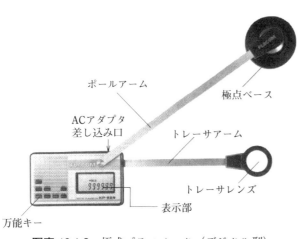

写真 10.1.3　極式プラニメータ（デジタル型）

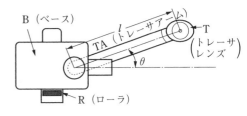

無極式プラニメータによる X、Y 座標の求め方

$$X = N - l \times (1 - \cos\theta)$$

$$Y = l \times \sin\theta$$

ここで、N：ローラの回転量

　　　　l：トレーサアーム長

　　　　θ：トレーサアーム回転角

2 体積の算定

道路や鉄道などの路線に沿った細長い土構造物の切土・盛土工事における土量の算定には断面法が用いられ、大土工に伴う土工計算には点高法が適用される。また、ダムなどの貯水容量算定には等高線法を用いる。

1 断面法

(1) 擬柱法による算定

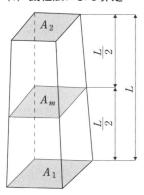

図 10.2.1 擬柱法

図 10.2.1 のように両端面が平行で高さ L の擬柱の体積 V は、次式で求めることができる。

$$V = \frac{L}{6}(A_1 + 4A_m + A_2) \qquad (10.2.1)$$

A_m が未知の場合は、次式で V を求める。

$$V = \frac{L}{3}(A_1 + A_2 + \sqrt{A_1 \cdot A_2}) \qquad (10.2.2)$$

擬柱とは、多角形よりなる両端面が平行で側面がすべて平面形である立体。

(2) 平均断面法による算定

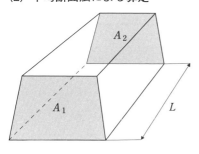

図 10.2.2 平均断面法

両端の面積 A_1 と A_2 を平均して両端面間の距離 L を乗じて体積の算定をする。

$$V = \frac{L}{2}(A_1 + A_2) \qquad (10.2.3)$$

この算定法は実際の土量より大きい値になる場合が多い。

(3) 中央断面法による算定

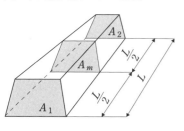

図 10.2.3 中央断面法

中央の断面積 A_m に距離 L を乗じて体積 V を算定する。

$$V = A_m \cdot L \qquad (10.2.4)$$

この算定では実際の土量より小さい値になる場合が多い。

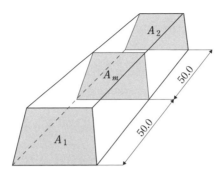

ここに、$A_1 = 208.0\mathrm{m}^2$、

$A_m = 139.75\mathrm{m}^2$、

$A_2 = 85.0\mathrm{m}^2$

として各々擬柱法、断面平均法、両端断面平均法、中央断面法によって体積を算定する。

図 10.2.4　体積算定例

擬柱法　式（10.2.1）より

$V = \dfrac{100}{6}(208.0 + 4 \times 139.75 + 85.0) = 14\,200\mathrm{m}^3$

断面平均法　式（10.2.3）より

$V = (208.0 + 85.0)/2 \times 100 = 14\,650\,\mathrm{m}^3$

中央断面法　式（10.2.4）より

$V = 139.75 \times 100 = 13\,975\,\mathrm{m}^3$

2　点高法

　敷地造成工事のような面的に広い地域の盛土施工や切土施工などの土量を算定する場合に用いられる。これには、長方形公式と三角形公式とがあり、一般に長方形公式より三角形公式のほうが精度が高いが、計算に時間がかかる。

(1) 長方形公式

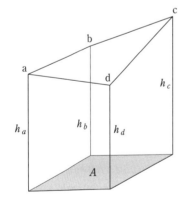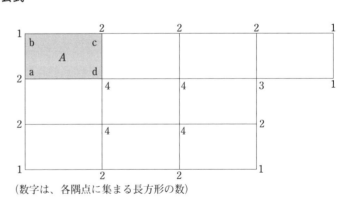

（数字は、各隅点に集まる長方形の数）

図 10.2.5　長方形公式による点高法

メッシュ間隔は20mが一般的。

　図 10.2.5 のように長方形に区分した場合、□abcd の体積 V は次のようになる。

$$V = \dfrac{A}{4}(h_a + h_b + h_c + h_d) \tag{10.2.5}$$

　ここで、h_a、h_b、h_c、h_d：a、b、c、d 点の地盤高

　　　　A：□abcd の水平投影面積

全区分の体積 $\sum V$ は、次式で求まる。

$$\sum V = \frac{A}{4}\left(\sum h_1 + 2\sum h_2 + 3\sum h_3 + 4\sum h_4\right) \qquad (10.2.6)$$

ここで、A：単位面積（長方形1区分の水平投影面積）

$\sum h_i$：i 個の長方形に関係する高さの総和

(2) 三角形公式

三角形に区分した場合、$\triangle$ abc 柱体の体積 V は、

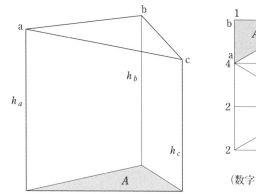
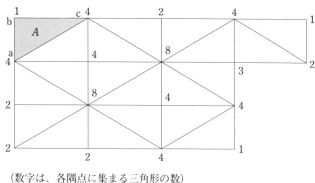

(数字は、各隅点に集まる三角形の数)

図 10.2.6　三角形公式による点高法

$$V = \frac{A}{3}\left(h_a + h_b + h_c\right) \qquad (10.2.7)$$

全区分の体積 $\sum V$ は、次式のようになる。

$$\sum V = \frac{A}{3}\left(\sum h_1 + 2\sum h_2 + 3\sum h_3 + \cdots + 8\sum h_8\right) \qquad (10.2.8)$$

ここで、A：単位面積（三角形1区分の水平投影面積）

$\sum h_i$：i 個の三角形に関係する高さの総和

図 10.2.7 において1辺の長さは縦が 4m、横が 5m として、長方形公式と三角形公式で体積を求めると、次のようになる。

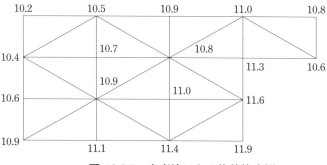

図 10.2.7　点高法による体積算式例

長方形公式　$A = 4.0 \times 5.0 = 20.0\text{m}^2$

$$\sum h_1 = 10.2 + 10.8 + 10.6 + 10.9 + 11.9 = 54.4$$

$$\sum h_2 = 10.5 + 10.9 + 11.0 + 10.4 + 10.6 + 11.6 + 11.1 + 11.4 = 87.5$$

$$\sum h_3 = 11.3 = 11.3$$

$$\sum h_4 = 10.7 + 10.8 + 10.9 + 11.0 = 43.4$$

全土量　$V = \dfrac{20}{4}(54.4 + 2 \times 87.5 + 3 \times 11.3 + 4 \times 43.4) = 2\,184.5\text{m}^3$

平均地盤高　$H = \dfrac{V}{\sum A} = \dfrac{2\,184.5}{20 \times 10} = 10.9\text{m}$

三角形公式　$A = 4.0 \times 5.0/2 = 10.0\text{m}^2$

$$\sum h_1 = 10.2 + 10.8 + 11.9 = 32.9$$

$$\sum h_2 = 10.9 + 10.6 + 10.6 + 10.9 + 11.1 = 54.1$$

$$\sum h_3 = 11.3 = 11.3$$

$$\sum h_4 = 10.5 + 11.0 + 10.4 + 10.7 + 11.0 + 11.6 + 11.4 = 76.6$$

$$\sum h_8 = 10.8 + 10.9 = 21.7$$

全土量　$V = \dfrac{10}{3}(32.9 + 2 \times 54.1 + 3 \times 11.3 + 4 \times 76.6 + 8 \times 21.7) = 2\,183.3\text{m}^3$

3　等高線法

等高線法は鉛直方向に進行する掘削や盛土の土量把握に適する。

土量計算法は平均断面法と同様でよいが、より正確な試算にはプリスモイド公式を用いる。

プリスモイド公式

$V=(A_1+4A_2+A_3)\cdot h/3+$
$(A_3+4A_4+A_5)\cdot h/3$
　（ただし $h'=h$ の場合）

等高線（コンター）を利用して貯水池の容量や山状の体積計算（土量算定）を行う。各等高線で囲まれた面積をプラニメータにより求め、等高線間隔（高低差）を高さとする。これは、断面法による体積算定と同様であり両端断面平均法を適用して貯水量なり土量を求めることができる。算定法の概念図を**図10.2.8**と式（10.2.9）に示す。

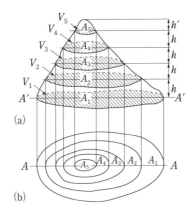

$$(V_5 = A_5 \cdot h'/3)$$
$$V_4 = (A_4 + A_5)\cdot h/2$$
$$V_3 = (A_3 + A_4)\cdot h/2 \quad\quad (10.2.9)$$
$$V_2 = (A_2 + A_3)\cdot h/2$$
$$V_1 = (A_1 + A_2)\cdot h/2$$

図 10.2.8　等高線法の概念

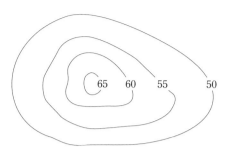

50m の等高線で囲まれた面積

6 454m^2

55m の等高線で囲まれた面積

4 320m^2

60m の等高線で囲まれた面積

2 980m^2

65m の等高線で囲まれた面積

1 056m^2

図 10.2.9 等高線法による体積算定例

$$\frac{(6\ 454\text{m}^2 + 4\ 320\text{m}^2)}{2} \times 5\text{m} = 26\ 935\text{m}^3$$

$$\frac{(4\ 320\text{m}^2 + 2\ 980\text{m}^2)}{2} \times 5\text{m} = 18\ 250\text{m}^3$$

$$\frac{(2\ 980\text{m}^2 + 1\ 056\text{m}^2)}{2} \times 5\text{m} = 10\ 090\text{m}^3$$

最も高い標高が 69m の場合、標高 65m 以上の土量は

$$\frac{1\ 056}{3} \times 4\text{m} = 1\ 408\text{m}^3$$

全土量は $26\ 935 + 18\ 250 + 10\ 090 + 1\ 408 = 56\ 683\text{m}^3$

（ただし、最上部の土量は考慮しない場合もある。）

---

10 面積・体積計算と面積分割・境界調整

3 面積分割・境界調整

---

1 面積分割

地籍測量では、**土地登記簿**に記載されている土地を分割または合併することがある。

（1）三角形の一辺と平行分割

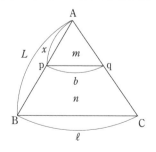

図10.3.1 三角形の面積分割(1)

図 10.3.1 において、△ABC を BC に平行な線 pq で $m:n$ に分割する。

Ap $= x$ の距離を求める式は

$$x = \sqrt{\frac{m}{m+n}} \times L \qquad (10.3.1)$$

（計算例）△ABC の面積が 100m^2 であり、L は 10m とし $m:n = 6:4$ に分割するための距離 x を求める。

$$x = \sqrt{\frac{6}{6+4}} \times 10 = 7.746\text{m}$$

土地登記簿

地籍測量に基づき作成された地積図で所有者や抵当権などの法的権利を示す原簿。

一筆地：土地を1単位として登記しているものをいう。

分筆：一筆地を分割し数筆にすること。

合筆：隣接する数筆地を合併し一筆地にすること。

(2) 三角形の一定点で分割

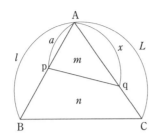

図10.3.2 三角形の面積分割(2)

図 10.3.2 において、△ABC を AB 線上の固定点 p、線 pq で $m:n$ に分割する。

Aq $=x$ の距離を求める式は

$$x = \frac{m}{m+n} \times \frac{L \times l}{a} \tag{10.3.2}$$

(計算例) △ABC の土地があり、$L=10$m、$l=8$m、$a=7$m で、かつ面積を $m:n=6:4$ に分割する x の距離を求める。

$$x = \frac{6}{6+4} \times \frac{10 \times 8}{7} = 6.857\,\text{m}$$

(3) 多角形の一定点で分割

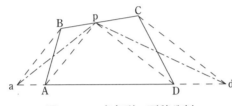

図10.3.3 多角形の面積分割

図 10.3.3 のような多角形 ABCD を BC 線上の固定点 p から $m:n$ に分割する点 q を求める。このような多角形はまず等面積の三角形を作成し、その三角形の面積分割を行う。これらの作業を作図法によって面積分割点 q を求める。

① 多角形を等面積三角形に作図する。
 ・固定点 p と A を結び pA とする。
 ・pA との平行線を B より Ba とする。
 ・固定点 p と a を結び pa とする。
 ・同様に固定点 p と D を結び pD とする。
 ・pD との平行線を C より Cd とする。
 ・三角形 pad が四角形 ABCD と等面積となる。
② 三角形 pad を $m:n$ に分割する点 q を求める (**図 10.3.4** 参照)。

三角形の底辺 ad (L) を $m:n$ に分割した点を q とし、pq を結んだ線が分割線となる。

$$m = \frac{m}{m+n} \times L \tag{10.3.3}$$

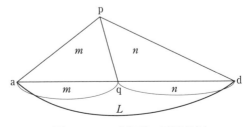

図 10.3.4 三角形の面積分割

2　境界調整

　境界調整は、地籍測量などで区画整理を行う際に用いられ、一般的に土地面積が変化しないように1本の直線で分割することが多い。

(1)　境界線が折れ線上の直線

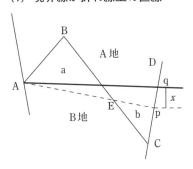

図10.3.5　境界調整（1）

（計算法）

・DC に直角な任意線 Ap を引く。

・BC と Ap の交点 E を求める。

・三角形 ABE の面積と三角形 EpC の面積を求めて差を計算する。

$$d = a - b$$

・調整距離 x は次式で求まる。

$$x = \frac{2d}{L} \qquad L = \text{Ap} \qquad (10.3.4)$$

(2)　境界線が多角線で直線（図解法）

　境界線が多角線で複雑なときは①のような折れ線図を作成する。

①　折れ線図を作成する（作図法）。

・CE を結びその平行線を D より仮境界点 d を求める。

・Bd を結んでその平行線を C より仮境界 c を求める。

・Bc を結べば、ABc の折れ線図が作成される。

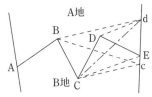

図10.3.6　境界調整（2）

△ CED の面積＝△ CEd の面積

△ BCd の面積＝△ Bcd の面積

よって、境界 ABCDE が面積を変えずに境界 ABc に変更できる。

②　折れ線図より分割線を作成する。

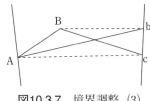

図10.3.7　境界調整（3）

・Ac を結ぶ。

・Ac の平行線を B より仮境界点 b を求める。

・Ab が求める分割線である。

△ ABC の面積＝△ Abc の面積

(3)　境界線が曲線の場合

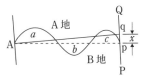

図10.3.8　境界調整（4）

直線の場合と同様に計算法で求める。

・仮境界点 p を定め QP に垂線 Ap を結ぶ。

・A 地側面積 a、c および B 地側面積 b より、その差 d を求める。

　　Ap の距離を L とすると、移動距離 x は

$$d = a + c - b$$

$$x = \frac{2d}{L} \qquad L = \mathrm{Ap} \tag{10.3.5}$$

(計算例)

$a = 300\mathrm{m}^2$、$b = 200\mathrm{m}^2$、$c = 100\mathrm{m}^2$、$L = 100\mathrm{m}$ とすると

$d = 300 + 100 - 200 = 200\mathrm{m}^2$、

$$x = \frac{2 \times 200}{100} = 4\mathrm{m}$$

よって Q 方向へ 4m 移動して q 点とする。

参考文献

1) 公共測量作業規程の準則（平成 20 年 3 月 31 日国土交通省告示第 413 号）

2) 日本測量機器工業会：最新測量機器便覧、山海堂、2003

3) 松井啓之輔：測量学 I 、共立出版、1985

4) 粟津清蔵、包国勝、茶畑洋介、平田健一：絵とき測量、オーム社、1993

用地測量

　土地の境界などを調査し**用地取得**などに必要な資料や図面を作成する作業を用地測量という。用地測量の作業内容や留意事項を示すと**表 10.3.1**のようになる。

用地取得

　新設・改修工事において民有地などを取得する必要がある場合、取得交渉などの基礎資料となる平面図と面積が不可欠。

表 10.3.1　用地測量の作業内容と留意事項など

作業工程	作業内容	留意事項など
作業計画	現地調査によって測量・調査範囲を確認し、周辺地域の地形情報などを収集・把握して、作業方法、使用機器、要員、日程などを計画・立案し承認を得る	基準点や用地幅杭および筆界点の現況、土地の利用状況、植生状況などもまとめ、計画機関へ報告し、用地取得に向けての対応策を協議
資料調査	管轄法務局で公図の転写と土地・建物登記簿を調査し、権利者を確認して権利者資料、地形・土地利用、植生状況などの現状を把握し、土地調査表や建物調査表を作成	土地の地番、地目、地積、所有権とそれ以外の権利、建物など、以下の作業で必要となる基本的資料を収集
境界確認	現地において一筆ごとに土地の境界点を(転写図をもとに)関係権利者などの立会いの上で確認し、標杭を設置	立会い日を関係権利者に事前に通知 境界点が亡失の場合は復元測量を実施
境界測量	境界確認完了後、境界点を測定し、その座標値を求める 用地幅杭をコンクリート杭(用地境界杭)に設置換え[1]	路線測量や河川測量などで設置された4級以上の基準点に基づき放射法で実施[2]
境界点間測量	境界測量終了後、隣接する境界点間の距離を2回測定[3]し、(境界測量で求めた)計算値との較差(精度)を確認	較差の許容範囲は平地では距離 20m 未満で10mm、20m 以上でS/2 000(山地では2倍)[4]
面積計算	境界測量の成果(境界確認で確定した画地境界点等)に基づき、各筆などの取得用地および残地の面積を算出	計算は、原則として座標法による
用地実測図などの作成	以上の結果を網羅した用地実測原図(境界点などを図紙に展開したもの)および用地平面図を作成	縮尺 1/250、展開精度は、図上0.2mm以内 (用地平面図:現地で建物などを測定描画)

1)境界測量の観測成果は、観測手簿、測量計算簿としてまとめる
2)やむを得ない場合は、補助基準点を設置し、これに基づいて行うことができる　3)距離測定の較差:5mm以内
4)S:点間距離の計算値(座標計算結果の表示単位と桁数は方向角では1秒、距離・座標では0.001m、面積では0.000001m²)

10章　面積・体積計算と面積分割・境界調整 計算問題 （解答は P282）

問1　図のような五角形の面積を三斜法・三辺法・座標法によってそれぞれ求めなさい。
　　なお、各点の座標値は表のとおりとする。

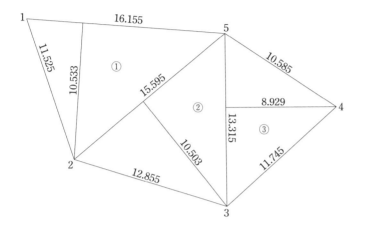

測点	x	y
1	18.384	0.000
2	7.542	3.908
3	3.980	16.260
4	11.731	25.084
5	17.295	16.078

問2　図のような図形の面積を台形公式、シンプソン第1法則、シンプソン第2法則を用いてそれぞれ
　　求めなさい。（単位　m）

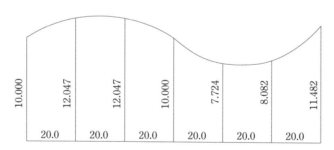

問3　長方形の造成予定地において、切取土量と盛土量を等しくして平坦な土地にしたい。地盤高をい
　　くらにすればよいか。土量は、三角形公式による点高法で求める。（標高の単位　m）

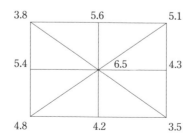

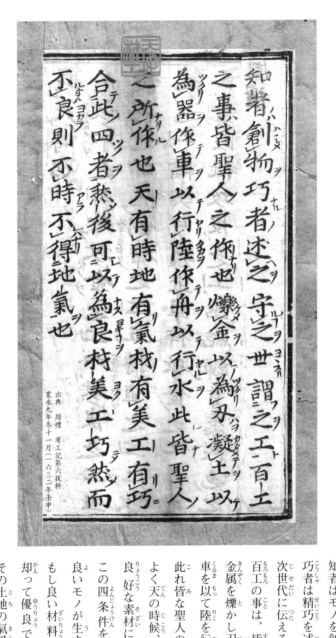

知者はモノを創める。

巧者は精巧を述べ、つくり方を守り、次世代に伝える之を工と謂う。

百工の事は、皆て聖人の作なり。金属を爍かし刃ものを、土を凝め器を為り、車を以て陸を行り、船を以て水を行る。此れ皆な聖人の作る所なり。

よく天の時候、地域の氣風に適し、良好な素材に、精巧な技術を用いる。

この四条件を合せた思考から、必ず、良いモノが生まれる。

もし良い材料や精巧な技術であっても、却って優良でないのは、時代に合ず、その土地の氣風を得てないからである。

CE. Museum 所蔵（パシフィックコンサルタンツ（株）内）

第 11 章

基 礎 測 量 実 習

石印：縦＝15cm　横＝15cm　高さ＝20cm　重量13kg　材質：緑凍石（中国福建省産）

篆刻：牛　寶義（Nu Baoyi）　製作：2005 年（平成 17 年乙酉）仲夏　於北京市

石印側面（原寸の 50%）

CE. Museum 所蔵（パシフィックコンサルタンツ（株）内）

天に時有り　地に氣有り

材に美有り　工に巧有り

此の四者を合せ　然る後

可以て良と為す

（周禮白文三より）

本章では、測量の3要素である距離、角度、高低差の実技を習得するための実習要領について簡単に記述した。なお、使用器具の詳細や許容値などについては、該当する各章を参照されたい。

（厚生労働省は、平成25年4月からの5年間にわたって取り組む「第12次労働災害防止計画」の重点施策の中で「大学教育への安全衛生教育の取り入れ方策」を検討項目に入れている。）

P281には、測量実習における安全の心得を示した。

1 距離測量

1. 歩測による距離測量

(1) 目的

指定した地点間の距離を歩測により測る。歩測は、時間的・社会的・地域的に制限がある場合に、測量機器を用いずに大まかな距離を知るのに有益である（熟練すれば1/100 ～ 1/200程度の精度が期待できる）。

(2) 使用器具

繊維製巻尺（30m）・・・・・・・・1本

野帳、筆記具・・・・・・・・・・・1式

(3) 作業順序

複歩幅

右足から右足または、左足から左足までの歩幅。1複歩幅は (3) ①のようにして求める方法もあるが、1.5mになるように練習する方法もある。

1複歩幅＝ 1.5m にすると、距離は（距離）＝（複歩数）＋（複歩数)/2となり、簡単な計算（暗算）で求まる。

① 平坦地に長さ30mの繊維製巻尺を張り、一定の歩幅を保ち数回往復して1複歩幅を求める（0.5歩単位まで数える）。

② 指定された出発点から目的地までを歩測し、往路の複歩数を求める。

③ ②と同様に復路の複歩数を求める。

④ 往路、復路の複歩数の平均の歩数を求め、複歩幅に複歩数をかけて2点間の距離を算出する。

⑤ 野帳に測量結果を記入する。記入用紙はP276のデータシート1を使用すること（記入例　表11.1.1）。

表11.1.1　野帳の記入例

No.	測定者	測線長（m）	複歩数（歩）	平均歩数（歩）	複歩幅（m）	複歩数（歩）	距離（m）
1	山田	30	19 20	19.5	1.54	32 31	48.5
2	佐藤	30	22.5 23	22.8	1.32	37 37	48.8
3	伊藤	30	22 22	22.0	1.36	33.5 33	45.2

2. 鋼巻尺による精密距離測量

(1) 目的

鋼製巻尺を使った精密距離測量を習得する。

(2) 使用器具

鋼巻尺（30m）・・・・・・・・・1本
ポール・・・・・・・・・・・3本
測標板（測距板）・・・・・・・・2個
巻尺用温度計・・・・・・・・・1本
スプリングバランス
（張力計、仕様98N、10kgf）・・・1個
グリップハンドル・・・・・・・1個
野帳・筆記具・・・・・・・・・1式

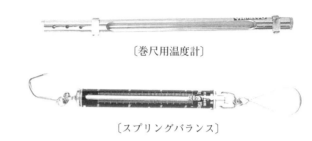

〔巻尺用温度計〕

〔スプリングバランス〕

〔グリップハンドル〕

(3) 作業順序

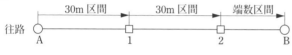

往路

復路

図 11.1.1　距離の測定手順

① 平坦地において、間隔70〜80mの2点（測点A、測点B）を定める。

② 測点A・Bで互いに向かい合うようにポールを立て、測定線ABを定める。

③ 測線ABの見通し線上の30mよりやや短い位置に点1を仮に定める。〔往路〕

④ 測点Aに巻尺の後端（0m端）付近を置き、測線上に巻尺をねじれないように張る。

⑤ 巻尺の0m端にA点が一致するように保持する。例えば、**写真11.1.1**に示すような方法でポールを使って0m端にA点が一致するように保持する（⑤⑥⑦については図3.4.1も参照）。

写真 11.1.1 ポールによる巻尺の0m端の保持

⑥ **写真11.1.2**に示すように、巻尺の前端（30m端）の少し先をグリップハンドルで挟みながらヒモで締め付け、そのヒモをスプリングバランスのフックへ引っかけて、張力が98N（10kgf）になるように引っ張る。

⑦ その時の30m端の位置を測標板（測距板）上にしるす（**写真11.1.3**）。

⑧ ⑥⑦の作業をもう1度行い、30m端の位置を測標板上にしるす。

写真 11.1.2 グリップハンドルとスプリングバランス

写真 11.1.3　測標板

（読定は mm 単位とする）

⑨　⑦⑧で付けた印の誤差が 3mm 以内であれば中点を点 1 とする（A 点より 30m の位置）。

⑩　点 1 の測標板を動かさないようにして、点 1 〜 2 でも③〜⑨の作業を繰り返して、点 2 を定める。最後の区間点 2 〜 B は端数となるが、30m 測定区間と同様に測定し、端数の距離を記帳する。測定は 2 回行う。2 回目の測定では鋼巻尺を 5cm 程度ずらして測定する。

⑪　測点 B から測点 A の方向に③〜⑩の作業を行う。［復路］

⑫　往復測定の較差による精度が 1/5 000 以上であれば外業は終了する。なお、温度は往路 1 回、復路で 1 回測る。

（同様な測定方法を図 3.4.1 に示してあるので参照のこと）

(4) データ整理

第 3 章 4 節　距離測量の方法と補正（P56 〜 57）を参考にして温度補正などの補正計算を行う。データシートは P276 のデータシート 2 を使用すること。

2　多角測量

1. 水平角の観測

(1) 目的

セオドライトの取り扱いと水平角の観測方法を習得する。

(2) 使用器具

セオドライト・・・・・・・・・・・1台

三脚・・・・・・・・・・・・・・1本

筆記用具・・・・・・・・・・・・・1式

ポール・・・・・・・・・・・・・・2本

ターゲット・・・・・・・・・・・・1式

(3) 作業順序

水平角の観測は、第 4 章 3 節（P70 〜 73）を参照すること。なお、器械の据付方法を以下に示す。

①　三脚の先端がほぼ正三角形になるように等間隔に開き、測点が正三角形の中心にくるように置く。

②　セオドライトを三脚頭部に定心桿を回して取り付ける。

③　求心望遠鏡の合焦つまみを回して測点にピントを合わせる（測点が見えない場合、整準ネジを回転して視線方向を動かしても差し支えない）。

④　求心望遠鏡を覗きながら、整準ネジを回して指標（二重丸または十字）の中心と測点の像の中心を一致させる。

⑤　三脚を伸縮させて、円形気泡管の気泡を中央に入れる。

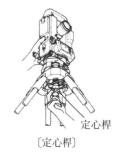

定心桿

［定心桿］

⑥　整準ネジを回して、平盤気泡管の気泡を中央に入れる。

⑦　移心装置を用いて求心望遠鏡の指標を測点に合わせる。

(4) 器械取り扱い注意事項

①　格納箱から器械を取り出すときは、付属品その他の備品類を点検する。

②　器械を取り出したら、格納箱のふたは必ず閉める。

③　三脚を据えるときは、脚ベルトをまとめておく。

④　器械を三脚に取り付けるときには、落下事故防止のため完全に器械が定心桿で固定されるまで器械を持っている手を放さない。

⑤　器械を運搬・移動するときは、各部固定ネジは軽く締めておく。

⑥　作業中は、故障の原因となる『器械に衝撃を与える』『固定ネジを締めた状態で回す』『各部のネジを無理矢理回す』などの行為はしない。

⑦　器械を三脚に取り付けたまま移動しない。器械を三脚から外して運ぶのが基本である。また、天秤担ぎ（肩に背負う）はしない。器機を三脚から外せない場合は、必ず器械を立てた状態で十分注意して運ぶ。

⑧　車での移動は荷台に載せず、シートやクッションに置いて運ぶ。

⑨　格納時にはレンズのほこりを取りキャップをして、上下の格納マーク（通常○印）を合わせ各固定ネジを軽く締め、整準ネジは、中央のマークがある位置に戻すこと。

⑩　格納箱に器械を入れるときは取り出したときと同じ格納状態にし（ケースの内側に収納図が示されている）、無理に押し込んで格納箱を閉めない。また、付属品（錘球・取り付け金具など）も所定の位置に格納する。

⑪　三脚は使用後、土をはらってから脚ベルトで留める。

⑫　雨に濡れた場合は、すぐに格納せず乾いた布で水滴を拭き取り十分に自然乾燥（陰干し）させる。

⑬　器械の保管は、高温多湿な場所や急激な温度変化が想定される場所は避ける。

⑭　専門業者に定期的（年に1回）調整点検に出しメンテナンスを行う。

(5) 観測における注意事項

①　観測時刻

　　角の観測は1日中同じ精度で測れるものではない。精度よく観測するには、観測時間帯も重要である。水平角の観測は、大気の揺らぎ（光の横屈折）の少ない朝夕または曇天時に、鉛直角の観測は、正午前後の大気の屈折率（光の縦屈折）が最小になる日中に行うのが望ましい。

②　三脚据付けの注意点

　　人や交通に留意して設置場所を選ぶ。作業中に沈下が生じない場所を選択する。軟弱な地盤では、杭を打込んで足場を確保しその上に三脚を設置する。設置に際しては石突をしっかりと踏込む。設置の際に脚頭を水平にし、脚は正三角形に近くなるように据える。

三脚の点検事項

　脚頭や伸縮部がガタついていないか。

　各固定ネジや定心桿はきちんと締まるか。

　石突の先端は摩耗していないか。

〔格納状態〕

観測中の注意点

(1) 片目の視準は疲れるので常に両目を開いて観測する。

(2) 本体を回転させる時はゆっくり回す。

(3) 各固定ネジは軽く締める。

(4) 三脚を跨いだり触れたりしない。

③　器械の据付け

　　観測前に致心と整準を行うが、観測中にも随時点検する必要がある。

　　水平角観測の場合は、各対回開始前に致心と整準を確認する。また、鉛直角観測の場合は、各方向視準前に整準の確認を行う。

④　観測時間

　　トータルステーション（TS）とデータコレクタを用いる場合は、1視準で水平角・鉛直角・距離を同時に取り込むが、セオドライトを用いる場合は、一連の観測時間を短くするため、水平角と鉛直角は別々に観測する。もちろん、TSを用いても手書きの手簿を用いる場合も同様である。

(6) 手簿記載上の注意事項

①　手簿の記載

　　一般の公共測量では、インクまたは良質のボールペン（黒または青）を用いる。なお、雨天などでインクを用いることが困難な場合は、理由を明記し、鉛筆を用いることができる。鉛筆書きの頁は、最後（備考欄）まで鉛筆書きとし着墨してはならない。

②　手簿上欄の記載事項（P277 ～ 278、データシート 3、4、5 参照）

　　手簿には観測値だけではなく、以下のような観測時の状況も記載する。

(a) 測点の等級と名称

(b) 観測年月日（第1頁は年月日を、次頁からは月日のみ）

(c) 天候は観測を開始した時点の天候

(d) 風の強さと風向

風の強さ	状態(目安)	風速（秒速）
無　風	煙が直上する	1.5mまで
軟　風	煙または樹葉がゆれる	3.5mまで
和　風	煙が斜めに昇る	6.0mまで
疾　風	樹枝が動く	10.0mまで
強　風	樹幹が動く	10.0m以上

風向は8方位で表す

(e) 器械の種類と器械番号

(f) 観測者と手簿者の氏名

　　観測時刻の記入

　　水平角・鉛直角観測とも一連の観測開始と終了時刻を記入する。

時刻は 24 時制で記入する。

③　読定値の訂正

　　計算値の訂正は止むを得ないが、読定値（観測角欄）は訂正してはならない。誤記・誤読などの場合は、横線で抹消し理由を明記して次の欄に再測結果を記入する。

④　計算と検符

　　手簿者は、結果欄その他すべてを計算・記入し、観測者は、記入漏れなどの点検の後、計算値に鉛筆で検符（✓）を入れる。

(7) TS 等取り扱いの注意点

TS 等は、観測データをデータコレクタに自動収録できるが、取り扱い上の注意事項は、次のようになる。

① 取扱説明書を熟読し、記載どおりに正しく器械を操作する。

② 斜距離と水平距離の間違い、測点番号、器械高、気象データ、反射鏡（プリズム）定数などの入力ミスがないように入力データの確認を行う。

③ 器械が重いため、三脚のねじれや沈下を起こしやすいので、必要に応じ脚杭や踏み板を設ける。

④ 観測中はバッテリーの残量に注意し、予備電源を携行する。

⑤ データコレクタなどの電子情報機器は、湿気や衝撃に弱いため取り扱い環境には十分に注意する。

⑥ 収集した観測データは、電子媒体に速やかに保存するか転送する。

・TS（測角部）およびセオドライトの点検事項

水平角および鉛直角の点検は、作業規程の準則の付録（測量機器検定基準）の規定により行う。

① 水平角の点検：3 方向について、0°、60°、120° および 30°、90°、150° の 3 対回をそれぞれ 1 セットとする観測を 2 セット行い、各セットの倍角差、観測差および各セットの中数値を T1、T2 としたときの |T1 － T2| が**表 11.2.1** に定める許容範囲にあること。

② 鉛直角の点検：3 個の異なった目標（上、中、下）をそれぞれ 1 対回観測し、高度定数の較差が**表 11.2.1** の許容範囲にあること。

3 点法による点検

比較基線場の使用が困難な場合には、500m 以上離れた 2 点 A、C を結ぶ AC のほぼ中央に B 点を設け、AB、AC、BC について、各 3 セットの測定を行ってそれぞれの平均値を求め、AC と AB＋BC の較差が許容範囲内であるか否かを点検する。

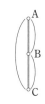

表 11.2.1　水平角と鉛直角の点検

機 器 区 分	倍角差	観測差	セット間較差 |T1-T2|	高度定数の許容範囲
1 級トータルステーション、セオドライト	10″	5″	3″	7″
2 級トータルステーション、セオドライト	30″	20″	12″	30″
3 級トータルステーション、セオドライト	60″	40″	20″	60″

・TS（測距部）および測距儀の機能点検と測定による点検事項

① 求心望遠鏡にふらつきがなく正常であること。

② デジタル表示ランプが正常であること。

③ モニタ表示が測距儀取扱説明書に示された正常範囲内であること。

④ 国土地理院比較基線場、または国土地理院に登録した比較基線場において、5 測定を 1 セットとし 2 セットの測定を行い、その平均値と基線長との差が**表 11.2.2** に定める許容範囲にあること。

表 11.2.2

測 定 項 目	許容範囲
国土地理院比較基線場基線長との比較（1 級、2 級）	15mm
50m 比較基線場	15mm

(8) データ整理

単測法、倍角法、方向観測法などにより観測を行い、野帳にまとめる。ここでは、**表11.2.3**に倍角法による野帳の記入例を記載しているので参考にすること。野帳はP277～278のデータシート3～5を使用すること。

表11.2.3　倍角法による野帳の記入例

測点	望遠鏡	視準点	倍角数	観測角	測定角	平均観測角
A	r	B	2	0° 00′ 40″	130° 20′ 00″	130° 20′ 30″
		C		130° 20′ 40″		(65° 10′ 15″)
	ℓ	C	2	310° 20′ 40″	130° 21′ 00″	
		B		179° 59′ 40″		

2.　閉合多角（トラバース）測量

(1) 目的

測点が4～6点よりなる閉合トラバースの測量を行って、多角測量の基本を習得する。

(2) 使用器具

セオドライトまたはトータルステーション(TS)・・・1式
鋼製巻尺（鋼巻尺）・・・・・・・・・・・・・・・1本
グリップハンドル・・・・・・・・・・・・・・・・1個
ポール・・・・・・・・・・・・・・・・・・・・・2本
測点用 鋲・・・・・・・・・・・・・・・・・4～6本
野帳、筆記用具・・・・・・・・・・・・・・・・・1式

> 測点を設置（選点）したときには、点の記を作成すること。また、測点番号は左回りに付けるとよい。

> 1辺の長さを20～30m程度に設定する。

> 方位角は○○° ○○′(分)までの観測でよい。

(3) 作業順序

① 測点を設置する。
前後の測点が見通せる場所に、4～6点の測点を設ける。

② 測点間の距離を測定する。
各測点間の距離を本章1節2項に示した要領で鋼製巻尺にて計測する。

③ 方位角の観測
測点1において、磁北より測点2までの角度を右回りで測定する。

④ 内角の観測
倍角法による場合は、**表11.2.3**に示した方法で観測を行う。

⑤ トラバース計算
第6章2節5項で説明されている計算順序にしたがい閉合トラバースの計算例（P107～112）を参考に、P279のデータシート6のトラバース計算用紙を用いて合緯距、合経距、面積を算出する。

11 基礎測量実習

3 水準測量

1. レベルの点検・調整

(1) 目的

気泡管レベルではレベルは不等距離法(杭打ち調整法)により、視準線が水平か(すなわち鉛直面での主気泡管軸と視準軸が平行になっているか)を点検する。

(2) 使用器具

レベル・・・・・・・1式
三脚・・・・・・・・1本
標尺(スタッフ)・・2本
標尺台・・・・・・・2個
ガラス繊維製巻尺・・1個

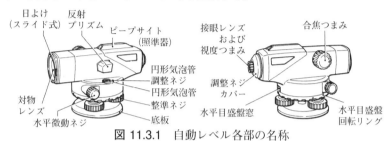

図 11.3.1 自動レベル各部の名称

(3) 作業順序

視準軸を水平にするための調整を行う。

① 図 11.3.2 のように、30m 離れた 2 点に標尺 A・標尺 B を鉛直に立て、レベルを中央に設置する。

② レベルを標尺 A・B の中央に整準して標尺 A および標尺 B を読定し、この読定値を a_1、b_1 とする。2 点間の比高 $H_1 = a_1 - b_1$ を求める。

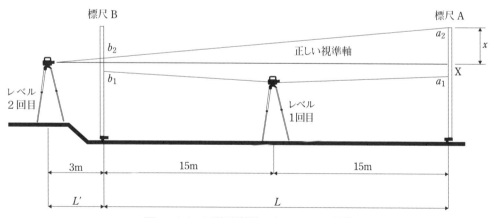

図 11.3.2 不等距離法によるレベルの調整

③ レベルを標尺 B から 3m(AB 間の 1/10)離れた位置へ移し標尺 A、標尺 B を読定して a_2、b_2 を求めれば 2 点間の比高 H_2 は、$H_2 = a_2 - b_2$ となる。

④ 視準線が水平であるならば、$H_1 = H_2$ となる。

もし**表 11.3.1** の許容範囲を超えれば以下の調整が必要となる。

⑤ x を次式により計算して、正しい視準線の位置 X を求める。

$$x = \frac{(L + L')}{L} \times \{(a_2 - b_2) - (a_1 - b_1)\} \tag{11.3.1}$$

レベルは3つの整準ネジを回しながら下記の要領で気泡を誘導して整準（水平に）する。

整準ネジ

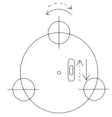

図11.3.3
整準ネジの回転方向と気泡の動き

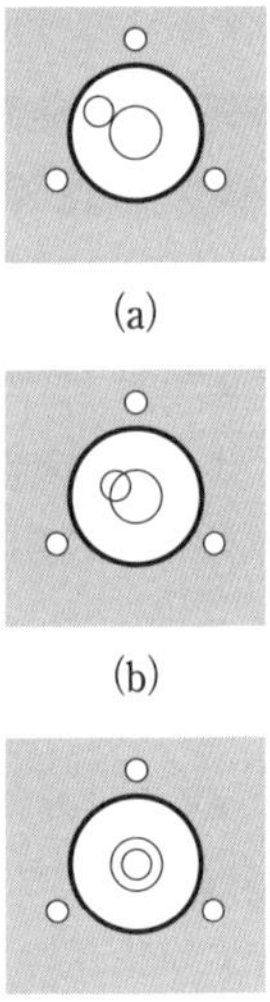

(a)

(b)

(c)

図 11.3.4
点検調整状態

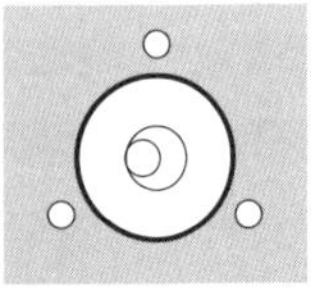

図 11.3.5
気泡の内接状態

1・2級水準測量では、観測期間中10日ごとの点検・調整が必要。

⑥　a_2 から x 下の点 X を求め、十字線の中心を十字線調整ネジを回して X に合致させる。

⑦　調整が終われば再び①、②、③を繰り返し、$H = H_1 - H_2$ を求めて H の値が表 11.3.1 における許容値を満たすか確認する。

表 11.3.1　各級レベルの許容値（公共測量作業規程の準則）

区　分	1級レベル	2級レベル	3級レベル
許容範囲（mm）	0.3	0.3	3
読定単位（mm）	0.01	0.1	1

(4) 自動レベル（オートレベル）や電子レベルの点検・調整

自動レベル、電子レベルでは円形気泡管および視準線の点検調整とコンペンセータ（自動補正機構）の点検を行う。

レベルの円形気泡管は、管形気泡管に比べて感度が低い。またコンペンセータの性能が水平性に依存するため、円形気泡管の調整は重要である。

・整準装置（円形気泡管）の点検調整

①　円形気泡管の気泡を整準ネジを用いて中心円内に導いた後、望遠鏡の方向を180°回転させる。この時、気泡が移動しなければ正常である。

②　図 11.3.4 (a) のように気泡が移動したときは整準ネジで、ずれ量の半分を戻し図 11.3.4 (b) のように調整する。

③　残りの半分の量を円形気泡管の調整ネジで円形の中心に来るように調整し、図 11.3.4 (c) の状態にする。

・自動レベルや電子レベルのコンペンセータおよび十字線の点検

補正可能範囲内（10′ 以内）でレベルが傾いてもコンペンセータが働いて自動的に視準線が戻るのを確かめる。また、視準線が水平であるかを点検する。

①　30m 離れた2点に標尺A・標尺Bを鉛直に立て、レベルを2点間の中央に設置する。

②　円形気泡管の中心に気泡を導き十字線と標尺の読定を行い、2点間の高低差を確認する。

③　視準軸方向の整準ネジを少し回して、気泡が同心円に内接する（図 11.3.5）程度にレベルを傾ける。

④　整準ネジを回した後、すばやく十字線がもとの状態に戻るかを確認する。

⑤　戻ればコンペンセータに異常がなく、戻らなければ修理が必要である。

⑥　レベルを傾けた状態で同じく標尺Aと標尺Bとの2点間の高低差を確認する。

⑦　②で確認した結果が表 11.3.1 の許容範囲内にあることを確認する。

・視準線の調整点検

視準線の水平の点検調整は、前述の不等距離法で行う。

2. 水準測量における留意点

公共測量などの精密水準測量では作業規程の準則で細かく定められているが、一般的な水準測量作業もこれらの規定類に準拠する。以下に、規定の主な項目を記述する。

(1) 主要機器の調整・点検

観測着手前に以下のように各主要機器の点検を行い、水準作業用電卓または観測手簿に記録する。1・2級水準測量では観測期間中は10日ごとに点検する。

(a) レベル

ティルティングレベルなどの気泡管式レベルは、円形水準器（円形気泡管）および主水準器（主気泡管）と視準線との平行性の点検・調整を行う。

また、自動レベルや電子レベルは、円形気泡管および視準線の水平性の点検・調整とコンペンセータの点検を行う。

コンペンセータは、振り子プリズムの鏡筒内部への接触などにより、機能しなくなる。

点検・調整項目は、次の通りである。

① 鉛直軸の回転は、ガタつきがなく円滑であること。
② 気泡管調整機構は正常であり、気泡の移動が滑らかであること。
③ 望遠鏡視度調整機構が円滑であること。
④ 十字線調整ネジが摩耗していないこと。
⑤ 整準ネジの回転状態が円滑であること。
⑥ マイクロメータにガタつきがなく、円滑であること。
⑦ ディスプレイ、キーボードが正常であること（電子レベル）。

⑥は気泡管式精密レベルの場合。

(b) 標尺（スタッフ）

① 1級標尺については、インバール尺目盛の塗り替えがないこと。
② 目盛の異状、剥離、打痕などがないこと。
③ 付属水準器調整ネジが摩耗していないこと。

円形水準器（気泡管）が付属している標尺では標尺を鉛直に立てたとき気泡が中心に来ていることを確認する。

(c) 温度計

① 温度計の点検には2級標準温度計、または水銀温度計を用いる。
② 点検時の較差は2℃以内であること。

(2) 観測時の実施における留意点

観測は、簡易水準測量を除き往復測量を行う。水準測量作業開始の水準点および終了の水準点では、隣接水準点との間を検測し、観測値の較差が所定の許容範囲を超えた場合は、再測を行う。また、1視準1読定とする（**表7.2.2**に視準距離と標尺の読定単位を示す）。

レベルの取り扱い

観測にあたっては、以下のことに留意する。

① レベルおよび標尺は、点検・調整されたものを使用する。
② 1・2級水準測量では、レベルに直射日光が当たらないようにレベル覆いや日傘で遮蔽する。1級水準測量においては、標尺補正のために観測の開始時、終了時および固定点への到着時に気温を測定する。
③ 往路と復路の観測では、前視と後視の標尺を交換して行う。標尺の交換を確実に行うために標尺には識別番号（I、II号など）を付ける。

(1) 取り扱いは必ず両手で行うこと。
(2) 決して肩にかつがないこと。三脚を、前方でかかえるように運搬すること。
(3) 収納時や運搬時には固定ネジを軽く締め付けておくこと。固く締め付けると衝撃を受けたとき各部に伝わる。

④ 水準点間の観測精度を点検するため約8測点ごとに固定点を設け、往路と復路の観測に共通して使用する（必ず偶数測点で固定点を設けること）。

⑤ 固定点は、杭や鋲など堅固な物とする。

⑥ レベルと後視および前視標尺までの視準距離を等しくする。また、レベルは、両標尺を結ぶ直線上に設置する。

⑦ レベルの脚は特定の2脚を常に視準線と平行にし、かつ、測点ごとに進行方向に対し左右交互に設置する（図11.3.8参照）。

⑧ レベルを設置して円形気泡管により整準するときは、望遠鏡を常に特定の標尺に向けて行う。

⑨ 自動レベル、電子レベルについては、円形気泡管の気泡が常に特定の標尺側から接眼レンズ側に移動するように整準する。

⑩ 観測手簿を用いる場合は、読定値を訂正してはならない。誤記・誤読の場合は、次の欄において1測点全部の観測をやり直す。

⑪ 1級水準測量の場合は、地面の輻射熱の影響があるので標尺の下方20cm以下を読定しない。電子レベルについては、読定のために必要な目盛の範囲の下方が20cm以下の場合、測定してはならない。

⑫ 陽炎の発生が著しい場合は、適宜、視準距離を縮める。

⑬ 1日の観測は、水準点で終わることを原則とする。やむを得ず固定点で終わる場合は、次の日の観測で固定点の異常の有無が点検できるような方法で観測を行う。

⑭ 1路線の観測が終了するごとに、速やかに観測値の点検計算を行い、観測値の良否を点検し、再測が必要であれば直ちに再測を行う。

⑮ 水準測量を行って得た観測高低差の誤差は、観測高低差に比例する。

⑯ 埋設した標識の観測は、標識の安定を考慮し、埋設後少なくとも1日を経過してから行う。

⑰ 精密水準測量では、標尺補正量は、観測時の気温、標尺定数、膨張係数および観測高低差により求める。

⑱ **正規正標高補正（楕円補正）**計算は、水準路線の始点および終点の平均緯度、緯度差ならびに平均標高により求める。

⑲ 水準点の標高は、観測値に対し、必要に応じて次のような補正を行い、平均計算を行って求める。尺補正および正規正標高補正は、1〜2級水準測量について行う。ただし、2級水準測量における標尺補正は、水準点間の高低差が70m以上の場合に行うものとし、補正量は、20℃における標尺改正数を用いて計算する。

検測は原則として片道観測とする。前回観測高低差との較差の許容範囲は**表11.3.2**の値とする。

水準測量の距離測定はスタジア測量を用いる。スタジア測量による測距（**図11.3.6**）では、望遠鏡の焦点板の十字縦線にある上下2本のスタジア線に挟まれた標尺の長さを読み、測定したcmの長さをそのままmにして読みかえると

電子レベルの留意点

(1) 内部回路の安定を図るため観測開始前に十分なウォームアップを行う。観測3分前に本体の電源を入れる。

(2) 望遠鏡視野内に木の葉や枝などが入らないように観測する。

(3) 器械の温度と外気温との差が大きい場合は、外気温になじむまで観測を行わない（温度差1℃に対して約2分を目安とする）。

正規正標高

計算で求めた重力値を用いて観測高低差を補正して求めた標高。

表11.3.2 検測での較差の許容範囲

測量区分	許容範囲
1級水準	$2.5\text{mm}\sqrt{S}$
2級水準	$5\text{mm}\sqrt{S}$

Sは観測距離（片道・km単位）

測点までの距離が求まる。ただし、概略の距離（m 単位まで）を求めることを目的としているので mm まで読定する必要はない。

3. 水準測量作業

(1) 目的

既知点から出発し新点を設置して、2 点間の高低差を往復測量し標高を求める方法を習得する。

(2) 使用器具

レベル・・・・・・・1 式

三脚・・・・・・・1 本

標尺・・・・・・・2 本

標尺台・・・・・・・2 個

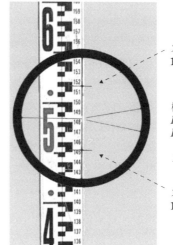

スタジア線上線の読み a
1.516m

標尺とレベル間の距離
$L＝(a－b)×$スタジア定数
$L＝(1.516－1.452)×100$
　$＝6.4$m
スタジア定数＝100

スタジア線下線の読み b
1.452m

図 11.3.6　スタジア線による測距例

(3) 作業順序と注意事項

野外作業は、①レベルの整準（水平に据付け）、②標尺の設置、③標尺の読定（読み取り）および④野帳への記入の繰り返しであり、以下の順序で行う。

① 標尺手Ⅰ（標尺の持手）は、既知点へ標尺を立てる。

既知点とは標高が既知の測点であり、BS（後視）を読む測点のこと。この場合、測量を始める点を始点（通常 BM：ベンチマーク）という。

② 観測手（レベルを操作して標尺を読む人）は、適切な視準距離（レベルと標尺との距離；30m 程度）を歩測などで測り、周囲の状況などを考慮しながら視準しやすいレベルの位置を決める。レベルと後視および前視標尺までの視準距離を極力等しくする。レベルは、両標尺を結ぶ直線上に設置することが望ましい。

③ 三脚を開いた時に三脚頭部が胸の高さくらいになるように、伸縮脚をスライドさせて長さを調節する。三脚を閉じた状態では脚頭は、目の高さくらいが適当である。

④ 三脚を正三角形に開く。この時、正三角形の 1 辺が観測方向と平行になるようにする。地面に三脚を据え付ける場合は、三脚についている石突を足に体重をかけてしっかりと踏み込んで、脚先を地面に食い込ませる。

⑤ 三脚頭部がほぼ水平になるように、観測手と向かい合った 1 脚を前後左右に動かし調整する。調整ネジは測量中に脚がずれないようにしっかりと締める。

⑥ レベルを三脚頭部に載せて定心桿でしっかりと固定する。この時、三脚頭部の脚の方向と整準ネジの位置とを対応させる。

⑦ レベルを水平に据え付ける。円形気泡管の気泡が気泡管の中央にくるように整準ネジで調整する。望遠鏡を回転させても気泡が移動しなければ良いが、移動する場合は気泡管を調整する。

〔定心桿〕

④ 風が強く吹いている時などは、器械が転倒しないように三脚を大きめに開いて据え付ける。

⑦ 球面脚頭の場合は、定心桿を少し緩めてレベルを滑らしながら気泡を円内へ誘導する。

〔球面脚頭〕

⑧　標尺手Ⅱは、未知点へ標尺を立てる準備をする。

　　未知点とは、標高や地盤高を求める点であり、FS（前視）を読む測点のこと。視準しやすく沈下しない堅固な点を選ぶ。視準距離は、30m程度とする。

⑨　望遠鏡の接眼レンズ側の視度つまみを回して視野に十字線が鮮明に見えるように調節する。視準作業中も周囲の状況や標尺手の状況などが分かるよう両眼で視認する。

⑩　望遠鏡を水平にゆっくりと回しながら望遠鏡頭部の照星・照門（ピープサイト）を見通して目標の標尺をねらい、望遠鏡のおおまかな方向を定める。

⑪　接眼レンズを覗いて望遠鏡の視野に標尺が入っているかを確かめ固定ネジを軽く締め、次に微動ネジを使って望遠鏡を読定しやすい位置（中央部）に導く。

⑫　標尺の目盛が鮮明に見えるように、視力に合わせて合焦つまみでピントを調整する。

⑬　標尺が傾いている場合は、標尺が鉛直になるように標尺手に合図する。

⑭　視野中の十字線を標尺の目盛が読みやすい位置に微動ネジで調整する。

⑮　読定作業に入ることを、声を出して標尺手Ⅰに伝える。ハイケン（拝見）やハーイなどが合図に使われる。合図は事前に決めておく。

⑯　観測手が視準・読定中、標尺手Ⅰは標尺についている円形気泡管の気泡をもとに保持する。気泡管がないときはゆっくりと前後に傾ける（これを**ウェービング**という）。

⑰　十字横線の標尺目盛を音読し、野帳（この場合はBS（後視）の欄）に記入する。目盛読定は1mm単位とする。

⑱　記録した測定（読定）値を音読し、再度視準して読み取り値を確認する。記帳手がいる場合、⑰⑱は読定値を復唱して確認しながら行う。

---

⑬　視準して標尺が右に傾いている場合は、左腕をあげ左方向へゆっくりと振る。

⑭　ティルティングレベルの場合は俯仰ネジで棒状気泡管の傾きを調整して視野左にある気泡管端を合致させる（P163参照）。

⑯　標尺に円形気泡管を装着して標尺を垂直に保ってもよい。

ウェービング

　標尺（スタッフ）に円形気泡管が付いていない場合には、標尺手は観測手の視準中にスタッフの頭部をレベルに向かって前後に軽く動かして観測手は最も小さい値を読み取り、それを観測値とする。

〔スタッフにつけた円形気泡管〕

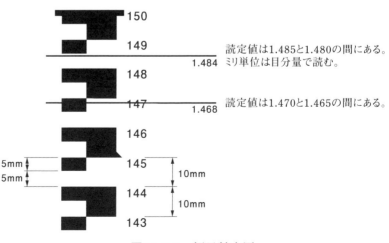

読定値は1.485と1.480の間にある。ミリ単位は目分量で読む。

1.484

読定値は1.470と1.465の間にある。

1.468

図11.3.7　標尺拡大図

⑲　距離の記録は、スタジア法により概略距離（m 単位まで）を求めて該当欄に記入する（**図 11.3.6** 参照）。

⑳　観測手は、読定が終了したことを標尺手Ⅰに伝え次の測点に移動させる。

㉑　標尺手Ⅱの標尺を⑧から⑲の要領で FS（前視）を読定し、その値を野帳の FS 欄に記入する。

㉒　BS と FS を測量し終えたら、レベルを標尺手Ⅱから②と同じ要領で移動する。

㉓　標尺手Ⅱの測点は、そのままの状態で BS を読定する点になる。

㉔　往路と復路の観測では、前視と後視の標尺を交換して行う。標尺の交換を確実に行うために標尺には識別番号（Ⅰ、Ⅱ号など）を付ける。

㉕　水準点間の観測精度を点検するため適当な測点毎に固定点を設け、往路と復路の観測に共通して使用する。固定点は杭、鋲など堅固な物とする。

㉖　レベルの脚は、特定の 2 脚を常に視準線と平行にし、かつ、測点毎に進行方向に対し左右交互に設置する（**図 11.3.8** 参照）。

⑲　レベルから標尺までの概略距離は十字線の上下のある両スタジア線の標尺読定値の差を 100 倍することで求められる。
　　読定値の差が 20cm ならば距離は 20m となる。

⑳　伝える合図は両腕を頭上で丸くする動作や腕を回すなどの OK サインを用いる。

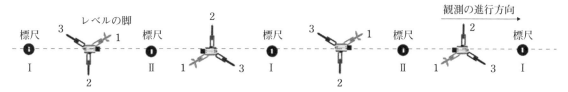

図 11.3.8　脚を一定方向に置くことによる消去法

㉗　標尺の下方（約 20cm 以下）は陽炎の影響を避けるため読定しない。

㉘　以下、上記作業の繰り返しとなる。作業中は逐次、地盤高を算定し、野帳の地盤高の欄に記入しておく。

・**開放水準測量**では、上記の往路作業を新点まで繰り返し、同じ要領で復路測量する。

・**閉合水準測量**（環状水準測量）では、上記の作業を繰り返して BM まで戻る。

・**結合水準測量**では、既知点からもう一方の既知点まで上記作業を繰り返す。

㉙　作業終了後は直ちに検算を行い、測量誤差を算出・検討する。
　　許容誤差以内であれば、次のようにして観測結果をまとめる。
　　観測値の較差が所定の許容範囲を超えた場合は再測を行う。
　　許容範囲は、3 級水準測量の許容範囲である $10\sqrt{S}$ mm とする。

・**開放水準測量**では、未知点の標高 ＝ 既知点の標高 ＋ 往路復路の平均高低差

・**閉合水準測量**と**結合水準測量**では、測定誤差を距離に比例して調整量を求め、各測点の測定地盤高に配分して、補正（調整）地盤高を求める。
　　調整量 ＝ 測定誤差×各測点までの観測累加距離／全観測距離

㉗　陽炎の発生が著しい場合は、適宜、視準距離を縮める。

　閉合水準測量、結合水準測量とも往復観測を行う。

㉙　誤差が許容値を超えた場合は、最初からやり直す（再測する）か、または固定点間を再測した後、再計算する。

㉙　$S＝$ 観測距離（片道・km 単位）

（4）データ整理

　観測結果を P280 のデータシート 7、8 に記入する。なお、記入方法と計算方法については、P168 ～ 169 を参照する。

4 平板測量

1. 基準点の設置および骨組測量

（1）目的

道線法による基準点の設置方法と、図板とアリダードを用いた図解平板測量の基本を習得する。

（2）使用器具

①図板
②三脚
③アリダード
④求心器、下げ振り
⑤測量針
⑥箱型磁石
⑦図紙
⑧巻尺
⑨ポール
⑩野帳、筆記用具

図11.4.1 作業順序

作業計画

基準点の設置

骨組測量

基準点の展開

細部測量

編 集

地形図原図の
作成と点検

成果等の整理

（3）作業順序

図11.4.1 のように骨組測量は、基準点の設置と基準点の展開の2つの作業で構成される。以下に道線法による基準点の図上への展開について**図11.4.2** に示した順にしたがって説明する。なお、平板を基準点に正しく据え付けることを標定という。**表11.4.2** に標定で満足させる必要がある3条件とそれぞれの操作方法を示す。

・基準点の設置

① 作業範囲内に全体の配置や見通しならびに作業効率などを考え、任意に4～6点の測点を設置する。なお、外業が時間内で終了しないと予測される場合は、後日測点が見つけやすいように「点の記（測点の記録）」を作

表11.4.1 平板測量用具類の概要と機能

器具名	概要と機能
図板	大きさ40×50cm程度の木製製図板。上面に測点や地形などを展開・描画する図紙を貼り付ける。下面中央部には三脚取付け用金具が装備
三脚（伸縮式）	図板を固定して支え、水平にする脚であり、図板標定用の整準ネジと移心回転装置を頭部に装備
アリダード（視準板）	図紙上に載せて標定後、求点を視準して方向を定め所定の縮尺定規で図紙に求点の位置を展開
求心器と下げ振り	地上の点と図紙上の点とを同一鉛直線中に、下げ振りを用いて一致させるハサミ型の器具
測量針	図紙上の基準点に刺しアリダードの起点とする
箱形磁石	図紙上に磁北線を引いたり平板の定位に用いる
図紙	ケント紙や伸縮が少ない合成繊維製のシート（マイラーフィルム）
巻尺	距離測定用の巻尺。主にガラス繊維製のものを使用
ポール	視準目標用として求点に立てる長さ2mの赤白棒

表11.4.2 平板の標定の3条件

標定3条件	整準（整置）	致心（求心）	定位（指向）
操作方法	平板を水平にする	地上の点と平板上の対応点が同一鉛直線上にあるようにする	平板を一定の方向に固定する
用いる器具など	・整準ネジ ・締付けネジ ・気泡管	・求心器 ・下げ振り	・アリダード ・箱形磁石 ・既知2点の測線方向
許容誤差 ［図上の位置誤差が0.2mmの場合］	気泡偏位で5mm以下	縮尺によって異なる縮尺1/250の場合25mm	描画方向の長さが図上10～20cm以下

成しておく（**図** 11.4.3 参照）。

・測点 A での骨組測量（道線法）（P191 参照）

② 図板に図紙を貼り、図面（製図）用テープなどで留める。

③ 全体の測点配置を考慮して、図上測点 a の位置を決める（**図** 11.4.2）。

④ 求心器と下げ振りを用いて、図上測点 a と地上測点 A が同一鉛直線上になるように三脚頭部の致心装置などで調整する（致心の作業）。

⑤ 図板上にアリダードを置き、三脚頭部の調整ネジを回して水準器の気泡を中央に導くことで図板を水平にする（整準の作業）。

⑥ 地上測点 A で平板を標定し、固定する（定位の作業）。

⑦ 測点 B にポールを鉛直に立てる。

⑧ 図上測点 a に測量針を刺して立て、針にアリダードの定規縁をあてたまま、アリダードの後視準板の視準孔から測点 B を視準できるようにアリダードの方向を定める。

⑨ AB 間の距離を巻尺で測る。

⑩ AB 間の測定距離を縮尺定規上の相当する目盛の位置にしるし、この点を図上測点 b とし測線 ab を描く。

⑪ 図上測点 b に測量針を移し、平板を測点 B に移動する。

・測点 B での骨組測量

⑫ 測点 B で平板を整準、致心する。

⑬ 図上測点 b に立てた測量針を中心にしてアリダードを既に描いてある測線 ab に沿わせ測点 A を視準しながら図板の方向を決め（定位）固定する。

⑭ アリダードを用いて⑧の要領で測点 C を視準する。

⑮ BC 間の距離を測り、測定した距離を縮尺定規上の目盛の位置に点 c を展開し、測線 bc を描く。

⑯ 以降、測点 C、D…も同様に行う。

縮尺定規は作図の縮尺に合わせて複数用意されているので、適切な縮尺定規を選択する。

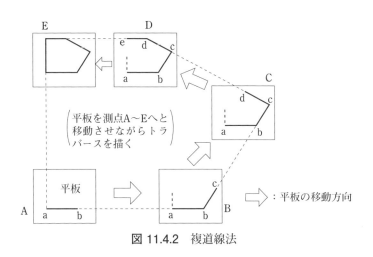

図 11.4.2　複道線法

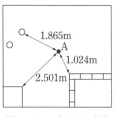

図 11.4.3　点の記（例）

・閉合誤差の調整

道線法による骨組測量の場合、**図11.4.4**のように通常 a′-a のように閉合誤差が生じる。以下に閉合誤差を調整するコンパス法を説明する。

① 各辺の長さを任意の縮尺で一直線上に描く（**図11.4.5**）。

② 閉合誤差（a-a′）の図上の実長を点a′ から垂直に引き、直角三角形を作る。

③ 各点から垂直に線を引く。その長さが各測点での調整量となる。

④ 各測点において閉合誤差（a-a′）方向に平行に線を引く。

⑤ **図11.4.5** で得られた各測点からの調整量を各測点に分配し、**図11.4.6**のように骨組図を完成（閉合）させる。

⑥ 骨組（図上測点・測線）は、調整（修正）後のものを残し、実測したものは消す。

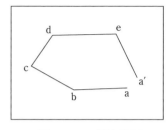

図11.4.4 閉合誤差

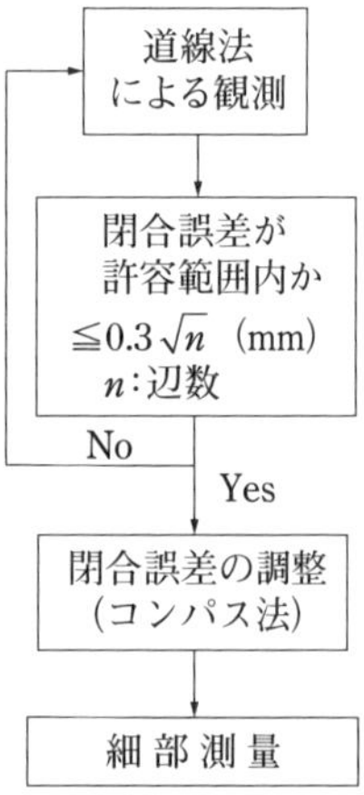

道線法
による観測

↓

閉合誤差が
許容範囲内か
$\leqq 0.3\sqrt{n}$ （mm）
n：辺数

No ← / Yes ↓

閉合誤差の調整
（コンパス法）

↓

細 部 測 量

〔道線法の手順〕

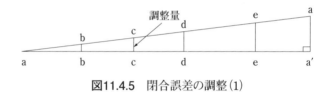

図11.4.5 閉合誤差の調整(1)

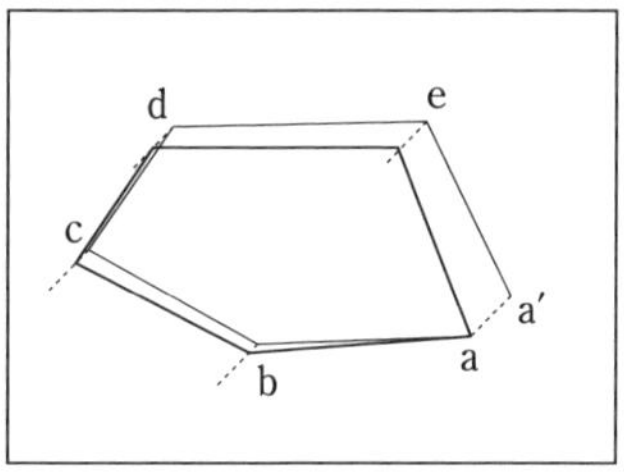

図11.4.6 閉合誤差の調整(2)

2. 細部測量

(1) 目的

前項で作成した修正骨組に基づいて各基準点の周辺の細部測量を行い、平面図を完成させる。ここでは放射法、前方交会法、支距法を用いた細部測量の方法を各々説明する。

(2) 使用器具

前項（2）（P268）と同様の器具を使用する。

(3) 作業順序

・放射法による細部測量（図 11.4.7）

放射法とは、基準点（既知点）に平板を据え付け、求点（未知点）を放射状に順次アリダードで視準して、各方向と距離を求め、各目標の図上位置を求める方法である。

① 測点 B で測点 A、C を用いて平板を標定（定位）する。

② 測点 B から求点 F を視準し、求点 F の方向を求める。

③ 測点 B から求点 F までの距離を巻尺で測定する。

④ 測定距離に対応する縮尺定規上の長さの位置に、図上測点 f をプロットする。同じ要領ですべての求点を図上にプロットする。

⑤ 原図を作るために必要な情報を図上に記入（メモ）しておく。

以下、未知点 G、H、I…と順次測定を行い、地形や地物を描く。

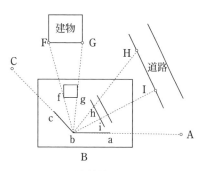

図11.4.7 放射法による細部測量

・前方交会法による細部測量（図 11.4.8）

前方交会法とは、求点までの距離を測定せずに複数の方向線の交点から求点の位置を求める方法である。

① 測点 B で測点 A・C を用いて平板を標定する。

② 測点 B から未知点 F を視準し、未知点 F へ方向線を引く。

③ 測点 B から測点 A に平板を移動させ標定する。

④ 測点 A から未知点 F を視準し、未知点 F へ方向線を引く。

⑤ 測点 A および測点 B から未知点 F へ引いた方向線の交点を測点 f とし、図上にプロット（展開）する。

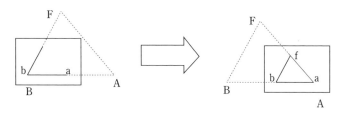

図11.4.8 前方交会法による細部測量

・支距（オフセット）法による細部測量（図 11.4.9）

支距（オフセット）法とは、測線や道路などが図上に展開済みの場合に、これらを基準として各求点への垂直長を測定し地形や地物を描く方法である。

① 測線 AB 上に測点 A を 0 点として巻尺を引っ張る。

② もう１つの巻尺を用い求点 F を 0 点として測線 AB に垂直となるように巻尺を引っ張る。

③ AF′ の距離と、FF′ の距離を巻尺から読み取る。

④ 測定距離を縮尺化し、図上に測点を展開（プロット）する。

以上のような方法で全ての計測が終了した後、測量漏れ、記入漏れ、誤測などがないか充分チェックし内業へ移る。

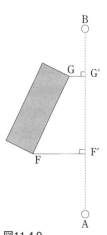

図11.4.9
支距法による細部測量

3. 平板測量の内業作業

外業で描いた平板原図を室内で、透写仕上げする。

(1) 平板原図の編集

細部測量の結果（素図）を正描する。

(2) 地形図原図の作成

① 平板原図をトレース用紙を用いて透写製図を行い、地形図原図を作成する。図名、縮尺、方位、凡例（はんれい）、測量年月、作成者名なども記入する。

② 地形図原図の誤記、脱落などがないかチェックし、誤りを校正する（現地で再度確認することも必要）。

(3) 成果等の整理

平板原図、地形図原図（**資料 11.4.1**）、その他の関係資料を整理し提出する。

4. アリダードによるスタジア法

前視準板の内側には、両視準板間長の 100 分の 1 間隔で目盛が刻まれている。これを**分画目盛**という（**図 11.4.10**）。後視準板の**視準孔**から目標点を見通した時、目標点の位置に対応する相手の視準板の分画目盛を読む（分画読定値という）ことで視準線の勾配が算定できる。高さ i に据えた平板から目標点を視準した時、**図 11.4.11** において分画読定値 n、水平距離 L、高低差 H の関係は次式のようになる。分画読定値から L や H を間接的に測る方法をアリダードによるスタジア法という。

$$\frac{n}{100} = \frac{h}{L} \quad \text{より} \quad L = \frac{100}{n} h$$

$$H = \frac{n}{100} L + i \tag{11.4.1}$$

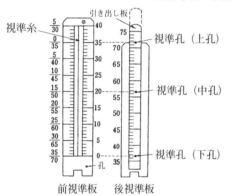

視準糸

引き出し板

視準孔（上孔）

視準孔（中孔）

視準孔（下孔）

孔

前視準板　後視準板

目盛間隔は前後視準板の間隔の 1/100

図 11.4.10　分画目盛

視準孔（ϕ0.5mm）

前視準板の分画目盛 0、20、35 に対応する後視準板の位置に、下、中、上の 3 個の視準孔があけられている。

地形の傾斜が急な場合には引き出して視準する。

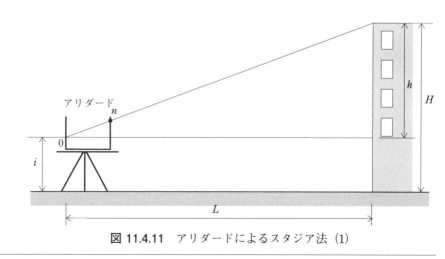

アリダード

図 11.4.11　アリダードによるスタジア法 (1)

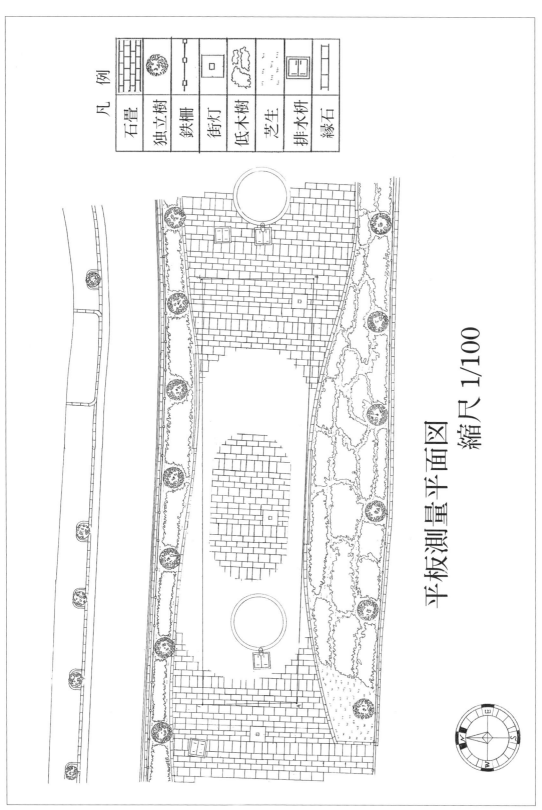

凡　例

| 石畳 | 独立樹 | 鉄柵 | 街灯 | 低木樹 | 芝生 | 排水枡 | 縁石 |

平板測量平面図
縮尺 1/100

資料 11.4.1　地形図原図の例

目標板（ターゲット）

図 11.4.12 のように 20 × 30cm 位の長方形の鋼板製で紅白に塗り分けられている。

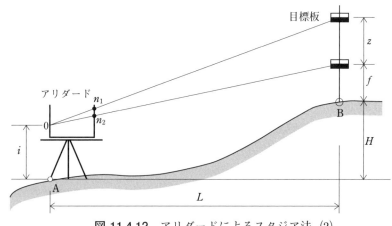

図 11.4.12 アリダードによるスタジア法 (2)

また、図 11.4.12 のように目標点 B に間隔 z にした**目標板**を立てて視準したとき、L と H は、上下目標板に対する分画読定値 n_1、n_2 から次式で求まる。

$$\frac{n_1 - n_2}{100} = \frac{z}{L} \text{ より } \quad L = \frac{100}{n_1 - n_2} z \qquad H = i + \frac{n_2}{100} L - f \quad (11.4.2)$$

5. 平板による等高線測量

(1) 等高線の種類

等高線の種類と標準的な間隔を**表 11.4.3** に示す。

表11.4.3　等高線の種類と間隔

縮　尺	主曲線	計曲線	補助曲線	特殊補助曲線
1/1 000以上	1m	5m	0.5m	0.25m
1/2 500	2m	10m	1.0m	0.50m
1/5 000	5m	25m	2.5m	1.25m
1/10 000	10m	50m	5.0m	2.50m
各等高線の説明	地形を表現するための基本的な等高線。	等高線を見やすくするための主曲線のうち5本毎に1本を強調してあらわしたもの。	地形を特に詳細に表現する場合に用いる。補助曲線は主曲線の1/2とする。	地形を更に詳細に表現する場合に用いる。特殊補助曲線は補助曲線の1/2とする。

(2) 等高線の測定法

① 直接測定法

図 11.4.13 のように、既知点 A に平板を標定し、標高 H_P と標高 H_Q における等高線を測定する。

標高 H_P、H_Q の点 P、点 Q に立てる目標板の高さ h_p、h_q は、

$$H_A + i = H_P + h_p = H_Q + h_q \qquad\qquad (11.4.3)$$

よって、

$$h_p = H_A + i - H_P \qquad\qquad (11.4.4)$$

$$h_q = H_A + i - H_Q \qquad\qquad (11.4.5)$$

となる。

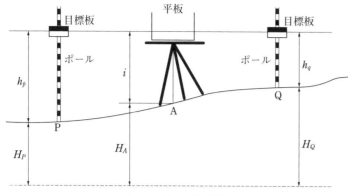

図 11.4.13 直接観測法

　ここで、目標板の高さを h_p、h_q に固定し、アリダードの水平視準線と一致するところへ移動させる。一致した場所が、求めたい標高（H_P、H_Q）の場所である。

② 間接測定法

　間接測定法は、図上に展開された多数の既知点の標高値をもとに目測または線形補間（比例配分）により等高線が通る位置を求め、これらをつないで等高線を描く方法である。**図 11.4.14** のように、既知点 A、B から、点 P の等高線の図上位置を求める。地形傾斜が一様であるとすれば

$$\frac{H}{L} = \frac{H_P}{L_P}, \qquad L_P = \frac{H_P}{H} \cdot L \tag{11.4.6}$$

　図面の縮尺の分母数を m とおくと図面上での AP 間の水平距離 ℓ_P は、

$$\ell_P = \frac{L_P}{m} \tag{11.4.7}$$

となる。**図 11.4.15** に各点の標高値から間接測定法によって求めた等高線の例を示す。

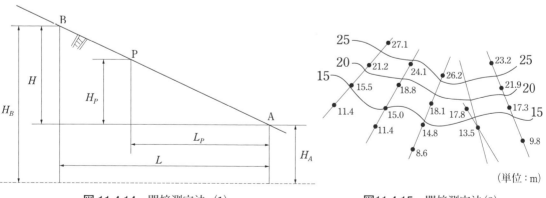

図 11.4.14 間接測定法 (1)　　　　　**図11.4.15** 間接測定法(2)

データシート1：歩測による距離測量

No.	測定者	測線長(m)	複歩数（歩）	平均歩数(歩)	複歩幅（m）	複歩数（歩）	距離

データシート2：鋼巻尺による精密距離測量

種別	区間	始読値(m)	終読値(m)	測定値(m)	温度(℃)	温度補正(m)	補正距離(m)	平均距離（m）

データシート3：水平角の観測（単測法）

年 月 日	天候：	風：
測点：	器械： 観測者：	手簿者：

時刻	測点	望遠鏡	視準点	観測角	測定角	平均角度

データシート4：水平角の観測（倍角法）

年 月 日	天候：	風：
測点：	器械： 観測者：	手簿者：

時刻	測点	望遠鏡	視準点	倍角数	観測角	測定角	平均観測角

データシート5：水平角の観測（方向観測法）

年　　月　　日				天候：		風：				
器械：										
測点：				観測者：			手簿者：			

時刻	測点	目盛	望遠鏡	視準点	観 測 角	測 定 角	倍角	較差	倍角差	観測差

データシート6：トラバース計算

測点	観測内角 ° ′ ″	補正量 ″	補正内角 ° ′ ″	方位角 ° ′ ″	方位 ° ′ ″	距離 (m)	緯距 (m) N(+)	緯距 (m) S(−)	経距 (m) E(+)	経距 (m) W(−)	補正量 緯距	補正量 経距	補正緯距 (m) N(+)	補正緯距 (m) S(−)	補正経距 (m) E(+)	補正経距 (m) W(−)	合緯距 (m)	合経距 (m)	倍横距 (m)	倍面積 (m²) (+)	倍面積 (m²) (−)
1																					
2																					
3																					
4																					
5																					
6																					
7																					
8																					
9																					
10																					
計																					
差引			—	—													—	—	—		

測線	緯距補正量 −E_L/Σl · l	緯距補正量 補正量 (m)	経距補正量 l	経距補正量 −E_L/Σl · 補正量 (m)
1〜2				
2〜3				
3〜4				
4〜5				
5〜6				
6〜7				
7〜8				
8〜9				
9〜1				

l：測定間距離・測線長 (m単位)

精度計算

緯距の誤差 $E_L =$

経距の誤差 $E_D =$

閉合誤差 $E =$

精度(閉合比) $A = \dfrac{1}{\quad\quad}$

倍面積 =

実面積 =

年度	所属	氏名

データシート7：水準測量（器高式）

測点 (Sta.)	距離 (Dis.)	後視 (BS)	器械高 (IH)	前視（FS）		地盤高 (GH)	備考
				IP	TP		

データシート8：水準測量（昇降式）

測点 (Sta.)	距離 (Dis.)	後視 (BS)	前視 (FS)	昇 (＋)	降 (－)	地盤高 (GH)	備考

測量実習における安全の心得

1．測量実習中の安全などの確保

(1) 屋外で行う測量実習作業では、次に掲げる事項を遵守する。

① 付近住民、通行者、通行車両などの通行妨害、公衆の迷惑となるような行為、作業をしてはならない。

・巻尺は使い終わると直ちに巻き取る。

・標尺、ポール類は、肩に担いだり水平な状態で持ち運ばない。

・標尺、ポールを手で振り回したりしない。

・ポールなどで地面を突くなどしない。

・大声を出すなど周囲の環境を乱さない。

② むやみに草花、木の枝などを伐採してはならない。

③ 実習中は、屋外で喫煙などをしてはならない。

(2) 実習中の天候の急変（特に、落雷、強風、降雨など）に注意する。

（ヘルメットの着用は、落下物や飛来物の防護に有効である。）

(3) 事故などが発生した場合は、直ちに教員に報告するとともに、その指示に従う。

2．実習時の服装

実習時の服装は、安全対策や紫外線（UV）対策から以下のようなことを心がける。

① 直射日光下では、帽子やヘルメットなどを着用する。

② ゆったりした襟付きの長そでシャツおよび長ズボンを着用する。

③ 吸湿性や通気性の良いものを着用する。

④ サンダル履きなどは、けがのもとになるので、靴をはく。

⑤ 汗ふき用のタオルを用意する（顔などにはUVカットクリームの塗布も効果的）。

3．熱中症に関すること

暑熱環境下で長時間作業をすると、めまい、頭痛など熱中症の症状が起きる場合がある。

(1) 熱中症に注意する気温・時期

① 外気温が低くても湿度が高い6月中旬から9月下旬までは注意する。

② 気温はWBGT値測定器などで計測する。

(2) 確実な水分・塩分補給

① 脱水症状は自覚症状（めまい、頭痛、吐き気など）以上に進行していることがあるので、自覚症状の有無にかかわらず、定期的に30分から1時間程度の間隔でコップ1杯程度の水やスポーツドリンクなどで水分（できれば塩分も）を補給する。また、適宜、日蔭で休息する。

② めまいがしたり、気分が悪くなったら、直ちに日蔭へ移動し、教員に報告する。

4．その他

実習前日は、睡眠を十分にとるなど体調管理を心がける。

発熱、風邪、下痢など体調不良の時は無理をしない。

計算問題解答

3章

問1　$\theta = 1.1459° ≒ 1° 09'$

問2　約 1/65

問3　約 0.8 m

問4　0.5 m

問5　38.485 m

問6　50 m + 0.9 mm（20 ℃、98 N）

問7　550.886 m

問8　6366 km

問9　定数 $K = + 0.022$ m

　　　421.799 m

問10　30 m

4章

問1　31°　30'　45"

問2　0.44506 rad

問3　41 m

問4　結果省略

　　　視準点 B　1 対回　倍角 80"　較差 + 20"、2 対回　倍角 60"　較差 + 20"、
　　　　　　　3 対回　倍角 110"　較差 − 30"

　　　視準点 C　1 対回　倍角 130"　較差 + 10"、2 対回　倍角 100"　較差 + 20"、
　　　　　　　3 対回　倍角 180"　較差 − 20"

　　　視準点 B　倍角差 50"　観測差 50"、視準点 C　倍角差 80"　観測差 40"

問5　視準点 A　$2Z = 180°$　01'　06"、$Z = 90°$　00'　33"、$\alpha = − 0°$　00'　33"
　　　視準点 B　$2Z = 180°$　56'　33"、$Z = 90°$　28'　17"、$\alpha = − 0°$　28'　17"
　　　A 方向高度定数 = − 14"、B 方向高度定数 = − 15"、高度定数の較差 = 1"

6章

問1　283.5 m　　　問2　省略　　　問3　229° 58' 13"

7章

問1、問2　省略

問3

測点 (Sta)	後視 (BS)	器械高 (IH)	前視		地盤高 (GH)	備考
			(IP)	(TP)		
A	2.891	12.891			10.000	
B	(2.891)	13.570		2.212	10.679	(2.212 + 3.569) /2 = 2.891
C	2.971	14.249		(2.292)	11.278	(1.613 + 2.971) /2 = 2.292
D				2.551	11.698	

　B 10.679 m、C 11.278 m、D 11.698 m

問4　$\theta = 83"$、$r = 5$ m

10章

問1　三斜法　226.373 m²　　　問2　台形法　1212.82 m²　　　問3　5.2 m

　　　三辺法　226.374 m²　　　　　シンプソン第 1 法則　1210.27 m²

　　　座標法　226.341 m²　　　　　シンプソン第 2 法則　1208.57 m²

付　録

葛飾北斎の版画『鳥越の不二』(富嶽百景に収録) に描かれた浅草天文台 (1782 年建設)
　周囲 94m、高さ 9m の築山上に 6m 四方の天文台が築かれ 43 段の石段があった。中央の球は天体運行観測用の器械「渾天儀」である。延享元 (1744) 年、江戸神田に天文台が建設された。享保 12 (1727) 年には、福田某が富士山頂を測高 (吉原宿から 3 847.5m)。

付録　測量に必要な基礎数学

1　数値の丸め方

ある数値を必要な桁にすることを『数値を丸める』という。数値の丸め方には次の4方法がある。

1　切り捨て

必要とする位の1つ下の位以下の端数を捨てる方法。

> Ex.　12.345 →必要とする位が小数点以下1位であれば→ 12.3
>
> 　　　必要とする位が小数点以下2位であれば→ 12.34

測量では、精度や制限値は切り捨てを用いる。また、**不動産登記法**によれば、土地登記などにおける土地の面積計算は、切り捨てによるとしている。

不動産登記規則（平.17法務省令）第百条（地積）
　地積は、水平投影面積により、平方メートルを単位として定め、一平方メートルの百分の一（宅地及び鉱泉地以外の土地で十平方メートルを超えるものについては、一平方メートル）未満の端数は、切り捨てる。

2　切り上げ

必要とする位の1つ下の位以下の端数を1としてその最後の位に加える方法。

> Ex.　12.345 →必要とする位が小数点以下1位であれば→ 12.4
>
> 　　　必要とする位が小数点以下2位であれば→ 12.35

測量では、必要な観測回数・観測日数の計算は切り上げを用いる。

3　四捨五入

必要とする位の1つ下の位の数が4以下であれば切り捨て、5以上であれば切り上げる。

> Ex.　12.345 →必要とする位が小数点以下1位であれば→ 12.3
>
> 　　　必要とする位が小数点以下2位であれば→ 12.35

測量では、上記の1、2以外は一般に四捨五入を用いる。

4　五捨五入（偶捨奇入）

必要とする位の1つ下の位の数以下が5未満であれば切り捨て、5を超えれば切り上げる。ちょうど5の場合は、必要とする位の数が偶数（0を含む）の場合5を切り捨て、奇数の場合は5を切り上げる。そのため偶捨奇入ともいう。

> Ex.　12.3449 →必要とする位が小数点以下2位であれば→ 12.34
>
> 　　　12.346 →必要とする位が小数点以下2位であれば→ 12.35
>
> 　　　12.344 →必要とする位が小数点以下2位であれば→ 12.34
>
> 　　　12.345 →必要とする位が小数点以下2位であれば→ 12.34

　　　　12.355 →必要とする位が小数点以下 2 位であれば→ 12.36

　　　　12.3451 →必要とする位が小数点以下 2 位であれば→ 12.35

　　　　12.3550 →必要とする位が小数点以下 2 位であれば→ 12.36

　日本においては、基準点測量と水準測量では昭和 61 年 3 月まで五捨五入が用いられていたが、同年 4 月以降は四捨五入に統一された。ただし、海外では、まだこの方法を用いているところもある。

付録　測量に必要な基礎数学

2　有効数字

　有効数字とは、『表示された数値の末尾の桁に不確定な数値を含んだもの』である。例えば、12.1 と測定された値は、小数点以下 2 位の数値を四捨五入や五捨五入する（数値を丸める）ことにより得た値であり、実際に測定した値は 12.05 ～ 12.14（四捨五入の場合）の範囲にあり、そのような意味で上述の定義のように『不確定』と記述されている。

　ある 2 点間の距離を違った精度のテープ（テープ A、テープ B、テープ C）を用いて測定したところ、それぞれ 12m、12.1m、12.12m が得られた。このようにテープの種類（機器、機具）により精度（信頼度）に違いが生じる。この場合、A、B、C それぞれのテープによって測定された値の有効数字を 2 桁、3 桁および 4 桁という（注意：測定値 120 の場合、有効数字は 2 桁となる。もし最後の桁 0 も有効数字である場合は、1.20×10^2 と記述する）。

1　加減算

　有効数字が最も小さい桁数よりも 1 桁多い桁数で計算し、得られた値の末尾の数を丸める（末尾の数を四捨五入や五捨五入）。

　　　Ex.　12.1 ＋ 12.145 ＋ 12.15　の場合、12.1 → 3 桁、12.145 → 5 桁、12.15 → 4 桁であるので、有効数字の最も小さい桁数は 12.1 の 3 桁である。したがって、他の数値を 4 桁まで丸めて計算すればよい。12.1 ＋ 12.15 ＋ 12.15 ＝ 36.40　計算値の末尾の数を丸めると 36.4 が得られる。

2　乗除算

　乗除算は一番小さい有効数字の 1 桁大きい桁まで求め、得られた計算値の最後の数を丸める。

　　　Ex.　14.51 × 1.24 ÷ 6.5　の場合、14.51 → 4 桁、1.24 → 3 桁、6.5 → 2 桁であり、有効数字の一番小さい数は 6.5 の 2 桁である。したがって、3 桁まで計算で得られた値の末尾の数を丸める。14.5 × 1.24 ＝ 17.98 → 18.0　　　　18.0 ÷ 6.5 ＝ 2.77 → 2.8

付録　測量に必要な基礎数学

3　三角関数

1　基本公式および各公式間の関係

正弦関数： $\sin\theta = \dfrac{b}{c}$ 　　　　余弦関数： $\cos\theta = \dfrac{a}{c}$

正接関数： $\tan\theta = \dfrac{b}{a}$ 　　　　余接関数： $\cot\theta = \dfrac{a}{b}$

正割関数： $\sec\theta = \dfrac{c}{a}$ 　　　　余割関数： $\operatorname{cosec}\theta = \dfrac{c}{b}$

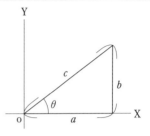

$$\sin\theta = \frac{1}{\operatorname{cosec}\theta}, \quad \cos\theta = \frac{1}{\sec\theta}, \quad \tan\theta = \frac{1}{\cot\theta}$$

2　各象限（第1象限～第4象限）での基本公式の符号

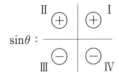 　　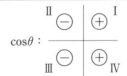 　　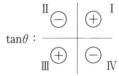

Ⅰ：第1象限（0°～90°）、Ⅱ：第2象限（90°～180°）、Ⅲ：第3象限（180°～270°）、Ⅳ：第4象限（270°～360°）

3　特別な角の三角関数

$0°\,(0)$ 　：$\sin 0° = 0$ 　$\cos 0° = 1$ 　$\tan 0° = 0$

$30°\left(\dfrac{\pi}{6}\right)$ ：$\sin 30° = \dfrac{1}{2}$ 　$\cos 30° = \dfrac{\sqrt{3}}{2}$ 　$\tan 30° = \dfrac{1}{\sqrt{3}}$ 　　$60°\left(\dfrac{\pi}{3}\right)$ ：$\sin 60° = \dfrac{\sqrt{3}}{2}$ 　$\cos 60° = \dfrac{1}{2}$ 　$\tan 60° = \sqrt{3}$

$45°\left(\dfrac{\pi}{4}\right)$ ：$\sin 45° = \dfrac{1}{\sqrt{2}}$ 　$\cos 45° = \dfrac{1}{\sqrt{2}}$ 　$\tan 45° = 1$ 　　$90°\left(\dfrac{\pi}{2}\right)$ ：$\sin 90° = 1$ 　$\cos 90° = 0$ 　$\tan 90° = \infty$

4　負角および90°の倍数和・差の角の三角関数（0＜θ＜90°）

$(-\theta)$ 　：	$\sin(-\theta) = -\sin\theta$	$\cos(-\theta) = \cos\theta$	$\tan(-\theta) = -\tan\theta$
$(90°+\theta)$ ：	$\sin(90°+\theta) = \cos\theta$	$\cos(90°+\theta) = -\sin\theta$	$\tan(90°+\theta) = -\cot\theta$
$(90°-\theta)$ ：	$\sin(90°-\theta) = \cos\theta$	$\cos(90°-\theta) = \sin\theta$	$\tan(90°-\theta) = \cot\theta$
$(180°+\theta)$ ：	$\sin(180°+\theta) = -\sin\theta$	$\cos(180°+\theta) = -\cos\theta$	$\tan(180°+\theta) = \tan\theta$
$(180°-\theta)$ ：	$\sin(180°-\theta) = \sin\theta$	$\cos(180°-\theta) = -\cos\theta$	$\tan(180°-\theta) = -\tan\theta$
$(270°+\theta)$ ：	$\sin(270°+\theta) = -\cos\theta$	$\cos(270°+\theta) = \sin\theta$	$\tan(270°+\theta) = -\cot\theta$
$(270°-\theta)$ ：	$\sin(270°-\theta) = -\cos\theta$	$\cos(270°-\theta) = -\sin\theta$	$\tan(270°-\theta) = \cot\theta$

5　三角関数の主な公式

(1)　三角関数の相互関係

$$\sin^2\theta + \cos^2\theta = 1 \qquad 1 + \tan^2\theta = \sec^2\theta \qquad 1 + \cot^2\theta = \operatorname{cosec}^2\theta$$

(2) 加法定理（式中の±は複号同順）

$$\sin(\alpha \pm \beta) = \sin\alpha \cos\beta \pm \cos\alpha \sin\beta$$

$$\cos(\alpha \pm \beta) = \cos\alpha \cos\beta \mp \sin\alpha \sin\beta$$

$$\tan(\alpha \pm \beta) = \frac{\tan\alpha \pm \tan\beta}{1 \mp \tan\alpha \tan\beta} \qquad \cot(\alpha \pm \beta) = \frac{\cot\alpha \cot\beta \mp 1}{\cot\beta \pm \cot\alpha}$$

(3) 倍角公式

$$\sin 2\alpha = 2\sin\alpha \cos\alpha = \frac{2\tan\alpha}{1 + \tan^2\alpha}$$

$$\cos 2\alpha = \cos^2\alpha - \sin^2\alpha = 2\cos^2\alpha - 1 = 1 - 2\sin^2\alpha = \frac{1 - \tan^2\alpha}{1 + \tan^2\alpha}$$

$$\tan 2\alpha = \frac{2\tan\alpha}{1 - \tan^2\alpha} \qquad \cot 2\alpha = \frac{\cot^2\alpha - 1}{2\cot\alpha} \qquad \sec 2\alpha = \frac{\sec^2\alpha}{1 - \tan^2\alpha} = \frac{\cot\alpha + \tan\alpha}{\cot\alpha - \tan\alpha}$$

(4) 半角公式

$$\sin^2\frac{\alpha}{2} = \frac{1 - \cos\alpha}{2} \qquad \cos^2\frac{\alpha}{2} = \frac{1 + \cos\alpha}{2} \qquad \tan^2\frac{\alpha}{2} = \frac{1 - \cos\alpha}{1 + \cos\alpha}$$

(5) 正弦定理

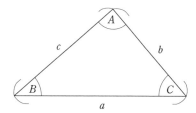

$$\frac{a}{\sin A} = \frac{b}{\sin B} = \frac{c}{\sin C} = 2R$$

（R：外接円の半径）

(6) 余弦定理

$$a^2 = b^2 + c^2 - 2bc\cos A \qquad b^2 = c^2 + a^2 - 2ca\cos B \qquad c^2 = a^2 + b^2 - 2ab\cos C$$

(7) 逆三角関数

　三角関数の逆関数が逆三角関数である。記号で表すと、逆正弦の場合 $\theta = \sin^{-1}x$（または $\arcsin x$）となり、x は $-1 \leqq x \leqq 1$ の範囲（定義域）で、特に θ が $-90° \leqq \theta \leqq 90°$ の範囲のものを主値という。$\sin^{-1}x$（$\arcsin x$）の読み方はサイン・インバース・エックスまたはアーク・サインエックス。

$\sin\theta = x$、$\cos\theta = x$、$\tan\theta = x$、$\cot\theta = x$、$\sec\theta = x$、$\operatorname{cosec}\theta = x$ の逆三角関数の定義域および主値をまとめると右のようになる。

名　称	書き方	定義域	主値の範囲
逆正弦	$\theta = \sin^{-1}x$	$-1 \leqq x \leqq 1$	$-90° \leqq \theta \leqq 90°$
逆余弦	$\theta = \cos^{-1}x$	$-1 \leqq x \leqq 1$	$0° \leqq \theta \leqq 180°$
逆正接	$\theta = \tan^{-1}x$	$-\infty < x < \infty$	$-90° < \theta < 90°$
逆余接	$\theta = \cot^{-1}x$	$-\infty < x < \infty$	$0° < \theta < 180°$
逆正割	$\theta = \sec^{-1}x$	$x \geqq 1,\ x \leqq -1$	$0° \leqq \theta \leqq 180°$
逆余割	$\theta = \operatorname{cosec}^{-1}x$	$x \geqq 1,\ x \leqq -1$	$-90° \leqq \theta \leqq 90°$

4　行列と行列式

1　行列

$$A = \begin{pmatrix} a_{11} & a_{12} & a_{13} & \cdots & \cdots & a_{1n} \\ a_{21} & a_{22} & a_{23} & \cdots & \cdots & a_{2n} \\ a_{31} & a_{32} & a_{33} & \cdots & \cdots & a_{3n} \\ \cdots & \cdots & \cdots & \cdots & \cdots & \cdots \\ a_{m1} & a_{m2} & a_{m3} & \cdots & \cdots & a_{mn} \end{pmatrix}$$

この行列を (m, n) 型行列という。横の並びを行、縦の並びを列といい、a_{ij} を (i, j) 成分（要素）という。

2　いろいろな行列

(1)　正方行列

行と列の数が等しい場合、n 次の正方行列という。

$$A = \begin{pmatrix} a_{11} & a_{12} & a_{13} & \cdots & \cdots & a_{1n} \\ a_{21} & a_{22} & a_{23} & \cdots & \cdots & a_{2n} \\ a_{31} & a_{32} & a_{33} & \cdots & \cdots & a_{3n} \\ \cdots & \cdots & \cdots & \cdots & \cdots & \cdots \\ a_{n1} & a_{n2} & a_{n3} & \cdots & \cdots & a_{nn} \end{pmatrix}$$

(2)　三角行列

正方行列の対角線（主対角成分という）の左下または右上の成分が全て 0 の行列を三角行列という。

上三角行列

$$A = \begin{pmatrix} a_{11} & a_{12} & a_{13} & \cdots & \cdots & a_{1n} \\ 0 & a_{22} & a_{23} & \cdots & \cdots & a_{2n} \\ 0 & 0 & a_{33} & \cdots & \cdots & a_{3n} \\ \cdots & \cdots & \cdots & \cdots & \cdots & \cdots \\ 0 & 0 & 0 & \cdots & \cdots & a_{nn} \end{pmatrix}$$

下三角行列

$$A = \begin{pmatrix} a_{11} & 0 & 0 & \cdots & \cdots & 0 \\ a_{21} & a_{22} & 0 & \cdots & \cdots & 0 \\ a_{31} & a_{32} & a_{33} & \cdots & \cdots & 0 \\ \cdots & \cdots & \cdots & \cdots & \cdots & \cdots \\ a_{n1} & a_{n2} & a_{n3} & \cdots & \cdots & a_{nn} \end{pmatrix}$$

(3)　対角行列

正方行列において、対角線以外の全ての成分が 0 の行列を対角行列という。

$$A = \begin{pmatrix} a_{11} & 0 & 0 & \cdots & \cdots & 0 \\ 0 & a_{22} & 0 & \cdots & \cdots & 0 \\ 0 & 0 & a_{33} & \cdots & \cdots & 0 \\ \cdots & \cdots & \cdots & \cdots & \cdots & \cdots \\ 0 & 0 & 0 & \cdots & \cdots & a_{nn} \end{pmatrix}$$

(4)　単位行列

対角行列で主対角成分が全て 1 の行列を単位行列（恒等行列）といい、普通 E（または I）で表す。E は、独語 Einheit Matrix の頭文字（単位行列）。I は、英語 Identity Matrix の頭文字（恒等行列）。

$$E = \begin{pmatrix} 1 & 0 & 0 & \cdots & \cdots & 0 \\ 0 & 1 & 0 & \cdots & \cdots & 0 \\ 0 & 0 & 1 & \cdots & \cdots & 0 \\ \cdots & \cdots & \cdots & \cdots & \cdots & \cdots \\ 0 & 0 & 0 & \cdots & \cdots & 1 \end{pmatrix}$$

(5) 零行列

全ての成分が0の行列（正方行列でなくてもよい）を零行列といい、普通Oで表す。

(6) 転置配列（正方行列でなくてもよい）

(m, n) 行列Aから、第1行を第1列に、第2行を第2列にと行と列を入れ替えた行列をつくると(n, m) 行列ができる。これをAの転置行列といいA^Tで表す。

$$A = \begin{pmatrix} a_{11} & a_{12} & \cdots & \cdots & a_{1n} \\ a_{21} & a_{22} & \cdots & \cdots & a_{2n} \\ a_{31} & a_{32} & \cdots & \cdots & a_{3n} \\ \cdots & \cdots & \cdots & \cdots & \cdots \\ a_{m1} & a_{m2} & \cdots & \cdots & a_{mn} \end{pmatrix} \Rightarrow A^T = \begin{pmatrix} a_{11} & a_{21} & \cdots & \cdots & a_{m1} \\ a_{12} & a_{22} & \cdots & \cdots & a_{m2} \\ a_{13} & a_{23} & \cdots & \cdots & a_{m3} \\ \cdots & \cdots & \cdots & \cdots & \cdots \\ a_{1n} & a_{2n} & \cdots & \cdots & a_{mn} \end{pmatrix}$$

(7) 対称行列

正方行列において、対角線に関して成分が対称的な行列を対称行列という。すなわち、$a_{ij} = a_{ji}$となる行列をいう。

3 行列の計算方法

(1) 和と差（同型の行列、行と列の数が同じ）

$$A = \begin{pmatrix} a_{11} & a_{12} & a_{13} & \cdots & \cdots & a_{1n} \\ a_{21} & a_{22} & a_{23} & \cdots & \cdots & a_{2n} \\ a_{31} & a_{32} & a_{33} & \cdots & \cdots & a_{3n} \\ \cdots & \cdots & \cdots & \cdots & \cdots \\ a_{m1} & a_{m2} & a_{m3} & \cdots & \cdots & a_{mn} \end{pmatrix} \qquad B = \begin{pmatrix} b_{11} & b_{12} & b_{13} & \cdots & \cdots & b_{1n} \\ b_{21} & b_{22} & b_{23} & \cdots & \cdots & b_{2n} \\ b_{31} & b_{32} & b_{33} & \cdots & \cdots & b_{3n} \\ \cdots & \cdots & \cdots & \cdots & \cdots \\ b_{m1} & b_{m2} & b_{m3} & \cdots & \cdots & b_{mn} \end{pmatrix}$$

$$A \pm B = \begin{pmatrix} a_{11} \pm b_{11} & a_{12} \pm b_{12} & a_{13} \pm b_{13} & \cdots & \cdots & a_{1n} \pm b_{1n} \\ a_{21} \pm b_{21} & a_{22} \pm b_{22} & a_{23} \pm b_{23} & \cdots & \cdots & a_{2n} \pm b_{2n} \\ a_{31} \pm b_{31} & a_{32} \pm b_{32} & a_{33} \pm b_{33} & \cdots & \cdots & a_{3n} \pm b_{3n} \\ \cdots & \cdots & \cdots & \cdots & \cdots \\ a_{m1} \pm b_{m1} & a_{m2} \pm b_{m2} & a_{m3} \pm b_{m3} & \cdots & \cdots & a_{mn} \pm b_{mn} \end{pmatrix}$$

Ex. 行列の和$A + B$を求めよ。

$$A = \begin{pmatrix} 1 & 2 & 3 \\ 4 & 5 & 6 \\ 7 & 8 & 9 \end{pmatrix} \quad B = \begin{pmatrix} -1 & 2 & -3 \\ -4 & 3 & -2 \\ 1 & -2 & -3 \end{pmatrix} \Rightarrow A + B = \begin{pmatrix} 0 & 4 & 0 \\ 0 & 8 & 4 \\ 8 & 6 & 6 \end{pmatrix}$$

(2) スカラー数との積

$$
kA = k\begin{pmatrix}
a_{11} & a_{12} & \cdots & \cdots & a_{1n} \\
a_{21} & a_{22} & \cdots & \cdots & a_{2n} \\
a_{31} & a_{32} & \cdots & \cdots & a_{3n} \\
\cdots & \cdots & \cdots & \cdots & \cdots \\
a_{m1} & a_{m2} & \cdots & \cdots & a_{mn}
\end{pmatrix}
= \begin{pmatrix}
ka_{11} & ka_{12} & \cdots & \cdots & ka_{1n} \\
ka_{21} & ka_{22} & \cdots & \cdots & ka_{2n} \\
ka_{31} & ka_{32} & \cdots & \cdots & ka_{3n} \\
\cdots & \cdots & \cdots & \cdots & \cdots \\
ka_{m1} & ka_{m2} & \cdots & \cdots & ka_{mn}
\end{pmatrix}
$$

(3) 積

行列 A の列数と行列 B の行数が等しいとき、積 AB は次のようになる。

積 AB の (i, j) 成分＝A の i 行と B の j 列との内積。

$$
A = \begin{pmatrix}
a_{11} & a_{12} & \cdots & \cdots & a_{1l} \\
a_{21} & a_{22} & \cdots & \cdots & a_{2l} \\
a_{31} & a_{32} & \cdots & \cdots & a_{3l} \\
\cdots & \cdots & \cdots & \cdots & \cdots \\
a_{m1} & a_{m2} & \cdots & \cdots & a_{ml}
\end{pmatrix}
\quad
B = \begin{pmatrix}
b_{11} & b_{12} & \cdots & \cdots & b_{1n} \\
b_{21} & b_{22} & \cdots & \cdots & b_{2n} \\
b_{31} & b_{32} & \cdots & \cdots & b_{3n} \\
\cdots & \cdots & \cdots & \cdots & \cdots \\
b_{l1} & b_{l2} & \cdots & \cdots & b_{ln}
\end{pmatrix}
$$

$$
AB = \begin{pmatrix}
\sum_{k=1}^{l} a_{1k}b_{k1} & \sum_{k=1}^{l} a_{1k}b_{k2} & \cdots & \cdots & \sum_{k=1}^{l} a_{1k}b_{kn} \\
\sum_{k=1}^{l} a_{2k}b_{k1} & \sum_{k=1}^{l} a_{2k}b_{k2} & \cdots & \cdots & \sum_{k=1}^{l} a_{2k}b_{kn} \\
\sum_{k=1}^{l} a_{3k}b_{k1} & \sum_{k=1}^{l} a_{3k}b_{k2} & \cdots & \cdots & \sum_{k=1}^{l} a_{3k}b_{kn} \\
\cdots & \cdots & \cdots & \cdots & \cdots \\
\sum_{k=1}^{l} a_{mk}b_{k1} & \sum_{k=1}^{l} a_{mk}b_{k2} & \cdots & \cdots & \sum_{k=1}^{l} a_{mk}b_{kn}
\end{pmatrix}
$$

Ex.　行列 A と B の積を求めよ。

$$
A = \begin{pmatrix} 2 & 5 \\ -3 & 1 \end{pmatrix} \quad B = \begin{pmatrix} 0 & 3 \\ 1 & -1 \end{pmatrix}
\quad \Rightarrow \quad
AB = \begin{pmatrix} 2\times0+5\times1 & 2\times3+5\times(-1) \\ (-3)\times0+1\times1 & (-3)\times3+1\times(-1) \end{pmatrix} = \begin{pmatrix} 5 & 1 \\ 1 & -10 \end{pmatrix}
$$

$$
BA = \begin{pmatrix} 0\times2+3\times(-3) & 0\times5+3\times1 \\ 1\times2+(-1)\times(-3) & 1\times5+(-1)\times1 \end{pmatrix} = \begin{pmatrix} -9 & 3 \\ 5 & 4 \end{pmatrix}
$$

となり一般には $AB \neq BA$ である点に注意（行列の積の交換法則は成立しない）。

4　行列式

行列式とは正方行列で表された数値を縦線で囲ったものであり、行列と違って行列式はただ単なる数値である。

正方行列 A

$$
A = \begin{pmatrix}
a_{11} & a_{12} & \cdots & \cdots & a_{1n} \\
a_{21} & a_{22} & \cdots & \cdots & a_{2n} \\
\cdots & \cdots & \cdots & \cdots & \cdots \\
a_{n1} & a_{n2} & \cdots & \cdots & a_{nn}
\end{pmatrix}
$$

行列式 $|A|$

$$
|A| = \begin{vmatrix}
a_{11} & a_{12} & \cdots & \cdots & a_{1n} \\
a_{21} & a_{22} & \cdots & \cdots & a_{2n} \\
\cdots & \cdots & \cdots & \cdots & \cdots \\
a_{n1} & a_{n2} & \cdots & \cdots & a_{nn}
\end{vmatrix}
$$

(1) 2次行列と3次行列の展開

2次行列の展開

$$|A| = \begin{vmatrix} a_1 & b_1 \\ a_2 & b_2 \end{vmatrix} = a_1 b_2 - a_2 b_1$$

3次行列の展開

$$|A| = \begin{vmatrix} a_1 & b_1 & c_1 \\ a_2 & b_2 & c_2 \\ a_3 & b_3 & c_3 \end{vmatrix} = a_1 b_2 c_3 + a_2 b_3 c_1 + a_3 b_1 c_2 - a_1 b_3 c_2 - a_2 b_1 c_3 - a_3 b_2 c_1$$

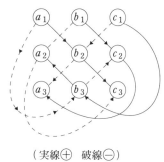

（実線 $\oplus$　破線 $\ominus$）

(2) 行列式の規則

① 行と列を入れ替えても行列式の値は変わらない（正方行列式 A と転置行列式 A^T の値は同じである）。

$$|A| = \begin{vmatrix} a_{11} & a_{12} & a_{13} \\ a_{21} & a_{22} & a_{23} \\ a_{31} & a_{32} & a_{33} \end{vmatrix} = |A^T| = \begin{vmatrix} a_{11} & a_{21} & a_{31} \\ a_{12} & a_{22} & a_{32} \\ a_{13} & a_{23} & a_{33} \end{vmatrix}$$

② 2つの列（または行）を入れ替えると行列式の符号が変わる。

$$|A| = \begin{vmatrix} a_{11} & a_{12} & a_{13} \\ a_{21} & a_{22} & a_{23} \\ a_{31} & a_{32} & a_{33} \end{vmatrix} = - \begin{vmatrix} a_{12} & a_{11} & a_{13} \\ a_{22} & a_{21} & a_{23} \\ a_{32} & a_{31} & a_{33} \end{vmatrix}$$

③ 2つの列（もしくは行）の成分が等しいときは、行列式の値は0となる。

$$|A| = \begin{vmatrix} a_1 & b_1 & b_1 \\ a_2 & b_2 & b_2 \\ a_3 & b_3 & b_3 \end{vmatrix} = 0$$

④ 行列式のある列（もしくは行）を k 倍すると、その行列式の値は k 倍になる。

$$|A| = \begin{vmatrix} a_{11} & a_{12} & ka_{13} \\ a_{21} & a_{22} & ka_{23} \\ a_{31} & a_{32} & ka_{33} \end{vmatrix} = k \begin{vmatrix} a_{11} & a_{12} & a_{13} \\ a_{21} & a_{22} & a_{23} \\ a_{31} & a_{32} & a_{33} \end{vmatrix}$$

⑤ 1つの列（もしくは行）の成分が2つの数の和からなっているとき、行列式の値は、他の列（もしくは行）はそのままにし、その列（もしくは行）の成分を2つに分けてできる2つの行列式の和に等しくなる。

$$|A| = \begin{vmatrix} a_1+d_1 & b_1 & c_1 \\ a_2+d_2 & b_2 & c_2 \\ a_3+d_3 & b_3 & c_3 \end{vmatrix} = \begin{vmatrix} a_1 & b_1 & c_1 \\ a_2 & b_2 & c_2 \\ a_3 & b_3 & c_3 \end{vmatrix} + \begin{vmatrix} d_1 & b_1 & c_1 \\ d_2 & b_2 & c_2 \\ d_3 & b_3 & c_3 \end{vmatrix}$$

⑥ 行列式の1つの列（もしくは行）に、他の列（もしくは行）の k 倍を加えても、行列式の値は変わらない。

$$|A| = \begin{vmatrix} a_1 & b_1 & c_1 \\ a_2 & b_2 & c_2 \\ a_3 & b_3 & c_3 \end{vmatrix} = \begin{vmatrix} a_1 & b_1+ka_1 & c_1 \\ a_2 & b_2+ka_2 & c_2 \\ a_3 & b_3+ka_3 & c_3 \end{vmatrix}$$

（3）積の行列式は行列式の積に等しい

$$|A| = \begin{vmatrix} a_{11} & a_{12} & a_{13} \\ a_{21} & a_{22} & a_{23} \\ a_{31} & a_{32} & a_{33} \end{vmatrix} \qquad |B| = \begin{vmatrix} b_{11} & b_{12} & b_{13} \\ b_{21} & b_{22} & b_{23} \\ b_{31} & b_{32} & b_{33} \end{vmatrix}$$

$$|AB| = |A||B| = \begin{vmatrix} a_{11}b_{11} + a_{12}b_{21} + a_{13}b_{31} & a_{11}b_{12} + a_{12}b_{22} + a_{13}b_{32} & a_{11}b_{13} + a_{12}b_{23} + a_{13}b_{33} \\ a_{21}b_{11} + a_{22}b_{21} + a_{23}b_{31} & a_{21}b_{12} + a_{22}b_{22} + a_{23}b_{32} & a_{21}b_{13} + a_{22}b_{23} + a_{23}b_{33} \\ a_{31}b_{11} + a_{32}b_{21} + a_{33}b_{31} & a_{31}b_{12} + a_{32}b_{22} + a_{33}b_{32} & a_{31}b_{13} + a_{32}b_{23} + a_{33}b_{33} \end{vmatrix}$$

（4）連立 1 次方程式の解法

連立方程式の解法には、行列式を用いたクラメルの方法と（行列を用いた）ガウスの消去法とがある。

① クラメルの方法

$x_1,\ x_2,\ \cdots,\ x_n$ を未知数とする連立 1 次方程式

$$\begin{cases} a_{11}x_1 + a_{12}x_2 + \cdots a_{1n}x_n = b_1 \\ a_{21}x_1 + a_{22}x_2 + \cdots a_{2n}x_n = b_2 \\ \cdots \cdots \cdots \cdots \cdots \cdots \cdots \\ a_{n1}x_1 + a_{n2}x_2 + \cdots a_{nn}x_n = b_n \end{cases}$$

$$x_1 = \frac{1}{|A|} \begin{vmatrix} b_1 & a_{12} & a_{13} & \cdots & \cdots & a_{1n} \\ b_2 & a_{22} & a_{23} & \cdots & \cdots & a_{2n} \\ \cdots & \cdots & \cdots & \cdots & \cdots & \cdots \\ b_n & a_{n2} & a_{n3} & \cdots & \cdots & a_{nn} \end{vmatrix}, \quad x_2 = \frac{1}{|A|} \begin{vmatrix} a_{11} & b_1 & a_{13} & \cdots & \cdots & a_{1n} \\ a_{21} & b_2 & a_{23} & \cdots & \cdots & a_{2n} \\ \cdots & \cdots & \cdots & \cdots & \cdots & \cdots \\ a_{n1} & b_n & a_{n3} & \cdots & \cdots & a_{nn} \end{vmatrix}$$

の解は右の式で与えられる（$|A| \neq 0$）。

$$x_n = \frac{1}{|A|} \begin{vmatrix} a_{11} & a_{12} & \cdots & \cdots & a_{1n-1} & b_1 \\ a_{21} & a_{22} & \cdots & \cdots & a_{2n-1} & b_2 \\ \cdots & \cdots & \cdots & \cdots & \cdots & \cdots \\ a_{n1} & a_{n2} & \cdots & \cdots & a_{nn-1} & b_n \end{vmatrix}, \quad |A| = \begin{vmatrix} a_{11} & a_{12} & \cdots & \cdots & a_{1n} \\ a_{21} & a_{22} & \cdots & \cdots & a_{2n} \\ \cdots & \cdots & \cdots & \cdots & \cdots \\ a_{n1} & a_{n2} & \cdots & \cdots & a_{nn} \end{vmatrix}$$

なお、上式の連立 1 次方程式において、右辺の $b_1,\ b_2,\ b_3,\ \cdots b_n$ が全て 0 の場合（自明解）、$x_1 = x_2 = \cdots \cdots = x_n = 0$　となる。

Ex.　次の連立 1 次方程式をクラメルの方法により求めよ。

$$\begin{cases} 5x - 3y + 4z = 1 \\ 2x - y + z = -1 \\ -3x + y - 6z = 5 \end{cases} \qquad |A| = \begin{vmatrix} 5 & -3 & 4 \\ 2 & -1 & 1 \\ -3 & 1 & -6 \end{vmatrix} = -6$$

したがって、

$$x = -\frac{1}{6} \begin{vmatrix} 1 & -3 & 4 \\ -1 & -1 & 1 \\ 5 & 1 & -6 \end{vmatrix} = -4, \quad y = -\frac{1}{6} \begin{vmatrix} 5 & 1 & 4 \\ 2 & -1 & 1 \\ -3 & 5 & -6 \end{vmatrix} = -7, \quad z = -\frac{1}{6} \begin{vmatrix} 5 & -3 & 1 \\ 2 & -1 & -1 \\ -3 & 1 & 5 \end{vmatrix} = 0$$

② ガウスの消去法（掃き出し法）

左辺の係数の行列を A、右辺の列ベクトルを b とする。

$$\begin{cases} a_{11}x_1 + a_{12}x_2 + \cdots \cdots + a_{1n}x_n = b_1 \\ a_{21}x_1 + a_{22}x_2 + \cdots \cdots + a_{2n}x_n = b_2 \\ \cdots \cdots \cdots \cdots \cdots \cdots \cdots \cdots \cdots \\ a_{n1}x_1 + a_{n2}x_2 + \cdots \cdots + a_{nn}x_n = b_n \end{cases}$$

$$A = \begin{pmatrix} a_{11} & a_{12} & \cdots & \cdots & a_{1n} \\ a_{21} & a_{22} & \cdots & \cdots & a_{2n} \\ \cdots & \cdots & \cdots & \cdots & \cdots \\ a_{n1} & a_{n2} & \cdots & \cdots & a_{nn} \end{pmatrix} \quad b = \begin{pmatrix} b_1 \\ b_2 \\ \cdots \\ b_n \end{pmatrix}$$

上記係数行列 A の右端に b を挿入したものを拡大係数行列という。

$$(A, b) = \begin{pmatrix} a_{11} & a_{12} & \cdots & \cdots & a_{1n-1} & \vdots & b_1 \\ a_{21} & a_{22} & \cdots & \cdots & a_{2n-1} & \vdots & b_2 \\ \cdots & \cdots & \cdots & \cdots & \cdots & \vdots & \cdots \\ a_{n1} & a_{n2} & \cdots & \cdots & a_{nn-1} & \vdots & b_n \end{pmatrix}$$

この方法による解法は、基本的には①1つの行を何倍かする、②1つの行の何倍かを他の行に加える、③2つの行を入れ替える作業を行い最終的に行列 A の部分を単位行列になるようにすればよい。

Ex.
$$\begin{cases} x - 2y + z = -1 \\ 2x - 3y - 3z = -4 \\ -x + 3y - 2z = 3 \end{cases}$$

拡大係数行列は
$$A = \begin{pmatrix} 1 & -2 & 1 & \vdots & -1 \\ 2 & -3 & -3 & \vdots & -4 \\ -1 & 3 & -2 & \vdots & 3 \end{pmatrix}$$

作業1 $(-2) \times 1$ 行 $+ 2$ 行 $\to 2$ 行

$$A = \begin{pmatrix} 1 & -2 & 1 & \vdots & -1 \\ 0 & 1 & -5 & \vdots & -2 \\ -1 & 3 & -2 & \vdots & 3 \end{pmatrix}$$

作業2 1 行 $+ 3$ 行 $\to 3$ 行

$$A = \begin{pmatrix} 1 & -2 & 1 & \vdots & -1 \\ 0 & 1 & -5 & \vdots & -2 \\ 0 & 1 & -1 & \vdots & 2 \end{pmatrix}$$

作業3 2×2 行 $+ 1$ 行 $\to 1$ 行

$$A = \begin{pmatrix} 1 & 0 & -9 & \vdots & -5 \\ 0 & 1 & -5 & \vdots & -2 \\ 0 & 1 & -1 & \vdots & 2 \end{pmatrix}$$

作業4 $(-1) \times 2$ 行 $+ 3$ 行 $\to 3$ 行

$$A = \begin{pmatrix} 1 & 0 & -9 & \vdots & -5 \\ 0 & 1 & -5 & \vdots & -2 \\ 0 & 0 & 4 & \vdots & 4 \end{pmatrix}$$

作業5 3 行 $\times 1/4$

$$A = \begin{pmatrix} 1 & 0 & -9 & \vdots & -5 \\ 0 & 1 & -5 & \vdots & -2 \\ 0 & 0 & 1 & \vdots & 1 \end{pmatrix}$$

作業6 9×3 行 $+ 1$ 行 $\to 1$ 行

$$A = \begin{pmatrix} 1 & 0 & 0 & \vdots & 4 \\ 0 & 1 & -5 & \vdots & -2 \\ 0 & 0 & 1 & \vdots & 1 \end{pmatrix}$$

作業7 5×3 行 $+ 2$ 行 $\to 2$ 行

$$A = \begin{pmatrix} 1 & 0 & 0 & \vdots & 4 \\ 0 & 1 & 0 & \vdots & 3 \\ 0 & 0 & 1 & \vdots & 1 \end{pmatrix}$$
となり、$x = 4$, $y = 3$, $z = 1$ が得られる。

(5) 余因子展開

$|A| = \begin{vmatrix} a_{11} & a_{12} & a_{13} \\ a_{21} & a_{22} & a_{23} \\ a_{31} & a_{32} & a_{33} \end{vmatrix}$ を 1 行または 1 列の成分で展開すると

行による展開

$$|A| = a_{11} \begin{vmatrix} a_{22} & a_{23} \\ a_{32} & a_{33} \end{vmatrix} - a_{12} \begin{vmatrix} a_{21} & a_{23} \\ a_{31} & a_{33} \end{vmatrix} + a_{13} \begin{vmatrix} a_{21} & a_{22} \\ a_{31} & a_{32} \end{vmatrix}$$

上式を次のように表したとき、$(-1)^{1+1} A_{11}$, $(-1)^{1+2} A_{12}$, $(-1)^{1+3} A_{13}$ をそれぞれ成分 a_{11}, a_{12}, a_{13} の余因子という。

列による展開

$$A = a_{11} A_{11} - a_{21} A_{21} + a_{31} A_{31}$$

同様に $(-1)^{1+1} A_{11}$, $(-1)^{2+1} A_{21}$, $(-1)^{3+1} A_{31}$ を各成分 a_{11}, a_{21}, a_{31} の余因子という。

余因子を用いると　行列式　$|A| = \begin{vmatrix} a_{11} & a_{12} & a_{13} & a_{14} \\ a_{21} & a_{22} & a_{23} & a_{24} \\ a_{31} & a_{32} & a_{33} & a_{34} \\ a_{41} & a_{42} & a_{43} & a_{44} \end{vmatrix}$　は次のようになる。

(i) 第 j 列による展開

$$|A| = a_{1j} A_{1j} + \cdots + a_{nj} A_{nj}$$

(ii) 第 i 行による展開

$$|A| = a_{i1} A_{i1} + \cdots + a_{in} A_{in}$$

n 次正方行列　$A = \begin{pmatrix} a_{11} & a_{12} & \cdots & a_{1n} \\ a_{21} & a_{22} & \cdots & a_{2n} \\ \cdots & \cdots & \cdots & \cdots \\ a_{n1} & a_{n2} & \cdots & a_{nn} \end{pmatrix}$

から第 i 行と j 列を取り除いた $(n-1)$ 次行列は

$$\overline{A_{ij}} = \begin{pmatrix} a_{11} & a_{12} & \cdots & a_{1j-1} & a_{1j+1} & \cdots & a_{1n} \\ a_{21} & a_{22} & \cdots & a_{2j-1} & a_{2j+1} & \cdots & a_{2n} \\ \cdots & \cdots & \cdots & \cdots & \cdots & \cdots & \cdots \\ a_{i-11} & a_{i-12} & \cdots & \cdots & \cdots & \cdots & a_{i-1n} \\ a_{i+11} & a_{i+12} & \cdots & \cdots & \cdots & \cdots & a_{i+1n} \\ \cdots & \cdots & \cdots & \cdots & \cdots & \cdots & \cdots \\ a_{n1} & a_{n2} & \cdots & \cdots & \cdots & \cdots & a_{nn} \end{pmatrix}$$

　行列 $\overline{A_{ij}}$ の行列式 $|\overline{A_{ij}}|$ を a_{ij}（第 i 行と第 j 列を取り除いたもの）の小行列式という。小行列式に $(-1)^{i+j}$ をかけたものを a_{ij} の余因子といい、A_{ij} で表す。

$$A_{ij} = (-1)^{i+j} |\overline{A_{ij}}|$$

Ex.　$|A| = \begin{vmatrix} a_{11} & a_{12} & a_{13} & a_{14} \\ a_{21} & a_{22} & a_{23} & a_{24} \\ a_{31} & a_{32} & a_{33} & a_{34} \\ a_{41} & a_{42} & a_{43} & a_{44} \end{vmatrix}$ を第 1 行について展開せよ。

$$|A| = a_{11} A_{11} + a_{12} A_{12} + a_{13} A_{13} + a_{14} A_{14}$$

$$= (-1)^{1+1} a_{11} \begin{vmatrix} a_{22} & a_{23} & a_{24} \\ a_{32} & a_{33} & a_{34} \\ a_{42} & a_{43} & a_{44} \end{vmatrix} + (-1)^{1+2} a_{12} \begin{vmatrix} a_{21} & a_{23} & a_{24} \\ a_{31} & a_{33} & a_{34} \\ a_{41} & a_{43} & a_{44} \end{vmatrix} + (-1)^{1+3} a_{13} \begin{vmatrix} a_{21} & a_{22} & a_{24} \\ a_{31} & a_{32} & a_{34} \\ a_{41} & a_{42} & a_{44} \end{vmatrix} + (-1)^{1+4} a_{14} \begin{vmatrix} a_{21} & a_{22} & a_{23} \\ a_{31} & a_{32} & a_{33} \\ a_{41} & a_{42} & a_{43} \end{vmatrix}$$

(6) 逆行列

　正方行列 A に対して（$|A| \neq 0$）

$$AA^{-1} = A^{-1}A = E \quad (E \text{ は単位行列})$$

の関係を満たす A^{-1} が存在するとき、これを A の逆行列という。A が逆行列をもつとき、A を正則であるという。

$$A^{-1} = \frac{1}{|A|} \begin{pmatrix} A_{11} & A_{21} & \cdots & \cdots & A_{n1} \\ A_{12} & A_{22} & \cdots & \cdots & A_{n2} \\ \cdots & \cdots & \cdots & \cdots & \cdots \\ A_{1n} & A_{2n} & \cdots & \cdots & A_{nn} \end{pmatrix} \quad (\text{ただし、} A_{ij} \text{ は } a_{ij} \text{ の余因子})$$

2 行 2 列の場合の行列 A の逆行列 A^{-1}

$$A = \begin{pmatrix} a_{11} & a_{12} \\ a_{21} & a_{22} \end{pmatrix} \qquad A^{-1} = \frac{1}{|A|} \begin{pmatrix} a_{22} & -a_{12} \\ -a_{21} & a_{11} \end{pmatrix} \qquad |A| = a_{11} a_{22} - a_{12} a_{21}$$

3 行 3 列の場合の行列 A の逆行列 A^{-1}

$$A = \begin{pmatrix} a & b & c \\ e & f & g \\ h & i & j \end{pmatrix}$$

$$A^{-1} = \frac{1}{|A|} \begin{pmatrix} A_{11} & A_{21} & A_{31} \\ A_{12} & A_{22} & A_{32} \\ A_{13} & A_{23} & A_{33} \end{pmatrix} = \frac{1}{|A|} \begin{pmatrix} \begin{vmatrix} f & g \\ i & j \end{vmatrix} & -\begin{vmatrix} b & c \\ i & j \end{vmatrix} & \begin{vmatrix} b & c \\ f & g \end{vmatrix} \\ -\begin{vmatrix} e & g \\ h & j \end{vmatrix} & \begin{vmatrix} a & c \\ h & j \end{vmatrix} & -\begin{vmatrix} a & c \\ e & g \end{vmatrix} \\ \begin{vmatrix} e & f \\ h & i \end{vmatrix} & -\begin{vmatrix} a & b \\ h & i \end{vmatrix} & \begin{vmatrix} a & b \\ e & f \end{vmatrix} \end{pmatrix}$$

$$|A| = afj + bgh + cei - agi - bej - cfh$$

Ex.　次の行列の逆行列を求めよ。　　　Ans.

$$A = \begin{pmatrix} 1 & 2 \\ 3 & 4 \end{pmatrix} \qquad\qquad |A| = -2 \qquad A^{-1} = -\frac{1}{2} \begin{pmatrix} 4 & -2 \\ -3 & 1 \end{pmatrix}$$

付録　測量に必要な基礎数学

5　簡単な微分と積分

1　微分の公式

和差の導関数　： $\{ f(x) \pm g(x) \}' = f'(x) \pm g'(x)$

積の導関数　　： $\{ f(x) g(x) \}' = f'(x) g(x) + f(x) g'(x)$

商の導関数　　： $\left\{ \dfrac{f(x)}{g(x)} \right\}' = \dfrac{f'(x) g(x) - f(x) g'(x)}{\{ g(x) \}^2}$

合成関数　　　： $f(u)$ が u で微分可能で、$u = g(x)$ が x で微分可能なら

$$\{ f(g(x)) \}' = f'(u) g'(x)$$

よく使う微分

①　$\left(e^x \right)' = e^x$ 　　　　② 　$(\log x)' = \dfrac{1}{x}$ 　　　　③ 　$\left(x^a \right)' = a x^{a-1}$

④　$(\sin x)' = \cos x$ 　　⑤ 　$(\cos x)' = -\sin x$ 　　⑥ 　$(\tan x)' = \sec^2 x$

⑦　$\left(\sin^{-1} x \right)' = \dfrac{1}{\sqrt{1 - x^2}}$ 　⑧ 　$\left(\cos^{-1} x \right)' = -\dfrac{1}{\sqrt{1 - x^2}}$ 　⑨ 　$\left(\tan^{-1} x \right)' = \dfrac{1}{x^2 + 1}$

Ex.　次の関数を微分せよ。

① 　$f(x) = 3x^2 - 5x + 1$　　② 　$f(x) = \sqrt{x}\sin x$　（積の導関数）

③ 　$f(x) = \dfrac{3x+1}{x^2+1}$　（商の導関数）　　④ 　$f(x) = (2x-1)^2$　（合成関数）

⑤ 　$f(x) = (e^x + 2)^2$　（合成関数）

Ans.　① 　$f'(x) = 6x - 5$

② 　$f'(x) = (\sqrt{x})'\sin x + \sqrt{x}\cos x = \dfrac{\sin x}{2\sqrt{x}} + \sqrt{x}\cos x$

③ 　$f'(x) = \dfrac{3(x^2+1) - 2x(3x+1)}{(x^2+1)^2} = \dfrac{-3x^2 - 2x + 3}{(x^2+1)^2}$

④ 　$u = (2x-1)$ とおくと、　$f(u) = u^2$　$f'(u) = 2u$　$u'(x) = 2$

　　$f'(x) = 2(2x-1) \times 2 = 4(2x-1)$

⑤ 　$u = e^x + 2$ とおくと、　$f(u) = u^2$　　$f'(u) = 2u$　　$u'(x) = e^x$

　　$f'(x) = 2(e^x + 2) \times e^x$

2　積分の公式

線形性　　$\displaystyle\int \{af(x) + bg(x)\}dx = a\int f(x)dx + b\int g(x)dx$　　a, b は定数

置換積分　$\displaystyle\int f(x)dx = \int f(g(t))g'(t)dt$　　$(x = g(t))$

部分積分　$\displaystyle\int f(x)g'(x)dx = f(x)g(x) - \int f'(x)g(x)dx$

よく使う不定積分

① 　$\displaystyle\int x^\alpha dx = \dfrac{x^{\alpha+1}}{\alpha+1}$　　　　② 　$\displaystyle\int \dfrac{1}{x}dx = \log|x|$　　③ 　$\displaystyle\int \sin x dx = -\cos x$　　④ 　$\displaystyle\int \cos x dx = \sin x$

⑤ 　$\displaystyle\int \sec^2 x dx = \tan x$,　　⑥ 　$\displaystyle\int e^x dx = e^x$　　⑦ 　$\displaystyle\int a^x dx = \dfrac{1}{\log a}a^x$　$(a > 0$ かつ $\neq 1)$

⑧ 　$\displaystyle\int \dfrac{1}{\sqrt{1-x^2}}dx = \sin^{-1}x$　　⑨ 　$\displaystyle\int \dfrac{1}{x^2+1}dx = \tan^{-1}x$

①〜⑨の不定積分における積分定数 c は省いている（右辺に $+c$）。

Ex.　次の不定積分を求めよ。

① 　$\displaystyle\int x^2 dx$　　　② 　$\displaystyle\int (x^3 + \cos x)dx$　　③ 　$\displaystyle\int \left(\sqrt{x} + \dfrac{1}{\sqrt{x}}\right)^3 dx$　　④ 　$\displaystyle\int \dfrac{1}{1-5x}dx$

⑤ 　$\displaystyle\int \tan x dx$　　⑥ 　$\displaystyle\int x(2x-3)^2 dx$　　⑦ 　$\displaystyle\int x^2 \sin x dx$　　⑧ 　$\displaystyle\int e^x \cos x dx$

Ans.　① $\displaystyle\int x^2 dx = \frac{1}{3}x^3 + c$　　② $\displaystyle\int \left(x^3 + \cos x\right)dx = \frac{1}{4}x^4 + \sin x + c$

③　被積分関数を分解すると、

$$\int \left(x^{\frac{3}{2}} + 3x^{\frac{1}{2}} + 3x^{-\frac{1}{2}} + x^{-\frac{3}{2}}\right)dx = \frac{2}{5}x^{\frac{5}{2}} + 2x^{\frac{3}{2}} + 6x^{\frac{1}{2}} - 2x^{-\frac{1}{2}} + c$$

④　$\displaystyle\int \frac{1}{1-5x}dx = -\frac{1}{5}\log|1-5x| + c$　　⑤　$\displaystyle\int \tan x dx = \int \frac{\sin x}{\cos x}dx = \int \frac{(\cos x)'}{\cos x}dx = -\log|\cos x| + c$

⑥　$2x - 3 = t$ とおく、　$x = \dfrac{1}{2}(t+3)$　　$dx = \dfrac{1}{2}dt$

$\displaystyle\int x(2x-3)dx = \int \frac{1}{2}(t+3)t^2 \cdot \frac{1}{2}dt = \frac{1}{4}\int (t+3)t^2 dt = \int \frac{1}{4}\left(t^3 + 3t^2\right)dt = \frac{1}{16}t^4 + \frac{1}{4}t^3 + c$ となり、

$\dfrac{1}{16}(2x-3)^4 + \dfrac{1}{4}(2x-3)^3 \left\{\dfrac{1}{16}(2x-3) + \dfrac{1}{4}\right\} + c$

⑦　$f(x) = x^2$，$g(x) = -\cos x$ とすると、

$\displaystyle\int x^2 \sin x dx = \int f(x) \cdot g'(x)dx$ となり、部分積分で解ける。

$\displaystyle\int f(x)g'(x)dx = f(x) \cdot g(x) - \int f'(x)g(x)dx = \left(2 - x^2\right)\cos x + 2x \sin x$

⑧　$f(x) = e^x$，$g(x) = \cos x$ とすると、

$\displaystyle\int e^x \cdot \cos x dx = \int \left(e^x\right)\cos x dx = e^x \cos x - \int e^x(-\sin x)dx = e^x \cos x + \int e^x \cdot \sin x dx$

$\displaystyle\int e^x \cdot \sin x dx$

にもう一度部分積分を行うと、

$\displaystyle\int e^x \sin x dx = e^x \sin x - \int e^x \cos x dx$

これをはじめの式に代入すると

$\displaystyle\int e^x \cos x dx = e^x \cos x + e^x \sin x - \int e^x \cos x dx$

$\displaystyle\int e^x \cos x dx = \frac{1}{2}e^x(\cos x + \sin x) + c$

3　偏導関数

2つ以上の変数の関数をある1つの変数について微分することを偏微分といい、これを記号 $\dfrac{\partial \square}{\partial \square}$ で表す。

たとえば、2変数関数 $F(x, y) = 3x^2 + 4xy + 5y^2$ を x および y のみについて微分した $\dfrac{\partial F}{\partial x}$、$\dfrac{\partial F}{\partial y}$ は各々以下

のようになる。∂ はラウンドまたはルントと読む。

$$\frac{\partial F}{\partial x} = 6x + 4y\ ,\quad \frac{\partial F}{\partial y} = 4x + 10y$$

これはいずれも x, y の関数であるので、偏導関数という。

2変数関数 $F(x, y)$ の偏導関数の厳密な定義は次式で表される。

$$\frac{\partial F}{\partial x} = \lim_{h \to 0} \frac{F(x+h, y) - F(x, y)}{h}\ ,\quad \frac{\partial F}{\partial y} = \lim_{h \to 0} \frac{F(x, y+h) - F(x, y)}{h}$$

2変数関数の最大値・最小値（極値）を求める場合は、各変数に関して偏導関数が0となる必要がある。

$$\frac{\partial F}{\partial x} = 0, \qquad \frac{\partial F}{\partial y} = 0$$

同様に、n 変数関数 $F(x_1, x_2, x_3 \cdots x_n)$ が、極値となる点では $\dfrac{\partial F}{\partial x_1}$, $\dfrac{\partial F}{\partial x_2}$, $\cdots$ $\dfrac{\partial F}{\partial x_n}$ がすべて 0となる。

多くのデータや関数を1次・2次などの簡単な関数で近似する方法に「最小二乗法」がある。n 個の観測データ (x_1, y_1)、(x_2, y_2) $\cdots$ (x_n, y_n) を直線 $y = ax + b$ に近似させる場合、a, b をどのように選んでも多くの観測データに対して $y \neq ax + b$ となる。そこで両辺の差 $\{y - (ax + b)\}$ の和を最小にすることを表す次式を定義する（差の二乗の和を最小にするので「最小二乗法」といわれる）。なお、同式の1/2は微分計算をし易くするためにつけた。

$$F = \frac{1}{2} \sum_{i=1}^{n} \left\{ y_i - (ax_i + b) \right\}^2$$

1次関数 $y = ax + b$ において極値をとる点では、偏導関数が0となる次式を解けば最も差が少ない（最適な）a, b が求まる。

$$\frac{\partial F}{\partial a} = \sum_{i=1}^{n} (y_i - ax_i - b)(-x_i) = a\sum_{i=1}^{n} x_i^2 + b\sum_{i=1}^{n} x_i - \sum_{i=1}^{n} x_i y_i = 0$$

$$\frac{\partial F}{\partial b} = \sum_{i=1}^{n} (y_i - ax_i - b)(-1) = a\sum_{i=1}^{n} x_i + b\sum_{i=1}^{n} 1 - \sum_{i=1}^{n} y_i = 0$$

同式を行列表示すると次のようになる。

$$\begin{pmatrix} \sum_{i=1}^{n} x_i^2 & \sum_{i=1}^{n} x_i \\ \sum_{i=1}^{n} x_i & \sum_{i=1}^{n} 1 \end{pmatrix} \begin{pmatrix} a \\ b \end{pmatrix} = \begin{pmatrix} \sum_{i=1}^{n} x_i y_i \\ \sum_{i=1}^{n} y_i \end{pmatrix}$$

これを「正規方程式」という。正規方程式を解けば（最適な）a, b が定まる。

同様に2次関数 $y = ax^2 + b + c$ においては次のようになる。

$$\frac{\partial F}{\partial a} = \sum_{i=1}^{n} (y_i - ax_i^2 - bx_i - c)(-x_i^2)$$

$$= a\sum_{i=1}^{n} x_i^4 + b\sum_{i=1}^{n} x_i^3 + c\sum_{i=1}^{n} x_i^2 - \sum_{i=1}^{n} x_i^2 y_i = 0$$

$$\frac{\partial F}{\partial b} = \sum_{i=1}^{n} (y_i - ax_i^2 - bx_i - c)(-x_i)$$

$$= a\sum_{i=1}^{n} x_i^3 + b\sum_{i=1}^{n} x_i^2 + c\sum_{i=1}^{n} x_i - \sum_{i=1}^{n} x_i y_i = 0$$

$$\frac{\partial F}{\partial c} = \sum_{i=1}^{n} (y_i - ax_i^2 - bx_i - c)(-1)$$

$$= a\sum_{i=1}^{n} x_i^2 + b\sum_{i=1}^{n} x_i + c\sum_{i=1}^{n} 1 - \sum_{i=1}^{n} y_i = 0$$

行列表示すると

$$\begin{pmatrix} \sum_{i=1}^{n} x_i{}^4 & \sum_{i=1}^{n} x_i{}^3 & \sum_{i=1}^{n} x_i{}^2 \\ \sum_{i=1}^{n} x_i{}^3 & \sum_{i=1}^{n} x_i{}^2 & \sum_{i=1}^{n} x_i \\ \sum_{i=1}^{n} x_i{}^2 & \sum_{i=1}^{n} x_i & \sum_{i=1}^{n} 1 \end{pmatrix} \begin{pmatrix} a \\ b \\ c \end{pmatrix} = \begin{pmatrix} \sum_{i=1}^{n} x_i{}^2 y_i \\ \sum_{i=1}^{n} x_i y_i \\ \sum_{i=1}^{n} y_i \end{pmatrix}$$

この正規方程式を解けば（最適な）a, b, c が求められる。

4　関数の展開式

マクローリンの展開式

$$f(x) = f(0) + \frac{f'(0)}{1!} x + \frac{f''(0)}{2!} x^2 + \cdots + \frac{f_{(0)}^{(n)}}{n!} x^n + \cdots\cdots$$

マクローリンの展開式を用いるといろいろな関数の展開式が求まる。

主な関数の展開式

$$(1 \pm x)^k = 1 \pm kx + \frac{k(k-1)}{2!} x^2 \pm \frac{k(k-1)(k-2)}{3!} x^3 + \cdots\cdots$$

$$\frac{1}{1 \pm x} = 1 \mp x + x^2 \mp x^3 + \cdots\cdots$$

$$\frac{1}{(1 \pm x)^2} = 1 \mp 2x + 3x^2 \mp 4x^3 + \cdots\cdots$$

$$(1 \pm x)^{\frac{1}{2}} = 1 \pm \frac{1}{2} x - \frac{1}{8} x^2 \pm \frac{1}{16} x^3 - \cdots\cdots$$

$$\sin x = x - \frac{x^3}{3!} + \frac{x^5}{5!} - \cdots\cdots$$

$$\cos x = 1 - \frac{x^2}{2!} + \frac{x^4}{4!} - \cdots\cdots$$

$$\tan x = x + \frac{x^3}{3} + \frac{2}{15} x^5 + \cdots\cdots$$

$$\cot x = \frac{1}{x} - \frac{x}{3} - \frac{x^3}{45} - \cdots\cdots$$

$$\sin^{-1} x = x + \frac{1}{6} x^3 + \frac{3}{40} x^5 + \cdots\cdots$$

$$\tan^{-1} x = x - \frac{1}{3} x^3 + \frac{1}{5} x^5 - \cdots\cdots$$

$$\cos^{-1} x = \frac{\pi}{2} - \sin^{-1} x$$

これらの展開式を用いると $|x| < 1$ のとき高次項を省略し、近似式（値）の計算に用いることができる。

最終更新：令和元年六月十四日公布（令和元年法律第三十七号）改正

測量法（抜粋）

（目的）

第一条 この法律は、国若しくは公共団体が費用の全部若しくは一部を負担し、若しくは補助して実施する土地の測量又はこれらの測量の結果を利用する土地の測量について、その実施の基準及び実施に必要な権能を定め、測量の重複を除き、並びに測量の正確さを確保するとともに、測量業を営む者の登録の実施、業務の規制等により、測量業の適正な運営とその健全な発達を図り、もつて各種測量の調整及び測量制度の改善発達に資することを目的とする。

（測量）

第三条 この法律において「測量」とは、土地の測量をいい、地図の調製及び測量用写真の撮影を含むものとする。

（基本測量）

第四条 この法律において「基本測量」とは、すべての測量の基礎となる測量で、国土地理院の行うものをいう。

（公共測量）

第五条 この法律において「公共測量」とは、基本測量以外の測量で次に掲げるものをいい、建物に関する測量その他の局地的測量又は小縮尺図の調製その他の高度の精度を必要としない測量で政令で定めるものを除く。

　　　一　その実施に要する費用の全部又は一部を国又は公共団体が負担し、又は補助して実施する測量

　　　二　基本測量又は前号の測量の測量成果を使用して次に掲げる事業のために実施する測量で国土交通大臣が指定するもの

　　　　イ　行政庁の許可、認可その他の処分を受けて行われる事業

　　　　ロ　その実施に要する費用の全部又は一部について国又は公共団体の負担又は補助、貸付けその他の助成を受けて行われる事業

（基本測量及び公共測量以外の測量）

第六条 この法律において「基本測量及び公共測量以外の測量」とは、基本測量又は公共測量の測量成果を使用して実施する基本測量及び公共測量以外の測量（建物に関する測量その他の局地的測量又は小縮尺図の調製その他の高度の精度を必要としない測量で政令で定めるものを除く。）をいう。

（測量計画機関）

第七条 この法律において「測量計画機関」とは、前二条に規定する測量を計画する者をいう。測量計画機関が、自ら計画を実施する場合には、測量作業機関となることができる。

（測量作業機関）

第八条 この法律において「測量作業機関」とは、測量計画機関の指示又は委託を受けて測量作業を実施する者をいう。

（測量成果及び測量記録）

第九条 この法律において「測量成果」とは、当該測量において最終の目的として得た結果をいい、「測量記録」とは、測量成果を得る過程において得た作業記録をいう。

（測量標）

第十条 この法律において「測量標」とは、永久標識、一時標識及び仮設標識をいい、これらは左の各号に掲げる通りとする。

　　　一　永久標識　三角点標石、図根点標石、方位標石、水準点標石、磁気点標石、基線尺検定標石、基線標石及びこれらの標石の代りに設置する恒久的な標識（験潮儀及び験潮場を含む。）をいう。

　　　二　一時標識　測標及び標杭をいう。

　　　三　仮設標識　標旗及び仮杭をいう。

　2　前項に掲げる測量標の形状は、国土交通省令で定める。

　3　基本測量の測量標には、基本測量の測量標であること及び国土地理院の名称を表示しなければならない。

（測量業）

第十条の二 この法律において「測量業」とは、基本測量、公共測量又は基本測量及び公共測量以外の測量を請け負う営業をいう。

（測量業者）

第十条の三 この法律において「測量業者」とは、第五十五条の五第一項の規定による登録を受けて測量業を営む者をいう。

（測量の基準）

第十一条 基本測量及び公共測量は、次に掲げる測量の基準に従つて行わなければならない。

　　一　位置は、地理学的経緯度及び平均海面からの高さで表示する。ただし、場合により、直角座標及び平均海面からの高さ、極座標及び平均海面からの高さ又は地心直交座標で表示することができる。

　　二　距離及び面積は、第三項に規定する回転楕円体の表面上の値で表示する。

　　三　測量の原点は、日本経緯度原点及び日本水準原点とする。ただし、離島の測量その他特別の事情がある場合において、国土地理院の長の承認を得たときは、この限りでない。

　　四　前号の日本経緯度原点及び日本水準原点の地点及び原点数値は、政令で定める。

　2　前項第一号の地理学的経緯度は、世界測地系に従つて測定しなければならない。

　3　前項の「世界測地系」とは、地球を次に掲げる要件を満たす扁平な回転楕円体であると想定して行う地理学的経緯度の測定に関する測量の基準をいう。

　　一　その長半径及び扁平率が、地理学的経緯度の測定に関する国際的な決定に基づき政令で定める値であるものであること。

　　二　その中心が、地球の重心と一致するものであること。

　　三　その短軸が、地球の自転軸と一致するものであること。

（測量士及び測量士補）

第四十八条 技術者として基本測量又は公共測量に従事する者は、第四十九条の規定に従い登録された測量士又は測量士補でなければならない。

　2　測量士は、測量に関する計画を作製し、又は実施する。

　3　測量士補は、測量士の作製した計画に従い測量に従事する。

（測量士及び測量士補の登録）

第四十九条 次条又は第五十一条の規定により測量士又は測量士補となる資格を有する者は、測量士又は測量士補になろうとする場合においては、国土地理院の長に対してその資格を証する書類を添えて、測量士名簿又は測量士補名簿に登録の申請をしなければならない。

　2　測量士名簿及び測量士補名簿は、国土地理院に備える。

（測量士となる資格）

第五十条 次の各号のいずれかに該当する者は、測量士となる資格を有する。

　　一　大学（短期大学を除き、旧大学令（大正七年勅令第三百八十八号）による大学を含む。）であつて文部科学大臣の認定を受けたもの（以下この号、次条、第五十一条の五及び第五十一条の六において単に「大学」という。）において、測量に関する科目を修め、当該大学を卒業した者で、測量に関し一年以上の実務の経験を有するもの

　　二　短期大学（専門職大学の前期課程を含む。）又は高等専門学校（旧専門学校令（明治三十六年勅令第六十一号）による専門学校を含む。）であつて文部科学大臣の認定を受けたもの（以下この号、次条、第五十一条の五及び第五十一条の六において「短期大学等」と総称する。）において、測量に関する科目を修め、当該短期大学等を卒業した者（専門職大学の前期課程にあつては修了した者。次条第二号、第五十一条の五第一項第二号及び第五十一条の六第二号において同じ。）で、測量に関し三年以上の実務の経験を有するもの

　三　測量に関する専門の養成施設であつて第五十一条の二から第五十一条の四までの規定により国土交通大臣の登録を受けたものにおいて一年以上測量士補となるのに必要な専門の知識及び技能を修得した者で、測量に関し二年以上の実務の経験を有するもの

　四　測量士補で、測量に関する専門の養成施設であつて第五十一条の二から第五十一条の四までの規定により国土交通大臣の登録を受けたものにおいて高度の専門の知識及び技能を修得した者

　五　国土地理院の長が行う測量士試験に合格した者

（測量士補となる資格）

第五十一条　次の各号のいずれかに該当する者は、測量士補となる資格を有する。

　一　大学において、測量に関する科目を修め、当該大学を卒業した者

　二　短期大学等において、測量に関する科目を修め、当該短期大学等を卒業した者

　三　前条第三号の登録を受けた測量に関する専門の養成施設において一年以上測量士補となるのに必要な専門の知識及び技能を修得した者

　四　国土地理院の長が行う測量士補試験に合格した者

測量の改革～ i-Construction による生産性向上～

2016 年度 4 月、国土交通省より「i-Construction（以下、i-Con^{アイコン}）」という施策が打ち出され、今後、建設生産システムは急速に変化する。i-Con は建設業界における生産性向上を主目的とした抜本的施策であり、IoT[※]時代に対応した新たな建設生産・管理システムの構築を目指している。P88 ～ 90、181 に示した ICT（情報通信技術）を建設生産工程全般に採用することで、作業効率や安全性を向上させるとととともに、先進的技術導入による業界のイメージアップ効果も期待できる。

※ IoT：「モノのインターネット」（Internet of Things）と呼ばれ、あらゆるモノに関わる情報をデジタルデータ化し、インターネットにつなげる仕組みのこと。蓄積データを最適化や効率化のためにリアルタイムで活用できる。第 4 次産業革命（インダストリー 4.0 ともいわれる）の主役システムである。

1. 導入の背景～ ICT 活用工事による生産性向上～

現在、建設現場での課題は、技能者不足と高齢化およびコストダウンである。全国の技能者数約 340 万人のうち、約 1/3 が 50 歳以上であり（2014 年度時点）、今後 10 年間で 100 万人以上の建設技能者不足が予想されるため、技能者の生産性向上が急務であるが、その解決策が i-Con に盛り込まれている。i-Con には、① ICT の全面的な活用（ICT 土工^{どこう}）、②規格の標準化、③施工時期の平準化　の 3 つの柱（施策）があるが、ここでは測量技術と関連が強い①について概説する（土工：地盤を掘削したり、土を盛り立てたりする工事）。

ICT の全面的な活用（ICT 土工）とは、測量―設計―積算―施工計画―施工―出来高・出来形・品質管理―検査（納品）そして点検・維持管理までの各工程で 3 次元データでの運用や ICT 機器類を導入することであり、従来の施工方法よりも効率的かつ経済的に大きなプラス効果が見込まれる。

図 1 には、起工^{きこう}測量から検査に至るまでの ICT の全面的な活用（ICT 土工）の概念を示す。

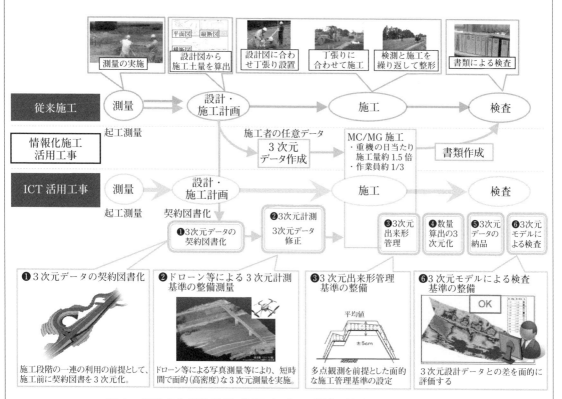

図 1. ICT の全面的活用（ICT 土工）の概念（出典：国土交通省 HP）

　従来工法と比較して大きな変化は測量の工程である。**起工測量**※では、TS による測量（5 章参照）に替わって UAV（小型無人航空機・ドローン、**図 2**）による空中写真測量（P203 参照）や 3D レーザスキャナ（3DLS・**図 3**）測量（P87 参照）で短時間・広範囲の測量を行う。取得データは 3 次元点群データ（x, y, z の座標データ）であるため、2 次元図面を用いる従来工法と比較して測量以降の各工程でも受発注者間のデータのやりとりが効率的・高精度に運用ができることで生産性が大きく向上する。起工測量で得られた現地の 3 次元地盤形状と発注者から貸与される設計 3 次元データとの差分から、土工量も容易に算定できる。

　また、設計 3 次元データを ICT 対応施工建機に入力することで 3D マシンコントロールシステム（MC、P88 参照）やマシンガイダンスシステム（**MG**）※が機能し、丁張（P175 参照）なしでの掘削・盛土・のり面工事の半自動施工が可能となり、オペレータの負担も大きく軽減できる。日当たり施工量の大幅な増加と建機周辺作業の安全性向上、および施工精度の向上や人材の早期育成なども可能となる。ICT 施工に**クラウド**※型現場管理システム（**図 4**）を導入することでリアルタイムの進捗管理、出来高・品質管理や検査の省力化が促進でき、さらに全データを IoT でネットワークにつなげることで施工情報の遠隔からの集計・分析も容易になる。なお、ICT 活用は土工事だけでなく、舗装工や浚渫工などへも工種拡大している。

※起工測量：工事着手前に計画・設計図書や現地の状況、ならびに既設基準点杭の状態等を把握する測量・点検。

※ MG：施工建機の排土板などの位置と設計データとの差分を算出し、モニターに表示することでオペレータの操作を支援するシステム。

※クラウド（クラウドコンピューティング）：データを手元の PC や携帯端末などではなくインターネット上に保存し、効率的に情報共有する使い方やサービス。遠隔から PC やスマホなどでデータの閲覧・編集・ダウンロードができる。

図 2. UAV の例 （DJI Matrice600）

図 3. 3DLS の例 （FARO Laser Scanner Focus^{S}350）
画像提供：ファロージャパン（株）

図 4. クラウド型施工管理システムの例
出典：西尾レントオール（株）i-Construction パンフレット

2. ICT の可能性〜具体的な効果や今後の展開について〜

　ICT 活用の有用性は前述のとおりであるが、従来方法との具体的な相違点を紹介する。**図 5** に、従来手法と ICT 機器による測量の成果を比較した。取得された 3 次元データは測量結果を俯瞰的に確認できるため、現地の情報をよりリアルに把握できる。また、施工中および施工完了後の出来形評価には**図 6** のように「面管理」が導入された。従来は施工エリアの断面をほぼ等間隔に計測して断面毎に評価していたが、3 次元（点群）データは高密度の座標群であるため施工エリアをくまなく評価でき、施工の正確性をエリア全域にて確認することが可能になる。

　UAV や 3DLS の他にも i-Con 測量時に活用できる ICT 機器があり、MMS（P87 参照）もその一つである。MMS は 3DLS に比べて、精度が劣るが計測効率や汎用性が優れているので、将来、測量の第一線で活躍することが期待できる。一方、UAV は、その汎用性の高さから様々なシーンでの活用が検証されている。表1に、各分野における UAV の活用状況と将来展望を概観した。UAV を援用することで、測量分野だけではなく様々な分野での生産性向上が期待される（特撮、エンターテイメント、遠隔監視分野）。

　3次元データ（3D モデル）は汎用性が高く、全建設生産工程で一貫使用することで i-Con の有用性が高まるが、各工程の担当者にデータ処理技能が定着するまでは担当者間の密な連携が必須であり、情報セキュリティ対策のレベルアップも重要課題となる。

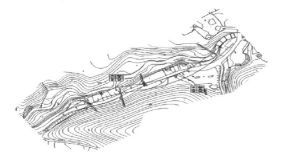

従来の 2 次元平面図

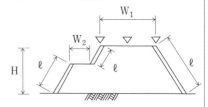

従来

代表管理断面において高さ、幅、長さ（H、W、ℓ）を測定

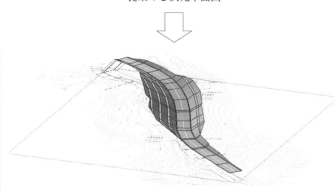

ICT 測量結果と 3 次元設計データの重ね合わせ図

図5.　測量成果のイメージ
出典：福井コンピュータ（株）設計データ編集ソフト教材「EX-TREND 武蔵」

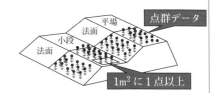

i-Construction

ＵＡＶの写真測量等で得られる3次元点群データからなる面的な竣工形状を把握

図6.　面管理の概念図
出典：国土交通省 HP

表1.　UAV（小型無人航空機）活用状況と将来展望

利用分野	2016 年	2017 年	2018～2019 年	2020 年代
測量・地図（3Dモデル作成）	地形・工事測量などで順次導入		利活用の推進	技術開発で高度化
インフラ維持管理	全国で実証	各地の橋梁や送電線などのインフラ点検・メンテナンスで活用		
災害対応メディア報道	空撮などで災害・事故現場の情報収集	捜索・救助支援、発災直後の多数機出動		
農林業	農薬散布や生育状況の把握などで利用	植生観測や肥料散布、種蒔きにも利用		
配送	全国で実証	特定範囲での運搬	離島・山間部・過疎地での事業化	都市部での事業化

セミ・ダイナミック補正（地盤変動のひずみの影響を測量成果に反映する補正法）

　1997年〜2009年の12年間で電子基準点でのGPS連続観測結果などから数10cmの地殻変動が観測されているが、地域によって動きの方向と大きさは一様ではない。また、地殻変動による平均ひずみ速度は、約0.2ppm/年である。

　「三角点（既知点間距離が4km程度）を既知点とする1級基準点測量」では、既知点間の相対変動量は10年間で約8mmと大きくないのでほぼ既知点は平行移動として計算しても、地殻変動による測量結果への影響は少ない。しかし、「電子基準点（平均間隔20km程度）のみを既知点とする1・2級基準点測量」では、電子基準点間には10年間で約50mmの相対変動が生じる。この程度であれば閉合差は許容範囲内であるが、やがてこれを超えることになり、精度の良い結果が得られなくなる。

　一方、定期的に測量を実施し基準点測量成果をその都度改定するには、膨大な手間とコストを要する。その解決策として「測量成果を改定せずに、既存の測量成果と観測結果との間に生じる地殻変動のひずみの影響を補正する」ために「セミ・ダイナミック補正」を導入する。同補正を行うことで、測量を実施した時期（今期・こんき）の観測結果から測量成果2011（元期・がんき）において得られたであろう測量成果を高精度で求めることが可能となり、既存の基準点の成果を改定せずに現行の成果をそのまま利用できる。「元期から今期への補正」や「今期から元期への補正」には、国土地理院が年度毎に提供する「補正パラメータ」を使用する。

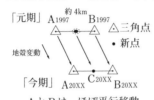

三角点を使用した測量（狭い範囲）

「元期」

△三角点　・新点

地殻変動

「今期」

AとBは、ほぼ平行移動

$(AC_{20XX} + CB_{20XX}) - (AB_{1997}) \fallingdotseq 0$（微小）

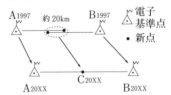

電子基準点を使用した測量（広い範囲）

△電子基準点　・新点

AとBは、平行移動ではない！

$(AC_{20XX} + CB_{20XX}) - (AB_{1997}) \neq 0$

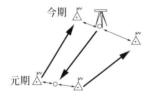

今期

元期

（セミ・ダイナミック補正のイメージ）
今期の観測結果から元期で得られたであろう
成果を得る
元期：西日本と北海道　1997年1月1日
　　　東日本と北陸（1都19県）2011年5月24日

図　セミ・ダイナミック補正（出典：国土地理院HP）

地理空間情報活用推進基本計画の今後と測量の役割

　最初の基本計画が2008年4月に閣議決定されてから、2期目の基本計画では主に東日本大震災の復興における地理空間情報の利活用が配慮された。2017年3月に閣議決定された3期目の基本計画（2021年度まで）では、次の5項目が基本方針として示された。
① 災害に強く持続可能な国土の形成への寄与
② 新しい交通・物流サービスの創出
③ 人口減少・高齢社会における安全・安心で質の高い暮らしへの貢献
④ 地域産業の活性化、新産業・新サービスの創出
⑤ 地理空間情報を活用した技術や仕組みの海外展開、国際貢献の進展

　地理空間情報を利活用する環境は、準天頂衛星（P119参照）の4機体制の実現、ICT（Information and Communication Technology）の急速な進化、などにより誰でもが自身の位置をより正確に把握できるようになりつつある。こうした高度な技術が実現するために、正確で新鮮な地理空間情報の整備・維持が極めて重要で、その技術的根拠は正確な「測量」によって裏付けられる。こうした意味で「測量」は様々な社会活動を支える基礎技術として、今後一層重要な役割が求められる。

　特に①については、GISは災害時に「人命と財産を守る重要インフラ」となる。昼夜問わず土砂崩れなどが確認できる衛星画像、UAV（ドローン）による空撮映像、住民からの通報などの情報を集約・一元化して、電子地図上に反映させることで、各地の被災状況をリアルタイムかつ視覚的に把握でき、迅速な初期対応や住民への情報発信が可能になる。

地上レーザ測量（TLS）

　地上レーザスキャナ（TLS; Terrestrial Laser Scanner）は、測量用三脚等にレーザ計測機を据え付け、機器を水平回転しながら、前方にレーザ光を照射することで、周囲の地形・地物までの方向と距離を観測し、点群データを取得する技術である。レーザ計測機器は1秒間に数十万回のレーザ照射が可能であり、また測量用三脚にも搭載できるほどに小型化している。こうした背景のもと地上レーザ計測による地形測量が実用化している。レーザスキャナは特定の位置に固定されるため、航空機や自動車等の移動体に搭載する場合に必要となるGNSS/IMU装置を必要としない。また、機器本体を複数回回転させることで、極めて高密度な点群データを取得することができる。一方で、レーザスキャナの位置から遠ざかるにつれ、その距離の二乗に反比例して点群データの密度が減少し、位置精度も低くなる。数値地形図データを作成する場合の位置精度と地図情報レベルの関係を表1、地上レーザ計測の観測条件を表2、作業工程の概要を表3に示す。

表1. 数値地形図データの位置精度および地図情報レベル

地図情報レベル	水平位置の標準偏差	標高点の標準偏差	等高線の標準偏差
250	0.12m 以内	0.25m 以内	0.5m 以内
500	0.25m 以内	0.25m 以内	0.5m 以内

表2. 地上レーザ計測の観測条件

地図情報レベル	地形	地物	
	放射方向の観測点間隔	放射方向の観測点間隔	放射方向のスポット長径（FWHM）
250	330mm	25mm	50mm
500	330mm	50mm	100mm

表3. 作業工程の概要

作業工程	作業概要	成果等
作業計画	測量作業の方法、使用する主要な機器、要員、日程等について作業計画を立案する。	測量作業実施計画書など
標定点の設置	地上レーザ計測機スキャナに水平位置、標高および方向を与えるための基準となる点を設置する。	標定点成果表、標定点配点図、精度管理表、など
地上レーザ観測	地上レーザ計測機で地形、地物等を観測し、平面直角座標系に変換してオリジナルデータを作成する。	オリジナルデータなど
現地調査	地上レーザ観測で観測が困難な各種表現事項、名称、観測不良箇所等を、現地において調査確認する。	現地調査結果の整理資料など
数地図化	現地調査の結果を基に地上レーザ観測で得られたオリジナルデータから、地形、地物等の座標値を取得する。	数地図化データ、精度管理表など
数値編集	現地調査等の結果に基づき、図形編集装置を用いて地形、地物等の数値地形図データを編集する。	数値地形図データなど

補測編集	数値図化で生じた判読困難な部分又は図化不能な部分を現地測量にて補備し、数値編集済データを編集する。	数値編集済データ、精度管理表など
数値地形図データ作成	製品仕様書に従って補測編集済データから数値地形図データファイルを作成し、オリジナルデータ等とともに電磁的記録媒体に記録する。	数値地形図データ、精度管理表など
品質評価	製品仕様書が規定するデータ品質を満足しているか評価する。	品質評価表など
成果等の整理	数値地形図データファイル、三次元観測データ、オリジナルデータ、観測図、精度管理表、品質評価表、メタデータ、など成果品を整理する。	

UAV 写真測量

　UAV（ドローン）にデジタルカメラを搭載して対地高度概ね 50-150m の高度から地上を撮影し、その写真を基に地形と地物を測定する。有人航空機による空中写真測量では対地高度は概ね 500-2 000m で飛行するのに対し、かなり地上に近い高度で飛行することから、1km² 程度の限られた範囲の測量に適している。また、機材一式は比較的安価で調達できるため近年急速に普及を遂げている。ただし、都市部（DID 地区）や交通施設の近くなど航空法により飛行が制限されるため、飛行にあたっては十分な配慮と手続等が必要となる。使用するカメラは市販品を利用するため、測量に利用するにはシャッタースピード、絞り、ISO 感度、焦点調節など手動設定できる機種が求められ、また、撮影レンズ等の収差を補正するために独立したセルフキャリブレーションを行う必要がある。

　有人航空機による空中写真測量ではカメラに搭載される GNSS/IMU により、撮影時のカメラの位置（座標値）と傾き（3 軸の傾き）を取得できることから、地上に設置する対空標識の数量を少なくすることができる。しかし、UAV の場合、多くの機体は GNSS/IMU を搭載するが、機体制御を目的としているため、有人航空機の場合のように撮影時のカメラの位置（座標値）と傾き（3 軸の傾き）を取得することができない。よって、地上に設置した対空標識の位置座標を基に、空中三角測量により撮影時のカメラの位置（座標値）と傾き（3 軸の傾き）を求める必要がある。数値地形図データを作成する場合の位置精度と地図情報レベルの関係は P307 の表 1、作業工程の概要を次表に示す。

表 1. 作業工程の概要

作業工程	作業概要	成果等
作業計画	測量作業の方法、使用する主要な機器、要員、日程等について作業計画を立案する。	測量作業実施計画書など
標定点の設置	空中三角測量に必要となる水平位置及び標高の基準となる点を設置する。標定点には対空標識を設置する。	標定点成果表、標定点配置図、精度管理表、など
撮影	UAV を用いて測量用数値写真を撮影する。UAV は、自律飛行機能を有し撮影区域の地表風に耐え、デジタルカメラの向きを安定できること。デジタルカメラは、独立したカメラキャリブレーションを行ったものでなければならない。	撮影計画図、独立したカメラキャリブレーションの成果一式、数値写真、撮影記録、撮影標定図、精度管理表、など

空中三角測量	撮影した数値写真、標定点、パスポイント及びタイポイントの写真座標、カメラキャリブレーションデータ等を用いて、数値写真の外部標定要素及びパスポイント、タイポイントの水平位置及び標高を決定する。	外部標定要素成果表、パスポイント、タイポイント成果表、空中三角測量作業計画、実施一覧図、写真座標測定簿、調整計算簿、精度管理表、など
現地調査	数値写真及び各種資料を活用し、予察結果の確認、数値写真上で判読困難又は判読不能な事項、注記に必要な事項、その他特に必要とする事項、などについて実施する。	現地調査結果を整理した数値写真等
数地図化	空中写真及び同時調整等で得られた成果を使用し、デジタルステレオ図化機によりステレオモデルを構築し、地形、地物等の座標値を取得し、数値図化データを記録する。デジタルステレオ図化機は電子計算機、ステレオ視装置、スクリーンモニター及び三次元マウス又はXYハンドル、Z盤等で構成され、内部標定及び外部標定要素によりステレオモデルの構築及び表示が可能で、XYZの座標値と所定のコードが入力及び記録でき、画像計測の性能は、0.1画素以内まで読めるものを使用する。	数地図化データ、精度管理表など
数値編集	現地調査等の結果に基づき、図形編集装置を用いて数値図化データを編集し、数値地形図データを作成する。数値図化データを図形編集装置に入力し、現地調査等において収集した図面等の資料を、デジタイザ又はスキャナを用いて数値化し、図形編集装置に入力する。	数値地形図データなど
補測編集	数値地形図データに表現されている重要な事項の確認を行い、必要部分を現地において補測する測量を行い、編集済地形図データを作成する。	編集済地形図データ、精度管理表など
数値地形図データ作成	製品仕様書に従って編集済地形図データから数値地形図データファイルを作成し、電磁的記録媒体に記録する。	数値地形図データ、精度管理表など
品質評価	製品仕様書が規定するデータ品質を満足しているか評価する。	品質評価表など
成果等の整理	数値地形図データファイル、精度管理表、品質評価表、メタデータ、などを整理する。	

索　引

編著者・著者紹介

長谷川　昌弘（はせがわ　まさひろ）
大阪工業大学　工学部　元教授
博士（工学）　技術士（建設部門）　測量士
1級土木施工管理技士　第三種電気主任技術者

大塚　久雄（おおつか　ひさお）
株式会社ソキア・トプコン　元代表取締役社長
測量士

住田　英二（すみた　えいじ）
公益社団法人　日本測量協会　専務理事
技術士（応用理学部門）
測量士　第2種情報処理技術者　空間情報総括監理技術者

林　久資（はやし　ひさし）
山口大学大学院　創成科学研究科　助教
博士（工学）　測量士補

道廣　一利（みちひろ　かずとし）
摂南大学　名誉教授
工学博士　測量士

川端　良和（かわばた　よしかず）
近畿測量専門学校　教授
測量士

小川　和博（おがわ　かずひろ）
株式会社トプコンポジショニングアジア
カスタマーサポート＆テクノロジー部
測量士補

瀬良　昌憲（せら　まさのり）
株式会社きんそく　技術顧問
博士（工学）　測量士補

藤本　吟藏（ふじもと　ぎんぞう）
藤本労働安全コンサルタント事務所　代表
修士（人間科学）
労働安全コンサルタント（土木）　応用心理士
第1種衛生管理者　測量士　1級土木施工管理技士
1級建築施工管理技士　1級造園施工管理技士

武藤　慎一（むとう　しんいち）
山梨大学大学院　総合研究部工学域　教授
博士（工学）

本書に掲載した地図は、国土交通省国土地理院の承認を得て使用しました。

Ⓒ Masahiro Hasegawa, Yoshikazu Kawabata 2021

改訂3版　基礎測量学

2004年 4月 6日	第1版第1刷発行
2010年 4月 1日	改訂第1版第1刷発行
2021年 2月11日	改訂第3版第1刷発行
2023年 3月 3日	改訂第3版第2刷発行

編著者　長谷川昌弘
　　　　川端良和
発行者　田中聡

発行所
株式会社　電気書院
ホームページ　www.denkishoin.co.jp
（振替口座　00190-5-18837）
〒101-0051　東京都千代田区神田神保町1-3 ミヤタビル2F
電話(03)5259-9160／FAX(03)5259-9162

本文レイアウト・DTP　村角洋一デザイン事務所
印刷　創栄図書印刷株式会社
Printed in Japan／ISBN978-4-485-30116-6

ギリシャ文字

文字		ラテン文字転写	ギリシャ名	通称*
A	α	alpha	アルファまたはアルパ	
B	β	bêta	ベータ	ビータ
Γ	γ	gamma	ガンマ	
Δ	δ	delta	デルタ	
E	ε	epsilon	エプシロン	イプシロン
Z	ζ	zêta	ゼータ	ジータ
H	η	êta	エータ	イータ
Θ	θ	thêta	テータ	シータ
I	ι	iôta	イオータ	アイオータ
K	κ	kappa	カッパ	
Λ	λ	lambda	ラムブダ	ラムダ
M	μ	mu	ミュー	ムー
N	ν	nu	ニュー	ヌー
Ξ	ξ	keisei, ksi	クセイまたはクシー	クサイ、グサイ、ザイ
O	o	o mikron	オミクロン	
Π	π	pei, pi	ペイまたはピー	パイ
P	ρ	rô	ロー	
Σ	σ ς	sigma	シグマ	
T	τ	tau	タウ	トー
Υ	υ	upsilon	ユプシロン	ウプシロン
Φ	φ φ	phei, phi	フェイまたはフィー	ファイ
X	χ	khei, khi	ケイまたはキー	カイチャイ
Ψ	ψ	psei, psi	プセイまたはプシー	プサイ
Ω	ω	ô mega	オーメガ	オメガ

＊通称というのは、主に英語風な読みかたのなまったものである。